21世纪高等学校规划教材

线性代数

与空间解析几何

胡学刚 李玲 ■ 主编

王良晨 郑攀 莫玉忠 郑继明 ■ 副主编

人 民 邮 电 出 版 社

北 京

图书在版编目（CIP）数据

线性代数与空间解析几何 / 胡学刚，李玲主编. --
北京 ：人民邮电出版社，2021.2（2024.1重印）
21世纪高等学校规划教材
ISBN 978-7-115-54392-9

Ⅰ. ①线… Ⅱ. ①胡… ②李… Ⅲ. ①线性代数－高等学校－教材②立体几何－解析几何－高等学校－教材
Ⅳ. ①O151.2②O182.2

中国版本图书馆CIP数据核字(2020)第117405号

内 容 提 要

本书是针对当前新工科教学改革的背景和普通高等院校的教学实际而编写的一本教材．全书共 7 章，内容包括行列式、几何向量、矩阵、线性方程组与 n 维向量空间、相似矩阵与二次型、曲面与空间曲线、线性空间与线性变换，前 6 章配有应用案例．节后安排习题，每章后有总复习题，并在教材最后给出部分习题和总复习题的参考答案．此外，本书以附录的形式介绍了 MATLAB 系统的基本使用方法、解析几何产生的背景及其基本思想和线性代数发展简史等．

本书结构合理、条理清晰、论证严谨、内容翔实，可读性强，便于教学．本书重视代数与几何的融合，通过应用案例解析及 MATLAB 实现，把抽象、枯燥的理论知识与实际应用紧密联系起来，有利于提高学生解决实际问题的能力．附录提供的空间解析几何与线性代数发展简史的阅读材料，不仅可以帮助学生探究代数与几何科学发展的规律和文化内涵，而且有利于发挥课程育人的作用．

本书适合作为高等院校工科和其他非数学类专业线性代数与解析几何或线性代数课程的教材使用，还可供报考研究生的考生、自学者和广大科技工作者等参考．

◆ 主　　编　胡学刚　李　玲
副 主 编　王良晨　郑　攀　莫玉忠　郑继明
责任编辑　刘　博
责任印制　王　郁　马振武

◆ 人民邮电出版社出版发行　　北京市丰台区成寿寺路 11 号
邮编　100164　　电子邮件　315@ptpress.com.cn
网址　https://www.ptpress.com.cn
固安县铭成印刷有限公司印刷

◆ 开本：787×1092　1/16
印张：17　　　　2021 年 2 月第 1 版
字数：374 千字　　　　2024 年 1 月河北第 3 次印刷

定价：59.80 元

读者服务热线：(010) 81055256　印装质量热线：(010) 81055316
反盗版热线：(010) 81055315
广告经营许可证：京东市监广登字 20170147 号

前　言

数学是研究数和形的科学. 线性代数是数学的一个基础分支，主要研究线性运算与线性关系. 解析几何学(Analytic Geometry)是用代数方法研究几何对象之间的关系和性质的一门几何分支. 线性代数和解析几何在自然科学的各个领域，以及工程技术和国民经济的许多方面都有着广泛的应用. 机器人视觉、大数据处理、网络搜索引擎等技术无不以线性代数为基础. 图像处理、3D 动画、电影科技、虚拟现实等技术处处体现着代数、几何与现实世界的完美融合.

长期以来，线性代数作为大学理、工、经、管、农、医类专业的公共基础数学课程单独开设，解析几何的主要内容在非数学类专业大多作为微积分课程的必备基础来讲授. 人工智能时代的到来和新工科建设的逐步推进，不仅要求把相关学科的先进理论、前沿科研成果吸纳到课程中来，而且教学内容要体现学科间的交叉融合. 由于几何与代数之间本身就存在着非常紧密的联系，将线性代数与解析几何学整合为一门课程已成为目前教学改革的普遍做法. 本书是作者在多年教学实践的基础上，为适应新工科教育改革和课程思政建设的要求，吸取国内外优秀教材的长处编写而成的，具有以下特点.

1. 注重课程中几何与代数的融合

整合线性代数与空间解析几何，不仅可以借助几何让一些抽象的代数概念和理论比较容易接受，而且也可以借助代数中的矩阵方法处理空间解析几何中一些原本比较困难的问题，例如，直线问题、直线与平面间的位置关系问题、二次曲面方程或平面二次曲线方程的化简问题等. 线性代数与解析几何所体现的几何观念与代数方法之间的联系，从具体概念抽象出来的公理化方法，以及严谨的逻辑推证，巧妙的归纳综合等，不仅为非数学类各专业后继课程提供基本的数学工具，而且对于强化学生的数学训练，培养学生的逻辑推理和抽象思维能力、空间想象能力都具有重要的作用.

2. 重视数学软件在课程中的应用

本书介绍了数学软件 MATLAB 的基本功能与使用方法，并通过应用案例解析及 MATLAB 实现，把代数与几何中抽象、枯燥的理论知识与实际应用紧密联系起来，提高学生利用数学软件解决实际问题的能力. 具体来说，数学软件作为人工计算的辅助和延伸运用于数学领域，一方面在运算速度上突破了人工计算的限制，在操作难度上使原本烦琐复杂的矩阵、行列式等运算简单易行，几何制图快捷高效；另一方面，在课程的教学过程中，可以适当淡化运算技巧的训练，突出数学思想方法的传授，加强数学应用能力的培养，不断提高教学质量.

3. 拓展知识背景，博大人文情怀

代数与几何有着自身发展的丰富历史，是积累性的科学. 本书以附录的形式提供了解析几何与线性代数发展简史的阅读材料，给出了历史上中外 50 多位数学家的优秀成果，展示了人类追求理想和美好生活的力量. 数学家们的成果和品德无不闪耀着人类思想的光辉，照亮着人类社会发展进步的历程. 附录通过追溯几何与代数相关概念、思想和方法的演变和发展过程，不仅可以帮助学生了解相关学科发生、发展的规律，而且对于落实立德树人理念，丰富科学知识，博大人文情怀，拓展系统思维能力和与时俱进的创新精神，实施通识教育和培养“大工程观”等都有重要意义.

4. 适应不同要求，方便教学取舍

本书编写的依据是教育部高等学校大学数学课程教学指导委员会制定的工科类线性代数与空间解析几何课程教学要求. 考虑到线性代数与空间解析几何的内在联系，将线性代数与空间解析几何作为一门课程，但基本要求中的具体内容还是相对独立的. 使用本书并不要求所有学校都遵循这一模式，若单独讲授线性代数课程的内容，不使用教材中的空间解析几何(即第 2 章和第 6 章)部分即可. 为了使教材具有尽可能广泛的适用性，满足各学校更高的或特殊的要求，我们在编写教材时，给出了少量超出基本要求的内容，并不意味着课堂教学时必须讲解，教师完全可以根据实际要求及条件自行处理，删减这些内容不会影响整个课程的连贯性和完整性，还可以方便学生自学，让学生更完整地了解相关理论.

本书可作为高等院校工科类各专业和其他非数学专业本科生教材或教学参考书. 作为教材，完成线性代数与空间解析几何全部教学内容一般需要 48 学时(其中空间解析几何约 12 学时).

感谢重庆邮电大学理学院的全体教师，尤其是承担本课程教学任务的老师，本书离不开他们的支持. 特别感谢虞继敏教授、朱伟教授、沈世云副教授和陈六新副教授在教材建设与改革过程中给予的指导、支持和帮助. 感谢参考文献中所列的各位作者，包括众多未能在参考文献中一一列出的作者，正是因为他们在各自领域的独到见解和贡献，我们才能够在总结现有成果的基础上，汲取各家之长，不断凝练提升，最终形成这本教材. 本书的编著受到重庆市高等教育教学改革研究重大项目课题(181002)、国家级新工科研究与实践项目、重庆邮电大学规划教材建设项目(JC2017-12)等的资助，在此一并表示感谢.

由于水平和经验有限，书中难免会有疏漏之处，恳请同行专家及读者提出宝贵意见.

编　者

2020 年 3 月

目 录

第 1 章　行列式

行列式是数学中最重要的基本概念之一，也是一种常用的数学工具，在数学学科及其他领域中都有着广泛的应用. 本章将引入行列式的定义，介绍行列式的性质及计算行列式的方法，最后介绍行列式的一个应用，即克拉默法则.

1.1　行列式的定义

本节我们从二元线性方程组的解引入二阶行列式的定义，进一步引入三阶行列式、n 阶行列式的定义.

1.1.1　二阶行列式

对于含变量 x_1, x_2 的二元线性方程组

$$\begin{cases} a_{11}x_1+a_{12}x_2=b_1, \\ a_{21}x_1+a_{22}x_2=b_2. \end{cases} \tag{1.1.1}$$

用消元法得

$$(a_{11}a_{22}-a_{12}a_{21})x_1=b_1a_{22}-b_2a_{12},$$
$$(a_{11}a_{22}-a_{12}a_{21})x_2=b_2a_{11}-b_1a_{21}.$$

当 $a_{11}a_{22}-a_{12}a_{21}\neq 0$ 时，方程组(1.1.1)有唯一解

$$x_1=\frac{b_1a_{22}-b_2a_{12}}{a_{11}a_{22}-a_{12}a_{21}},\ x_2=\frac{b_2a_{11}-b_1a_{21}}{a_{11}a_{22}-a_{12}a_{21}}. \tag{1.1.2}$$

显然，式(1.1.2)的分母都是由方程组(1.1.1)中未知量的 4 个系数确定的，把这 4 个系数按它们在方程组(1.1.1)中的位置排成 2 行 2 列的数表

$$\begin{matrix} a_{11} & a_{12} \\ a_{21} & a_{22} \end{matrix}. \tag{1.1.3}$$

定义 1.1　表达式 $a_{11}a_{22}-a_{12}a_{21}$ 称为由数表(1.1.3)确定的**二阶行列式**，记为

$$\begin{vmatrix} a_{11} & a_{12} \\ a_{21} & a_{22} \end{vmatrix},$$

即

$$\begin{vmatrix} a_{11} & a_{12} \\ a_{21} & a_{22} \end{vmatrix}=a_{11}a_{22}-a_{12}a_{21}.$$

其中 $a_{ij}(i=1,2;j=1,2)$ 称为行列式的元素，元素 a_{ij} 的第 1 个下标 i 称为**行标**，表示该元素位于第 i 行，第 2 个下标 j 称为**列标**，表示该元素位于第 j 列.

注 1.1　行列式是一个数值. 二阶的定义可用对角线法则来记忆，把 a_{11} 到 a_{22} 的连线称为**主对角线**，a_{12} 到 a_{21} 的连线称为**副对角线**，则二阶行列式就等于主对角线上两个元素之积与副对角线上两个元素之积的差.

利用二阶行列式的定义，若记

$$D=\begin{vmatrix} a_{11} & a_{12} \\ a_{21} & a_{22} \end{vmatrix},\ D_1=\begin{vmatrix} b_1 & a_{12} \\ b_2 & a_{22} \end{vmatrix},\ D_2=\begin{vmatrix} a_{11} & b_1 \\ a_{21} & b_2 \end{vmatrix},$$

则当 $D\neq 0$ 时，二元线性方程组(1.1.1)的解可表示为

$$x_1=\frac{D_1}{D},\ x_2=\frac{D_2}{D}. \tag{1.1.4}$$

其中分母 D 是由方程组(1.1.1)的系数所确定的二阶行列式，称为方程组(1.1.1)的**系数行列式**，D_1 是用方程组的常数项替换 D 中第 1 列所得的二阶行列式，D_2 是用方程组的常数项替换 D 中第 2 列所得的二阶行列式.

例 1.1　求解二元线性方程组

$$\begin{cases} 3x_1+5x_2=1, \\ x_1+3x_2=2. \end{cases}$$

解　因方程组的系数行列式

$$D=\begin{vmatrix} 3 & 5 \\ 1 & 3 \end{vmatrix}=4\neq 0,$$

所以方程组有唯一解，又因

$$D_1=\begin{vmatrix} 1 & 5 \\ 2 & 3 \end{vmatrix}=-7,\ D_2=\begin{vmatrix} 3 & 1 \\ 1 & 2 \end{vmatrix}=5,$$

故方程组的解为

$$x_1=\frac{D_1}{D}=-\frac{7}{4},\ x_2=\frac{D_2}{D}=\frac{5}{4}.$$

1.1.2　三阶行列式

对于含变量 x_1,x_2,x_3 的三元线性方程组

$$\begin{cases} a_{11}x_1+a_{12}x_2+a_{13}x_3=b_1, & ① \\ a_{21}x_1+a_{22}x_2+a_{23}x_3=b_2, & ② \\ a_{31}x_1+a_{32}x_2+a_{33}x_3=b_3. & ③ \end{cases} \tag{1.1.5}$$

为便于消元，对于不全为零的待定常数 c_1,c_2 和 c_3，做运算①$\times c_1$+②$\times c_2$+③$\times c_3$，得

$$(a_{11}c_1+a_{21}c_2+a_{31}c_3)x_1+(a_{12}c_1+a_{22}c_2+a_{32}c_3)x_2+(a_{13}c_1+a_{23}c_2+a_{33}c_3)x_3$$
$$=b_1c_1+b_2c_2+b_3c_3 \tag{1.1.6}$$

从式(1.1.6)中消去变量 x_2,x_3，即令

$$\begin{cases} a_{12}c_1+a_{22}c_2+a_{32}c_3=0, \\ a_{13}c_1+a_{23}c_2+a_{33}c_3=0. \end{cases} \tag{1.1.7}$$

若 $\begin{vmatrix} a_{12} & a_{22} \\ a_{13} & a_{23} \end{vmatrix}\neq 0$，则 $c_3\neq 0$，令 $x=-c_1/c_3$，$y=-c_2/c_3$，由式(1.1.7)得

$$\begin{cases} a_{12}x+a_{22}y=a_{32}, \\ a_{13}x+a_{23}y=a_{33}. \end{cases}$$

取 $c_3=\begin{vmatrix} a_{12} & a_{22} \\ a_{13} & a_{23} \end{vmatrix}\neq 0$，利用式(1.1.4)的结果，得

$$x=\frac{\begin{vmatrix} a_{32} & a_{22} \\ a_{33} & a_{23} \end{vmatrix}}{c_3},\quad y=\frac{\begin{vmatrix} a_{12} & a_{32} \\ a_{13} & a_{33} \end{vmatrix}}{c_3}$$

于是，$c_1=-\begin{vmatrix} a_{32} & a_{22} \\ a_{33} & a_{23} \end{vmatrix}$，$c_2=-\begin{vmatrix} a_{12} & a_{32} \\ a_{13} & a_{33} \end{vmatrix}$. 从而

$$\left(-a_{11}\begin{vmatrix} a_{32} & a_{22} \\ a_{33} & a_{23} \end{vmatrix}-a_{21}\begin{vmatrix} a_{12} & a_{32} \\ a_{13} & a_{33} \end{vmatrix}+a_{31}\begin{vmatrix} a_{12} & a_{22} \\ a_{13} & a_{23} \end{vmatrix}\right)x_1=-b_1\begin{vmatrix} a_{32} & a_{22} \\ a_{33} & a_{23} \end{vmatrix}-b_2\begin{vmatrix} a_{12} & a_{32} \\ a_{13} & a_{33} \end{vmatrix}+b_3\begin{vmatrix} a_{12} & a_{22} \\ a_{13} & a_{23} \end{vmatrix}$$

即

$$\begin{aligned}&(a_{11}a_{22}a_{33}+a_{12}a_{23}a_{31}+a_{13}a_{21}a_{32}-a_{11}a_{23}a_{32}-a_{12}a_{21}a_{33}-a_{13}a_{22}a_{31})x_1\\&\quad=b_1a_{22}a_{33}+b_2a_{13}a_{32}+b_3a_{12}a_{23}-b_1a_{23}a_{32}-b_2a_{12}a_{33}-b_3a_{13}a_{22},\end{aligned}\tag{1.1.8}$$

类似地，从式(1.1.6)中消去变量 x_1,x_3 或 x_1,x_2，得

$$\begin{aligned}&(a_{11}a_{22}a_{33}+a_{12}a_{23}a_{31}+a_{13}a_{21}a_{32}-a_{11}a_{23}a_{32}-a_{12}a_{21}a_{33}-a_{13}a_{22}a_{31})x_2\\&\quad=b_1a_{23}a_{31}+b_2a_{11}a_{33}+b_3a_{21}a_{13}-b_1a_{21}a_{33}-b_2a_{13}a_{31}-b_3a_{23}a_{11}\end{aligned}\tag{1.1.9}$$

$$\begin{aligned}&(a_{11}a_{22}a_{33}+a_{12}a_{23}a_{31}+a_{13}a_{21}a_{32}-a_{11}a_{23}a_{32}-a_{12}a_{21}a_{33}-a_{13}a_{22}a_{31})x_3\\&\quad=b_1a_{21}a_{32}+b_2a_{12}a_{31}+b_3a_{11}a_{22}-b_1a_{22}a_{31}-b_2a_{11}a_{32}-b_3a_{12}a_{21}\end{aligned}\tag{1.1.10}$$

当 $a_{11}a_{22}a_{33}+a_{12}a_{23}a_{31}+a_{13}a_{21}a_{32}-a_{11}a_{23}a_{32}-a_{12}a_{21}a_{33}-a_{13}a_{22}a_{31}\neq 0$ 时，方程组(1.1.5)有唯一解，且

$$x_1=\frac{b_1a_{22}a_{33}+b_2a_{13}a_{32}+b_3a_{12}a_{23}-b_1a_{23}a_{32}-b_2a_{12}a_{33}-b_3a_{13}a_{22}}{a_{11}a_{22}a_{33}+a_{12}a_{23}a_{31}+a_{13}a_{21}a_{32}-a_{11}a_{23}a_{32}-a_{12}a_{21}a_{33}-a_{13}a_{22}a_{31}},$$

$$x_2=\frac{b_1a_{23}a_{31}+b_2a_{11}a_{33}+b_3a_{21}a_{13}-b_1a_{21}a_{33}-b_2a_{13}a_{31}-b_3a_{23}a_{11}}{a_{11}a_{22}a_{33}+a_{12}a_{23}a_{31}+a_{13}a_{21}a_{32}-a_{11}a_{23}a_{32}-a_{12}a_{21}a_{33}-a_{13}a_{22}a_{31}},$$

$$x_3=\frac{b_1a_{21}a_{32}+b_2a_{12}a_{31}+b_3a_{11}a_{22}-b_1a_{22}a_{31}-b_2a_{11}a_{32}-b_3a_{12}a_{21}}{a_{11}a_{22}a_{33}+a_{12}a_{23}a_{31}+a_{13}a_{21}a_{32}-a_{11}a_{23}a_{32}-a_{12}a_{21}a_{33}-a_{13}a_{22}a_{31}}.$$

显然，x_1,x_2,x_3 的表达式的分母都是由方程组(1.1.5)中这 3 个未知量的 9 个系数确定的.

定义 1.2 记

$$\begin{vmatrix} a_{11} & a_{12} & a_{13} \\ a_{21} & a_{22} & a_{23} \\ a_{31} & a_{32} & a_{33} \end{vmatrix}=a_{11}a_{22}a_{33}+a_{12}a_{23}a_{31}+a_{13}a_{21}a_{32}-a_{13}a_{22}a_{31}-a_{11}a_{23}a_{32}-a_{12}a_{21}a_{33},\tag{1.1.11}$$

称式(1.1.11)为由给定的 9 个数 $a_{ij}(i,j=1,2,3)$ 确定的**三阶行列式**.

三阶行列式等于 6 项的代数和，每项均为取自该行列式中不同行不同列的 3 个元素乘积，再冠以正号或负号. 三阶行列式的定义也可按图 1-1 所示的对角线法则来记忆，凡是实线相连接的三个元素乘积前取正号，虚线相连接的三个元素乘积前取负号.

注 1.2　对角线法则只适用于二阶、三阶行列式.

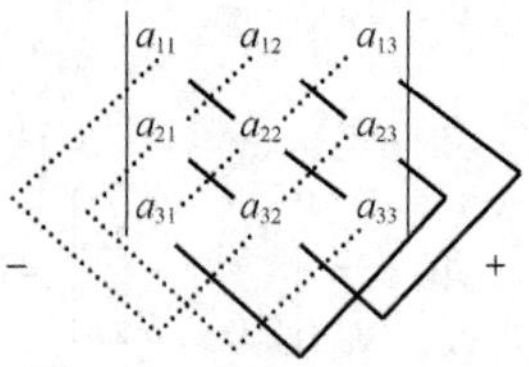

图 1-1

例 1.2　计算三阶行列式

$$\begin{vmatrix} a & b & c \\ b & c & a \\ c & a & b \end{vmatrix}.$$

解　$\begin{vmatrix} a & b & c \\ b & c & a \\ c & a & b \end{vmatrix} = acb+bac+cba-c^3-a^3-b^3 = 3abc-a^3-b^3-c^3.$

与用二阶行列式表示二元线性方程组的解那样，对三元线性方程组(1.1.5)，若记

$$D=\begin{vmatrix} a_{11} & a_{12} & a_{13} \\ a_{21} & a_{22} & a_{23} \\ a_{31} & a_{32} & a_{33} \end{vmatrix},\ D_1=\begin{vmatrix} b_1 & a_{12} & a_{13} \\ b_2 & a_{22} & a_{23} \\ b_3 & a_{32} & a_{33} \end{vmatrix},\ D_2=\begin{vmatrix} a_{11} & b_1 & a_{13} \\ a_{21} & b_2 & a_{23} \\ a_{31} & b_3 & a_{33} \end{vmatrix},\ D_3=\begin{vmatrix} a_{11} & a_{12} & b_1 \\ a_{21} & a_{22} & b_2 \\ a_{31} & a_{32} & b_3 \end{vmatrix},$$

则当系数行列式 $D\neq 0$ 时，方程组(1.1.5)有唯一解

$$x_1=\frac{D_1}{D},\ x_2=\frac{D_2}{D},\ x_3=\frac{D_3}{D}. \tag{1.1.12}$$

其中 D_1,D_2,D_3 分别是将方程组的系数行列式 D 中第 1 列、第 2 列、第 3 列换成常数项所得的行列式.

例 1.3　解三元线性方程组

$$\begin{cases} x_1-2x_2+x_3=1, \\ 2x_1+x_2-x_3=1, \\ x_1-3x_2-4x_3=-10. \end{cases}$$

解　方程组的系数行列式

$$D=\begin{vmatrix} 1 & -2 & 1 \\ 2 & 1 & -1 \\ 1 & -3 & -4 \end{vmatrix}=-4+(-6)+2-1-3-16=-28\neq 0,$$

所以该方程组有唯一解. 又由

$$D_1=\begin{vmatrix} 1 & -2 & 1 \\ 1 & 1 & -1 \\ -10 & -3 & -4 \end{vmatrix}=-4+(-20)+(-3)-(-10)-3-8=-28,$$

$$D_2=\begin{vmatrix} 1 & 1 & 1 \\ 2 & 1 & -1 \\ 1 & -10 & -4 \end{vmatrix}=-4+(-1)+(-20)-1-10-(-8)=-28,$$

$$D_3=\begin{vmatrix} 1 & -2 & 1 \\ 2 & 1 & 1 \\ 1 & -3 & -10 \end{vmatrix}=-10+(-2)+(-6)-1-(-3)-40=-56.$$

得该方程组的解为

$$x_1=\frac{D_1}{D}=1,\ x_2=\frac{D_2}{D}=1,\ x_3=\frac{D_3}{D}=2.$$

由上面的讨论可见，在一定条件下，二元、三元线性方程组的解能用方程组中未知量的系数和常数项分别表示成式(1.1.4)和式(1.1.12)的形式. 为了能用方程组中未知量的系数和常数项表示出 n 元线性方程组的解，需要引入 n 阶行列式的定义，下面先介绍排列和逆序数的概念.

1.1.3 排列及其逆序数

在数学中，把考察的对象叫元素，把 n 个不同元素排成一列，称为这 n 个元素的一个**全排列**，简称排列. 这里仅考察 n 个不同数字的排列.

定义 1.3 由 $1,2,3,\cdots,n$ 组成的一个有序数组称为一个 **n 元排列**.

如排列 32514,12354,25314 等都是由 1,2,3,4,5 组成的 5 元排列. 显然，由 $1,2,3,\cdots,n$ 这 n 个不同数字组成的 n 元排列共有 $n!$ 个.

在一个排列中，我们规定各元素之间有一个标准次序(例如，n 个不同数字组成的 n 元排列，规定由小到大的次序为标准次序). 当某两个元素的先后次序与标准次序不同时，就说它们构成一个**逆序**，在 n 元排列 $p_1p_2\cdots p_s\cdots p_t\cdots p_n$ 中，若数 $p_s>p_t$，则称 p_s 与 p_t 构成一个逆序.

定义 1.4 一个排列中所有逆序的总数称为该排列的**逆序数**. 排列 $p_1p_2\cdots p_n$ 的逆序数记为 $\tau(p_1p_2\cdots p_n)$.

排列 $p_1p_2\cdots p_t\cdots p_n$ 中排在数 p_t 前且比 p_t 大的数的个数称为 p_t 在此排列中的逆序，记为 τ_t. 显然，

$$\tau(p_1p_2\cdots p_n)=\sum_{t=1}^{n}\tau_t.$$

例 1.4 计算排列 32415 的逆序数.

解 $\tau(32415)=0+1+0+3+0=4$.

定义 1.5 逆序数为奇数的排列称为**奇排列**；逆序数为偶数的排列称为**偶排列**.

例 1.5 计算下列排列的逆序数，并判定排列的奇偶性.

(1)217986354；　　(2)$n(n-1)(n-2)\cdots321$.

解 (1)$\tau(217986354)=0+1+0+0+1+3+4+4+5=18$，因此排列 217986354 是偶排列.

(2)$\tau(n(n-1)(n-2)\cdots321)=0+1+2+\cdots+(n-2)+(n-1)=\dfrac{n(n-1)}{2}$，

当 $n=4k,4k+1$ 时，该排列是偶排列；当 $n=4k+2,4k+3$ 时，该排列是奇排列，这里 k 为正整数.

定义 1.6 在排列中，将任意两个数对调，其余元素不动，这样作出新排列的方法称为**对换**；将相邻两个数对调，叫**相邻对换**.

定理 1.1 一个排列中任意两个数对换，排列的奇偶性改变.

证明 先考察相邻对换情形. 设排列

$$p_1\cdots p_kabq_1\cdots q_s,$$

对换数 a 与 b 得到新排列

$$p_1\cdots p_kbaq_1\cdots q_s.$$

由逆序数的定义，排列 $p_1\cdots p_kabq_1\cdots q_s$ 中数 a 与 b 对换后，除 a,b 外，其余元素的逆序不变；而当 $a>b$ 时，a 的逆序不变，b 的逆序减 1；当 $a<b$ 时，a 的逆序加 1，b 的逆序

不变，总之 $\tau(p_1\cdots p_k abq_1\cdots q_s)$ 与 $\tau(p_1\cdots p_k baq_1\cdots q_s)$ 相差 1，即排列 $p_1\cdots p_k abq_1\cdots q_s$ 与排列 $p_1\cdots p_k baq_1\cdots q_s$ 的奇偶性不同，从而一个排列经过一次相邻对换，奇偶性改变.

再考虑一般情形. 设排列

$$p_1\cdots p_k ac_1\cdots c_t bq_1\cdots q_s,$$

对换数 a 与 b，得到新排列

$$p_1\cdots p_k bc_1\cdots c_t aq_1\cdots q_s.$$

这只需先将 a 依次与 $c_1,\cdots,c_t,b$ 对换，共进行 $t+1$ 次相邻对换，得到排列

$$p_1\cdots p_k c_1\cdots c_t baq_1\cdots q_s,$$

再将 b 依次与 $c_t,\cdots,c_1$ 对换，共进行 t 次相邻对换，得到排列

$$p_1\cdots p_k bc_1\cdots c_t aq_1\cdots q_s.$$

综上，对排列 $p_1\cdots p_k ac_1\cdots c_t bq_1\cdots q_s$ 作 $2t+1$ 次相邻对换，即可得到新排列

$$p_1\cdots p_k bc_1\cdots c_t aq_1\cdots q_s.$$

而 $2t+1$ 是奇数，因此排列 $p_1\cdots p_k ac_1\cdots c_t bq_1\cdots q_s$ 与排列 $p_1\cdots p_k bc_1\cdots c_t aq_1\cdots q_s$ 的奇偶性不同.

证毕.

利用定理 1.1 容易证明下面两个定理.

定理 1.2　奇排列对换成标准排列的对换次数为奇数；偶排列对换成标准排列的对换次数为偶数.

定理 1.3　在所有 n 元排列中，偶排列与奇排列各有 $\dfrac{n!}{2}(n\geqslant 2)$ 个.

1.1.4　n 阶行列式

先来分析三阶行列式的结构. 由三阶行列式定义

$$\begin{vmatrix} a_{11} & a_{12} & a_{13} \\ a_{21} & a_{22} & a_{23} \\ a_{31} & a_{32} & a_{33} \end{vmatrix} = a_{11}a_{22}a_{33}+a_{12}a_{23}a_{31}+a_{13}a_{21}a_{32}-a_{11}a_{23}a_{32}-a_{12}a_{21}a_{33}-a_{13}a_{22}a_{31}$$

可见：

(1) 三阶行列式的每一项恰是 3 个元素的乘积，这 3 个元素位于三阶行列式的不同行、不同列，因此除正负号外任意一项都可写成 $a_{1p_1}a_{2p_2}a_{3p_3}$，这里第 1 个下标(行标)排成标准次序 123，第 2 个下标(列标)排成次序 $p_1p_2p_3$ 是 3 个数 1,2,3 的某个排列，这样的排列共有 6 种，对应 6 项.

(2) 三阶行列式中各项的正负号与列标排列的对照.

带正号的三项列标排列依次是 123,231,312；

带负号的三项列标排列依次是 132,213,321.

经计算可知前三个排列都是偶排列，而后三个排列都是奇排列，因此各项所带的正负号可以表示为 $(-1)^\tau$，其中 τ 为列标排列的逆序数. 从而三阶行列式可以写成

$$\begin{vmatrix} a_{11} & a_{12} & a_{13} \\ a_{21} & a_{22} & a_{23} \\ a_{31} & a_{32} & a_{33} \end{vmatrix} = \sum_{p_1p_2p_3}(-1)^{\tau(p_1p_2p_3)}a_{1p_1}a_{2p_2}a_{3p_3},$$

其中 $\sum\limits_{p_1p_2p_3}$ 表示对三个数 1,2,3 的所有 3 元排列求和.

实际上二阶行列式也可写成上述类似的形式，即

$$\begin{vmatrix} a_{11} & a_{12} \\ a_{21} & a_{22} \end{vmatrix} = \sum_{p_1p_2} (-1)^{\tau(p_1p_2)} a_{1p_1} a_{2p_2},$$

其中 $\sum\limits_{p_1p_2}$ 表示对两个数 1,2 的所有 2 元排列求和.

综上所述，归纳出 n 阶行列式的定义.

定义 1.7 由 n^2 个元素 $a_{ij}(i,j=1,2,\cdots,n)$ 排成 n 行 n 列的数表所确定的 **n 阶行列式**记为

$$\begin{vmatrix} a_{11} & a_{12} & \cdots & a_{1n} \\ a_{21} & a_{22} & \cdots & a_{2n} \\ \vdots & \vdots & & \vdots \\ a_{n1} & a_{n2} & \cdots & a_{nn} \end{vmatrix},$$

定义 n 阶行列式等于所有取自行列式中不同行不同列的 n 个元素的乘积 $a_{1p_1}a_{2p_2}\cdots a_{np_n}$ 的代数和，其中 $p_1p_2\cdots p_n$ 为数 $1,2,\cdots,n$ 的一个 n 元排列，每个乘积前面带有符号 $(-1)^{\tau(p_1p_2\cdots p_n)}$，即当 $p_1p_2\cdots p_n$ 是偶排列时，该乘积带正号，当 $p_1p_2\cdots p_n$ 是奇排列时，该乘积带负号，共有 $n!$ 个乘积. 因此

$$\begin{vmatrix} a_{11} & a_{12} & \cdots & a_{1n} \\ a_{21} & a_{22} & \cdots & a_{2n} \\ \vdots & \vdots & & \vdots \\ a_{n1} & a_{n2} & \cdots & a_{nn} \end{vmatrix} = \sum_{p_1p_2\cdots p_n} (-1)^{\tau(p_1p_2\cdots p_n)} a_{1p_1}a_{2p_2}\cdots a_{np_n}.$$

这里 $\sum\limits_{p_1p_2\cdots p_n}$ 表示对 n 个数 $1,2,\cdots,n$ 的所有 n 元排列求和，n 阶行列式的项形如 $(-1)^{\tau(p_1p_2\cdots p_n)}a_{1p_1}a_{2p_2}\cdots a_{np_n}$.

显然，当 $n=2$ 或 $n=3$ 时，定义 1.7 与前面用对角线法则定义的二阶、三阶行列式是一致的. 当 $n=1$ 时，约定一阶行列式 $|a_{11}|=a_{11}$.

注 1.3 不要把一阶行列式与绝对值记号相混淆.

行列式的英文单词是 determinant. 为书写方便，我们常用字母 D 或 $\det(a_{ij})$ 表示行列式，n 阶行列式有时也记作 D_n.

例 1.6 写出 4 阶行列式中含因子 $a_{12}a_{43}$ 的项.

解 因 4 阶行列式中的项形如 $(-1)^{\tau(p_1p_2p_3p_4)}a_{1p_1}a_{2p_2}a_{3p_3}a_{4p_4}$，而由已知可见 $p_1=2,p_4=3$，于是 $p_2=1,p_3=4$ 或 $p_2=4,p_3=1$，故四阶行列式中含因子 $a_{12}a_{43}$ 的项有 $(-1)^{\tau(2143)}a_{12}a_{21}a_{34}a_{43}$ 与 $(-1)^{\tau(2413)}a_{12}a_{24}a_{31}a_{43}$，即 $a_{12}a_{21}a_{34}a_{43}$ 与 $-a_{12}a_{24}a_{31}a_{43}$.

定义 1.8 从左上角到右下角的对角线称为行列式的主对角线，主对角线以上的元素都为零的行列式叫作**下三角行列式**. 主对角线以下的元素都为零的行列式叫作**上三角行列式**.

例 1.7 利用行列式的定义计算下三角形行列式.

$$D_n=\begin{vmatrix} a_{11} & 0 & \cdots & 0 \\ a_{21} & a_{22} & \cdots & 0 \\ \vdots & \vdots & & \vdots \\ a_{n1} & a_{n2} & \cdots & a_{nn} \end{vmatrix}.$$

解　由于行列式中的一般项为 $(-1)^{\tau(p_1p_2\cdots p_n)}a_{1p_1}a_{2p_2}\cdots a_{np_n}$，而当 $p_i>i$ 时，$a_{ip_i}=0$，所以 D_n 中可能不为零的项 $(-1)^{\tau(p_1p_2\cdots p_n)}a_{1p_1}a_{2p_2}\cdots a_{np_n}$ 满足 $p_1\leqslant 1,p_2\leqslant 2,\cdots,p_n\leqslant n$，从而 $p_1=1,p_2=2,\cdots,p_n=n$，即

$$D_n=\begin{vmatrix} a_{11} & 0 & \cdots & 0 \\ a_{21} & a_{22} & \cdots & 0 \\ \vdots & \vdots & & \vdots \\ a_{n1} & a_{n2} & \cdots & a_{nn} \end{vmatrix}=(-1)^{\tau(12\cdots n)}a_{11}a_{22}\cdots a_{nn}=a_{11}a_{22}\cdots a_{nn}.$$

因此下三角行列式等于主对角线上的元素之积.

类似地，可得

$$\begin{vmatrix} 0 & 0 & \cdots & 0 & \lambda_1 \\ 0 & 0 & \cdots & \lambda_2 & 0 \\ \vdots & \vdots & & \vdots & \vdots \\ 0 & \lambda_{n-1} & \cdots & 0 & 0 \\ \lambda_n & 0 & \cdots & 0 & 0 \end{vmatrix}=(-1)^{\tau(n(n-1)\cdots 21)}\lambda_1\lambda_2\cdots\lambda_n=(-1)^{\frac{n(n-1)}{2}}\lambda_1\lambda_2\cdots\lambda_n.$$

定理 1.4　n 阶行列式也可定义为

$$\begin{vmatrix} a_{11} & a_{12} & \cdots & a_{1n} \\ a_{21} & a_{22} & \cdots & a_{2n} \\ \vdots & \vdots & & \vdots \\ a_{n1} & a_{n2} & \cdots & a_{nn} \end{vmatrix}=\sum_{q_1q_2\cdots q_n}(-1)^{\tau(q_1q_2\cdots q_n)}a_{q_11}a_{q_22}\cdots a_{q_nn}.$$

分析　记行列式为 D，由行列式的定义 $D=\sum\limits_{p_1p_2\cdots p_n}(-1)^{\tau(p_1p_2\cdots p_n)}a_{1p_1}a_{2p_2}\cdots a_{np_n}$，记 $D_1=\sum\limits_{q_1q_2\cdots q_n}(-1)^{\tau(q_1q_2\cdots q_n)}a_{q_11}a_{q_22}\cdots a_{q_nn}$. 显然 D 和 D_1 都是 $n!$ 项的代数和，要证明定理 1.4，只需证明 D 中任意一项总对应着 D_1 中的某一项，D_1 中任意一项总对应着 D 中的某一项即可.

***证明**　对 D 中任意一项

$$(-1)^{\tau(p_1\cdots p_i\cdots p_j\cdots p_n)}a_{1p_1}a_{2p_2}\cdots a_{ip_i}\cdots a_{jp_j}\cdots a_{np_n},$$

其中排列 $12\cdots i\cdots j\cdots n$ 为标准排列，对换因子 a_{ip_i} 与 a_{jp_j}，则

$$(-1)^{\tau(p_1\cdots p_i\cdots p_j\cdots p_n)}a_{1p_1}a_{2p_2}\cdots a_{ip_i}\cdots a_{jp_j}\cdots a_{np_n}=(-1)^{\tau(p_1\cdots p_i\cdots p_j\cdots p_n)}a_{1p_1}a_{2p_2}\cdots a_{jp_j}\cdots a_{ip_i}\cdots a_{np_n},$$

显然排列 $1\cdots j\cdots i\cdots n$ 是奇排列，所以 $t(1\cdots j\cdots i\cdots n)$ 是奇数，于是

$$(-1)^{\tau(p_1\cdots p_i\cdots p_j\cdots p_n)}=-(-1)^{\tau(p_1\cdots p_j\cdots p_i\cdots p_n)}=(-1)^{\tau(1\cdots j\cdots i\cdots n)+\tau(p_1\cdots p_j\cdots p_i\cdots p_n)}.$$

这表明，对换行列式某项乘积中两元素的次序，行标排列与列标排列同时做了相应对换，但行标排列与列标排列的逆序数之和的奇偶性不变. 从而，总可以经过有限次对换，使列标排列 $p_1\cdots p_i\cdots p_j\cdots p_n$ 变为标准排列，行标排列 $12\cdots i\cdots j\cdots n$ 变为某个新排列，记此新排列为 $q_1q_2\cdots q_n$，则

$$(-1)^{\tau(p_1p_2\cdots p_n)}a_{1p_1}a_{2p_2}\cdots a_{np_n}=(-1)^{\tau(q_1q_2\cdots q_n)}a_{q_11}a_{q_22}\cdots a_{q_nn}.$$

因此，对于 D 中任意一项，D_1 中总有一项与之对应并相等；反之，可证明对于 D_1 中任意一项，D 中也总有一项与之对应并相等，故 $D=D_1$.

证毕.

进一步，可以证明

$$\begin{vmatrix} a_{11} & a_{12} & \cdots & a_{1n} \\ a_{21} & a_{22} & \cdots & a_{2n} \\ \vdots & \vdots & & \vdots \\ a_{n1} & a_{n2} & \cdots & a_{nn} \end{vmatrix} = \sum (-1)^{\tau(p_1p_2\cdots p_n)+\tau(q_1q_2\cdots q_n)} a_{p_1q_1}a_{p_2q_2}\cdots a_{p_nq_n}.$$

习题 1.1

1. 利用对角线法则计算下列三阶行列式.

(1) $\begin{vmatrix} 2 & 0 & 1 \\ 1 & -4 & -1 \\ -1 & 8 & 3 \end{vmatrix}$；　(2) $\begin{vmatrix} 1 & 2 & -4 \\ -2 & 2 & 1 \\ -3 & 4 & -2 \end{vmatrix}$；

(3) $\begin{vmatrix} 1 & 1 & 1 \\ a & b & c \\ a^2 & b^2 & c^2 \end{vmatrix}$；　(4) $\begin{vmatrix} x & y & x+y \\ y & x+y & x \\ x+y & x & y \end{vmatrix}$.

2. 解线性方程组

(1) $\begin{cases} x_1+x_2-2x_3=-3, \\ x_1-2x_2+2x_3=2, \\ 2x_1-5x_2+4x_3=4. \end{cases}$　(2) $\begin{cases} x_1+x_2+x_3=2, \\ x_1+2x_2+4x_3=3, \\ x_1+3x_2+9x_3=5. \end{cases}$

3. 由数 $1,2,3,\cdots,n$ 组成的一个排列中，位于第 k 个位置的数 n 构成多少个逆序？

4. 计算下列排列的逆序数.

(1) 24315876；　(2) 127485639；

(3) $13\cdots(2n-1)24\cdots(2n)$；　(4) $13\cdots(2n-1)(2n)(2n-2)\cdots 2$.

5. 选择 i 与 j 使下述 9 元排列

(1) $1245i6j97$ 为奇排列；　(2) $3972i51j4$ 为偶排列.

6. 设五阶行列式

$$D=\begin{vmatrix} a_{11} & a_{12} & \cdots & a_{15} \\ a_{21} & a_{22} & \cdots & a_{25} \\ \vdots & \vdots & & \vdots \\ a_{51} & a_{52} & \cdots & a_{55} \end{vmatrix},$$

则下列各式是否为 D 的项？如果是，试确定它的正负号：

(1) $a_{31}a_{43}a_{21}a_{52}a_{55}$；　(2) $a_{31}a_{23}a_{45}a_{12}a_{54}$.

7. 写出四阶行列式 $\begin{vmatrix} a_{11} & a_{12} & a_{13} & a_{14} \\ a_{21} & a_{22} & a_{23} & a_{24} \\ a_{31} & a_{32} & a_{33} & a_{34} \\ a_{41} & a_{42} & a_{43} & a_{44} \end{vmatrix}$ 中带负号且含元素 $a_{23}a_{31}$ 的项.

8. 根据行列式定义计算下列 n 阶行列式：

(1) $\begin{vmatrix} 0 & 1 & 0 & \cdots & 0 \\ 0 & 0 & 2 & \cdots & 0 \\ \vdots & \vdots & \vdots & & \vdots \\ 0 & 0 & 0 & \cdots & n-1 \\ n & 0 & 0 & \cdots & 0 \end{vmatrix}$；　(2) $\begin{vmatrix} 0 & \cdots & 0 & 1 & 0 \\ 0 & \cdots & 2 & 0 & 0 \\ \vdots & & \vdots & \vdots & \vdots \\ n-1 & \cdots & 0 & 0 & 0 \\ 0 & \cdots & 0 & 0 & n \end{vmatrix}$.

1.2　行列式的性质与计算

为了简化行列式的计算，本节首先讨论行列式的性质，然后利用这些性质给出若干计算行列式的典型方法和计算技巧.

1.2.1　行列式的性质

1.1 节介绍了 n 阶行列式的定义，并利用定义计算了一些特殊的 n 阶行列式. 但当 n 较大时，用定义计算一般的 n 阶行列式并不容易. 为能简便计算行列式，需要研究行列式的性质. 首先给出行列式的转置行列式及行列式中元素的余子式和代数余子式的概念.

定义 1.9　设 n 阶行列式

$$D=\begin{vmatrix} a_{11} & a_{12} & \cdots & a_{1n} \\ a_{21} & a_{22} & \cdots & a_{2n} \\ \vdots & \vdots & & \vdots \\ a_{n1} & a_{n2} & \cdots & a_{nn} \end{vmatrix},$$

把 D 中的行与列互换，所得的行列式记为 D^{T}，即

$$D^{\mathrm{T}}=\begin{vmatrix} a_{11} & a_{21} & \cdots & a_{n1} \\ a_{12} & a_{22} & \cdots & a_{n2} \\ \vdots & \vdots & & \vdots \\ a_{1n} & a_{2n} & \cdots & a_{nn} \end{vmatrix},$$

称 D^{T} 为行列式 D 的**转置行列式**.

定义 1.10　划掉 $n(n>1)$ 阶行列式 D 中第 i 行第 j 列后所得的 $n-1$ 阶行列式记为 M_{ij}，称 M_{ij} 为行列式 D 中元素 a_{ij} 的**余子式**，$A_{ij}=(-1)^{i+j}M_{ij}$ 为元素 a_{ij} 的**代数余子式**.

例如，四阶行列式

$$\begin{vmatrix} a_{11} & a_{12} & a_{13} & a_{14} \\ a_{21} & a_{22} & a_{23} & a_{24} \\ a_{31} & a_{32} & a_{33} & a_{34} \\ a_{41} & a_{42} & a_{43} & a_{44} \end{vmatrix}$$

中元素 a_{32} 的余子式和代数余子式分别为

$$M_{32}=\begin{vmatrix} a_{11} & a_{13} & a_{14} \\ a_{21} & a_{23} & a_{24} \\ a_{41} & a_{43} & a_{44} \end{vmatrix} \text{和} A_{32}=(-1)^{3+2}\begin{vmatrix} a_{11} & a_{13} & a_{14} \\ a_{21} & a_{23} & a_{24} \\ a_{41} & a_{43} & a_{44} \end{vmatrix}.$$

性质 1.1 行列式与它的转置行列式相等，即 $D=D^{\mathrm{T}}$.

***证明** 记 $D=\det(a_{ij})$ 的转置行列式为 $D^{\mathrm{T}}=\det(b_{ij})$，则有 $b_{ij}=a_{ji}$. 利用行列式的定义 1.7 和定理 1.4 有

$$D^{\mathrm{T}}=\sum_{i_1i_2\cdots i_n}(-1)^{\tau(i_1i_2\cdots i_n)}b_{i_11}b_{i_22}\cdots b_{i_nn}=\sum_{i_1i_2\cdots i_n}(-1)^{\tau(i_1i_2\cdots i_n)}a_{1i_1}a_{2i_2}\cdots a_{ni_n}=D.$$

证毕.

例 1.8 计算上三角行列式

$$D_n=\begin{vmatrix} a_{11} & a_{12} & \cdots & a_{1n} \\ 0 & a_{22} & \cdots & a_{2n} \\ \vdots & \vdots & & \vdots \\ 0 & 0 & \cdots & a_{nn} \end{vmatrix}.$$

解 由例 1.7 知道下三角行列式的值等于主对角线上元素的乘积，利用性质 1.1 可知上三角行列式

$$D_n=D_n^{\mathrm{T}}=\begin{vmatrix} a_{11} & 0 & \cdots & 0 \\ a_{12} & a_{22} & \cdots & 0 \\ \vdots & \vdots & & \vdots \\ a_{1n} & a_{2n} & \cdots & a_{nn} \end{vmatrix}=a_{11}a_{22}\cdots a_{nn}.$$

注 1.4 性质 1.1 表明，行列式中行与列的地位是对等的，因此，凡是对行列式的行成立的性质，对行列式的列也同样成立，反之亦然.

性质 1.2 对换行列式的两行(或列)，行列式变号.

用 r_i 表示行列式的第 i 行，交换行列式的第 i 行与第 j 行记作 $r_i\leftrightarrow r_j$；用 c_i 表示行列式的第 i 列，交换行列式的第 i 列与第 j 列记作 $c_i\leftrightarrow c_j$.

***证明** 对行的情形，有

$$\begin{vmatrix} a_{11} & a_{12} & \cdots & a_{1n} \\ \vdots & \vdots & & \vdots \\ a_{p1} & a_{p2} & \cdots & a_{pn} \\ \vdots & \vdots & & \vdots \\ a_{q1} & a_{q2} & \cdots & a_{qn} \\ \vdots & \vdots & & \vdots \\ a_{n1} & a_{n2} & \cdots & a_{nn} \end{vmatrix} \xlongequal{r_p\leftrightarrow r_q} -\begin{vmatrix} a_{11} & a_{12} & \cdots & a_{1n} \\ \vdots & \vdots & & \vdots \\ a_{q1} & a_{q2} & \cdots & a_{qn} \\ \vdots & \vdots & & \vdots \\ a_{p1} & a_{p2} & \cdots & a_{pn} \\ \vdots & \vdots & & \vdots \\ a_{n1} & a_{n2} & \cdots & a_{nn} \end{vmatrix}$$

记上式左边行列式为 $\det(a_{ij})$，即有

$$\det(a_{ij})=\sum(-1)^{\tau(k_1\cdots k_p\cdots k_q\cdots k_n)}a_{1k_1}\cdots a_{pk_p}\cdots a_{qk_q}\cdots a_{nk_n},$$

其中 $1\cdots p\cdots q\cdots n$ 为标准排列.

又记 $\det(b_{ij})=-\begin{vmatrix} b_{11} & b_{12} & \cdots & b_{1n} \\ \vdots & \vdots & & \vdots \\ b_{p1} & b_{p2} & \cdots & b_{pn} \\ \vdots & \vdots & & \vdots \\ b_{q1} & b_{q2} & \cdots & b_{qn} \\ \vdots & \vdots & & \vdots \\ b_{n1} & b_{n2} & \cdots & b_{nn} \end{vmatrix}$，其中当 $i\neq p,q$ 时，$b_{ij}=a_{ij}$；当 $i=p,q$ 时，$b_{pj}=a_{qj}$，$b_{qj}=a_{pj}$. 即有 $\det(b_{ij})=-\begin{vmatrix} a_{11} & a_{12} & \cdots & a_{1n} \\ \vdots & \vdots & & \vdots \\ a_{q1} & a_{q2} & \cdots & a_{qn} \\ \vdots & \vdots & & \vdots \\ a_{p1} & a_{p2} & \cdots & a_{pn} \\ \vdots & \vdots & & \vdots \\ a_{n1} & a_{n2} & \cdots & a_{nn} \end{vmatrix}$.

由行列式的定义有

$$\begin{aligned}
\text{右边}=\det(b_{ij}) &= -\sum(-1)^{\tau(k_1\cdots k_p\cdots k_q\cdots k_n)}b_{1k_1}\cdots b_{pk_p}\cdots b_{qk_q}\cdots b_{nk_n} \\
&=-\sum(-1)^{\tau(k_1\cdots k_p\cdots k_q\cdots k_n)}a_{1k_1}\cdots a_{qk_p}\cdots a_{pk_q}\cdots a_{nk_n} \\
&=-\sum(-1)^{\tau(k_1\cdots k_p\cdots k_q\cdots k_n)}a_{1k_1}\cdots a_{pk_q}\cdots a_{qk_p}\cdots a_{nk_n} \\
&=-\sum(-1)\cdot(-1)^{\tau(k_1\cdots k_q\cdots k_p\cdots k_n)}a_{1k_1}\cdots a_{pk_q}\cdots a_{qk_p}\cdots a_{nk_n} \\
&=\sum(-1)^{\tau(k_1\cdots k_q\cdots k_p\cdots k_n)}a_{1k_1}\cdots a_{pk_q}\cdots a_{qk_p}\cdots a_{nk_n} \\
&=\det(a_{ij})=\text{左边}.
\end{aligned}$$

即性质 1.2 对行的情形成立，类似证明性质 1.2 对列的情形也成立.

证毕.

推论 1.1　若行列式有两行(或两列)对应元素完全相同，则该行列式的值等于零.

例 1.9　计算 n 阶行列式

$$D_n=\begin{vmatrix} 0 & 0 & \cdots & 0 & a_{1n} \\ 0 & 0 & \cdots & a_{2,n-1} & a_{2n} \\ \vdots & \vdots & & \vdots & \vdots \\ 0 & a_{n-1,2} & \cdots & a_{n-1,n-1} & a_{n-1,n} \\ a_{n1} & a_{n2} & \cdots & a_{n,n-1} & a_{nn} \end{vmatrix}.$$

解　观察行列式的元素特点，将行列式第 n 行依次与第 $n-1$ 行、第 $n-2$ 行交换……第 1 行对换，共进行 $n-1$ 次相邻行的对换后得到

$$D_n=(-1)^{n-1}\begin{vmatrix} a_{n1} & a_{n2} & \cdots & a_{n,n-1} & a_{nn} \\ 0 & 0 & \cdots & 0 & a_{1n} \\ 0 & 0 & \cdots & a_{2,n-1} & a_{2n} \\ \vdots & \vdots & & \vdots & \vdots \\ 0 & a_{n-1,2} & \cdots & a_{n-1,n-1} & a_{n-1,n} \end{vmatrix}$$

又将上面的行列式的第 n 行依次与第 $n-1$ 行、第 $n-2$ 行交换……第 2 行对换，共进行 $n-2$ 次相邻行的对换后得到

$$D_n=(-1)^{n-1}(-1)^{n-2}\begin{vmatrix} a_{n1} & a_{n2} & \cdots & a_{n,n-1} & a_{nn} \\ 0 & a_{n-1,2} & \cdots & a_{n-1,n-1} & a_{n-1,n} \\ 0 & 0 & \cdots & 0 & a_{1n} \\ \vdots & \vdots & & \vdots & \vdots \\ 0 & 0 & \cdots & a_{n-2,n-1} & a_{n-2,n} \end{vmatrix}$$

总之，对行列式做有限次相邻行的对换后，得到

$$D_n=(-1)^{n-1}(-1)^{n-2}\cdots(-1)^2(-1)\begin{vmatrix} a_{n1} & a_{n2} & \cdots & a_{n,n-1} & a_{nn} \\ 0 & a_{n-1,2} & \cdots & a_{n-1,n-1} & a_{n-1,n} \\ \vdots & \vdots & & \vdots & \vdots \\ 0 & 0 & \cdots & a_{2,n-1} & a_{2n} \\ 0 & 0 & \cdots & 0 & a_{1n} \end{vmatrix}$$

$$=(-1)^{\frac{n(n-1)}{2}}a_{1n}a_{2,n-1}\cdots a_{n-1,2}a_{n1}.$$

性质 1.3 行列式 D 的第 i 行(或列)各元素都乘以同一数 k 等于用数 k 乘以此行列式 D. 用数 k 乘以行列式的第 i 行(或列)，记作 $r_i\times k$(或 $c_i\times k$).

证明 对行的情形，将行列式 D 的第 i 行各元素都乘以同一数 k 后得到的行列式 D_1，则由行列式的定义有

$$D_1=\begin{vmatrix} a_{11} & a_{12} & \cdots & a_{1n} \\ \vdots & \vdots & & \vdots \\ ka_{i1} & ka_{i2} & \cdots & ka_{in} \\ \vdots & \vdots & & \vdots \\ a_{n1} & a_{n2} & \cdots & a_{nn} \end{vmatrix}=\sum_{p_1p_2\cdots p_n}(-1)^{\tau(p_1p_2\cdots p_n)}a_{1p_1}a_{2p_2}\cdots ka_{ip_i}\cdots a_{np_n}$$

$$=k\sum_{p_1p_2\cdots p_n}(-1)^{\tau(p_1p_2\cdots p_n)}a_{1p_1}a_{2p_2}\cdots a_{ip_i}\cdots a_{np_n}$$

$$=kD.$$

即性质 1.3 对行的情形成立，类似证明性质 1.3 对列的情形也成立.

证毕.

推论 1.2 行列式的某一行(或列)所有元素的公因式可以提到行列式记号外.

例 1.10 计算行列式

$$D_4=\begin{vmatrix} 1 & 2 & 3 & 4 \\ 2 & 3 & -4 & 6 \\ 3 & 3 & 5 & 6 \\ 4 & -1 & 2 & -2 \end{vmatrix}.$$

解 观察行列式的元素特点，发现行列式 D_4 中第 4 列所有元素有公因子 2，所以先把 D_4 中第 4 列元素的公因子 2 提到行列式记号外，即

$$D_4=2\begin{vmatrix} 1 & 2 & 3 & 2 \\ 2 & 3 & -4 & 3 \\ 3 & 3 & 5 & 3 \\ 4 & -1 & 2 & -1 \end{vmatrix},$$

再观察新行列式，发现新行列式的第 2 列与第 4 列对应元素完全相同，即新行列式的值等于零，因此 $D_4=0$.

推论 1.3　若行列式中有两行(或两列)的元素对应成比例，则该行列式的值等于零.

性质 1.4　某一行(或列)的元素都是两数之和的行列式可分解为两个行列式的和.

证明　若行列式 D 的第 i 行元素都是两个数之和，即

$$\begin{vmatrix} a_{11} & a_{12} & \cdots & a_{1n} \\ \vdots & \vdots & & \vdots \\ b_{i1}+c_{i1} & b_{i2}+c_{i2} & \cdots & b_{in}+c_{in} \\ \vdots & \vdots & & \vdots \\ a_{n1} & a_{n2} & \cdots & a_{nn} \end{vmatrix} = \sum_{p_1p_2\cdots p_n} (-1)^{\tau(p_1p_2\cdots p_n)} a_{1p_1}a_{2p_2}\cdots(b_{ip_i}+c_{ip_i})\cdots a_{np_n}$$

$$= \sum_{p_1p_2\cdots p_n} (-1)^{\tau(p_1p_2\cdots p_n)} a_{1p_1}a_{2p_2}\cdots b_{ip_i}\cdots a_{np_n} + \sum_{p_1p_2\cdots p_n} (-1)^{\tau(p_1p_2\cdots p_n)} a_{1p_1}a_{2p_2}\cdots c_{ip_i}\cdots a_{np_n}$$

$$= \begin{vmatrix} a_{11} & a_{12} & \cdots & a_{1n} \\ \vdots & \vdots & & \vdots \\ b_{i1} & b_{i2} & \cdots & b_{in} \\ \vdots & \vdots & & \vdots \\ a_{n1} & a_{n2} & \cdots & a_{nn} \end{vmatrix} + \begin{vmatrix} a_{11} & a_{12} & \cdots & a_{1n} \\ \vdots & \vdots & & \vdots \\ c_{i1} & c_{i2} & \cdots & c_{in} \\ \vdots & \vdots & & \vdots \\ a_{n1} & a_{n2} & \cdots & a_{nn} \end{vmatrix}.$$

即性质 1.4 对行的情形成立，类似证明性质 1.4 对列的情形也成立.

证毕.

推论 1.4　某一行(或列)的元素都是 n 个数之和的行列式可分解为 n 个行列式的和.

推论 1.5　每个元素都是两个数之和的 n 阶行列式可分解为 2^n 个行列式的和.

利用推论 1.3 及性质 1.4 容易证明.

性质 1.5　把行列式某一行(或列)的各元素都乘以同一个数 k 加到另一行(或列)的对应元素上去，行列式的值不变.

用数 k 乘以行列式的第 j 行加到第 i 行上，记作 $r_i+kr_j(i\neq j)$；用数 k 乘以行列式的第 j 列加到第 i 列上，记作 $c_i+kc_j(i\neq j)$.

性质 1.5 对行的情形可表示为

$$\begin{vmatrix} a_{11} & a_{12} & \cdots & a_{1n} \\ \vdots & \vdots & & \vdots \\ a_{i1} & a_{i2} & \cdots & a_{in} \\ \vdots & \vdots & & \vdots \\ a_{j1} & a_{j2} & \cdots & a_{jn} \\ \vdots & \vdots & & \vdots \\ a_{n1} & a_{n2} & \cdots & a_{nn} \end{vmatrix} \xlongequal{r_i+kr_j} \begin{vmatrix} a_{11} & a_{12} & \cdots & a_{1n} \\ \vdots & \vdots & & \vdots \\ a_{i1}+ka_{j1} & a_{i2}+ka_{j2} & \cdots & a_{in}+ka_{jn} \\ \vdots & \vdots & & \vdots \\ a_{j1} & a_{j2} & \cdots & a_{jn} \\ \vdots & \vdots & & \vdots \\ a_{n1} & a_{n2} & \cdots & a_{nn} \end{vmatrix}.$$

注 1.5　运算 r_i+r_j 与 r_j+r_i 是不同的. 同样，记号 r_i+kr_j 不能写成 kr_j+r_i(此处格式是使用计算机非形式化语言进行描述的).

性质 1.6　n 阶行列式 D 等于它的第 i 行(或第 j 列)的各元素与其对应的代数余子式乘积之和，即

$$D=a_{i1}\cdot A_{i1}+a_{i2}\cdot A_{i2}+\cdots+a_{in}\cdot A_{in},\ i=1,2,\cdots,n.$$
$$=a_{1j}\cdot A_{1j}+a_{2j}\cdot A_{2j}+\cdots+a_{nj}\cdot A_{nj},j=1,2,\cdots,n.$$

***证明** 先证明特殊情形.

如果 n 阶行列式 D 中第 i 行除元素 a_{ij} 外其余元素都为零，那么 D 等于 a_{ij} 与其代数余子式 A_{ij} 的乘积，即 $D=a_{ij}A_{ij}$.

若 $(i,j)=(n,n)$，此时

$$D=\begin{vmatrix} a_{11} & a_{12} & \cdots & a_{1n} \\ a_{21} & a_{22} & \cdots & a_{2n} \\ \vdots & \vdots & & \vdots \\ a_{n-1,1} & a_{n-1,2} & \cdots & a_{n-1,n} \\ 0 & 0 & \cdots & a_{n,n} \end{vmatrix}=\sum_{j_1j_2\cdots j_n}(-1)^{\tau(j_1j_2\cdots j_n)}a_{1j_1}a_{2j_2}\cdots a_{nj_n}.$$

由于只有 $j_n=n$ 时，a_{nj_n} 才可能不为 0，于是

$$\begin{aligned} D&=\sum_{j_1j_2\cdots j_{n-1}}(-1)^{\tau(j_1j_2\cdots j_{n-1}n)}a_{1j_1}a_{2j_2}\cdots a_{n-1j_{n-1}}a_{nn} \\ &=a_{nn}\sum_{j_1j_2\cdots j_{n-1}}(-1)^{\tau(j_1j_2\cdots j_{n-1})}a_{1j_1}a_{2j_2}\cdots a_{n-1j_{n-1}}=a_{nn}M_{nn} \\ &=(-1)^{n+n}a_{nn}M_{nn}=a_{nn}A_{nn}. \end{aligned}$$

则对于

$$D=\begin{vmatrix} a_{11} & \cdots & a_{1j} & \cdots & a_{1n} \\ \vdots & & \vdots & & \vdots \\ 0 & \cdots & a_{ij} & \cdots & 0 \\ \vdots & & \vdots & & \vdots \\ a_{n1} & \cdots & a_{nj} & \cdots & a_{nn} \end{vmatrix}\xlongequal[\substack{\cdots\cdots \\ r_{n-1}\leftrightarrow r_n}]{\substack{r_i\leftrightarrow r_{i+1} \\ r_{i+1}\leftrightarrow r_{i+2}}}(-1)^{n-i}\begin{vmatrix} a_{11} & \cdots & a_{1j} & \cdots & a_{1n} \\ \vdots & & \vdots & & \vdots \\ a_{i-1,1} & \cdots & a_{i-1,j} & \cdots & a_{i-1,n} \\ a_{i+1,1} & \cdots & a_{i+1,j} & \cdots & a_{i+1,n} \\ \vdots & & \vdots & & \vdots \\ a_{n1} & \cdots & a_{nj} & \cdots & a_{nn} \\ 0 & \cdots & a_{ij} & \cdots & 0 \end{vmatrix}$$

$$\xlongequal[\substack{\cdots\cdots \\ c_{n-1}\leftrightarrow c_n}]{\substack{c_j\leftrightarrow c_{j+1} \\ c_{j+1}\leftrightarrow c_{j+2}}}(-1)^{n-i}\cdot(-1)^{n-j}\begin{vmatrix} a_{11} & \cdots & a_{1j-1} & a_{1j+1} & \cdots & a_{1n} & a_{1j} \\ \vdots & & \vdots & \vdots & & \vdots & \vdots \\ a_{i-1,1} & \cdots & a_{i-1,j-1} & a_{i-1,j+1} & \cdots & a_{i-1,n} & a_{i-1,j} \\ a_{i+1,1} & \cdots & a_{i+1,j-1} & a_{i+1,j+1} & \cdots & a_{i+1,n} & a_{i+1,j} \\ \vdots & & \vdots & \vdots & & \vdots & \vdots \\ a_{n1} & \cdots & a_{n,j-1} & a_{n,j+1} & \cdots & a_{nn} & a_{nj} \\ 0 & \cdots & 0 & 0 & \cdots & 0 & a_{ij} \end{vmatrix}$$

$$=a_{ij}((-1)^{(n-i)+(n-j)}M_{ij})=a_{ij}((-1)^{i+j}M_{ij})=a_{ij}A_{ij}.$$

再证明一般情形.

将 n 阶行列式 D 中第 i 行的各元素都表示为 n 项之和，并利用推论 1.4 得

$$D=\begin{vmatrix} a_{11} & a_{12} & \cdots & a_{1n} \\ \vdots & \vdots & & \vdots \\ a_{i1}+0+\cdots+0 & 0+a_{i2}+0+\cdots+0 & \cdots & 0+0+\cdots+0+a_{in} \\ \vdots & \vdots & & \vdots \\ a_{n1} & a_{n2} & \cdots & a_{n2} \end{vmatrix}$$

$$=\begin{vmatrix} a_{11} & a_{12} & \cdots & a_{1n} \\ \vdots & \vdots & & \vdots \\ a_{i1} & 0 & \cdots & 0 \\ \vdots & \vdots & & \vdots \\ a_{n1} & a_{n2} & \cdots & a_{nn} \end{vmatrix}+\begin{vmatrix} a_{11} & a_{12} & \cdots & a_{1n} \\ \vdots & \vdots & & \vdots \\ 0 & a_{i2} & \cdots & 0 \\ \vdots & \vdots & & \vdots \\ a_{n1} & a_{n2} & \cdots & a_{nn} \end{vmatrix}+\cdots+\begin{vmatrix} a_{11} & a_{12} & \cdots & a_{1n} \\ \vdots & \vdots & & \vdots \\ 0 & 0 & \cdots & a_{in} \\ \vdots & \vdots & & \vdots \\ a_{n1} & a_{n2} & \cdots & a_{nn} \end{vmatrix}$$

$$=a_{i1}A_{i1}+a_{i2}A_{i2}+\cdots+a_{in}A_{in},\ i=1,2,\cdots,n.$$

同理，按列可得

$$D=a_{1j}A_{1j}+a_{2j}A_{2j}+\cdots+a_{nj}A_{nj},j=1,2,\cdots,n.$$

证毕.

性质 1.6 也叫行列式按一行(或列)的展开法则，利用此法则可将 n 阶行列式用 $n-1$ 阶行列式来表示.

1.2.2　行列式的计算

行列式的性质 1.2、性质 1.3 和性质 1.5 介绍了行列式关于行和列的三种运算，即 $r_i\leftrightarrow r_j$，$r_i\times k$，r_i+kr_j 和 $c_i\leftrightarrow c_j$，$c_i\times k$，c_i+kc_j；性质 1.6 表明行列式按任一行(或列)展开，可把 $n(n>1)$ 阶行列式降为 $n-1$ 阶行列式；又由例 1.7 及例 1.8 知道三角行列式的值等于主对角线上元素之积，因此我们得到以下两种计算行列式的基本方法.

(1)三角形法：利用行列式的性质把所给行列式化为三角行列式，从而得到行列式的值.

(2)降阶法：利用行列式性质把所给行列式中某一行(或列)中尽可能多的元素化为零，然后把行列式按这一行(或列)展开，达到降阶的目的，从而简化行列式的计算.

例 1.11　计算行列式

$$D=\begin{vmatrix} 3 & 1 & -1 & 2 \\ -5 & 1 & 3 & -4 \\ 2 & 0 & 1 & -1 \\ 10 & 0 & -3 & 4 \end{vmatrix}.$$

解　(1)三角形法.

$$D\xlongequal{c_1\leftrightarrow c_2}-\begin{vmatrix} 1 & 3 & -1 & 2 \\ 1 & -5 & 3 & -4 \\ 0 & 2 & 1 & -1 \\ 0 & 10 & -3 & 4 \end{vmatrix}\xlongequal{r_2+(-1)r_1}-\begin{vmatrix} 1 & 3 & -1 & 2 \\ 0 & -8 & 4 & -6 \\ 0 & 2 & 1 & -1 \\ 0 & 10 & -3 & 4 \end{vmatrix}$$

$$\xlongequal[r_4-5r_3]{r_2+4r_3}-\begin{vmatrix} 1 & 3 & -1 & 2 \\ 0 & 0 & 8 & -10 \\ 0 & 2 & 1 & -1 \\ 0 & 0 & -8 & 9 \end{vmatrix}\xlongequal{r_4+r_2}-\begin{vmatrix} 1 & 3 & -1 & 2 \\ 0 & 0 & 8 & -10 \\ 0 & 2 & 1 & -1 \\ 0 & 0 & 0 & -1 \end{vmatrix}$$

$$\xlongequal{r_2\leftrightarrow r_3}\begin{vmatrix} 1 & 3 & -1 & 2 \\ 0 & 2 & 1 & -1 \\ 0 & 0 & 8 & -10 \\ 0 & 0 & 0 & -1 \end{vmatrix}=-16.$$

注 1.6　计算行列式时，尽量避免把元素变成分数，否则将给后面的计算增加困难.

(2)降阶法.

观察到所给行列式中第 2 列已有两个零元，若能在行列式的第 2 列再增加一个零元，则行列式按第 2 列展开，所给的四阶行列式就降为三阶行列式了.

$$D\xlongequal{r_2+(-1)r_1}\begin{vmatrix}3&1&-1&2\\-8&0&4&-6\\2&0&1&-1\\10&0&-3&4\end{vmatrix}\xlongequal{\text{按第 2 列展开}}1\cdot(-1)^{1+2}\begin{vmatrix}-8&4&-6\\2&1&-1\\10&-3&4\end{vmatrix}$$

$$\xlongequal[c_3+c_2]{c_1+(-2)c_2}-\begin{vmatrix}-16&4&-2\\0&1&0\\16&-3&1\end{vmatrix}\xlongequal{\text{按第 2 行展开}}-1\cdot(-1)^{2+2}\begin{vmatrix}-16&-2\\16&1\end{vmatrix}$$

$$=-16.$$

注 1.7 将计算行列式的三角形法和降阶法结合起来使用，能使行列式的计算更简便.

例 1.12 计算

$$D=\begin{vmatrix}a&b&c&d\\a&a+b&a+b+c&a+b+c+d\\a&2a+b&3a+2b+c&4a+3b+2c+d\\a&3a+b&6a+3b+c&10a+6b+3c+d\end{vmatrix}.$$

解 注意到所给行列式的第 1 列元素相同，并且相邻两行元素相差结果较简单.

$$D\xlongequal[\substack{r_3+(-1)r_2\\r_2+(-1)r_1}]{r_4+(-1)r_3}\begin{vmatrix}a&b&c&d\\0&a&a+b&a+b+c\\0&a&2a+b&3a+2b+c\\0&a&3a+b&6a+3b+c\end{vmatrix}\xlongequal{\text{按第 1 列展开}}a\cdot(-1)^{1+1}\begin{vmatrix}a&a+b&a+b+c\\a&2a+b&3a+2b+c\\a&3a+b&6a+3b+c\end{vmatrix}$$

$$\xlongequal[r_2+(-1)r_1]{r_3+(-1)r_2}a\begin{vmatrix}a&a+b&a+b+c\\0&a&2a+b\\0&a&3a+b\end{vmatrix}\xlongequal{\text{按第 1 列展开}}a\cdot a\cdot(-1)^{1+1}\begin{vmatrix}a&2a+b\\a&3a+b\end{vmatrix}=a^4.$$

例 1.13 计算

$$D=\begin{vmatrix}1+a_1&1&1&1\\1&1+a_2&1&1\\1&1&1+a_3&1\\1&1&1&1+a_4\end{vmatrix},\quad a_1a_2a_3a_4\neq0.$$

解 注意到所给行列式中每个元素都有 1，先用行列式性质把行列式中一些元素化为零.

$$D\xlongequal[\substack{r_3+(-1)r_1\\r_4+(-1)r_1}]{r_2+(-1)r_1}\begin{vmatrix}1+a_1&1&1&1\\-a_1&a_2&0&0\\-a_1&0&a_3&0\\-a_1&0&0&a_4\end{vmatrix}=a_1a_2a_3a_4\begin{vmatrix}1+\frac{1}{a_1}&\frac{1}{a_2}&\frac{1}{a_3}&\frac{1}{a_4}\\-1&1&0&0\\-1&0&1&0\\-1&0&0&1\end{vmatrix}$$

$$=a_1a_2a_3a_4\begin{vmatrix}1+\frac{1}{a_1}+\frac{1}{a_2}+\frac{1}{a_3}+\frac{1}{a_4}&0&0&0\\0&1&0&0\\0&0&1&0\\0&0&0&1\end{vmatrix}=\left(1+\sum_{i=1}^{4}\frac{1}{a_i}\right)a_1a_2a_3a_4.$$

例 1.14 计算 n 阶行列式

$$D_n=\begin{vmatrix} x & a & \cdots & a & a \\ a & x & \cdots & a & a \\ \vdots & \vdots & & \vdots & \vdots \\ a & a & \cdots & x & a \\ a & a & \cdots & a & x \end{vmatrix}.$$

解 由于所给行列式每行所有元素的和相等，故将行列式第 $2,3,\cdots,n$ 列都加到第 1 列，能得到第 1 列元素相同的行列式，再用行列式性质即可得到第 1 列除第 1 个元素外其余元素都为零的行列式，进而可用行列式的性质降阶.

$$D_n=\begin{vmatrix} x+(n-1)a & a & \cdots & a & a \\ x+(n-1)a & x & \cdots & a & a \\ \vdots & \vdots & & \vdots & \vdots \\ x+(n-1)a & a & \cdots & x & a \\ x+(n-1)a & a & \cdots & a & x \end{vmatrix}=\begin{vmatrix} x+(n-1)a & a & \cdots & a & a \\ 0 & x-a & \cdots & 0 & 0 \\ \vdots & \vdots & & \vdots & \vdots \\ 0 & 0 & \cdots & x-a & 0 \\ 0 & 0 & \cdots & 0 & x-a \end{vmatrix}$$

$$=[x+(n-1)a](x-a)^{n-1}.$$

对于例 1.14 那样，若所给行列式每一行(或列)所有元素的和相等，则将行列式第 $2,3,\cdots,n$列(或行)都加到第 1 列(或行)，便能得到第 1 列(或行)元素相同的行列式，再用行列式性质即可得到第 1 列(或行)除第 1 个元素外其余元素都为零的行列式，就能把行列式降阶.

上述例题可见，利用运算 r_i+kr_j(或 c_i+kc_j)能把行列式化为三角行列式. 事实上，用数学归纳法可以证明任何 n 阶行列式总能利用运算 r_i+kr_j(或 c_i+kc_j)化为下三角行列式.

例 1.15 设

$$D=\begin{vmatrix} a_{11} & \cdots & a_{1n} & 0 & \cdots & 0 \\ \vdots & & \vdots & \vdots & & \vdots \\ a_{n1} & \cdots & a_{nn} & 0 & \cdots & 0 \\ c_{11} & \cdots & c_{1n} & b_{11} & \cdots & b_{1m} \\ \vdots & & \vdots & \vdots & & \vdots \\ c_{m1} & \cdots & c_{mn} & b_{m1} & \cdots & b_{mm} \end{vmatrix},\ D_1=\begin{vmatrix} a_{11} & \cdots & a_{1n} \\ \vdots & & \vdots \\ a_{n1} & \cdots & a_{nn} \end{vmatrix},\ D_2=\begin{vmatrix} b_{11} & \cdots & b_{1m} \\ \vdots & & \vdots \\ b_{m1} & \cdots & b_{mm} \end{vmatrix}.$$

证明：$D=D_1D_2$.

证明 对行列式 D_1 做运算 r_i+kr_j，把 D_1 化为下三角行列式

$$D_1=\begin{vmatrix} p_{11} & \cdots & 0 \\ \vdots & & \vdots \\ p_{n1} & \cdots & p_{nn} \end{vmatrix}=p_{11}\cdots p_{nn},$$

对行列式 D_2 做运算 c_i+kc_j，把 D_2 化为下三角行列式

$$D_2=\begin{vmatrix} q_{11} & \cdots & 0 \\ \vdots & & \vdots \\ q_{m1} & \cdots & q_{mm} \end{vmatrix}=q_{11}\cdots q_{mm},$$

于是对 D 的前 n 行做与 D_1 相同的运算 r_i+kr_j，再对 D 的后 m 列做与 D_2 相同的运算 c_i+kc_j，可把 D 化为下三角行列式

$$D=\begin{vmatrix} p_{11} & \cdots & 0 & 0 & \cdots & 0 \\ \vdots & & \vdots & \vdots & & \vdots \\ p_{n1} & \cdots & p_{nn} & 0 & \cdots & 0 \\ c_{11} & \cdots & c_{1n} & q_{11} & \cdots & 0 \\ \vdots & & \vdots & \vdots & & \vdots \\ c_{m1} & \cdots & c_{mn} & q_{m1} & \cdots & q_{mm} \end{vmatrix},$$

故

$$D=p_{11}\cdots p_{nn}q_{11}\cdots q_{mm}=D_1D_2.$$

证毕.

例 1.16 计算 $2n$ 阶行列式

$$D_{2n}=\begin{vmatrix} a & & & & & b \\ & \ddots & & & \therefore & \\ & & a & b & & \\ & & c & d & & \\ & \therefore & & & \ddots & \\ c & & & & & d \end{vmatrix},$$

其中行列式中未写出的元素均为零.

解 $n=2$ 时，$D_2=\begin{vmatrix} a & b \\ c & d \end{vmatrix}=ad-bc$;

$n>2$ 时，把 D_{2n} 的第 $2n$ 行依次与第 $2n-1$ 行、第 $2n-2$ 行、…、第 2 行做相邻行的对换，得

$$D_{2n}=(-1)^{2n-2}\begin{vmatrix} a & 0 & & & & & 0 & b \\ c & 0 & & & & & 0 & d \\ 0 & a & & & & & b & 0 \\ & & \ddots & & & \therefore & & \\ & & & a & b & & & \\ & & & c & d & & & \\ & & \therefore & & & \ddots & & \\ 0 & c & & & & & d & 0 \end{vmatrix},$$

再把 D_{2n} 的第 $2n$ 列依次与第 $2n-1$ 列、第 $2n-2$ 列、…、第 2 列做相邻列的对换，得

$$D_{2n}=\begin{vmatrix} a & b & 0 & & & & & 0 \\ c & d & 0 & & & & & 0 \\ 0 & 0 & a & & & & & b \\ & & & \ddots & & & \therefore & \\ & & & & a & b & & \\ & & & & c & d & & \\ & & & \therefore & & & \ddots & \\ 0 & 0 & c & & & & & d \end{vmatrix}.$$

利用例 1.15 的结果得递推公式

$$D_{2n}=D_2D_{2(n-1)}=(ad-bc)D_{2(n-1)}.$$

于是
$$\begin{aligned}D_{2n}&=(ad-bc)D_{2(n-1)}=(ad-bc)^2D_{2(n-2)}\\&=\cdots\cdots\\&=(ad-bc)^{n-1}D_2=(ad-bc)^n.\end{aligned}$$

例 1.17　计算 n 阶行列式

$$D_n=\begin{vmatrix}a_0 & -1 & 0 & \cdots & 0 & 0\\ a_1 & x & -1 & \cdots & 0 & 0\\ a_2 & 0 & x & \cdots & 0 & 0\\ \vdots & \vdots & \vdots & & \vdots & \vdots\\ a_{n-2} & 0 & 0 & \cdots & x & -1\\ a_{n-1} & 0 & 0 & \cdots & 0 & x\end{vmatrix}.$$

解　$n=2$ 时，$D_2=\begin{vmatrix}a_0 & -1\\ a_1 & x\end{vmatrix}=a_0x+a_1$；

$n>2$ 时，注意到所给行列式中第 1 行和第 n 行至多有两个元素不为零，并且第 n 行第 1 个元素的余子式是三角行列式，第 n 行第 n 个元素的余子式与所给行列式有相同的形式，因此将所给行列式按第 n 行展开，得

$$D_n=a_{n-1}\cdot(-1)^{n+1}\begin{vmatrix}-1 & 0 & \cdots & 0 & 0\\ x & -1 & \cdots & 0 & 0\\ 0 & x & \cdots & 0 & 0\\ \vdots & \vdots & & \vdots & \vdots\\ 0 & 0 & \cdots & x & -1\end{vmatrix}+x\cdot(-1)^{n+n}\begin{vmatrix}a_0 & -1 & 0 & \cdots & 0\\ a_1 & x & -1 & \cdots & 0\\ a_2 & 0 & x & \cdots & 0\\ \vdots & \vdots & \vdots & & \vdots\\ a_{n-2} & 0 & 0 & \cdots & x\end{vmatrix}.$$

其中第 1 个 $n-1$ 阶行列式等于$(-1)^{n-1}$，第 2 个 $n-1$ 阶行列式与 D_n 有相同的形式，把它记作 D_{n-1}，于是

$$D_n=(-1)^{n+1}(-1)^{n-1}a_{n-1}+(-1)^{n+n}xD_{n-1}=a_{n-1}+xD_{n-1}.$$

这个式子对于任何 $n(n>2)$ 都成立，因此有

$$\begin{aligned}D_n&=a_{n-1}+xD_{n-1}\\&=a_{n-1}+x(a_{n-2}+xD_{n-2})=a_{n-1}+a_{n-2}x+x^2D_{n-2}\\&=\cdots\cdots\\&=a_{n-1}+a_{n-2}x+\cdots+a_2x^{n-3}+x^{n-2}D_2\\&=a_{n-1}+a_{n-2}x+\cdots+a_1x^{n-2}+a_0x^{n-1}.\end{aligned}$$

如例 1.16 及例 1.17 那样，把行列式的计算归结为形式相同而阶数较低的行列式的计算方法，称为递推关系法. 计算行列式的值有时还用到“加边法”：利用行列式按行(或列)展开法则，将 n 阶行列式变成易于化简的 $n+1$ 阶行列式后，再进行计算.

例 1.18　计算四阶行列式

$$D=\begin{vmatrix}1+x & 1 & 1 & 1\\ 1 & 1-x & 1 & 1\\ 1 & 1 & 1+y & 1\\ 1 & 1 & 1 & 1-y\end{vmatrix}.$$

解 当 $x=0$ 或 $y=0$ 时，$D=0$.

当 $xy\neq 0$ 时，

$$D=\begin{vmatrix}1&1&1&1&1\\0&1+x&1&1&1\\0&1&1-x&1&1\\0&1&1&1+y&1\\0&1&1&1&1-y\end{vmatrix}\xlongequal[i=2,3,4,5]{r_i-r_1}\begin{vmatrix}1&1&1&1&1\\-1&x&0&0&0\\-1&0&-x&0&0\\-1&0&0&y&0\\-1&0&0&0&-y\end{vmatrix}$$

$$\xlongequal{c_1+\frac{1}{x}c_2-\frac{1}{x}c_3+\frac{1}{y}c_4-\frac{1}{y}c_5}\begin{vmatrix}1&1&1&1&1\\0&x&0&0&0\\0&0&-x&0&0\\0&0&0&y&0\\0&0&0&0&-y\end{vmatrix}=x^2y^2.$$

例 1.19 证明 n 阶范德蒙德(Vandermonde)行列式

$$D_n=\begin{vmatrix}1&1&1&\cdots&1\\a_1&a_2&a_3&\cdots&a_n\\a_1^2&a_2^2&a_3^2&\cdots&a_n^2\\\vdots&\vdots&\vdots&&\vdots\\a_1^{n-1}&a_2^{n-1}&a_3^{n-1}&\cdots&a_n^{n-1}\end{vmatrix}=\prod_{1\leqslant j<i\leqslant n}(a_i-a_j).$$

其中“Π”为连乘号，“$\prod\limits_{1\leqslant j<i\leqslant n}(a_i-a_j)$”表示 $a_1,a_2,\cdots,a_n$ 这 n 个数的所有可能的因式 $(a_i-a_j)(i>j)$ 的连乘积.

证明 用数学归纳法.

(1) $n=2$ 时，$D_2=\begin{vmatrix}1&1\\a_1&a_2\end{vmatrix}=a_2-a_1$，结论成立.

(2) 假设对于 $n-1$ 阶范德蒙行列式，结论成立，即有

$$\begin{vmatrix}1&1&\cdots&1\\a_2&a_3&\cdots&a_n\\\vdots&\vdots&&\vdots\\a_2^{n-2}&a_3^{n-2}&\cdots&a_n^{n-2}\end{vmatrix}=\prod_{2\leqslant j<i\leqslant n}(a_i-a_j),$$

下面证明对于 n，结论也成立.

将 D_n 从第 n 行开始，后一行减前一行的 a_1 倍，得

$$D_n\xlongequal[i=n,n-1,\cdots,2]{r_i-r_{i-1}\cdot a_1}\begin{vmatrix}1&1&1&\cdots&1\\0&a_2-a_1&a_3-a_1&\cdots&a_n-a_1\\0&a_2(a_2-a_1)&a_3(a_3-a_1)&\cdots&a_n(a_n-a_1)\\\vdots&\vdots&\vdots&&\vdots\\0&a_2^{n-2}(a_2-a_1)&a_3^{n-2}(a_3-a_1)&\cdots&a_n^{n-2}(a_n-a_1)\end{vmatrix}$$

$$\xlongequal{\text{按第 1 列展开}}\begin{vmatrix}a_2-a_1&a_3-a_1&\cdots&a_n-a_1\\a_2(a_2-a_1)&a_3(a_3-a_1)&\cdots&a_n(a_n-a_1)\\\vdots&\vdots&&\vdots\\a_2^{n-2}(a_2-a_1)&a_3^{n-2}(a_3-a_1)&\cdots&a_n^{n-2}(a_n-a_1)\end{vmatrix}$$

$$\xlongequal{\text{各列提公因子}}(a_2-a_1)(a_3-a_1)\cdots(a_n-a_1)\begin{vmatrix} 1 & 1 & \cdots & 1 \\ a_2 & a_3 & \cdots & a_n \\ \vdots & \vdots & & \vdots \\ a_2^{n-2} & a_3^{n-2} & \cdots & a_n^{n-2} \end{vmatrix}$$

$$\xlongequal{\text{用假设}}(a_2-a_1)(a_3-a_1)\cdots(a_n-a_1)\prod_{2\leqslant j<i\leqslant n}(a_i-a_j),$$

$$=\prod_{1\leqslant j<i\leqslant n}(a_i-a_j).$$

证毕.

注 1.8　例 1.19 的证明过程引入了证明行列式等式的又一种方法——数学归纳法. 计算或证明行列式用哪种方法简便，必须根据具体问题具体分析，在学习过程中应注意总结与归纳.

由行列式按行(或列)的展开法则知道行列式等于它的某一行(或列)的各元素与该元素的代数余子式乘积之和，而行列式中各元素的代数余子式与该元素的值无关，因此若有两个同阶行列式，除第 k 行(或第 k 列)外，其余元素对应相等，则这两个行列式第 k 行(或第 k 列)元素的代数余子式也是对应相等的. 利用这一性质，可将行列式的某一行(或列)元素的代数余子式的线性关系式转化为行列式，即有

$$b_1A_{i1}+b_2A_{i2}+\cdots+b_nA_{in}=\begin{vmatrix} a_{11} & a_{12} & \cdots & a_{1n} \\ \vdots & \vdots & & \vdots \\ a_{i-1,1} & a_{i-1,2} & \cdots & a_{i-1,n} \\ b_1 & b_2 & \cdots & b_n \\ a_{i+1,1} & a_{i+1,2} & \cdots & a_{i+1,n} \\ \vdots & \vdots & & \vdots \\ a_{n1} & a_{n2} & \cdots & a_{nn} \end{vmatrix}, \tag{1.2.1}$$

式(1.2.1)左端是行列式中第 i 行元素的代数余子式的线性关系式，右端的行列式就是用左端代数余子式线性关系式中的系数 $b_1,b_2,\cdots,b_n$ 依次替换行列式 $\det(a_{ij})$ 中第 i 行元素 $a_{i1},a_{i2},\cdots,a_{in}$得到的.

$$b_1A_{1j}+b_2A_{2j}+\cdots+b_nA_{nj}=\begin{vmatrix} a_{11} & \cdots & a_{1,j-1} & b_1 & a_{1,j+1} & \cdots & a_{1n} \\ a_{21} & \cdots & a_{2,j-1} & b_2 & a_{2,j+1} & \cdots & a_{2n} \\ \vdots & & \vdots & \vdots & \vdots & & \vdots \\ a_{n1} & \cdots & a_{n,j-1} & b_n & a_{n,j+1} & \cdots & a_{nn} \end{vmatrix}, \tag{1.2.2}$$

式(1.2.2)左端是行列式中第j 列元素的代数余子式的线性关系式，右端的行列式就是用左端代数余子式线性关系式中的系数 $b_1,b_2,\cdots,b_n$ 依次替换行列式 $\det(a_{ij})$ 中第j 列元素 $a_{1j},a_{2j},\cdots,a_{nj}$得到的.

利用式(1.2.1)或式(1.2.2)可把行列式中某行(或列)元素代数余子式的线性关系式转化为行列式.

例 1.20　设

$$D=\begin{vmatrix} 3 & 1 & -1 & 2 \\ -5 & 1 & 3 & -4 \\ 2 & 0 & 1 & -1 \\ 1 & -5 & 3 & -3 \end{vmatrix},$$

M_{ij}和A_{ij}分别为D中元素a_{ij}的余子式和代数余子式，求

(1)$A_{11}+A_{12}+3A_{13}+A_{14}$；　　(2)$M_{12}+M_{22}+2M_{32}-M_{42}$.

解　(1)要计算所给四阶行列式第1行元素的代数余子式的线性表达式，若先计算出各元素的代数余子式再计算结果，那么计算量是较大的，这里将要计算的表达式转化为行列式，就可简化计算.

$$A_{11}+A_{12}+3A_{13}+A_{14}=\begin{vmatrix}1&1&3&1\\-5&1&3&-4\\2&0&1&-1\\1&-5&3&-3\end{vmatrix}\xlongequal[r_4+r_1\cdot 5]{r_2+r_1\cdot(-1)}\begin{vmatrix}1&1&3&1\\-6&0&0&-5\\2&0&1&-1\\6&0&18&2\end{vmatrix}$$

$$=1\times(-1)^{1+2}\begin{vmatrix}-6&0&-5\\2&1&-1\\6&18&2\end{vmatrix}\xlongequal{r_3+r_2\cdot(-18)}-\begin{vmatrix}-6&0&-5\\2&1&-1\\-30&0&20\end{vmatrix}$$

$$=-\begin{vmatrix}-6&-5\\-30&20\end{vmatrix}$$

$$=270.$$

(2)要计算所给四阶行列式第2列元素的余子式的线性表达式，先将余子式用代数余子式表示，然后转化为行列式，会使计算简便.

$$M_{12}+M_{22}+2M_{32}-M_{42}=-A_{12}+A_{22}-2A_{32}-A_{42}$$

$$=\begin{vmatrix}3&-1&-1&2\\-5&1&3&-4\\2&-2&1&-1\\1&-1&3&-3\end{vmatrix}=\begin{vmatrix}3&-1&-1&2\\-2&0&2&-2\\-4&0&3&-5\\-2&0&4&-5\end{vmatrix}$$

$$=(-1)(-1)^{1+2}\begin{vmatrix}-2&2&-2\\-4&3&-5\\-2&4&-5\end{vmatrix}=\begin{vmatrix}-2&2&-2\\0&-1&-1\\0&2&-3\end{vmatrix}$$

$$=(-2)\cdot(-1)^{1+1}\begin{vmatrix}-1&-1\\2&-3\end{vmatrix}=-10.$$

由行列式的性质可得以下定理.

定理1.5　行列式第i行(或列)的各元素与第k行(或列)的相应元素的代数余子式乘积之和等于零，即

$$a_{i1}A_{k1}+a_{i2}A_{k2}+\cdots+a_{in}A_{kn}=0,\ i\neq k,$$
$$a_{1i}A_{1k}+a_{2i}A_{2k}+\cdots+a_{ni}A_{nk}=0,\ i\neq k.$$

因此行列式D的代数余子式有以下性质：

$$a_{i1}A_{k1}+a_{i2}A_{k2}+\cdots+a_{in}A_{kn}=\sum_{j=1}^{n}a_{ij}A_{kj}=\begin{cases}0,&i\neq k,\\D,&i=k.\end{cases}$$

$$a_{1i}A_{1k}+a_{2i}A_{2k}+\cdots+a_{ni}A_{nk}=\sum_{j=1}^{n}a_{ji}A_{jk}=\begin{cases}0,&i\neq k,\\D,&i=k.\end{cases}$$

*1.2.3　拉普拉斯展开定理

拉普拉斯(Laplace)展开定理是将行列式按k行展开，下面我们先将余子式与代数余子

式的概念加以推广.

定义 1.11　在 n 阶行列式 D 中任取 k 行 k 列$(1\leqslant k\leqslant n)$，位于这 k 行 k 列交叉点处的 k^2 个元素按原来的相对位置组成的 k 阶行列式 S 称为行列式 D 的一个 k 阶子式；又在 D 中划去 S 所在的 k 行与 k 列，余下的元素按原来的相对位置组成的 $n-k$ 阶行列式 M 称为 S 的余子式；若 S 的各行位于 D 中的第 $i_1,i_2,\cdots,i_k$ 行$(i_1<i_2<\cdots<i_k)$，S 的各列位于 D 中的第 $j_1,j_2,\cdots,j_k$ 列$(j_1<j_2<\cdots<j_k)$，则称

$$A=(-1)^{(i_1+i_2+\cdots+i_k)+(j_1+j_2+\cdots+j_k)}M$$

为 S 的代数余子式.

例如，在五阶行列式

$$D=\begin{vmatrix}1&-1&3&0&0\\2&5&0&0&0\\0&7&4&1&2\\1&1&0&2&-1\\-3&1&-1&-4&1\end{vmatrix}$$

中选取第 1,3 行，第 2,5 列得 D 的一个 2 阶子式

$$S=\begin{vmatrix}-1&0\\7&2\end{vmatrix},$$

S 的余子式

$$M=\begin{vmatrix}2&0&0\\1&0&2\\-3&-1&-4\end{vmatrix},$$

S 的代数余子式

$$A=(-1)^{(1+3)+(2+5)}M=(-1)^{(1+3)+(2+5)}\begin{vmatrix}2&0&0\\1&0&2\\-3&-1&-4\end{vmatrix}=-4.$$

n 阶行列式 D 的 $k(1\leqslant k\leqslant n)$ 阶子式共有$(\mathrm{C}_n^k)^2$ 个，D 的每一个 k 阶子式 S 的余子式 M 和代数余子式 A 都由 S 唯一确定.

拉普拉斯展开定理　若在 n 阶行列式 D 中任意取定 $k(1\leqslant k\leqslant n-1)$ 行，则行列式 D 等于由这 k 行组成的所有 k 阶子式与它们相应的代数余子式的乘积之和.

即若行列式 D 的某 k 行元素组成的所有 k 阶子式分别为 $S_1,S_2,\cdots,S_t(t=\mathrm{C}_n^k)$，它们相应的代数余子式分别为 $A_1,A_2,\cdots,A_t$，则 $D=S_1A_1+S_2A_2+\cdots+S_tA_t$.

拉普拉斯定理的证明从略.

显然，$k=1$ 时，拉普拉斯定理就是行列式按一行展开法则，所以拉普拉斯定理是行列式按一行展开法则的推广.

例 1.21　用拉普拉斯展开定理计算行列式

$$D=\begin{vmatrix}1&-1&3&0&0\\2&5&0&0&0\\0&7&4&1&2\\1&1&0&2&-1\\-3&1&-1&-4&1\end{vmatrix}.$$

解 将行列式 D 按第 1,2 行展开，这两行元素组成的 2 阶子式共有 $C_5^2=10$ 个，但其中不为零的二阶子式只有 3 个，即

$$S_1=\begin{vmatrix}1 & -1\\ 2 & 5\end{vmatrix}=7,\ S_2=\begin{vmatrix}1 & 3\\ 2 & 0\end{vmatrix}=-6,\ S_3=\begin{vmatrix}-1 & 3\\ 5 & 0\end{vmatrix}=-15,$$

它们相应的代数余子式 $A_1=(-1)^{(1+2)+(1+2)}\begin{vmatrix}4 & 1 & 2\\ 0 & 2 & -1\\ -1 & -4 & 1\end{vmatrix}=-3,$

$$A_2=(-1)^{(1+2)+(1+3)}\begin{vmatrix}7 & 1 & 2\\ 1 & 2 & -1\\ 1 & -4 & 1\end{vmatrix}=28,\ A_3=(-1)^{(1+2)+(2+3)}\begin{vmatrix}0 & 1 & 2\\ 1 & 2 & -1\\ -3 & -4 & 1\end{vmatrix}=6,$$

故由拉普拉斯展开定理得

$$D=S_1A_1+S_2A_2+S_3A_3=7\times(-3)+(-6)\times28+(-15)\times6=-279.$$

习题 1.2

1. 计算下列行列式.

(1) $\begin{vmatrix}-ab & ac & ae\\ bd & -cd & de\\ bf & cf & -ef\end{vmatrix}$；　(2) $\begin{vmatrix}2 & 1 & 4 & 1\\ 3 & -1 & 2 & 4\\ 1 & 2 & 3 & 2\\ 5 & 0 & 1 & 2\end{vmatrix}$；

(3) $\begin{vmatrix}3 & 1 & 1 & 1\\ 1 & 3 & 1 & 1\\ 1 & 1 & 3 & 1\\ 1 & 1 & 1 & 3\end{vmatrix}$；　(4) $\begin{vmatrix}a & 0 & b & 0\\ 0 & c & 0 & d\\ e & 0 & f & 0\\ 0 & g & 0 & h\end{vmatrix}$.

2. 已知 $\begin{vmatrix}a_{11} & a_{12} & a_{13}\\ a_{21} & a_{22} & a_{23}\\ a_{31} & a_{32} & a_{33}\end{vmatrix}=m$，求 $\begin{vmatrix}4a_{11} & 2a_{13}-3a_{11} & -a_{12}\\ 4a_{21} & 2a_{23}-3a_{21} & -a_{22}\\ 4a_{31} & 2a_{33}-3a_{31} & -a_{32}\end{vmatrix}$ 的值.

3. 证明：

(1) $\begin{vmatrix}a^2 & ab & b^2\\ 2a & a+b & 2b\\ 1 & 1 & 1\end{vmatrix}=(a-b)^3$；

(2) $\begin{vmatrix}a^2 & (a+1)^2 & (a+2)^2 & (a+3)^3\\ b^2 & (b+1)^2 & (b+2)^2 & (b+3)^2\\ c^2 & (c+1)^2 & (c+2)^2 & (c+3)^2\\ d^2 & (d+1)^2 & (d+2)^2 & (d+3)^2\end{vmatrix}=0$；

(3) $\begin{vmatrix}x & -1 & 0 & \cdots & 0 & 0\\ 0 & x & -1 & \cdots & 0 & 0\\ 0 & 0 & x & \cdots & 0 & 0\\ \vdots & \vdots & \vdots & & \vdots & \vdots\\ 0 & 0 & 0 & \cdots & x & -1\\ a_n & a_{n-1} & a_{n-2} & \cdots & a_2 & a_1+x\end{vmatrix}=x^n+a_1x^{n-1}+\cdots+a_{n-2}x^2+a_{n-1}x+a_n.$

4. 计算下列 n 阶行列式的值.

(1) $\begin{vmatrix} 1 & -1 & \cdots & -1 & -1 \\ 1 & 1 & \cdots & -1 & -1 \\ \vdots & \vdots & & \vdots & \vdots \\ 1 & 1 & \cdots & 1 & -1 \\ 1 & 1 & \cdots & 1 & 1 \end{vmatrix}$;

(2) $\begin{vmatrix} 1+a_1 & 1 & \cdots & 1 & 1 \\ 1 & 1+a_2 & \cdots & 1 & 1 \\ \vdots & \vdots & & \vdots & \vdots \\ 1 & 1 & \cdots & 1+a_{n-1} & 1 \\ 1 & 1 & \cdots & 1 & 1+a_n \end{vmatrix}$，其中 $a_1a_2\cdots a_n \neq 0$;

(3) $\begin{vmatrix} x & y & 0 & \cdots & 0 & 0 \\ 0 & x & y & \cdots & 0 & 0 \\ \vdots & \vdots & \vdots & & \vdots & \vdots \\ 0 & 0 & 0 & \cdots & x & y \\ y & 0 & 0 & \cdots & 0 & x \end{vmatrix}$.

5. 设

$$D=\begin{vmatrix} 3 & 1 & -1 & 2 \\ -5 & 2 & 3 & -4 \\ 2 & -1 & 1 & -1 \\ 1 & -5 & 3 & -3 \end{vmatrix},$$

计算 $A_{21}+A_{22}+2A_{23}+A_{24}$ 及 $M_{12}+M_{22}+M_{32}+M_{42}$，其中 M_{ij} 和 A_{ij} 分别是 D 中元素 a_{ij} 的余子式和代数余子式.

6. 解下列方程.

(1) $\begin{vmatrix} a_1-x & a_2 & \cdots & a_{n-1} & a_n \\ a_1 & a_2-x & \cdots & a_{n-1} & a_n \\ \vdots & \vdots & & \vdots & \vdots \\ a_1 & a_2 & \cdots & a_{n-1}-x & a_n \\ a_1 & a_2 & \cdots & a_{n-1} & a_n-x \end{vmatrix}=0$;

(2) $\begin{vmatrix} 1 & x & x^2 & \cdots & x^{n-1} \\ 1 & a_1 & a_1^2 & \cdots & a_1^{n-1} \\ \vdots & \vdots & \vdots & & \vdots \\ 1 & a_{n-2} & a_{n-2}^2 & \cdots & a_{n-2}^{n-1} \\ 1 & a_{n-1} & a_{n-1}^2 & \cdots & a_{n-1}^{n-1} \end{vmatrix}=0$，其中 $a_1, a_2, \cdots, a_{n-1}$ 互不相同.

1.3 克拉默法则

行列式是一种特定的算式，在 1.1 节中，我们用二阶行列式与三阶行列式表示二元线性方程组与三元线性方程组的解. 这一节，我们将利用 n 阶行列式来表示含 n 个方程 n 个未知数的线性方程组的解，即克拉默(Cramer)法则.

定理 1.6(克拉默法则) 设含有 n 个方程 n 个未知数的线性方程组

$$\begin{cases} a_{11}x_1+a_{12}x_2+\cdots+a_{1n}x_n=b_1, \\ a_{21}x_1+a_{22}x_2+\cdots+a_{2n}x_n=b_2, \\ \quad\cdots\cdots \\ a_{n1}x_1+a_{n2}x_2+\cdots+a_{nn}x_n=b_n. \end{cases} \tag{1.3.1}$$

如果线性方程组(1.3.1)的系数行列式

$$D=\begin{vmatrix} a_{11} & a_{12} & \cdots & a_{1n} \\ a_{21} & a_{22} & \cdots & a_{2n} \\ \vdots & \vdots & & \vdots \\ a_{n1} & a_{n2} & \cdots & a_{nn} \end{vmatrix}\neq 0,$$

则线性方程组(1.3.1)有唯一解，并且

$$x_1=\frac{D_1}{D},\ x_2=\frac{D_2}{D},\ \cdots,\ x_n=\frac{D_n}{D}. \tag{1.3.2}$$

其中 D_j 是用方程组常数项代换方程组的系数行列式 D 中第 j 列后得到的行列式，即

$$D_j=\begin{vmatrix} a_{11} & \cdots & a_{1,j-1} & b_1 & a_{1,j+1} & \cdots & a_{1n} \\ a_{21} & \cdots & a_{2,j-1} & b_2 & a_{2,j+1} & \cdots & a_{2n} \\ \vdots & & \vdots & \vdots & \vdots & & \vdots \\ a_{n1} & \cdots & a_{n,j-1} & b_n & a_{n,j+1} & \cdots & a_{nn} \end{vmatrix}, j=1,2,\cdots,n.$$

证明 定理 1.6 的证明分成以下两步：

(1)把 $x_1=\frac{D_1}{D}$，$x_2=\frac{D_2}{D}$，…，$x_n=\frac{D_n}{D}$代入方程组(1.3.1)，证明式(1.3.2)确实是方程组(1.3.1)的解.

将 $x_1=\frac{D_1}{D}$，$x_2=\frac{D_2}{D}$，…，$x_n=\frac{D_n}{D}$代入方程组(1.3.1)的第 i 个方程的左端

$$a_{i1}\frac{D_1}{D}+a_{i2}\frac{D_2}{D}+\cdots+a_{in}\frac{D_n}{D}, \tag{1.3.3}$$

将 D_j 按第 j 列展开，得

$$D_j=b_1A_{1j}+b_2A_{2j}+\cdots+b_nA_{nj}, j=1,2,\cdots,n,$$

把 D_j 代入式(1.3.3)，得

$$\begin{aligned} & a_{i1}(b_1A_{11}+\cdots+b_iA_{i1}+\cdots+b_nA_{n1})\frac{1}{D} \\ & +a_{i2}(b_1A_{12}+\cdots+b_iA_{i2}+\cdots+b_nA_{n2})\frac{1}{D} \\ & +\cdots \\ & +a_{in}(b_1A_{1n}+\cdots+b_iA_{in}+\cdots+b_nA_{nn})\frac{1}{D} \end{aligned}$$

$$
\begin{aligned}
&=\frac{1}{D}\cdot b_1(a_{i1}A_{11}+a_{i2}A_{12}+\cdots+a_{in}A_{1n})+\cdots\\
&+\frac{1}{D}\cdot b_i(a_{i1}A_{i1}+a_{i2}A_{i2}+\cdots+a_{in}A_{in})+\cdots\\
&+\frac{1}{D}\cdot b_n(a_{i1}A_{n1}+a_{i2}A_{n2}+\cdots+a_{in}A_{nn})\\
&=\frac{1}{D}\cdot b_i\cdot D=b_i,\ i=1,2,\cdots,n
\end{aligned}
$$

这说明式(1.3.2)是方程组(1.3.1)的一个解.

(2)若 $x_1=d_1$, $x_2=d_2$, …, $x_n=d_n$ 是方程组(1.3.1)的解，则有 $d_i=\frac{D_i}{D}(i=1,2,\cdots,n)$，这就证明了解的唯一性.

设 $x_1=d_1$, $x_2=d_2$, …, $x_n=d_n$ 是方程组(1.3.1)的任意一个解，则由行列式的性质有

$$
Dd_1=\begin{vmatrix} a_{11}d_1 & a_{12} & \cdots & a_{1n}\\ a_{21}d_1 & a_{22} & \cdots & a_{2n}\\ \vdots & \vdots & & \vdots\\ a_{n1}d_1 & a_{n2} & \cdots & a_{nn}\end{vmatrix}
$$

$$
\xlongequal[j=2,\cdots,n]{c_1+d_jc_j}\begin{vmatrix} a_{11}d_1+a_{12}d_2+\cdots+a_{1n}d_n & a_{12} & \cdots & a_{1n}\\ a_{21}d_1+a_{22}d_2+\cdots+a_{2n}d_n & a_{22} & \cdots & a_{2n}\\ \vdots & \vdots & & \vdots\\ a_{n1}d_1+a_{n2}d_2+\cdots+a_{nn}d_n & a_{n2} & \cdots & a_{nn}\end{vmatrix}
$$

$$
=\begin{vmatrix} b_1 & a_{12} & \cdots & a_{1n}\\ b_2 & a_{22} & \cdots & a_{2n}\\ \vdots & \vdots & & \vdots\\ b_n & a_{n2} & \cdots & a_{nn}\end{vmatrix}=D_1
$$

一般地，有 $Dd_j=D_j(j=1,2,\cdots,n)$，因 $D\neq0$，所以

$$
d_j=\frac{D_j}{D}(j=1,2,\cdots,n).
$$

例 1.22　用克拉默法则解方程组

$$
\begin{cases}2x_1+x_2-5x_3+x_4=8,\\ x_1-3x_2-6x_4=9,\\ 2x_2-x_3+2x_4=-5,\\ x_1+4x_2-7x_3+6x_4=0.\end{cases}
$$

解　因

$$
D=\begin{vmatrix} 2 & 1 & -5 & 1\\ 1 & -3 & 0 & -6\\ 0 & 2 & -1 & 2\\ 1 & 4 & -7 & 6\end{vmatrix}=27,
$$

$$D_1=\begin{vmatrix}8&1&-5&1\\9&-3&0&-6\\-5&2&-1&2\\0&4&-7&6\end{vmatrix}=81,\ D_2=\begin{vmatrix}2&8&-5&1\\1&9&0&-6\\0&-5&-1&2\\1&0&-7&6\end{vmatrix}=-108,$$

$$D_3=\begin{vmatrix}2&1&8&1\\1&-3&9&-6\\0&2&-5&2\\1&4&0&6\end{vmatrix}=-27,\ D_4=\begin{vmatrix}2&1&-5&8\\1&-3&0&9\\0&2&-1&-5\\1&4&-7&0\end{vmatrix}=27.$$

于是所给方程组的解为

$$x_1=3,\ x_2=-4,\ x_3=-1,\ x_4=1.$$

注 1.9 克拉默法则的逆否命题为推论 1.6.

推论 1.6 如果线性方程组(1.3.1)无解或至少有两个不同的解，则方程组(1.3.1)的系数行列式必为零.

注 1.10 若方程组(1.3.1)右端的常数项 $b_1,b_2,\cdots,b_n$ 不全为零，则称方程组(1.3.1)为**非齐次线性方程组**；当 $b_1,b_2,\cdots,b_n$ 全为零时，则称方程组(1.3.1)为**齐次线性方程组**.

对于含 n 个未知数 n 个方程的齐次线性方程组

$$\begin{cases}a_{11}x_1+a_{12}x_2+\cdots+a_{1n}x_n=0,\\a_{21}x_1+a_{22}x_2+\cdots+a_{2n}x_n=0,\\\quad\cdots\cdots\\a_{n1}x_1+a_{n2}x_2+\cdots+a_{nn}x_n=0.\end{cases}\tag{1.3.4}$$

显然，$x_1=x_2=\cdots=x_n=0$ 是方程组(1.3.4)的解，并称这个解为齐次线性方程组(1.3.4)的**零解**. 如果有一组不全为零的数是方程组(1.3.4)的解，则称它是齐次线性方程组(1.3.4)的**非零解**.

由克拉默法则可得到定理 1.7.

定理 1.7 如果齐次线性方程组(1.3.4)的系数行列式不为零，则齐次线性方程组(1.3.4)只有零解.

推论 1.7 如果齐次线性方程组(1.3.4)有非零解，则齐次线性方程组(1.3.4)的系数行列式必为零.

例 1.23 当 λ 取何值时，齐次线性方程组

$$\begin{cases}(1-\lambda)x_1-2x_2+4x_3=0,\\2x_1+(3-\lambda)x_2+x_3=0,\\x_1+x_2+(1-\lambda)x_3=0.\end{cases}$$

有非零解？

解 由推论 1.7 可知，若所给齐次线性方程组有非零解，则其系数行列式 $D=0$. 而

$$D=\begin{vmatrix}1-\lambda&-2&4\\2&3-\lambda&1\\1&1&1-\lambda\end{vmatrix}=\begin{vmatrix}3-\lambda&0&6-2\lambda\\2&3-\lambda&1\\1&1&1-\lambda\end{vmatrix}$$

$$=(3-\lambda)\begin{vmatrix}1&0&2\\2&3-\lambda&1\\1&1&1-\lambda\end{vmatrix}=(3-\lambda)\begin{vmatrix}1&0&0\\2&3-\lambda&-3\\1&1&-1-\lambda\end{vmatrix}$$

$$=(3-\lambda)\begin{vmatrix}3-\lambda & -3\\ 1 & -1-\lambda\end{vmatrix}=(3-\lambda)\lambda(\lambda-2),$$

因此 $\lambda=0$，或 $\lambda=2$，或 $\lambda=3$ 时，所给方程组有非零解.

注 1.11　克拉默法则的意义主要在于它给出了方程组的解与系数的关系，这一点在以后许多问题的讨论中也是重要的. 用克拉默法则解方程组因计算量大而不太方便(后面章节中会给出解方程组的更简便的方法)，因此克拉默法则的重要性在于它的理论价值.

习题 1.3

1. 用克拉默法则解线性方程组

$$\begin{cases}3x_1+2x_2=7,\\ x_1+3x_2+2x_3=5,\\ x_2+3x_3+2x_4=-5,\\ x_3+3x_4=-7.\end{cases}$$

2. 当 λ 取何值时，齐次线性方程组

$$\begin{cases}x_1-2x_2+3\lambda x_3=0,\\ -x_1+2\lambda x_2-3x_3=0,\\ \lambda x_1-2x_2+3x_3=0.\end{cases}$$

有非零解?

3. 设曲线 $y=a+bx+cx^2$ 通过三点(1,0)，(2,3)，(3,10)，求系数 a，b，c.

*1.4　用 MATLAB 解题

1.4.1　计算数值行列式

例 1.24　计算行列式 $\begin{vmatrix}2 & 1 & 8 & 1\\ 1 & -3 & 9 & -6\\ 0 & 2 & -5 & 2\\ 1 & 4 & 0 & 6\end{vmatrix}$.

解

```
>>det([2,1,8,1;1,-3,9,-6; 0,2,-5,2; 1,4,0,6])
  ans=
  -27
```

1.4.2　计算符号行列式

在数学运算中，运算的结果如果是一个数值，可以称这类运算为数值运算；如果运算

结果为表达式，在 MATLAB 中称这类运算为符号运算，符号运算是对未赋值的符号对象（可以是常数、变量、表达式）进行运算和处理.

符号对象是一种数据结构，用来存储代表符号的字符串. 在进行符号运算时，首先对符号对象进行定义，然后利用这些符号对象构成表达式，最后进行所需的符号运算. 符号表达式由符号常量、符号变量和符号函数等符号对象构成. 函数 sym( ) 和命令 syms 可以规定和创建符号对象以及符号表达式. 用函数 det( ) 可计算符号矩阵的行列式.

函数 sym( ) 将数值类型变量转换成符号类型变量，函数 sym( ) 的语法形式为 sym('表达式或变量')，例如：

```
>>a=sym('a');b=sym('b'); c=sym('c'); d=sym('d');%定义符号变量 a,b,c 和 d
>>w=10;x=5;y=-8;z=11;
>>A=[a,b;c,d],C=det(A)   %建立符号矩阵 A,并计算它的行列式,执行结果为
A=
[a,b]
[c,d]
C=
a*d - b*c
>>B=[w x;y z],det(B)        %建立数值矩阵 B,然后计算它的行列式,执行结果为
B=
    10     5
    -8     11
ans=
   150
```

注 1.12 MATLAB 会忽略所有在百分比符号(%)之后的文字，因此百分比符号之后的文字均可视为程序的注释.

1.4.3 求线性方程组的唯一解

根据克拉默法则，对于含 n 个方程的 n 元线性方程组

$$\begin{cases}a_{11}x_1+a_{12}x_2+\cdots+a_{1n}x_n=b_1,\\ a_{21}x_1+a_{22}x_2+\cdots+a_{2n}x_n=b_2,\\ \qquad\cdots\cdots\\ a_{n1}x_1+a_{n2}x_2+\cdots+a_{nn}x_n=b_n.\end{cases}$$

若其系数行列式 $D=\det(A)$ 不为零，则必有唯一解

$$x_1=\frac{D_1}{D},\ x_2=\frac{D_2}{D},\ \cdots,\ x_n=\frac{D_n}{D}.$$

其中 D_j 是用方程组常数项代换方程组的系数行列式 D 中第 j 列后得到的行列式. 此时可用 MATLAB 求解.

例 1.25 用克拉默法则解线性方程组

$$\begin{cases} x_2-3x_3+4x_4=-5, \\ x_1-2x_3+3x_4=-4, \\ 3x_1+2x_2-5x_4=12, \\ 4x_1+3x_2-5x_3=5. \end{cases}$$

解　按下面的步骤依次输入，就可求出方程组的解.

```
>>A=[0 1 -3 4;1 0 -2 3;3 2 0 -5;4 3 -5 0];  %输入系数行列式的元素
>>D=det(A)                                   %计算系数行列式的值
ans=
    24                                       %系数行列式的值不等于 0，方程组有唯一解
>>C1=A;C2=A;C3=A;C4=A; b=[-5;-4;12;5];      %将行列式的元素赋值给不同矩阵
>>C1(:,1)=b;D1=det(C1);                      %将 C1 的第一列用 b 置换，并计算其行列式 D1
>>C2(:,2)=b;D2=det(C2);                      %将 C2 的第一列用 b 置换，并计算其行列式 D2
>>C3(:,3)=b;D3=det(C3);                      %将 C3 的第一列用 b 置换，并计算其行列式 D3
>>C4(:,4)=b;D4=det(C4);                      %将 C4 的第一列用 b 置换，并计算其行列式 D4
>>x1=D1/D,x2=D2/D,x3=D3/D,x4=D4/D            %求解 x1,x2,x3,x4
x1=
    1.0000
x2=
    2.0000
x3=
    1.0000
x4=
    -1
```

因此，原方程组的解为 $x_1=1$，$x_2=2$，$x_3=1$，$x_4=-1$.

总习题 1

1. 选择题

(1)若行列式 $\begin{vmatrix} a_{11} & a_{12} & \cdots & a_{1n} \\ a_{21} & a_{22} & \cdots & a_{2n} \\ \vdots & \vdots & & \vdots \\ a_{n1} & a_{n2} & \cdots & a_{nn} \end{vmatrix}=D$，则 $\begin{vmatrix} -a_{11} & -a_{12} & \cdots & -a_{1n} \\ -a_{21} & -a_{22} & \cdots & -a_{2n} \\ \vdots & \vdots & & \vdots \\ -a_{n1} & -a_{n2} & \cdots & -a_{nn} \end{vmatrix}=(\quad)$.

(A) $-D$；　(B) D；　(C) $(-1)^nD$；　(D) D^{-1}.

(2)若方程组 $\begin{cases} kx+2ky+z=0, \\ 2x+ky+z=0, \\ kx-2y+z=0. \end{cases}$ 有非零解，则(　　).

(A) $k=0$；　(B) $k=2$；　(C) $k=-1$ 或 $k=2$；　(D) $k=-1$ 或 $k=-2$.

2. 计算下列行列式：

(1) $\begin{vmatrix} 123 & 23 & 3 \\ 249 & 49 & 9 \\ 367 & 67 & 7 \end{vmatrix}$；　　(2) $\begin{vmatrix} a & b & a+b \\ b & a+b & a \\ a+b & a & b \end{vmatrix}$；

(3) $\begin{vmatrix} 0 & 1 & 1 & 1 \\ 1 & 0 & a & a \\ 1 & a & 0 & a \\ 1 & a & a & 0 \end{vmatrix}$；　　(4) $\begin{vmatrix} 3 & 0 & 4 & 0 \\ 0 & 1 & 0 & 4 \\ 4 & 0 & 2 & 0 \\ 0 & -2 & 0 & 4 \end{vmatrix}$；

(5) $D_n = \begin{vmatrix} 1 & 2 & 2 & \cdots & 2 \\ 2 & 2 & 2 & \cdots & 2 \\ 2 & 2 & 3 & \cdots & 2 \\ \vdots & \vdots & \vdots & & \vdots \\ 2 & 2 & 2 & \cdots & n \end{vmatrix}$；

(6) $D_n = \begin{vmatrix} 1 & 2 & 3 & \cdots & n-1 & n \\ 1 & -1 & 0 & \cdots & 0 & 0 \\ 0 & 2 & -2 & \cdots & 0 & 0 \\ \vdots & \vdots & \vdots & & \vdots & \vdots \\ 0 & 0 & 0 & \cdots & -(n-2) & 0 \\ 0 & 0 & 0 & \cdots & n-1 & -(n-1) \end{vmatrix}$；

(7) $D_n = \begin{vmatrix} a_1-b_1 & a_1-b_2 & \cdots & a_1-b_n \\ a_2-b_1 & a_2-b_2 & \cdots & a_2-b_n \\ \vdots & \vdots & & \vdots \\ a_n-b_1 & a_n-b_2 & \cdots & a_n-b_n \end{vmatrix}$；

(8) $D_n = \begin{vmatrix} x-a_1 & -a_2 & -a_3 & \cdots & -a_{n-1} & -a_n \\ -a_1 & x-a_2 & -a_3 & \cdots & -a_{n-1} & -a_n \\ -a_1 & -a_2 & x-a_3 & \cdots & -a_{n-1} & -a_n \\ \vdots & \vdots & \vdots & & \vdots & \vdots \\ -a_1 & -a_2 & -a_3 & \cdots & x-a_{n-1} & -a_n \\ -a_1 & -a_2 & -a_3 & \cdots & -a_{n-1} & x-a_n \end{vmatrix}$.

3. 已知五阶行列式

$$D = \begin{vmatrix} 1 & 2 & 3 & 4 & 5 \\ 2 & 2 & 2 & 1 & 1 \\ 3 & 1 & 2 & 4 & 5 \\ 1 & 1 & 1 & 2 & 2 \\ 4 & 3 & 1 & 5 & 0 \end{vmatrix} = 27,$$

求 $A_{41}+A_{42}+A_{43}$ 和 $A_{44}+A_{45}$，其中 $A_{4j}(j=1,2,3,4,5)$ 为 D 中第 4 行第 j 列元素的代数余子式.

4. 解方程组

$$\begin{cases} x_1+x_2+x_3=a+b+c, \\ ax_1+bx_2+cx_3=a^2+b^2+c^2, \\ bcx_1+cax_2+abx_3=3abc. \end{cases}$$

其中 a，b，c 互不相等.

5. 求平面上三点(x_1,y_1),(x_2,y_2),(x_3,y_3)在同一直线上的必要条件.

6. 证明下列等式.

(1) $\begin{vmatrix} ax+by & ay+bz & az+bx \\ ay+bz & az+bx & ax+by \\ az+bx & ax+by & ay+bz \end{vmatrix} = (a^3+b^3)\begin{vmatrix} x & y & z \\ y & z & x \\ z & x & y \end{vmatrix}$;

(2) $\begin{vmatrix} 1 & 1 & 1 & 1 \\ a & b & c & d \\ a^2 & b^2 & c^2 & d^2 \\ a^4 & b^4 & c^4 & d^4 \end{vmatrix} = (a-b)(a-c)(a-d)(b-c)(b-d)(c-d)(a+b+c+d)$;

(3) $\begin{vmatrix} a_n & & & & & b_n \\ & \ddots & & & \iddots & \\ & & a_1 & b_1 & & \\ & & c_1 & d_1 & & \\ & \iddots & & & \ddots & \\ c_n & & & & & d_n \end{vmatrix} = \prod_{i=1}^{n}(a_i d_i - b_i c_i)$.

第 2 章　几何向量

笛卡儿(Descartes)在数学史上的一项划时代的变革是将“形”与“数”统一起来，通过建立坐标系使几何问题代数化. 在平面解析几何中，通过坐标法把平面上的点与一对有序数对应起来，把平面图形与方程对应起来，从而可以用代数的方法来研究几何问题. 在空间解析几何中，向量是一个有力的工具，它不仅在力学、物理学和工程技术中有广泛的应用，也是学习其他数学课程的基础.

本章引进向量的概念，根据向量的线性运算建立空间直角坐标系，然后利用坐标刻画向量，讨论向量的运算，进而把坐标法和向量法结合起来研究空间中的平面和直线的方程及相关问题. 几何向量为 n 维向量空间提供了一个具体而生动的模型，我们将在第 4 章介绍 n 维向量空间.

2.1　向量及其线性运算

2.1.1　向量的概念

向量是既有大小又有方向的量. 例如，力、位移、速度、加速度等都是向量. 在数学上，用一条有向线段来表示向量，有向线段的长度表示向量的大小，有向线段的方向表示向量的方向. 起点为 A，终点为 B 的有向线段所表示的向量记为$\boldsymbol{AB}$，也可用黑体字母 $\boldsymbol{a},\boldsymbol{b},\boldsymbol{c},\boldsymbol{d},\boldsymbol{\alpha},\boldsymbol{\beta}$ 等来表示向量，如图 2-1 所示. 向量的大小也称为向量的模，向量 $\boldsymbol{\alpha}$ 的模记为 $|\boldsymbol{\alpha}|$.

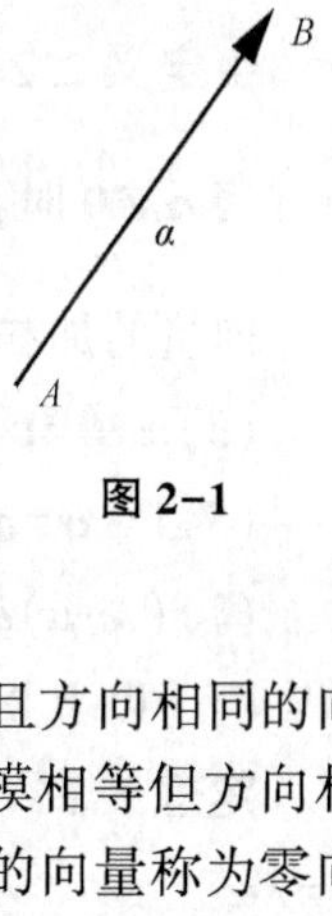

图 2-1

有些向量与其起点有关，有些向量与其起点无关. 数学上，称仅由长度和方向定义的而与起点无关的向量为**自由向量**.

注 2.1　本书所讨论的向量总是指自由向量，简称向量，因此模相等且方向相同的向量都是相等的向量，向量$\boldsymbol{\beta}$ 与向量 $\boldsymbol{\alpha}$ 相等记为$\boldsymbol{\beta}=\boldsymbol{\alpha}$；向量$\boldsymbol{\beta}$ 与向量 $\boldsymbol{\alpha}$ 的模相等但方向相反，称$\boldsymbol{\beta}$ 为 $\boldsymbol{\alpha}$ 的负向量，记为$\boldsymbol{\beta}=-\boldsymbol{\alpha}$. 模为 1 的向量叫单位向量；模为 0 的向量称为零向量，记为 $\mathbf{0}$.

如果两个非零向量 $\boldsymbol{\alpha}$ 与$\boldsymbol{\beta}$ 的方向相同或者相反，就称向量 $\boldsymbol{\alpha}$ 与向量$\boldsymbol{\beta}$ 平行，又称它们共线，记为 $\boldsymbol{\alpha}/\!/\boldsymbol{\beta}$. 由于零向量的起点与终点重合，即零向量实质上就是一个点，其方向可以看成任意的，因此零向量与任意向量都共线.

2.1.2　向量的线性运算

根据力学中关于力、速度合成的平行四边形法则(或三角形法则)，定义向量的加法如下：

定义 2.1　设有向量 $\boldsymbol{\alpha}$ 与 $\boldsymbol{\beta}$，将向量 $\boldsymbol{\beta}$ 平行移动，使它的起点与 $\boldsymbol{\alpha}$ 的终点重合，以向量 $\boldsymbol{\alpha}$ 的起点为起点，以向量 $\boldsymbol{\beta}$ 的终点为终点的向量称为向量 $\boldsymbol{\alpha}$ 与 $\boldsymbol{\beta}$ 的和，记为 $\boldsymbol{\alpha}+\boldsymbol{\beta}$，如图 2-2所示，这就是向量加法的三角形法则. 向量加法的平行四边形法则为：当向量 $\boldsymbol{\alpha}$ 与 $\boldsymbol{\beta}$ 不平行时，记 $\boldsymbol{OA}=\boldsymbol{\alpha}$，$\boldsymbol{OB}=\boldsymbol{\beta}$，以 OA,OB 为邻边作平行四边形 $OACB$，定义 $\boldsymbol{OC}=\boldsymbol{\alpha}+\boldsymbol{\beta}$，如图 2-3 所示.

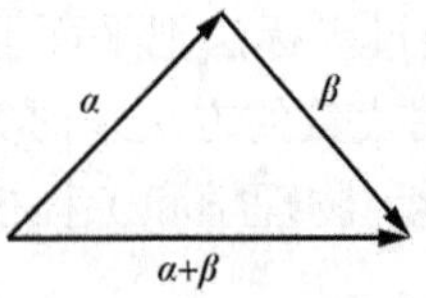

图 2-2

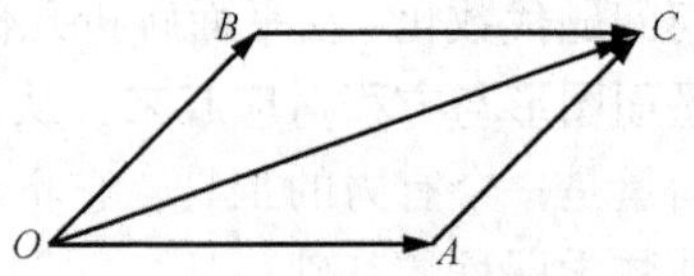

图 2-3

利用向量加法的法则，容易证明向量加法符合下列运算律.

(1) $\boldsymbol{\alpha}+\boldsymbol{\beta}=\boldsymbol{\beta}+\boldsymbol{\alpha}$；　　(2) $(\boldsymbol{\alpha}+\boldsymbol{\beta})+\boldsymbol{\gamma}=\boldsymbol{\alpha}+(\boldsymbol{\beta}+\boldsymbol{\gamma})$.

利用向量加法的结合律，n 个向量 $\boldsymbol{\alpha}_1,\boldsymbol{\alpha}_2,\cdots,\boldsymbol{\alpha}_n(n\geqslant 3)$ 相加可写成 $\boldsymbol{\alpha}_1+\boldsymbol{\alpha}_2+\cdots+\boldsymbol{\alpha}_n$.

向量 $\boldsymbol{\alpha}$ 与 $\boldsymbol{\beta}$ 的差规定为 $\boldsymbol{\alpha}-\boldsymbol{\beta}=\boldsymbol{\alpha}+(-\boldsymbol{\beta})$. 按向量加法的三角形法则，$\boldsymbol{\alpha}-\boldsymbol{\beta}$ 是由 $\boldsymbol{\beta}$ 的终点到 $\boldsymbol{\alpha}$ 的终点的向量，如图 2-4 所示.

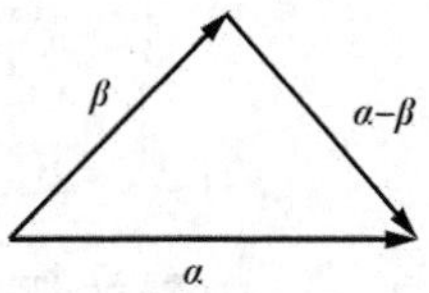

图 2-4

定义 2.2　数 λ 与向量 $\boldsymbol{\alpha}$ 的乘积是一个向量，记为 $\lambda\boldsymbol{\alpha}$，它的模 $|\lambda\boldsymbol{\alpha}|=|\lambda||\boldsymbol{\alpha}|$，当 $\lambda>0$ 时，$\lambda\boldsymbol{\alpha}$ 与 $\boldsymbol{\alpha}$ 同方向；当 $\lambda<0$ 时，$\lambda\boldsymbol{\alpha}$ 与 $\boldsymbol{\alpha}$ 反方向.

由定义 2.2 可知，$k\boldsymbol{\alpha}=\boldsymbol{0}$ 当且仅当 $\boldsymbol{\alpha}=\boldsymbol{0}$ 或 $k=0$. 特别地，$(-1)\boldsymbol{\alpha}=-\boldsymbol{\alpha}$.

当 $\boldsymbol{\alpha}\neq\boldsymbol{0}$ 时，$\boldsymbol{e}_{\boldsymbol{\alpha}}=\dfrac{1}{|\boldsymbol{\alpha}|}\boldsymbol{\alpha}$ 是与 $\boldsymbol{\alpha}$ 同方向的单位向量. 这时 $\boldsymbol{\alpha}=|\boldsymbol{\alpha}|\boldsymbol{e}_{\boldsymbol{\alpha}}$.

向量的加法和数乘运算还满足以下运算律（$\boldsymbol{\alpha},\boldsymbol{\beta}$ 为任意向量，λ,μ 为任意实数）：

(3) $\boldsymbol{\alpha}+\boldsymbol{0}=\boldsymbol{\alpha}$；　　(4) $\boldsymbol{\alpha}+(-\boldsymbol{\alpha})=\boldsymbol{0}$；

(5) $1\cdot\boldsymbol{\alpha}=\boldsymbol{\alpha}$；　　(6) $\lambda(\mu\boldsymbol{\alpha})=(\lambda\mu)\boldsymbol{\alpha}$；

(7) $(\lambda+\mu)\boldsymbol{\alpha}=\lambda\boldsymbol{\alpha}+\mu\boldsymbol{\alpha}$；　　(8) $\lambda(\boldsymbol{\alpha}+\boldsymbol{\beta})=\lambda\boldsymbol{\alpha}+\lambda\boldsymbol{\beta}$.

由于以上 8 条运算律成立，因此向量的加法和数乘运算统称为向量的**线性运算**.

定理 2.1　设向量 $\boldsymbol{\alpha}\neq\boldsymbol{0}$，那么向量 $\boldsymbol{\beta}/\!/\boldsymbol{\alpha}$ 的充分必要条件是存在唯一的实数 λ，使 $\boldsymbol{\beta}=\lambda\boldsymbol{\alpha}$.

证明　充分性是显然的. 下面证明必要性，先证 λ 的存在性.

若 $\boldsymbol{\beta}=\boldsymbol{0}$，则有 $\lambda=0$ 使 $\boldsymbol{\beta}=\lambda\boldsymbol{\alpha}$.

若 $\boldsymbol{\beta}\neq\boldsymbol{0}$，因 $\boldsymbol{\alpha}\neq\boldsymbol{0}$ 且 $\boldsymbol{\beta}/\!/\boldsymbol{\alpha}$，则 $\boldsymbol{e}_{\boldsymbol{\beta}}=\boldsymbol{e}_{\boldsymbol{\alpha}}$ 或 $\boldsymbol{e}_{\boldsymbol{\beta}}=-\boldsymbol{e}_{\boldsymbol{\alpha}}$，于是取 $|\lambda|=\dfrac{|\boldsymbol{\beta}|}{|\boldsymbol{\alpha}|}$，当 $\boldsymbol{\beta}$ 与 $\boldsymbol{\alpha}$ 同向时 λ 取正值，否则 λ 取负值，即有 $\boldsymbol{\beta}=\lambda\boldsymbol{\alpha}$.

再证 λ 的唯一性. 设 $\boldsymbol{\beta}=\lambda\boldsymbol{\alpha},\boldsymbol{\beta}=\mu\boldsymbol{\alpha}$，即有 $\lambda\boldsymbol{\alpha}-\mu\boldsymbol{\alpha}=(\lambda-\mu)\boldsymbol{\alpha}$，因 $\boldsymbol{\alpha}\neq\boldsymbol{0}$，故 $\lambda-\mu=\boldsymbol{0}$，即 $\lambda=\mu$.

证毕.

定理 2.1 是建立数轴的理论依据. 我们知道，给定一个点、一个方向及单位长度，就能确定一条数轴. 由于一个单位向量既确定了方向，又确定了单位长度，因此，给定一个点及一个单位向量就能确定一条数轴. 设定点 O 及单位向量 $\boldsymbol{i}$ 确定了数轴 Ox，由于数轴 Ox 上任一点 P 对应于一个向量$\boldsymbol{OP}$，则$\boldsymbol{OP}$与 $\boldsymbol{i}$ 共线，根据定理 2.1，必有唯一实数 x 使$\boldsymbol{OP}=x\boldsymbol{i}$(称实数 x 为有向线段$\boldsymbol{OP}$的值)，即$\boldsymbol{OP}$与实数 x 一一对应，从而数轴 Ox 上的点 P 与实数 x 有一一对应关系，定义实数 x 为数轴 Ox 上点 P 的坐标，即数轴 Ox 上点 P 的坐标为 x 的充要条件是$\boldsymbol{OP}=x\boldsymbol{i}$.

定理 2.2 向量 $\boldsymbol{\alpha}$ 与 $\boldsymbol{\beta}$ 共线的充分必要条件是存在不全为零的实数 k_1,k_2 使得 $k_1\boldsymbol{\alpha}+k_2\boldsymbol{\beta}=\boldsymbol{0}$.

利用定理 2.1 容易证明定理 2.2，这里从略.

定义 2.3 若表示 $k(k\geqslant 2)$ 个向量的有向线段都与同一个平面平行，则称这 k 个向量是**共面**的.

显然，任意两个向量都共面，向量 $\boldsymbol{\alpha},\boldsymbol{\beta},\boldsymbol{\alpha}+\boldsymbol{\beta}$ 也共面.

定理 2.3 若向量 $\boldsymbol{\alpha},\boldsymbol{\beta},\boldsymbol{\gamma}$ 共面且 $\boldsymbol{\alpha}$ 与 $\boldsymbol{\beta}$ 不共线，则存在唯一的一对实数 k_1,k_2 使得 $\boldsymbol{\gamma}=k_1\boldsymbol{\alpha}+k_2\boldsymbol{\beta}$.

证明

因向量 $\boldsymbol{\alpha},\boldsymbol{\beta},\boldsymbol{\gamma}$ 共面且 $\boldsymbol{\alpha}$ 与 $\boldsymbol{\beta}$ 不共线，则从同一起点 O 作

$$\boldsymbol{OA}=\boldsymbol{\alpha},\ \boldsymbol{OB}=\boldsymbol{\beta},\ \boldsymbol{OC}=\boldsymbol{\gamma}.$$

过点 C 作直线 $CD/\!/BO$ 且与直线 OA 交于点 D，

过点 C 作直线 $CE/\!/AO$ 且与直线 OB 交于点 E，如图 2-5所示，于是$\boldsymbol{OC}=\boldsymbol{OD}+\boldsymbol{OE}$.

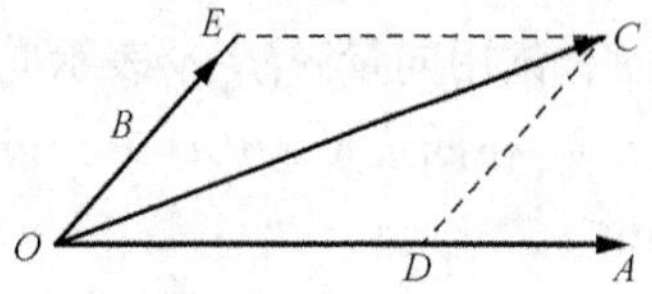

图 2-5

由定理 2.1 知道，存在唯一的数 k_1,k_2 使 $\boldsymbol{OD}=k_1\boldsymbol{\alpha}$，$\boldsymbol{OE}=k_2\boldsymbol{\beta}$，因此存在唯一的一对实数 k_1,k_2 使得

$$\boldsymbol{\gamma}=k_1\boldsymbol{\alpha}+k_2\boldsymbol{\beta}.$$

证毕.

定理 2.4 向量 $\boldsymbol{\alpha},\boldsymbol{\beta},\boldsymbol{\gamma}$ 共面的充分必要条件是存在不全为零的实数 k_1,k_2,k_3 使得 $k_1\boldsymbol{\alpha}+k_2\boldsymbol{\beta}+k_3\boldsymbol{\gamma}=\boldsymbol{0}$.

例 2.1 利用向量的线性运算证明：三角形的中位线平行于底边且等于底边的一半.

证明 如图 2-6 所示，设 D,E 分别为 AB、AC 的中点，即

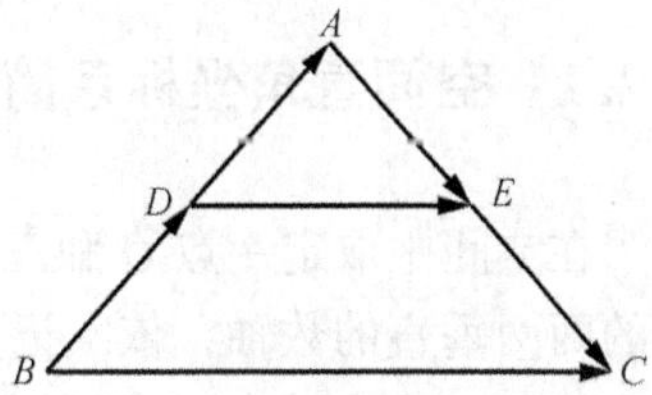

图 2-6

$$\boldsymbol{DE}=\boldsymbol{DA}+\boldsymbol{AE}=\frac{1}{2}\boldsymbol{BA}+\frac{1}{2}\boldsymbol{AC}=\frac{1}{2}(\boldsymbol{BA}+\boldsymbol{AC})=\frac{1}{2}\boldsymbol{BC},$$

所以，$\boldsymbol{DE}/\!/\boldsymbol{BC}$，且 $|\boldsymbol{DE}|=\frac{1}{2}|\boldsymbol{BC}|$.

证毕.

2.1.3　向量与向量的夹角

定义 2.4　给定两个向量 $\boldsymbol{\alpha},\boldsymbol{\beta}$. 若 $\boldsymbol{\alpha},\boldsymbol{\beta}$ 都是非零向量，则任取一点 O，作 $\boldsymbol{OA}=\boldsymbol{\alpha},\boldsymbol{OB}=\boldsymbol{\beta}$，称不超过 π 的 $\angle AOB=\varphi$ 为向量 $\boldsymbol{\alpha}$ 与 $\boldsymbol{\beta}$ 的**夹角**，记作 $\angle(\boldsymbol{\alpha},\boldsymbol{\beta})$ 或 $\angle(\boldsymbol{\beta},\boldsymbol{\alpha})$，即 $\angle(\boldsymbol{\alpha},\boldsymbol{\beta})=\varphi(0\leqslant\varphi\leqslant\pi)$. 如果向量 $\boldsymbol{\alpha}$ 与 $\boldsymbol{\beta}$ 有一个是零向量，规定 $\boldsymbol{\alpha}$ 与 $\boldsymbol{\beta}$ 的夹角可以在区间 $[0,\pi]$ 上任意取值.

显然，$\angle(\boldsymbol{\alpha},\boldsymbol{\beta})=0$ 或 π 时，向量 $\boldsymbol{\alpha}$ 与 $\boldsymbol{\beta}$ 共线. $\angle(\boldsymbol{\alpha},\boldsymbol{\beta})=\dfrac{\pi}{2}$ 时，称向量 $\boldsymbol{\alpha}$ 与 $\boldsymbol{\beta}$ 垂直，记作 $\boldsymbol{\alpha}\perp\boldsymbol{\beta}$.

特别地，向量与数轴同方向的一个向量的夹角称为**向量与数轴的夹角**，**两条数轴的夹角**为分别与两条数轴同方向的两个向量的夹角.

习题 2.1

1. 设 M 是三角形 ABC 的重心，O 是三角形 ABC 所在平面上任意一点. 证明：

$$\boldsymbol{OM}=\frac{1}{3}(\boldsymbol{OA}+\boldsymbol{OB}+\boldsymbol{OC}).$$

2. 已知四边形 $ABCD$ 中，$\boldsymbol{AB}=\boldsymbol{\alpha}-2\boldsymbol{\gamma}$，$\boldsymbol{CD}=5\boldsymbol{\alpha}+6\boldsymbol{\beta}-8\boldsymbol{\gamma}$，对角线 AC,BD 的中点分别为 E,F，试用向量 $\boldsymbol{\alpha},\boldsymbol{\beta},\boldsymbol{\gamma}$ 表示向量 $\boldsymbol{EF}$.

3. 在四边形 $ABCD$ 中，设 $\boldsymbol{AB}=\boldsymbol{\alpha}+2\boldsymbol{\beta}$，$\boldsymbol{BC}=4\boldsymbol{\alpha}-\boldsymbol{\beta}$，$\boldsymbol{CD}=3\boldsymbol{\alpha}-3\boldsymbol{\beta}$，证明四边形 $ABCD$ 为梯形.

2.2　空间直角坐标系

本节首先引入空间直角坐标系及点、向量的坐标，然后给出向量线性运算的坐标表达式及向量在数轴上投影的概念.

2.2.1　空间直角坐标系简介

在空间中取定一点 O 和三个两两垂直的单位向量 $\boldsymbol{i},\boldsymbol{j},\boldsymbol{k}$，就确定了三条都以点 O 为原点的两两垂直的数轴，依次记为 x 轴、y 轴和 z 轴，统称为**坐标轴**，它们构成一个**空间直角坐标系**，称为 $Oxyz$ 坐标系或 $[\boldsymbol{O};\boldsymbol{i},\boldsymbol{j},\boldsymbol{k}]$ 坐标系，如图 2-7 所示. 一般把 x 轴和 y 轴配置在水平面上，而 z 轴则是铅垂线，它们的正向通常符合右手规则，即让右手的四个手指(拇指除外)从 x 轴正方向以 $\dfrac{\pi}{2}$ 角度转向 y 轴正方向时，大拇指所指的方向与 z 轴的正方向在 xOy 面的同侧，如图 2-8 所示.

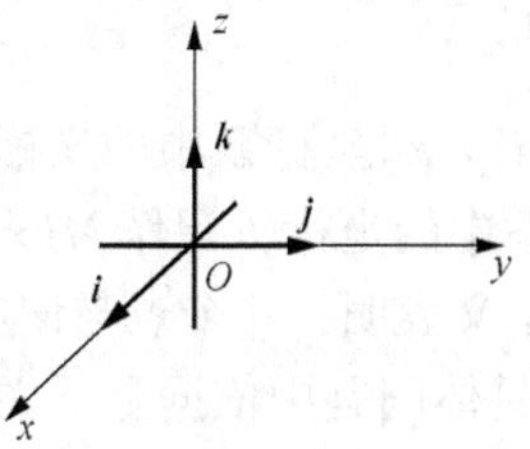

图 2-7

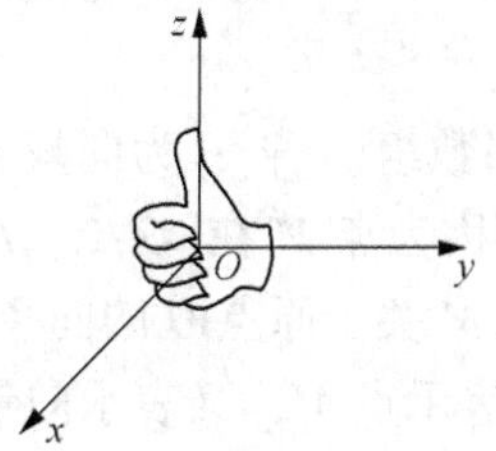

图 2-8

空间直角坐标系中任意两条坐标轴都确定一张平面，x 轴与 y 轴确定的平面叫 xOy 面，y 轴与 z 轴确定的平面叫 yOz 面，z 轴与 x 轴确定的平面叫 zOx 面. xOy 面、yOz 面和 zOx 面统称为**坐标面**. 三个坐标面把空间分成八个部分，每一部分称为一个卦限，这八个卦限分别用字母Ⅰ、Ⅱ、Ⅲ、Ⅳ、Ⅴ、Ⅵ、Ⅶ、Ⅷ表示. 含有 x 轴、y 轴和 z 轴正半轴的那个卦限叫作第Ⅰ卦限，第Ⅱ、第Ⅲ、第Ⅳ卦限在 xOy 面的上方，按逆时针方向确定；第Ⅴ至第Ⅷ卦限在 xOy 面的下方，由第Ⅰ卦限之下的第Ⅴ卦限按逆时针方向确定，如图 2-9 所示.

2.2.2 空间中向量与点的坐标

给定向量 $\boldsymbol{r}$，在$[\boldsymbol{O};\boldsymbol{i},\boldsymbol{j},\boldsymbol{k}]$坐标系中，作$\boldsymbol{OM}=\boldsymbol{r}$. 以 OM 为对角线，三条坐标轴为棱作长方体 $OAPB-CRMQ$，如图 2-10 所示，有

$$\boldsymbol{r}=\boldsymbol{OM}=\boldsymbol{OA}+\boldsymbol{AP}+\boldsymbol{PM}=\boldsymbol{OA}+\boldsymbol{OB}+\boldsymbol{OC},$$

而点 A、点 B、点 C 依次在 x 轴、y 轴和 z 轴上，即有唯一实数 x、y 和 z 使$\boldsymbol{OA}=x\boldsymbol{i}$，$\boldsymbol{OB}=y\boldsymbol{j}$，$\boldsymbol{OC}=z\boldsymbol{k}$，则

$$\boldsymbol{r}=\boldsymbol{OM}=x\boldsymbol{i}+y\boldsymbol{j}+z\boldsymbol{k}.$$

称上式为向量 $\boldsymbol{r}$ 的坐标分解式，$x\boldsymbol{i}$、$y\boldsymbol{j}$、$z\boldsymbol{k}$ 称为向量 $\boldsymbol{r}$ 沿三条坐标轴方向的分向量.

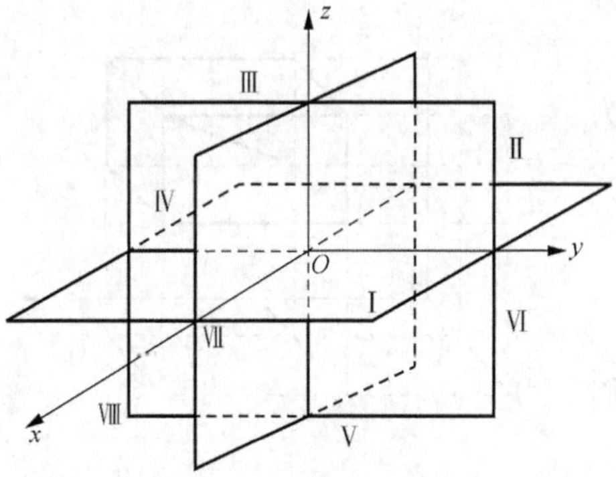

图 2-9

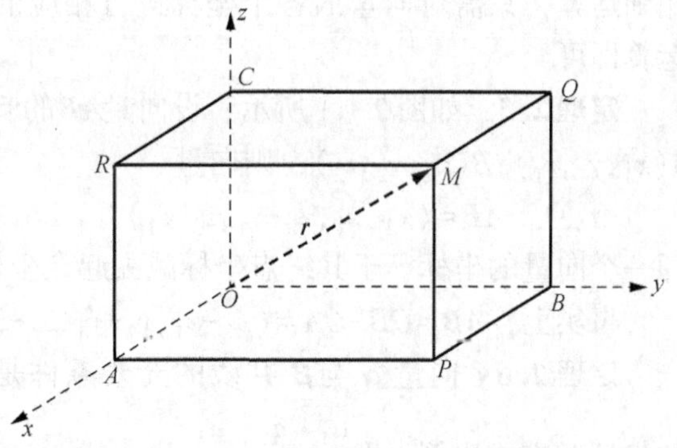

图 2-10

显然，给定向量 $\boldsymbol{r}$，就确定了点 M 及$\boldsymbol{OA}$、$\boldsymbol{OB}$及$\boldsymbol{OC}$三个分向量，进而确定了有序数组(x,y,z)；反之，任给一个有序数组(x,y,z)，在 x 轴、y 轴和 z 轴上分别找出坐标依次为 x、y 和 z 的 A、B 和 C 三个点，过 A、B 和 C 分别作与 x 轴、y 轴和 z 轴垂直的平面，这三个平面的交点即为点 M，也就确定了向量$\boldsymbol{OM}$，记$\boldsymbol{OM}=\boldsymbol{r}$，因此空间的点 M、向量 $\boldsymbol{r}$ 与有序数组(x,y,z)之间有一一对应的关系

$$M \leftrightarrow \boldsymbol{r}=\boldsymbol{OM}=x\boldsymbol{i}+y\boldsymbol{j}+z\boldsymbol{k} \leftrightarrow (x,y,z),$$

于是有定义 2.5.

定义 2.5　有序数组(x,y,z)为向量$\boldsymbol{r}$在$[\boldsymbol{O};\boldsymbol{i},\boldsymbol{j},\boldsymbol{k}]$坐标系中的坐标，记作$\boldsymbol{r}=(x,y,z)$；有序数组$(x,y,z)$也称为点$M$在$[\boldsymbol{O};\boldsymbol{i},\boldsymbol{j},\boldsymbol{k}]$坐标系中的坐标，记作$M(x,y,z)$.

向量$\boldsymbol{OM}$称为点M关于原点O的向径. 上述定义表明，一个点与该点的向径有相同的坐标，记号(x,y,z)既表示点M，又表示向量$\boldsymbol{OM}$，具体问题中依据上下文判定记号(x,y,z)的意义.

坐标面和坐标轴上的点的坐标有一定的特殊性：x轴上的点的坐标为$(x,0,0)$，y轴上的点的坐标为$(0,y,0)$，z轴上的点的坐标为$(0,0,z)$；xOy面上的点的坐标为$(x,y,0)$，yOz面上的点的坐标为$(0,y,z)$，zOx面上的点的坐标为$(x,0,z)$；坐标原点O的坐标为$(0,0,0)$.

单位坐标向量$\boldsymbol{i},\boldsymbol{j}$和$\boldsymbol{k}$的坐标分别为$\boldsymbol{i}=(1,0,0),\boldsymbol{j}=(0,1,0),\boldsymbol{k}=(0,0,1)$.

注 2.2　空间中在同一个卦限内的点的坐标的符号相同. 例如，第Ⅰ卦限内任意点的坐标x，y，z的符号都为正，点$(-1,-2,-3)$在第Ⅶ卦限内.

2.2.3　向量线性运算的坐标表示

在$[\boldsymbol{O};\boldsymbol{i},\boldsymbol{j},\boldsymbol{k}]$坐标系中，设向量$\boldsymbol{\alpha}=(a_1,a_2,a_3),\boldsymbol{\beta}=(b_1,b_2,b_3)$，$\lambda$为任意实数，即

$$\boldsymbol{\alpha}=a_1\boldsymbol{i}+a_2\boldsymbol{j}+a_3\boldsymbol{k},\boldsymbol{\beta}=b_1\boldsymbol{i}+b_2\boldsymbol{j}+b_3\boldsymbol{k}$$

利用向量加法的交换律和结合律以及向量与数乘法的结合律与分配律，有

$$\boldsymbol{\alpha}+\boldsymbol{\beta}=(a_1+b_1)\boldsymbol{i}+(a_2+b_2)\boldsymbol{j}+(a_3+b_3)\boldsymbol{k}=(a_1+b_1,a_2+b_2,a_3+b_3);$$

$$\boldsymbol{\alpha}-\boldsymbol{\beta}=(a_1-b_1)\boldsymbol{i}+(a_2-b_2)\boldsymbol{j}+(a_3-b_3)\boldsymbol{k}=(a_1-b_1,a_2-b_2,a_3-b_3);$$

$$\lambda\boldsymbol{\alpha}=\lambda a_1\boldsymbol{i}+\lambda a_2\boldsymbol{j}+\lambda a_3\boldsymbol{k}=(\lambda a_1,\lambda a_2,\lambda a_3).$$

上述表明，利用坐标对向量进行加、减及与数相乘运算，只需对向量的各个坐标进行相应的数量运算即可.

定理 2.5　如图 2-11 所示，设向量$\boldsymbol{AB}$的起点为$A(x_1,y_1,z_1),B(x_2,y_2,z_2)$，则向量

$$\boldsymbol{AB}=(x_2-x_1,y_2-y_1,z_2-z_1),$$

即一个向量的坐标等于其终点坐标减去起点坐标.

事实上，$\boldsymbol{AB}=\boldsymbol{OB}-\boldsymbol{OA}=(x_2-x_1,y_2-y_1,z_2-z_1)$.

定理 2.6　向量$\boldsymbol{\alpha}$与$\boldsymbol{\beta}$共线的充要条件是它们的坐标对应成比例，即$\dfrac{a_1}{b_1}=\dfrac{a_2}{b_2}=\dfrac{a_3}{b_3}$.①

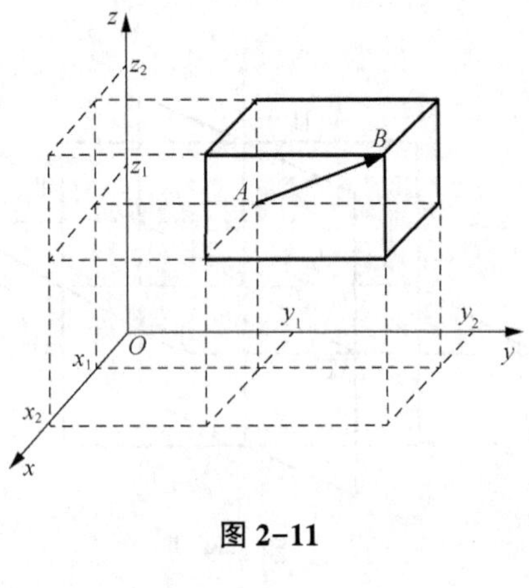

图 2-11

---

① 当b_1,b_2,b_3有一个为零时，例如，$b_1=0$，$b_2\neq0$，$b_3\neq0$，理解为$\begin{cases}a_1=0,\\ \dfrac{a_2}{b_2}=\dfrac{a_3}{b_3}.\end{cases}$当$b_1,b_2,b_3$有两个为零时，例如，$b_1=b_2=0$，$b_3\neq0$，理解为$\begin{cases}a_1=0\\ a_2=0.\end{cases}$

对于线段 AB，若点 M 满足 $\boldsymbol{AM}=\lambda\,\boldsymbol{MB}(\lambda\neq-1)$，则称点 M 为分线段 AB 成定比 λ 的点. 点 M 在线段 AB 的内部时，$\lambda>0$，称点 M 为内分点；点 M 在线段 AB 的外部时，$\lambda<0$，称点 M 为外分点；点 M 与点 A 重合时，$\lambda=0$；当点 M 趋于点 B 时，λ 变成无穷大；当 M 为线段 AB 的中点时，$\lambda=1$.

例 2.2 已知线段 AB 的两个端点的坐标为 $A(x_1,y_1,z_1),B(x_2,y_2,z_2)$，若点 M 满足 $\boldsymbol{AM}=\lambda\,\boldsymbol{MB}(\lambda\neq-1)$，求点 M 的坐标.

解 设 M 的坐标为 (x,y,z)，则

$$\boldsymbol{AM}=(x-x_1,y-y_1,z-z_1),\ \boldsymbol{MB}=(x_2-x,y_2-y,z_2-z)$$

由 $\boldsymbol{AM}=\lambda\,\boldsymbol{MB}$，有

$$x-x_1=\lambda(x_2-x),\ y-y_1=\lambda(y_2-y),\ z-z_1=\lambda(z_2-z),$$

所以点 M 的坐标 (x,y,z) 满足公式

$$x=\frac{x_1+\lambda x_2}{1+\lambda},\ y=\frac{y_1+\lambda y_2}{1+\lambda},\ z=\frac{z_1+\lambda z_2}{1+\lambda}.$$

特别地，当 $\lambda=1$ 时，得线段 AB 的中点公式

$$x=\frac{x_1+x_2}{2},\ y=\frac{y_1+y_2}{2},\ z=\frac{z_1+z_2}{2}.$$

2.2.4 向量在数轴上的投影

定义 2.6 在空间中，给定一个点 A 和一条数轴 u，记过点 A 与 u 轴垂直的平面和 u 轴的交点为 A'，则称点 A' 为点 A 在数轴 u 上的投影.

若向量 $\boldsymbol{AB}$ 的起点 A 和终点 B 在数轴 u 上的投影分别为点 A' 和 B'，$\boldsymbol{e}$ 是与 u 轴同方向的单位向量，则有唯一实数 λ 使 $\boldsymbol{A'B'}=\lambda\boldsymbol{e}$，称数 λ 为向量 $\boldsymbol{AB}$ 在 u 轴上的投影，记作 $\mathrm{Prj}_u\boldsymbol{AB}$，向量 $\boldsymbol{A'B'}$ 为向量 $\boldsymbol{AB}$ 在 u 轴上的投影向量.

据定义 2.6，若向量 $\boldsymbol{a}$ 在 $Oxyz$ 坐标系中的坐标为 (a_x,a_y,a_z)，则向量 $\boldsymbol{a}$ 在三条坐标轴上的投影分别为

$$\mathrm{Prj}_x\boldsymbol{a}=a_x,\mathrm{Prj}_y\boldsymbol{a}=a_y,\mathrm{Prj}_z\boldsymbol{a}=a_z.$$

可以证明，向量 $\boldsymbol{a}$ 在数轴 u 上的投影有以下性质：

(1) $\mathrm{Prj}_u\boldsymbol{a}=|\boldsymbol{a}|\cos\angle(\boldsymbol{a},u)$；

(2) $\mathrm{Prj}_u(\boldsymbol{a}+\boldsymbol{b})=\mathrm{Prj}_u\boldsymbol{a}+\mathrm{Prj}_u\boldsymbol{b}$；

(3) $\mathrm{Prj}_u(\lambda\boldsymbol{a})=\lambda\mathrm{Prj}_u\boldsymbol{a}$，其中 λ 为数.

例 2.3 棱长为 a 的立方体，如图 2-12 所示，求 $\boldsymbol{OA}$ 在 $\boldsymbol{OM}$ 上的投影.

解 因为在图 2-12 所示的立方体中，$|\boldsymbol{OA}|=a$，$\boldsymbol{OA}$ 与 $\boldsymbol{OM}$ 的夹角 φ 满足

$$\cos\varphi=\frac{|\boldsymbol{OA}|}{|\boldsymbol{OM}|}=\frac{1}{\sqrt{3}},$$

所以

$$\mathrm{Prj}_{\boldsymbol{OM}}\boldsymbol{OA}=|\boldsymbol{OA}|\cos\varphi=\frac{a}{\sqrt{3}}.$$

图 2-12

习题 2.2

1. 求点 $M_0(x_0,y_0,z_0)$ 关于各坐标面、各坐标轴及坐标原点的对称点.

2. 当 λ 和 μ 为何值时，向量 $\boldsymbol{\alpha}=(-2,3,\lambda)$ 与 $\boldsymbol{\beta}=(\mu,-6,2)$ 共线？

3. 设向量 $\boldsymbol{m}=3\boldsymbol{i}+5\boldsymbol{j}+8\boldsymbol{k}$，$\boldsymbol{n}=2\boldsymbol{i}-4\boldsymbol{j}-7\boldsymbol{k}$，$\boldsymbol{p}=5\boldsymbol{i}+\boldsymbol{j}-4\boldsymbol{k}$，求向量 $\boldsymbol{\alpha}=4\boldsymbol{m}+3\boldsymbol{n}-\boldsymbol{p}$ 在 x 轴上的投影及在 y 轴上的分向量.

4. 设点 $A(2,-2,5)$ 和点 $B(-1,6,7)$，求向量 $\boldsymbol{AB}$ 在 x 轴上的投影及在 z 轴上的投影向量.

2.3　向量的乘法

2.3.1　向量的数量积

1. 数量积的定义和性质

设质点在常力 $\boldsymbol{F}$ 的作用下产生位移 $\boldsymbol{S}$，由物理学知道，力 $\boldsymbol{F}$ 所做的功为 $W=|\boldsymbol{F}||\boldsymbol{S}|\cos\theta$(其中 θ 是力 $\boldsymbol{F}$ 与位移 $\boldsymbol{S}$ 的夹角)，这表明两个向量 $\boldsymbol{F}$ 与 $\boldsymbol{S}$ 能确定一个数量 W. 去掉该问题具体的物理意义，引入两个向量数量积的定义.

定义 2.7　给定两个向量 $\boldsymbol{\alpha}$ 与 $\boldsymbol{\beta}$，称数量 $|\boldsymbol{\alpha}||\boldsymbol{\beta}|\cos\angle(\boldsymbol{\alpha},\boldsymbol{\beta})$ 为向量 $\boldsymbol{\alpha}$ 与 $\boldsymbol{\beta}$ 的数量积，记为 $\boldsymbol{\alpha}\cdot\boldsymbol{\beta}$，即 $\boldsymbol{\alpha}\cdot\boldsymbol{\beta}=|\boldsymbol{\alpha}||\boldsymbol{\beta}|\cos\angle(\boldsymbol{\alpha},\boldsymbol{\beta})$.

由定义 2.7 可知，两个向量的数量积是一个实数，“$\boldsymbol{\alpha}\cdot\boldsymbol{\beta}$”读作“$\boldsymbol{\alpha}$ 点 $\boldsymbol{\beta}$”，因此向量的数量积又称为点积，也叫内积.

根据数量积的定义，力 $\boldsymbol{F}$ 将质点移动位移 $\boldsymbol{S}$ 所做的功 W 是力 $\boldsymbol{F}$ 与位移 $\boldsymbol{S}$ 的数量积，即 $W=\boldsymbol{F}\cdot\boldsymbol{S}$.

因当 $\boldsymbol{\alpha}\neq\boldsymbol{0}$ 时，向量 $\boldsymbol{\beta}$ 在向量 $\boldsymbol{\alpha}$ 上的投影为 $\mathrm{Prj}_{\boldsymbol{\alpha}}\boldsymbol{\beta}=|\boldsymbol{\beta}|\cos\angle(\boldsymbol{\alpha},\boldsymbol{\beta})$，则 $\boldsymbol{\alpha}\neq\boldsymbol{0}$ 时 $\boldsymbol{\alpha}\cdot\boldsymbol{\beta}=|\boldsymbol{\alpha}|\mathrm{Prj}_{\boldsymbol{\alpha}}\boldsymbol{\beta}$；同理，当 $\boldsymbol{\beta}\neq\boldsymbol{0}$ 时，$\boldsymbol{\alpha}\cdot\boldsymbol{\beta}=|\boldsymbol{\beta}|\mathrm{Prj}_{\boldsymbol{\beta}}\boldsymbol{\alpha}$. 这就是说，两个向量的数量积等于其中一个非零向量的模和另一个向量在这个向量的方向上的投影的乘积.

由数量积的定义可以推得向量的数量积有以下性质：

(1) $\boldsymbol{\alpha}\cdot\boldsymbol{\alpha}=|\boldsymbol{\alpha}|^2$；

(2) $\boldsymbol{\alpha}\cdot\boldsymbol{\beta}=\boldsymbol{\beta}\cdot\boldsymbol{\alpha}$；

(3) $\lambda(\boldsymbol{\alpha}\cdot\boldsymbol{\beta})=(\lambda\boldsymbol{\alpha})\cdot\boldsymbol{\beta}=\boldsymbol{\alpha}\cdot(\lambda\boldsymbol{\beta})$；

(4) $(\boldsymbol{\alpha}+\boldsymbol{\beta})\cdot\boldsymbol{\gamma}=\boldsymbol{\alpha}\cdot\boldsymbol{\gamma}+\boldsymbol{\beta}\cdot\boldsymbol{\gamma}$；

(5) 若 $\boldsymbol{\alpha}\neq\boldsymbol{0},\boldsymbol{\beta}\neq\boldsymbol{0}$，则 $\cos\angle(\boldsymbol{\alpha},\boldsymbol{\beta})=\dfrac{\boldsymbol{\alpha}\cdot\boldsymbol{\beta}}{|\boldsymbol{\alpha}||\boldsymbol{\beta}|}$；

(6) $\boldsymbol{\alpha}\perp\boldsymbol{\beta}\Leftrightarrow\boldsymbol{\alpha}\cdot\boldsymbol{\beta}=\boldsymbol{0}$.

显然，$\boldsymbol{i}\cdot\boldsymbol{i}=\boldsymbol{j}\cdot\boldsymbol{j}=\boldsymbol{k}\cdot\boldsymbol{k}=1$，$\boldsymbol{i}\cdot\boldsymbol{j}=\boldsymbol{j}\cdot\boldsymbol{k}=\boldsymbol{k}\cdot\boldsymbol{i}=\boldsymbol{0}$.

下面对性质(4)给出证明.

证明　当 $\boldsymbol{\gamma}=\boldsymbol{0}$ 时，显然 $(\boldsymbol{\alpha}+\boldsymbol{\beta})\cdot\boldsymbol{\gamma}=\boldsymbol{\alpha}\cdot\boldsymbol{\gamma}+\boldsymbol{\beta}\cdot\boldsymbol{\gamma}$；

当 $\boldsymbol{\gamma}\neq\mathbf{0}$ 时，$(\boldsymbol{\alpha}+\boldsymbol{\beta})\cdot\boldsymbol{\gamma}=|\boldsymbol{\alpha}+\boldsymbol{\beta}||\boldsymbol{\gamma}|\cos\angle(\boldsymbol{\alpha}+\boldsymbol{\beta},\boldsymbol{\gamma})$

$$=|\boldsymbol{\gamma}|\mathrm{Prj}_{\boldsymbol{\gamma}}(\boldsymbol{\alpha}+\boldsymbol{\beta})=|\boldsymbol{\gamma}|\mathrm{Prj}_{\boldsymbol{\gamma}}\boldsymbol{\alpha}+|\boldsymbol{\gamma}|\mathrm{Prj}_{\boldsymbol{\gamma}}\boldsymbol{\beta}=\boldsymbol{\alpha}\cdot\boldsymbol{\gamma}+\boldsymbol{\beta}\cdot\boldsymbol{\gamma}.$$

证毕.

例 2.4　利用向量证明三角形的余弦定理.

证明　在图 2-13 所示的 $\triangle ABC$ 中，记 $\boldsymbol{a}=\boldsymbol{CB}$，$\boldsymbol{b}=\boldsymbol{CA}$，$\boldsymbol{c}=\boldsymbol{AB}$，$\angle BCA=\angle(\boldsymbol{a},\boldsymbol{b})=\theta$，$|\boldsymbol{a}|=a$，$|\boldsymbol{b}|=b$，$|\boldsymbol{c}|=c$，则 $\boldsymbol{c}=\boldsymbol{a}-\boldsymbol{b}$，从而

$$|\boldsymbol{c}|^2=\boldsymbol{c}\cdot\boldsymbol{c}=(\boldsymbol{a}-\boldsymbol{b})\cdot(\boldsymbol{a}-\boldsymbol{b})=\boldsymbol{a}\cdot\boldsymbol{a}+\boldsymbol{b}\cdot\boldsymbol{b}-2\boldsymbol{a}\cdot\boldsymbol{b}$$
$$=|\boldsymbol{a}|^2+|\boldsymbol{b}|^2-2|\boldsymbol{a}||\boldsymbol{b}|\cos\angle(\boldsymbol{a},\boldsymbol{b})$$

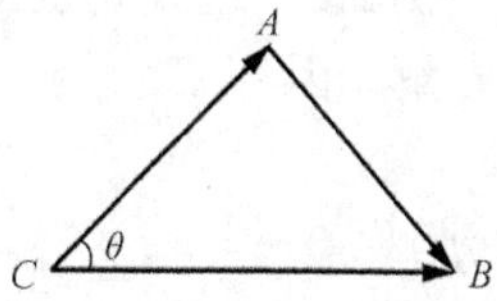

图 2-13

即有余弦定理

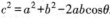

$$c^2=a^2+b^2-2ab\cos\theta.$$

证毕.

2. 数量积的坐标表示式

在 $[\boldsymbol{O};\boldsymbol{i},\boldsymbol{j},\boldsymbol{k}]$ 坐标系中，设向量 $\boldsymbol{\alpha}=(a_1,a_2,a_3)$，$\boldsymbol{\beta}=(b_1,b_2,b_3)$，则有

$$\boldsymbol{\alpha}\cdot\boldsymbol{\beta}=a_1b_1+a_2b_2+a_3b_3.$$

事实上，由于 $\boldsymbol{\alpha}$ 与 $\boldsymbol{\beta}$ 可以分别写成

$$\boldsymbol{\alpha}=a_1\boldsymbol{i}+a_2\boldsymbol{j}+a_3\boldsymbol{k},\ \boldsymbol{\beta}=b_1\boldsymbol{i}+b_2\boldsymbol{j}+b_3\boldsymbol{k}.$$

于是

$$\boldsymbol{\alpha}\cdot\boldsymbol{\beta}=(a_1\boldsymbol{i}+a_2\boldsymbol{j}+a_3\boldsymbol{k})\cdot(b_1\boldsymbol{i}+b_2\boldsymbol{j}+b_3\boldsymbol{k})=a_1b_1+a_2b_2+a_3b_3.$$

也就是说，两个向量的数量积等于它们的对应坐标乘积之和，利用这个结果可得向量 $\boldsymbol{\alpha}=(a_1,a_2,a_3)$ 的长度 $|\boldsymbol{\alpha}|=\sqrt{\boldsymbol{\alpha}\cdot\boldsymbol{\alpha}}=\sqrt{a_1^2+a_2^2+a_3^2}$.

进一步有空间中两点 $A(x_1,y_1,z_1)$ 与 $B(x_2,y_2,z_2)$ 间的距离

$$|\boldsymbol{AB}|=\sqrt{(x_2-x_1)^2+(y_2-y_1)^2+(z_2-z_1)^2}\tag{2.3.1}$$

注 2.3　式(2.3.1)也称为空间两点之间的距离公式. 特别地，原点 O 到点 $M(x,y,z)$ 的距离为 $|\boldsymbol{OM}|=\sqrt{x^2+y^2+z^2}$，即向量 $\boldsymbol{OM}=(x,y,z)$ 的模 $|\boldsymbol{OM}|=\sqrt{x^2+y^2+z^2}$.

定理 2.7　向量 $\boldsymbol{\alpha}=(a_1,a_2,a_3)$ 与 $\boldsymbol{\beta}=(b_1,b_2,b_3)$ 垂直的充分必要条件是

$$a_1b_1+a_2b_2+a_3b_3=0.$$

当 $\boldsymbol{\alpha},\boldsymbol{\beta}$ 都是非零向量时，根据数量积的定义，得两向量夹角余弦的坐标表示公式

$$\cos\angle(\boldsymbol{\alpha},\boldsymbol{\beta})=\frac{a_1b_1+a_2b_2+a_3b_3}{\sqrt{a_1^2+a_2^2+a_3^2}\sqrt{b_1^2+b_2^2+b_3^2}}.$$

定义 2.8　非零向量 $\boldsymbol{OM}=(x,y,z)$ 分别与三条坐标轴 x 轴，y 轴，z 轴的夹角 α,β,γ 称为向量 $\boldsymbol{OM}$ 的**方向角**，如图 2-14所示，方向角 α,β,γ 的余弦 $\cos\alpha,\cos\beta,\cos\gamma$ 叫向量 $\boldsymbol{OM}$ 的**方向余弦**.

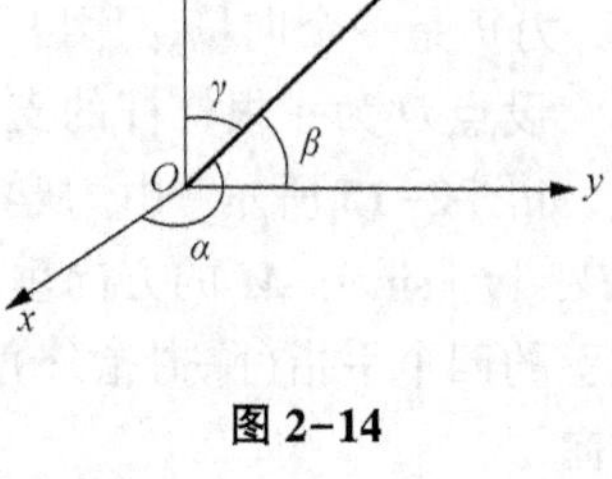

图 2-14

由于 $\boldsymbol{OM}\cdot\boldsymbol{i}=|\boldsymbol{OM}|\cos\alpha$，$\boldsymbol{OM}\cdot\boldsymbol{j}=|\boldsymbol{OM}|\cos\beta$，$\boldsymbol{OM}\cdot\boldsymbol{k}=|\boldsymbol{OM}|\cos\gamma$，因此，

$$\cos\alpha=\frac{x}{|\boldsymbol{OM}|},\ \cos\beta=\frac{y}{|\boldsymbol{OM}|},\ \cos\gamma=\frac{z}{|\boldsymbol{OM}|}.$$

显然

$$\cos^2\alpha+\cos^2\beta+\cos^2\gamma=1,$$

即任何非零向量的方向余弦的平方和等于 1，与向量$\boldsymbol{OM}$同方向的单位向量的坐标就是该向量的方向余弦.

例 2.5 已知两点$M_1(4,\sqrt{2},1)$和$M_2(3,0,2)$，求向量$\boldsymbol{M_1M_2}$的模、方向余弦和方向角.

解 因

$$\boldsymbol{M_1M_2}=(3-4,0-\sqrt{2},2-1)=(-1,-\sqrt{2},1),$$

所以

$$|\boldsymbol{M_1M_2}|=\sqrt{(-1)^2+(-\sqrt{2})^2+1^2}=2,$$

$$\cos\alpha=-\frac{1}{2},\ \cos\beta=-\frac{\sqrt{2}}{2},\ \cos\gamma=\frac{1}{2};$$

$$\alpha=\frac{2\pi}{3},\beta=\frac{3\pi}{4},\ \gamma=\frac{\pi}{3}.$$

例 2.6 设点 M 位于第 Ⅰ 卦限，向径 $\boldsymbol{r}=\boldsymbol{OM}$与 x 轴、y 轴的夹角依次为$\frac{\pi}{4}$和$\frac{\pi}{3}$，已知$|\boldsymbol{OM}|=4$，求点 M 的坐标.

解 因 $\alpha=\frac{\pi}{4},\beta=\frac{\pi}{3}$，所以 $\cos\alpha=\frac{\sqrt{2}}{2}$，$\cos\beta=\frac{1}{2}$，于是

$$\cos^2\gamma=1-\cos^2\alpha-\cos^2\beta=1-\left(\frac{\sqrt{2}}{2}\right)^2-\left(\frac{1}{2}\right)^2=\frac{1}{4},$$

又因点 M 位于第 Ⅰ 卦限，知 $\cos\gamma>0$，故 $\cos\gamma=\frac{1}{2}$. 于是与 $\boldsymbol{r}=\boldsymbol{OM}$同方向的单位向量是 $\boldsymbol{r}^0=(\cos\alpha,\cos\beta,\cos\gamma)=\left(\frac{\sqrt{2}}{2},\frac{1}{2},\frac{1}{2}\right)$，而

$$\boldsymbol{OM}=\boldsymbol{r}=|\boldsymbol{r}|\boldsymbol{r}^0=4\left(\frac{\sqrt{2}}{2},\frac{1}{2},\frac{1}{2}\right)=(2\sqrt{2},2,2),$$

所以点 M 的坐标为$(2\sqrt{2},2,2)$.

2.3.2 向量的向量积

1. 向量积的定义与性质

在研究物体转动的问题时，不但要考虑这物体所受的力，还要分析这些力所产生的力矩. 力矩是一个向量，用以下的例子来说明表达力矩的方法.

设点 O 为一根杠杆的支点，力 $\boldsymbol{F}$ 作用于这杠杆上点 P 处，力 $\boldsymbol{F}$ 与向量 $\boldsymbol{r}=\boldsymbol{OP}$的夹角为 φ，如图 2-15 所示. 由力学规定，力 $\boldsymbol{F}$ 对支点 O 的力矩是一个向量 $\boldsymbol{M}$，它的模$|\boldsymbol{M}|=|\boldsymbol{F}||\boldsymbol{r}|\sin\varphi$，$\boldsymbol{M}$ 的方向垂直于 $\boldsymbol{F}$ 与 $\boldsymbol{r}$ 确定的平面，且 $\boldsymbol{r},\boldsymbol{F},\boldsymbol{M}$ 的方向构成右手系，即当右手的四个手指(除拇指外)从 $\boldsymbol{r}$ 以不超过 π 的角转向 $\boldsymbol{F}$ 握拳时，大拇指的指向就是 $\boldsymbol{M}$ 的方向.

上例表明两个向量 $\boldsymbol{F}$ 和 $\boldsymbol{r}$ 确定了一个向量 $\boldsymbol{M}$，这种由两个向量按上面的规则来确定另

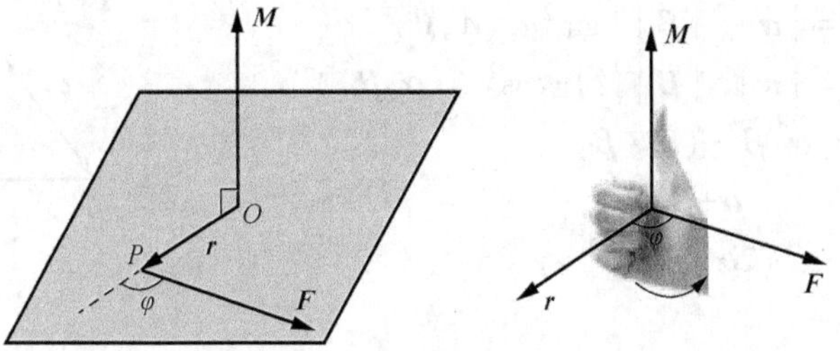

图 2-15

一个向量的情况，在力学和物理的其他问题中也会遇到. 于是抽象出向量积的概念.

定义 2.9 向量 $\boldsymbol{\alpha}$ 与 $\boldsymbol{\beta}$ 的向量积是一个向量，记为 $\boldsymbol{\alpha}\times\boldsymbol{\beta}$，它的模为

$$|\boldsymbol{\alpha}\times\boldsymbol{\beta}|=|\boldsymbol{\alpha}||\boldsymbol{\beta}|\sin\angle(\boldsymbol{\alpha},\boldsymbol{\beta}). \tag{2.3.2}$$

向量 $\boldsymbol{\alpha}\times\boldsymbol{\beta}$ 与向量 $\boldsymbol{\alpha}$ 和 $\boldsymbol{\beta}$ 都垂直，且 $(\boldsymbol{\alpha},\boldsymbol{\beta},\boldsymbol{\alpha}\times\boldsymbol{\beta})$ 构成右手系，即当右手的四个手指从 $\boldsymbol{\alpha}$ 弯向 $\boldsymbol{\beta}$（转角小于 π）时，大拇指的指向就是 $\boldsymbol{\alpha}\times\boldsymbol{\beta}$ 的方向.

"$\boldsymbol{\alpha}\times\boldsymbol{\beta}$"读作"$\boldsymbol{\alpha}$ 叉 $\boldsymbol{\beta}$"，因此两向量的向量积又称为叉积，也叫外积.

如果 $\boldsymbol{\alpha}$ 和 $\boldsymbol{\beta}$ 是非零且不共线的向量，则向量积 $\boldsymbol{\alpha}\times\boldsymbol{\beta}$ 的模 $|\boldsymbol{\alpha}\times\boldsymbol{\beta}|=|\boldsymbol{\alpha}||\boldsymbol{\beta}|\sin\angle(\boldsymbol{\alpha},\boldsymbol{\beta})$ 表示以 $\boldsymbol{\alpha},\boldsymbol{\beta}$ 为邻边的平行四边形的面积，这即为向量积的模的几何意义.

由定义 2.9 不难得到，$\boldsymbol{0}\times\boldsymbol{\alpha}=\boldsymbol{0}$，$\boldsymbol{\alpha}\times\boldsymbol{\alpha}=\boldsymbol{0}$，进一步有以下定理.

定理 2.8 向量 $\boldsymbol{\alpha}$ 与 $\boldsymbol{\beta}$ 共线的充要条件是 $\boldsymbol{\alpha}\times\boldsymbol{\beta}=\boldsymbol{0}$.

定理 2.9 对于任意向量 $\boldsymbol{\alpha},\boldsymbol{\beta},\boldsymbol{\gamma}$ 及任意实数 k，向量积满足以下运算律：

(1) $\boldsymbol{\alpha}\times\boldsymbol{\beta}=-\boldsymbol{\beta}\times\boldsymbol{\alpha}$（反交换律）；

(2) $(k\boldsymbol{\alpha})\times\boldsymbol{\beta}=\boldsymbol{\alpha}\times(k\boldsymbol{\beta})=k(\boldsymbol{\alpha}\times\boldsymbol{\beta})$（与数乘的结合律）；

(3) $(\boldsymbol{\alpha}+\boldsymbol{\beta})\times\boldsymbol{\gamma}=\boldsymbol{\alpha}\times\boldsymbol{\gamma}+\boldsymbol{\beta}\times\boldsymbol{\gamma}$（右分配律）；

(4) $\boldsymbol{\gamma}\times(\boldsymbol{\alpha}+\boldsymbol{\beta})=\boldsymbol{\gamma}\times\boldsymbol{\alpha}+\boldsymbol{\gamma}\times\boldsymbol{\beta}$（左分配律）.

向量积的上述运算律的证明，此处从略.

例 2.7 证明以平行四边形两对角线为邻边的平行四边形的面积等于原平行四边形面积的 2 倍.

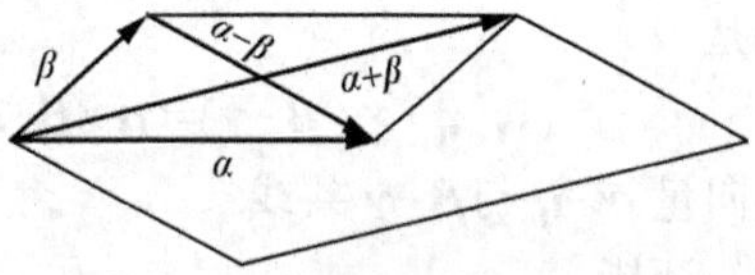

图 2-16

证明 设原平行四边形的两邻边用向量 $\boldsymbol{\alpha},\boldsymbol{\beta}$ 表示，则原平行四边形的两条对角线就能用向量 $\boldsymbol{\alpha}+\boldsymbol{\beta}$ 和 $\boldsymbol{\alpha}-\boldsymbol{\beta}$ 表示，如图 2-16 所示，于是原平行四边形的面积为 $|\boldsymbol{\alpha}\times\boldsymbol{\beta}|$，新平行四边形的面积为 $|(\boldsymbol{\alpha}+\boldsymbol{\beta})\times(\boldsymbol{\alpha}-\boldsymbol{\beta})|$. 而

$$(\boldsymbol{\alpha}+\boldsymbol{\beta})\times(\boldsymbol{\alpha}-\boldsymbol{\beta})=\boldsymbol{\alpha}\times\boldsymbol{\alpha}-\boldsymbol{\alpha}\times\boldsymbol{\beta}+\boldsymbol{\beta}\times\boldsymbol{\alpha}-\boldsymbol{\beta}\times\boldsymbol{\beta}=-2(\boldsymbol{\alpha}\times\boldsymbol{\beta})$$

即

$$|(\boldsymbol{\alpha}+\boldsymbol{\beta})\times(\boldsymbol{\alpha}-\boldsymbol{\beta})|=2|\boldsymbol{\alpha}\times\boldsymbol{\beta}|.$$

证毕.

例 2.8 设 a,b,c 是三角形三边的长，s 是三角形周长的一半，求证三角形的面积

$$S_{\triangle ABC}=\sqrt{s(s-a)(s-b)(s-c)}.$$

证明 三角形 ABC 如图 2-17 所示，设 $\boldsymbol{AB}=\boldsymbol{\gamma}$，$\boldsymbol{BC}=\boldsymbol{\alpha}$，$\boldsymbol{CA}=\boldsymbol{\beta}$，$|\boldsymbol{\alpha}|=a$，$|\boldsymbol{\beta}|=b$，$|\boldsymbol{\gamma}|=c$，则有 $\boldsymbol{\alpha}+\boldsymbol{\beta}+\boldsymbol{\gamma}=\boldsymbol{0}$，$S_{\triangle ABC}=\dfrac{1}{2}|\boldsymbol{\alpha}\times\boldsymbol{\beta}|$.

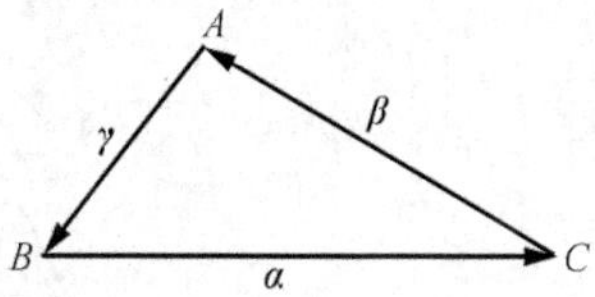

图 2-17

因为 $|\boldsymbol{\alpha}\times\boldsymbol{\beta}|^2=|\boldsymbol{\alpha}|^2|\boldsymbol{\beta}|^2\sin^2\angle(\boldsymbol{\alpha},\boldsymbol{\beta})$

$$=|\boldsymbol{\alpha}|^2|\boldsymbol{\beta}|^2(1-\cos^2\angle(\boldsymbol{\alpha},\boldsymbol{\beta}))$$

$$=\boldsymbol{\alpha}^2\boldsymbol{\beta}^2-(\boldsymbol{\alpha}\cdot\boldsymbol{\beta})^2,$$

$$\boldsymbol{\alpha}+\boldsymbol{\beta}=-\boldsymbol{\gamma},$$

即

$$\boldsymbol{\alpha}^2+2\boldsymbol{\alpha}\cdot\boldsymbol{\beta}+\boldsymbol{\beta}^2=\boldsymbol{\gamma}^2,$$

于是

$$\boldsymbol{\alpha}\cdot\boldsymbol{\beta}=\frac{1}{2}[\boldsymbol{\gamma}^2-\boldsymbol{\alpha}^2-\boldsymbol{\beta}^2]=\frac{1}{2}[c^2-a^2-b^2],$$

$$\begin{aligned}S^2_{\triangle ABC}&=\frac{1}{4}|\boldsymbol{\alpha}\times\boldsymbol{\beta}|^2=\frac{1}{4}[\boldsymbol{\alpha}^2\boldsymbol{\beta}^2-(\boldsymbol{\alpha}\cdot\boldsymbol{\beta})^2]\\&=\frac{1}{4}\left[a^2b^2-\frac{1}{4}(c^2-a^2-b^2)^2\right]\\&=\frac{1}{16}[2ab+(c^2-a^2-b^2)]\cdot[2ab-(c^2-a^2-b^2)]\\&=\frac{1}{16}[c^2-(a-b)^2]\cdot[(a+b)^2-c^2]\\&=\frac{1}{16}(c+a-b)(c-a+b)(a+b+c)(a+b-c)\\&=\left(\frac{c+a+b}{2}-b\right)\left(\frac{a+b+c}{2}-a\right)\left(\frac{a+b+c}{2}\right)\left(\frac{a+b+c}{2}-c\right)\\&=(s-b)(s-a)s(s-c).\end{aligned}$$

故

$$S_{\triangle ABC}=\sqrt{s(s-a)(s-b)(s-c)}.$$

例 2.9　已知向量 $\boldsymbol{\alpha},\boldsymbol{\beta},\boldsymbol{\gamma},\boldsymbol{\eta}$ 满足 $\boldsymbol{\alpha}\times\boldsymbol{\beta}=\boldsymbol{\gamma}\times\boldsymbol{\eta}$，$\boldsymbol{\alpha}\times\boldsymbol{\gamma}=\boldsymbol{\beta}\times\boldsymbol{\eta}$，求证：$\boldsymbol{\alpha}-\boldsymbol{\eta}$ 与 $\boldsymbol{\beta}-\boldsymbol{\gamma}$ 共线.

证明　因 $\boldsymbol{\alpha}\times\boldsymbol{\beta}=\boldsymbol{\gamma}\times\boldsymbol{\eta}$，$\boldsymbol{\alpha}\times\boldsymbol{\gamma}=\boldsymbol{\beta}\times\boldsymbol{\eta}$，

于是

$$(\boldsymbol{\alpha}-\boldsymbol{\eta})\times(\boldsymbol{\beta}-\boldsymbol{\gamma})=\boldsymbol{\alpha}\times\boldsymbol{\beta}-\boldsymbol{\alpha}\times\boldsymbol{\gamma}-\boldsymbol{\eta}\times\boldsymbol{\beta}+\boldsymbol{\eta}\times\boldsymbol{\gamma}=\boldsymbol{\alpha}\times\boldsymbol{\beta}-\boldsymbol{\alpha}\times\boldsymbol{\gamma}+\boldsymbol{\beta}\times\boldsymbol{\eta}-\boldsymbol{\gamma}\times\boldsymbol{\eta}=\boldsymbol{0}.$$

故向量 $\boldsymbol{\alpha}-\boldsymbol{\eta}$ 与 $\boldsymbol{\beta}-\boldsymbol{\gamma}$ 共线.

证毕.

注 2.4　由向量积的定义容易得到单位向量 $\boldsymbol{i},\boldsymbol{j},\boldsymbol{k}$ 的向量积有以下结果.

$$\boldsymbol{i}\times\boldsymbol{i}=\boldsymbol{j}\times\boldsymbol{j}=\boldsymbol{k}\times\boldsymbol{k}=\boldsymbol{0},$$

$$\boldsymbol{i}\times\boldsymbol{j}=\boldsymbol{k},\boldsymbol{j}\times\boldsymbol{k}=\boldsymbol{i},\ \boldsymbol{k}\times\boldsymbol{i}=\boldsymbol{j},$$

$$\boldsymbol{j}\times\boldsymbol{i}=-\boldsymbol{k},\ \boldsymbol{k}\times\boldsymbol{j}=-\boldsymbol{i},\ \boldsymbol{i}\times\boldsymbol{k}=-\boldsymbol{j}.$$

2. 向量积的坐标表示式

定理 2.10　在直角坐标系 $[\boldsymbol{O};\boldsymbol{i},\boldsymbol{j},\boldsymbol{k}]$ 中，设向量 $\boldsymbol{\alpha}=(a_1,a_2,a_3)$，$\boldsymbol{\beta}=(b_1,b_2,b_3)$，则

$$\begin{aligned}\boldsymbol{\alpha}\times\boldsymbol{\beta}&=(a_1\boldsymbol{i}+a_2\boldsymbol{j}+a_3\boldsymbol{k})\times(b_1\boldsymbol{i}+b_2\boldsymbol{j}+b_3\boldsymbol{k})\\&=(a_2b_3-a_3b_2)\boldsymbol{i}-(a_1b_3-a_3b_1)\boldsymbol{j}+(a_1b_2-a_2b_1)\boldsymbol{k};\end{aligned}$$

借助行列式有

$$\boldsymbol{\alpha}\times\boldsymbol{\beta}=\left(\begin{vmatrix}a_2&a_3\\b_2&b_3\end{vmatrix},-\begin{vmatrix}a_1&a_3\\b_1&b_3\end{vmatrix},\begin{vmatrix}a_1&a_2\\b_1&b_2\end{vmatrix}\right)=\begin{vmatrix}\boldsymbol{i}&\boldsymbol{j}&\boldsymbol{k}\\a_1&a_2&a_3\\b_1&b_2&b_3\end{vmatrix}.$$

例 2.10　设空间中的三点 $A(1,2,3)$，$B(2,-1,5)$，$C(3,2,-5)$，

(1)求 $\triangle ABC$ 的面积；

(2)求与向量$\boldsymbol{AB}$，$\boldsymbol{AC}$都垂直的单位向量.

解　(1)$\boldsymbol{AB}=(1,-3,2)$，$\boldsymbol{AC}=(2,0,-8)$，所以

$$\boldsymbol{AB}\times\boldsymbol{AC}=\begin{vmatrix}\boldsymbol{i} & \boldsymbol{j} & \boldsymbol{k}\\ 1 & -3 & 2\\ 2 & 0 & -8\end{vmatrix}=24\boldsymbol{i}+12\boldsymbol{j}+6\boldsymbol{k},$$

从而

$$|\boldsymbol{AB}\times\boldsymbol{AC}|=\sqrt{24^2+12^2+6^2}=6\sqrt{21},$$

故

$$S_{\triangle ABC}=\frac{1}{2}|\boldsymbol{AB}\times\boldsymbol{AC}|=3\sqrt{21}.$$

(2)因$\boldsymbol{AB}\times\boldsymbol{AC}$与$\boldsymbol{AB}$，$\boldsymbol{AC}$都垂直，所以可令与向量$\boldsymbol{AB}$，$\boldsymbol{AC}$都垂直的单位向量 $\boldsymbol{e}=\lambda(\boldsymbol{AB}\times\boldsymbol{AC})$，$\lambda$ 为实数.

又由(1)知道$\boldsymbol{AB}\times\boldsymbol{AC}=(24,12,6)$，即有 $\boldsymbol{e}=(24\lambda,12\lambda,6\lambda)$，

因 $|\boldsymbol{e}|=1$，则 $\lambda=\pm\dfrac{1}{6\sqrt{21}}$，从而 $\boldsymbol{e}=\pm\dfrac{1}{\sqrt{21}}(4,2,1)$.

2.3.3　向量的混合积

1. 向量混合积的定义与性质

定义 2.10　给定三个向量 $\boldsymbol{\alpha},\boldsymbol{\beta},\boldsymbol{\gamma}$. 先做两个向量 $\boldsymbol{\alpha}$ 与 $\boldsymbol{\beta}$ 的向量积，再与向量 $\boldsymbol{\gamma}$ 做数量积，即$(\boldsymbol{\alpha}\times\boldsymbol{\beta})\cdot\boldsymbol{\gamma}$，其结果是一个数，称这个数为三向量 $\boldsymbol{\alpha},\boldsymbol{\beta},\boldsymbol{\gamma}$ 的**混合积**，记为$(\boldsymbol{\alpha},\boldsymbol{\beta},\boldsymbol{\gamma})$，即

$$(\boldsymbol{\alpha},\boldsymbol{\beta},\boldsymbol{\gamma})=(\boldsymbol{\alpha}\times\boldsymbol{\beta})\cdot\boldsymbol{\gamma}. \tag{2.3.3}$$

由于

$$(\boldsymbol{\alpha},\boldsymbol{\beta},\boldsymbol{\gamma})=(\boldsymbol{\alpha}\times\boldsymbol{\beta})\cdot\boldsymbol{\gamma}=|\boldsymbol{\alpha}\times\boldsymbol{\beta}|\cdot|\boldsymbol{\gamma}|\cos\angle(\boldsymbol{\alpha}\times\boldsymbol{\beta},\boldsymbol{\gamma}),$$

则当三个向量 $\boldsymbol{\alpha},\boldsymbol{\beta},\boldsymbol{\gamma}$ 不共面时，以 $\boldsymbol{\alpha},\boldsymbol{\beta},\boldsymbol{\gamma}$ 为棱作平行六面体，如图 2-18 和图 2-19 所示.

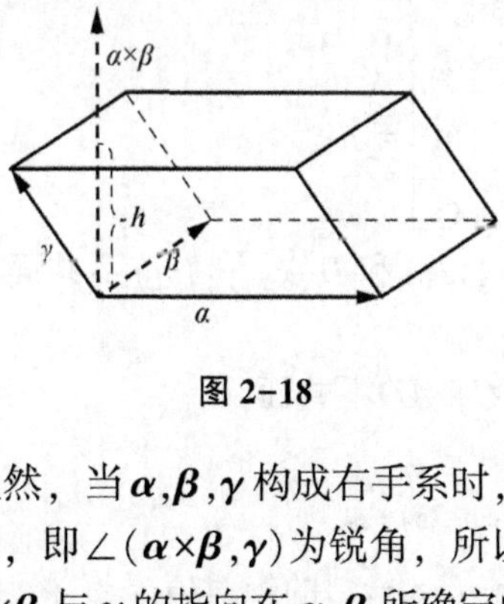

图 2-18

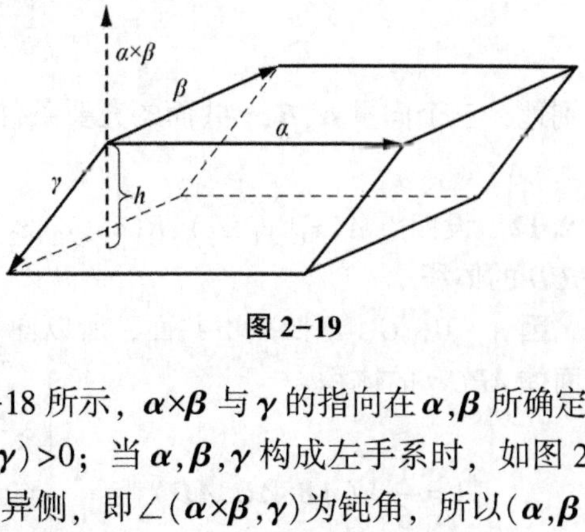

图 2-19

显然，当$\boldsymbol{\alpha},\boldsymbol{\beta},\boldsymbol{\gamma}$ 构成右手系时，如图 2-18 所示，$\boldsymbol{\alpha}\times\boldsymbol{\beta}$ 与 $\boldsymbol{\gamma}$ 的指向在$\boldsymbol{\alpha},\boldsymbol{\beta}$ 所确定的平面的同侧，即$\angle(\boldsymbol{\alpha}\times\boldsymbol{\beta},\boldsymbol{\gamma})$为锐角，所以$(\boldsymbol{\alpha},\boldsymbol{\beta},\boldsymbol{\gamma})>0$；当 $\boldsymbol{\alpha},\boldsymbol{\beta},\boldsymbol{\gamma}$ 构成左手系时，如图 2-19 所示，$\boldsymbol{\alpha}\times\boldsymbol{\beta}$ 与 $\boldsymbol{\gamma}$ 的指向在$\boldsymbol{\alpha},\boldsymbol{\beta}$ 所确定的平面的异侧，即$\angle(\boldsymbol{\alpha}\times\boldsymbol{\beta},\boldsymbol{\gamma})$为钝角，所以$(\boldsymbol{\alpha},\boldsymbol{\beta},\boldsymbol{\gamma})<0$.

又 $|\boldsymbol{\gamma}|\cos\angle(\boldsymbol{\alpha}\times\boldsymbol{\beta},\boldsymbol{\gamma})$是向量 $\boldsymbol{\gamma}$ 在 $\boldsymbol{\alpha}\times\boldsymbol{\beta}$ 上的投影，其绝对值是上述平行六面体的高，

$|\boldsymbol{\alpha}\times\boldsymbol{\beta}|$ 是以 $\boldsymbol{\alpha},\boldsymbol{\beta}$ 为邻边的平行四边形的面积，即平行六面体的底面积，故当 $\boldsymbol{\alpha},\boldsymbol{\beta},\boldsymbol{\gamma}$ 构成右手系时，如图 2-18 所示，$(\boldsymbol{\alpha},\boldsymbol{\beta},\boldsymbol{\gamma})$ 是以 $\boldsymbol{\alpha},\boldsymbol{\beta},\boldsymbol{\gamma}$ 为棱的平行六面体的体积；当 $\boldsymbol{\alpha},\boldsymbol{\beta},\boldsymbol{\gamma}$ 构成左手系时，如图 2-19 所示，$(\boldsymbol{\alpha},\boldsymbol{\beta},\boldsymbol{\gamma})$ 是以 $\boldsymbol{\alpha},\boldsymbol{\beta},\boldsymbol{\gamma}$ 为棱的平行六面体的体积的相反数. 于是 $|(\boldsymbol{\alpha},\boldsymbol{\beta},\boldsymbol{\gamma})|$ 是以 $\boldsymbol{\alpha},\boldsymbol{\beta},\boldsymbol{\gamma}$ 为棱的**平行六面体的体积**，这即为三向量混合积的几何意义.

根据向量混合积的定义及其几何意义容易得到向量混合积的性质.

定理 2.11 三向量 $\boldsymbol{\alpha},\boldsymbol{\beta},\boldsymbol{\gamma}$ 共面的充要条件是 $(\boldsymbol{\alpha},\boldsymbol{\beta},\boldsymbol{\gamma})=0$.

定理 2.12 对于任意向量 $\boldsymbol{\alpha},\boldsymbol{\beta},\boldsymbol{\gamma}$ 及任意实数 k 有

(1) $(\boldsymbol{\alpha},\boldsymbol{\beta},\boldsymbol{\gamma})=(\boldsymbol{\beta},\boldsymbol{\gamma},\boldsymbol{\alpha})=(\boldsymbol{\gamma},\boldsymbol{\alpha},\boldsymbol{\beta})$；

(2) $(\boldsymbol{\alpha}\times\boldsymbol{\beta})\cdot\boldsymbol{\gamma}=\boldsymbol{\alpha}\cdot(\boldsymbol{\beta}\times\boldsymbol{\gamma})$；

(3) $(k\boldsymbol{\alpha},\boldsymbol{\beta},\boldsymbol{\gamma})=k(\boldsymbol{\alpha},\boldsymbol{\beta},\boldsymbol{\gamma})$.

注 2.5 定理 2.12 中式(1)说明三向量混合积是由三向量的循环顺序决定的，与哪个向量排在第一个无关；式(2)说明计算三向量混合积，可以前两个向量做向量积，也可以后两个向量做向量积.

例 2.11 试证明对于任意非零常数 l,m,n 及任意非零向量 $\boldsymbol{\alpha},\boldsymbol{\beta},\boldsymbol{\gamma}$，向量 $l\boldsymbol{\alpha}-m\boldsymbol{\beta},m\boldsymbol{\beta}-n\boldsymbol{\gamma},n\boldsymbol{\gamma}-l\boldsymbol{\alpha}$ 共面.

证明 由于

$$\begin{aligned}(l\boldsymbol{\alpha}-m\boldsymbol{\beta},m\boldsymbol{\beta}-n\boldsymbol{\gamma},n\boldsymbol{\gamma}-l\boldsymbol{\alpha})&=[(l\boldsymbol{\alpha}-m\boldsymbol{\beta})\times(m\boldsymbol{\beta}-n\boldsymbol{\gamma})]\cdot(n\boldsymbol{\gamma}-l\boldsymbol{\alpha})\\&=[lm(\boldsymbol{\alpha}\times\boldsymbol{\beta})-ln(\boldsymbol{\alpha}\times\boldsymbol{\gamma})+mn(\boldsymbol{\beta}\times\boldsymbol{\gamma})]\cdot(n\boldsymbol{\gamma}-l\boldsymbol{\alpha})\\&=lmn(\boldsymbol{\alpha}\times\boldsymbol{\beta})\cdot\boldsymbol{\gamma}-lmn(\boldsymbol{\beta}\times\boldsymbol{\gamma})\cdot\boldsymbol{\alpha}=0\end{aligned}$$

故向量 $l\boldsymbol{\alpha}-m\boldsymbol{\beta},m\boldsymbol{\beta}-n\boldsymbol{\gamma},n\boldsymbol{\gamma}-l\boldsymbol{\alpha}$ 共面.

证毕.

2. 向量混合积的坐标表达式

在 $[\boldsymbol{O};\boldsymbol{i},\boldsymbol{j},\boldsymbol{k}]$ 坐标系中，设向量 $\boldsymbol{\alpha}=(a_1,a_2,a_3)$，$\boldsymbol{\beta}=(b_1,b_2,b_3)$，$\boldsymbol{\gamma}=(c_1,c_2,c_3)$，则

$$(\boldsymbol{\alpha},\boldsymbol{\beta},\boldsymbol{\gamma})=(\boldsymbol{\alpha}\times\boldsymbol{\beta})\cdot\boldsymbol{\gamma}=\begin{vmatrix}a_2&a_3\\b_2&b_3\end{vmatrix}c_1-\begin{vmatrix}a_1&a_3\\b_1&b_3\end{vmatrix}c_2+\begin{vmatrix}a_1&a_2\\b_1&b_2\end{vmatrix}c_3,$$

即

$$(\boldsymbol{\alpha},\boldsymbol{\beta},\boldsymbol{\gamma})=\begin{vmatrix}a_1&a_2&a_3\\b_1&b_2&b_3\\c_1&c_2&c_3\end{vmatrix}.$$

特别地，三个向量 $\boldsymbol{\alpha},\boldsymbol{\beta},\boldsymbol{\gamma}$ 共面的充要条件 $\begin{vmatrix}a_1&a_2&a_3\\b_1&b_2&b_3\\c_1&c_2&c_3\end{vmatrix}=0$.

例 2.12 设四点 $A(x_1,y_1,z_1)$，$B(x_2,y_2,z_2)$，$C(x_3,y_3,z_3)$ 和 $D(x_4,y_4,z_4)$ 不共面，求四面体 $ABCD$ 的体积.

解 因 A，B，C，D 四点不共面，所以向量 $\boldsymbol{AB}$，$\boldsymbol{AC}$，$\boldsymbol{AD}$ 不共面，于是四面体 $ABCD$ 的体积

$$V=\frac{1}{6}|(\boldsymbol{AB},\boldsymbol{AC},\boldsymbol{AD})|=\frac{1}{6}\begin{vmatrix}x_2-x_1&y_2-y_1&z_2-z_1\\x_3-x_1&y_3-y_1&z_3-z_1\\x_4-x_1&y_4-y_1&z_4-z_1\end{vmatrix}\text{的绝对值.}$$

利用行列式的性质有

$$V=\frac{1}{6}\begin{vmatrix} x_1 & y_1 & z_1 & 1 \\ x_2 & y_2 & z_2 & 1 \\ x_3 & y_3 & z_3 & 1 \\ x_4 & y_4 & z_4 & 1 \end{vmatrix}\text{的绝对值.}$$

习题2.3

1. 求与向量$\boldsymbol{\alpha}=(6,7,-6)$共线的单位向量.

2. 设向量$\boldsymbol{\alpha}$与$\boldsymbol{\beta}$都与向量$\boldsymbol{\gamma}$垂直，证明向量$k_1\boldsymbol{\alpha}+k_2\boldsymbol{\beta}$($k_1,k_2$为任意实数)也与向量$\boldsymbol{\gamma}$垂直.

3. 设向量$\boldsymbol{\alpha}$与三条坐标轴成相等的锐角.

(1)求$\boldsymbol{\alpha}$的方向余弦；

(2)若$|\boldsymbol{\alpha}|=1$，求$\boldsymbol{\alpha}$的坐标.

4. 设点$A(2,-2,5)$，点$B(-1,6,7)$，求

(1)向量$\boldsymbol{AB}$的模；

(2)向量$\boldsymbol{AB}$的方向余弦；

(3)向量$\boldsymbol{AB}$方向上的单位向量.

5. 设$|\boldsymbol{\alpha}|=|\boldsymbol{\beta}|=|\boldsymbol{\gamma}|=1$，$\boldsymbol{\alpha}+\boldsymbol{\beta}+\boldsymbol{\gamma}=\boldsymbol{0}$，求$\boldsymbol{\alpha}\cdot\boldsymbol{\beta}+\boldsymbol{\beta}\cdot\boldsymbol{\gamma}+\boldsymbol{\gamma}\cdot\boldsymbol{\alpha}$.

6. 设向量的方向余弦分别为(1)$\cos\boldsymbol{\alpha}=0$；(2)$\cos\boldsymbol{\beta}=1$；(3)$\cos\boldsymbol{\alpha}=\cos\boldsymbol{\beta}=0$，问这些向量与坐标轴或坐标面的关系如何？

7. 已知$\boldsymbol{AB}=\boldsymbol{\alpha}+2\boldsymbol{\beta}$，$\boldsymbol{AD}=\boldsymbol{\alpha}-3\boldsymbol{\beta}$，其中$|\boldsymbol{\alpha}|=2$，$|\boldsymbol{\beta}|=3$，$\angle(\boldsymbol{\alpha},\boldsymbol{\beta})=\frac{\pi}{6}$，求平行四边形$ABCD$的面积.

8. 已知向量$\boldsymbol{\alpha}$与$\boldsymbol{\beta}$不共线，求k值使$k\boldsymbol{\alpha}+2\boldsymbol{\beta}$与$9\boldsymbol{\alpha}+2k\boldsymbol{\beta}$共线.

9. 已知三向量$\boldsymbol{OA},\boldsymbol{OB},\boldsymbol{OC}$适合

$$\boldsymbol{OA}\times\boldsymbol{OB}+\boldsymbol{OB}\times\boldsymbol{OC}+\boldsymbol{OC}\times\boldsymbol{OA}=\boldsymbol{0},$$

求证三点A,B,C共线.

10. 设$\boldsymbol{\alpha}=3\boldsymbol{i}-\boldsymbol{j}+\boldsymbol{k}$，$\boldsymbol{\beta}=\boldsymbol{i}-\boldsymbol{j}+3\boldsymbol{k}$，$\boldsymbol{\gamma}=\boldsymbol{i}-2\boldsymbol{j}$，求

(1)$(\boldsymbol{\alpha}+\boldsymbol{\beta})\times(\boldsymbol{\beta}+\boldsymbol{\gamma})$；　(2)$(\boldsymbol{\alpha}\times\boldsymbol{\beta})\cdot\boldsymbol{\gamma}$.

11. 求与二已知向量$\boldsymbol{\alpha}=(2,0,-1)$和$\boldsymbol{\beta}=(1,-2,1)$都垂直的单位向量.

12. 已知不共线的三点$A(x_1,y_1,0)$,$B(x_2,y_2,0)$,$C(x_3,y_3,0)$，证明三角形ABC的面积

$$S_{\triangle ABC}=\frac{1}{2}\begin{vmatrix} x_1 & y_1 & 1 \\ x_2 & y_2 & 1 \\ x_3 & y_3 & 1 \end{vmatrix}\text{的绝对值.}$$

13. 已知$\boldsymbol{\alpha}\times\boldsymbol{\beta}+\boldsymbol{\beta}\times\boldsymbol{\gamma}+\boldsymbol{\gamma}\times\boldsymbol{\alpha}=\boldsymbol{0}$，求证$\boldsymbol{\alpha},\boldsymbol{\beta},\boldsymbol{\gamma}$共面.

14. 已知一个四面体的顶点为$A(1,2,0)$,$B(-1,3,4)$,$C(-1,-2,-3)$,$D(0,-1,3)$，求

该四面体 $ABCD$ 的体积.

15. 已知向量 $\boldsymbol{\alpha}=(a_x,a_y,a_z)$, $\boldsymbol{\beta}=(b_x,b_y,b_z)$, $\boldsymbol{\gamma}=(c_x,c_y,c_z)$，试用行列式的性质证明

$$(\boldsymbol{\alpha}\times\boldsymbol{\beta})\cdot\boldsymbol{\gamma}=(\boldsymbol{\beta}\times\boldsymbol{\gamma})\cdot\boldsymbol{\alpha}=(\boldsymbol{\gamma}\times\boldsymbol{\alpha})\cdot\boldsymbol{\beta}.$$

2.4　平面和空间直线

本节在空间直角坐标系中，以向量为工具讨论平面和空间直线的方程，再根据方程来讨论与平面和空间直线相关的问题.

2.4.1　平面的方程

由立体几何知道，平面可由该平面上任意一点和垂直于该平面的任意一个非零向量完全确定. 称与平面垂直的非零向量为该平面的**法线向量**，简称为平面的**法向量**. 显然，平面的法向量并不唯一，与平面垂直的任意非零向量都可作为该平面的法向量.

现在我们来导出由平面的法向量和平面上的一点所确定的平面方程.

在 $Oxyz$ 坐标系中，设平面 Π 过定点 $P_0(x_0,y_0,z_0)$，法向量 $\boldsymbol{n}=(A,B,C)$，那么点 $P(x,y,z)$ 在平面 Π 上的充要条件是 $\boldsymbol{n}\perp\boldsymbol{P_0P}$，如图 2-20 所示，即

$$\boldsymbol{n}\cdot\boldsymbol{P_0P}=0.$$

由于 $\boldsymbol{n}=(A,B,C)$，$\boldsymbol{P_0P}=(x-x_0,y-y_0,z-z_0)$，因此

$$A(x-x_0)+B(y-y_0)+C(z-z_0)=0. \quad (2.4.1)$$

这就是平面 Π 上任一点 P 的坐标 (x,y,z) 所满足的方程.

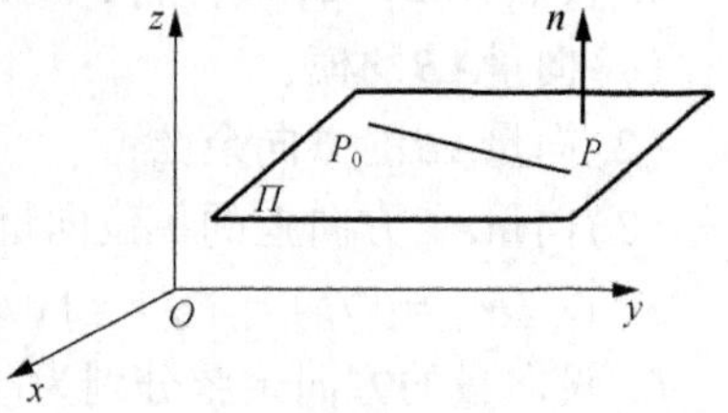

图 2-20

反之，如果 $P(x,y,z)$ 不在平面 Π 上，那么向量 $\boldsymbol{P_0P}$ 与法向量 $\boldsymbol{n}$ 不垂直，从而 $\boldsymbol{n}\cdot\boldsymbol{P_0P}\neq0$，即不在平面 Π 上的点 P 的坐标 (x,y,z) 不满足式(2.4.1). 这样式(2.4.1)就是平面 Π 的方程，而平面 Π 就是式(2.4.1)的图形. 由于式(2.4.1)是由平面 Π 上一点 $P_0(x_0,y_0,z_0)$ 及平面的一个法向量 $\boldsymbol{n}=(A,B,C)$ 所确定的，所以式(2.4.1)叫作平面的**点法式方程**.

如果记 $D=-(Ax_0+By_0+Cz_0)$，则式(2.4.1)可改写为

$$Ax+By+Cz+D=0(A,\ B,\ C\text{ 不能全为零}). \quad (2.4.2)$$

式(2.4.2)表明平面的方程是关于 x,y,z 的三元一次方程. 事实上，任何一个关于 x,y,z 的三元一次方程都是某个平面的方程.

设关于 x,y,z 的三元一次方程为式(2.4.2)，因 A,B,C 不全为零，不妨令 $A\neq0$，则式(2.4.2)可化为

$$A\left(x+\frac{D}{A}\right)+By+Cz=0,$$

即

$$A\left(x-\left(-\frac{D}{A}\right)\right)+B(y-0)+C(z-0)=0, \quad (2.4.3)$$

将式(2.4.3)与式(2.4.1)比较可见，式(2.4.3)为以 $\boldsymbol{n}=(A,B,C)$ 为法向量，且过点 $\left(-\dfrac{D}{A},0,0\right)$ 的平面的方程，因此关于 x,y,z 的三元一次方程是某个平面的方程，即三元一次方程的图形是平面.

称关于 x,y,z 的三元一次方程式(2.4.2)为平面的**一般式方程**，三元一次方程中一次项系数 A,B,C 是平面的一个法向量 $\boldsymbol{n}$ 的坐标，即 $\boldsymbol{n}=(A,B,C)$.

特殊的三元一次方程所表示的平面在坐标系中的位置具有特殊性，例如

(1)平面 $Ax+By+Cz=0$ 经过坐标原点；

(2)平面 $By+Cz+D=0$ 与 x 轴平行；同样，平面 $Ax+Cz+D=0$ 与 y 轴平行，平面 $Ax+By+D=0$ 与 z 轴平行；

(3) $D\neq 0$ 时，平面 $z+D=0$ 与 xOy 面平行，平面 $x+D=0$ 与 yOz 面平行，平面 $y+D=0$ 与 zOx 面平行；平面 $z=0$ 为 xOy 面，平面 $x=0$ 为 xOy 面，平面 $y=0$ 为 zOx 面；

(4)平面 $By+Cz=0$ 过 x 轴；同样，平面 $Ax+Cz=0$ 过 y 轴，平面 $Ax+By=0$ 过 z 轴.

例 2.13 求过点 $M_1(1,2,3)$，$M_2(3,4,6)$ 且与向量 $\boldsymbol{\alpha}=(4,3,3)$ 平行的平面的方程.

解 由于平面的法向量与平面垂直，所以与平面平行的向量都与平面的法向量垂直，而点 $M_1(1,2,3)$，$M_2(3,4,6)$ 在平面上，向量 $\boldsymbol{\alpha}=(4,3,3)$ 与平面平行，因此平面的法向量 $\boldsymbol{n}$ 与 $\boldsymbol{M_1M_2}=(2,2,3)$ 和 $\boldsymbol{\alpha}=(4,3,3)$ 都垂直，故可取平面的法向量

$$\boldsymbol{n}=\boldsymbol{M_1M_2}\times\boldsymbol{\alpha}=\begin{vmatrix}\boldsymbol{i} & \boldsymbol{j} & \boldsymbol{k}\\ 2 & 2 & 3\\ 4 & 3 & 3\end{vmatrix}=(-3,6,-2),$$

故所给平面的方程为

$$-3(x-1)+6(y-2)-2(z-3)=0,$$

即所求的平面方程为

$$3x-6y+2z+3=0.$$

例 2.14 求过不共线三点 $P_1(x_1,y_1,z_1)$，$P_2(x_2,y_2,z_2)$，$P_3(x_3,y_3,z_3)$ 的平面的方程.

解 因为不共线三点 P_1,P_2,P_3 在平面上，故可取平面的法向量为 $\boldsymbol{n}=\boldsymbol{P_1P_2}\times\boldsymbol{P_1P_3}$. 又设 $P(x,y,z)$ 是平面上任一点，则过点 P_1 且以 $\boldsymbol{n}$ 为法向量的平面的方程为

$$\boldsymbol{n}\cdot\boldsymbol{P_1P}=0,$$

即

$$(\boldsymbol{P_1P_2}\times\boldsymbol{P_1P_3})\cdot\boldsymbol{P_1P}=(\boldsymbol{P_1P},\ \boldsymbol{P_1P_2},\ \boldsymbol{P_1P_3})=0, \tag{2.4.4}$$

用坐标表示式(2.4.4)为

$$\begin{vmatrix}x-x_1 & y-y_1 & z-z_1\\ x_2-x_1 & y_2-y_1 & z_2-z_1\\ x_3-x_1 & y_3-y_1 & z_3-z_1\end{vmatrix}=0, \tag{2.4.5}$$

方程(2.4.5)叫作平面的**三点式方程**.

特别地，若不共线三点为 $P(a,0,0)$，$Q(0,b,0)$，$R(0,0,c)$，这里 $abc\neq 0$，由式(2.4.5)可得

$$\begin{vmatrix}x-a & y & z\\ -a & b & 0\\ -a & 0 & c\end{vmatrix}=0,$$

即 $bc(x-a)+acy+abz=0$，因 $abc\neq 0$，则得平面的方程为

$$\frac{x}{a}+\frac{y}{b}+\frac{z}{c}=1. \tag{2.4.6}$$

方程(2.4.6)叫作平面的**截距式方程**，而 a,b,c 分别为平面在 x,y,z 轴上的**截距**.

例 2.15　求过 y 轴和点$(8,3,-2)$的平面的方程.

解　因所求平面过 y 轴，所以设平面方程为 $Ax+Cz=0$，A,C 不全为零. 又因点$(8,3,-2)$在平面上，则有

$$8A-2C=0，即 C=4A.$$

故所求的平面方程为

$$x+4z=0.$$

2.4.2　空间直线的方程

空间直线 L 可以看成两平面的交线，如图 2-21 所示. 若已知两张相交平面的方程分别为

$$\Pi_1：A_1x+B_1y+C_1z+D_1=0，\Pi_2：A_2x+B_2y+C_2z+D_2=0.$$

那么直线 L 上任一点 M 的坐标应同时满足这两张平面的方程，即应满足

$$\begin{cases}A_1x+B_1y+C_1z+D_1=0,\\ A_2x+B_2y+C_2z+D_2=0.\end{cases} \tag{2.4.7}$$

反之，如果点 M 的坐标满足式(2.4.7)，则点 M 既在平面 Π_1 上又在平面 Π_2 上，从而在两平面的交线 L 上. 所以式(2.4.7)是直线 L 的方程，称式(2.4.7)为空间直线 L 的**一般式方程**.

空间直线的一般式方程是不唯一的，因为通过空间一直线的平面有无限多张，一条空间直线可看成过它的任意两张平面的交线.

直线 L 还可由 L 上一点和与 L 平行的一条直线确定，即直线 L 可由一点 M_0 和与 L 平行的一个非零向量 $\boldsymbol{s}$ 确定. 称与直线平行的非零向量 $\boldsymbol{s}$ 为这条直线的**方向向量**. 直线的方向向量不唯一，与直线平行的任意非零向量都可作为直线的方向向量.

设直线 L 过已知点 $M_0(x_0,y_0,z_0)$，方向向量 $\boldsymbol{s}=(l,m,n)$，如图 2-22 所示，则点 $M(x,y,z)$在直线 L 上的充要条件是$\boldsymbol{M_0M}/\!/\boldsymbol{s}$，即$\boldsymbol{M_0M}=(x-x_0,y-y_0,z-z_0)$与 $\boldsymbol{s}=(l,m,n)$的对应坐标成比例，从而

$$\frac{x-x_0}{l}=\frac{y-y_0}{m}=\frac{z-z_0}{n}. \tag{2.4.8}$$

式(2.4.8)叫作直线 L 的**标准方程**(也称为直线的**对称式方程**或**点向式方程**).

直线的任一方向向量 $\boldsymbol{s}$ 的坐标(l,m,n)叫作这条直线的一组**方向数**，而向量 $\boldsymbol{s}$ 的方向余弦叫作该直线的**方向余弦**.

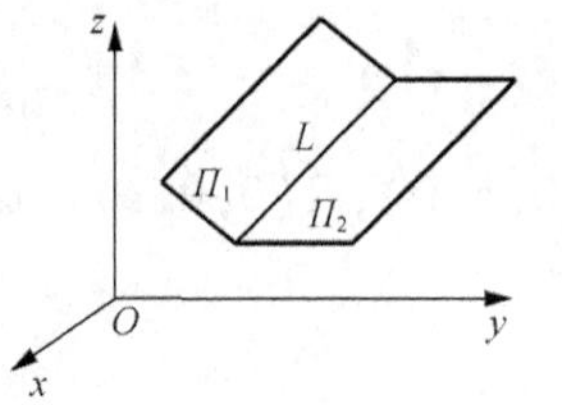

图 2-21

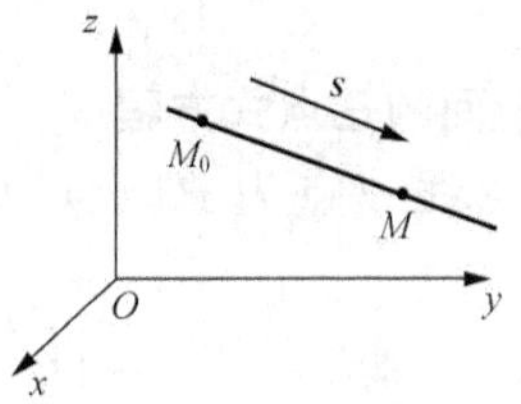

图 2-22

注 2.6 直线标准方程中的(l,m,n)是直线L的一个方向向量的坐标，l,m,n不能同时为零，当l,m,n中有一个或两个为零时，我们仍把直线标准方程写成式(2.4.8)的形式，但我们约定：分母为零时，分子也为零，例如，$l=0$时，方程

$$\frac{x-x_0}{0}=\frac{y-y_0}{m}=\frac{z-z_0}{n}$$

理解为

$$\begin{cases}x-x_0=0,\\ \dfrac{y-y_0}{m}=\dfrac{z-z_0}{n};\end{cases}$$

$l=m=0$时，方程

$$\frac{x-x_0}{0}=\frac{y-y_0}{0}=\frac{z-z_0}{n}$$

理解为

$$\begin{cases}x-x_0=0,\\ y-y_0=0.\end{cases}$$

由直线的标准方程容易导出直线的参数式方程，如令

$$\frac{x-x_0}{l}=\frac{y-y_0}{m}=\frac{z-z_0}{n}=t,$$

则有

$$\begin{cases}x=x_0+lt,\\ y=y_0+mt,\\ z=z_0+nt.\end{cases}\tag{2.4.9}$$

称式(2.4.9)为直线的**参数式方程**，t为参数. 不同的t对应直线L上不同的点.

易知，若直线L过两点$M_1(x_1,y_1,z_1)$，$M_2(x_2,y_2,z_2)$，则直线L的方程为

$$\frac{x-x_1}{x_2-x_1}=\frac{y-y_1}{y_2-y_1}=\frac{z-z_1}{z_2-z_1}.\tag{2.4.10}$$

式(2.4.10)叫作直线L的**两点式方程**.

显然，直线的标准方程和直线的参数式方程是能互化的. 事实上，直线的标准方程与直线的一般式方程之间也能互化.

由直线的标准方程(2.4.8)容易写出直线的一般式方程，即把方程(2.4.8)写成联立方程组的形式：

$$\begin{cases}\dfrac{x-x_0}{l}=\dfrac{y-y_0}{m},\\ \dfrac{x-x_0}{l}=\dfrac{z-z_0}{n}.\end{cases}\tag{2.4.11}$$

式(2.4.11)就为直线的一般式方程，其中第一个方程表示与z轴平行的平面，第二个方程表示与y轴平行的平面，像这样用与不同坐标轴平行的两平面方程联立起来表示直线的方程又称为直线的**投影式方程**.

由直线的一般式方程(2.4.7)化成直线的标准方程有两种方法. 方法一是找出该直线

上的一个定点 M_0 以及直线的一个方向向量 $\boldsymbol{s}$，凡满足式(2.4.7)的任一点都可取作 M_0，这样的点有无穷多个，为计算方便，我们取式(2.4.7)与某坐标面的交点为 M_0(空间中的一条直线可能与三条坐标轴都不相交，但不可能与三张坐标面都不相交)，又因为两平面的交线与两平面的法向量都垂直，记 $\boldsymbol{n}_1=(A_1,B_1,C_1)$，$\boldsymbol{n}_2=(A_2,B_2,C_2)$，则可取 $\boldsymbol{n}_1\times\boldsymbol{n}_2$ 或与 $\boldsymbol{n}_1\times\boldsymbol{n}_2$ 共线的任一非零向量作为两平面交线的方向向量 $\boldsymbol{s}$，有了直线上一定点 M_0 和一个方向向量 $\boldsymbol{s}$，便可写出直线的标准方程；方法二是由直线的一般式方程变形得到直线的投影式方程，就容易写出直线的标准方程.

例 2.16　已知直线 L 的一般式方程为

$$\begin{cases}3x+2y-4z-5=0,\\2x+y-2z+1=0.\end{cases}$$

求直线 L 的标准方程.

解　方法一，求直线 L 上一个定点及直线 L 的一个方向向量.

因直线一般式方程中由 x,y 的系数构成的二阶行列式不等于零，故可令 $z=0$，解方程组

$$\begin{cases}3x+2y-5=0,\\2x+y+1=0.\end{cases}$$

得 $x=-7$，$y=13$，即点 $M_0(-7,13,0)$为直线上的一个定点.

又记 $\boldsymbol{n}_1=(3,2,-4)$，$\boldsymbol{n}_2=(2,1,-2)$，则可取直线的方向向量

$$\boldsymbol{s}=\begin{vmatrix}\boldsymbol{i}&\boldsymbol{j}&\boldsymbol{k}\\3&2&-4\\2&1&-2\end{vmatrix}=(0,-2,-1),$$

故直线 L 的标准方程为

$$\frac{x+7}{0}=\frac{y-13}{-2}=\frac{z}{-1}.$$

方法二，由直线的一般式方程$\begin{cases}3x+2y-4z-5=0\\2x+y-2z+1=0\end{cases}$消元得到直线的投影式方程

$$\begin{cases}x+7=0,\\y-2z-13=0,\end{cases}\text{即}\begin{cases}x+7=0,\\\dfrac{y-1}{2}=\dfrac{z+6}{1}.\end{cases}$$

于是直线 L 的标准方程为

$$\frac{x+7}{0}=\frac{y-1}{2}=\frac{z+6}{1}.$$

2.4.3　点、直线、平面间的位置关系

由立体几何知识可知，空间中点、直线、平面三者间的位置关系如下：

(1)点在(或不在)直线(平面)上；

(2)平面与平面平行、相交、重合；

(3)直线在平面内，直线与平面交于一点，直线与平面平行；

(4)直线与直线共面(平行、相交、重合)或异面.

在坐标系中，若点的坐标满足直线(平面)方程，则点在直线(平面)上；否则点不在直线(平面)上. 下面利用方程来讨论空间直线、平面间的相关位置.

1. 平面与平面间的相关位置

设两张平面 Π_1 与 Π_2 的方程分别为

$$\Pi_1:\ A_1x+B_1y+C_1z+D_1=0,\ \Pi_2:\ A_2x+B_2y+C_2z+D_2=0,$$

记 $\boldsymbol{n}_1=(A_1,B_1,C_1)$，$\boldsymbol{n}_2=(A_2,B_2,C_2)$.

不难证明以下结论：

(1)平面 Π_1 与 Π_2 平行的充要条件是 $\boldsymbol{n}_1/\!/\boldsymbol{n}_2$，即 $\dfrac{A_1}{A_2}=\dfrac{B_1}{B_2}=\dfrac{C_1}{C_2}\neq\dfrac{D_1}{D_2}$；

(2)平面 Π_1 与 Π_2 重合的充要条件是 $\dfrac{A_1}{A_2}=\dfrac{B_1}{B_2}=\dfrac{C_1}{C_2}=\dfrac{D_1}{D_2}$；

(3)平面 Π_1 与 Π_2 垂直的充要条件是 $\boldsymbol{n}_1\cdot\boldsymbol{n}_2=0$，即 $A_1A_2+B_1B_2+C_1C_2=0$.

进一步地，三张平面 Π_1：$A_1x+B_1y+C_1z+D_1=0$，Π_2：$A_2x+B_2y+C_2z+D_2=0$，Π_3：$A_3x+B_3y+C_3z+D_3=0$ 交于一点的充要条件是

$$\begin{vmatrix} A_1 & B_1 & C_1 \\ A_2 & B_2 & C_2 \\ A_3 & B_3 & C_3 \end{vmatrix}\neq 0.$$

2. 直线与平面的相关位置

设直线 L 过定点 $M_0(x_0,y_0,z_0)$，方向向量 $\boldsymbol{s}=(l,m,n)$，平面方程为 Π：$Ax+By+Cz+D=0$，法向量 $\boldsymbol{n}=(A,B,C)$，则

(1)直线 L 与平面 Π 垂直的充要条件是 $\boldsymbol{n}/\!/\boldsymbol{s}$，即 $\dfrac{A}{l}=\dfrac{B}{m}=\dfrac{C}{n}$；

(2)直线 L 与平面 Π 平行的充要条件是 $\boldsymbol{n}\cdot\boldsymbol{s}=0$ 且 $Ax_0+By_0+Cz_0+D\neq0$，即

$$Al+Bm+Cn=0\ 且\ Ax_0+By_0+Cz_0+D\neq0;$$

(3)直线 L 在平面 Π 上的充要条件是 $\boldsymbol{n}\cdot\boldsymbol{s}=0$ 且 $Ax_0+By_0+Cz_0+D=0$，即

$$Al+Bm+Cn=0\ 且\ Ax_0+By_0+Cz_0+D=0.$$

3. 直线与直线的相关位置

设直线 L_1 过定点 $M_1(x_1,y_1,z_1)$，方向向量 $\boldsymbol{s}_1=(l_1,m_1,n_1)$；直线 L_2 过定点 $M_2(x_2,y_2,z_2)$，方向向量 $\boldsymbol{s}_2=(l_2,m_2,n_2)$，则

(1) L_1 与 L_2 垂直的充要条件是 $\boldsymbol{s}_1\cdot\boldsymbol{s}_2=0$；

(2) L_1 与 L_2 重合的充要条件是 $\boldsymbol{s}_1/\!/\boldsymbol{s}_2/\!/\boldsymbol{M_1M_2}$；

(3) L_1 与 L_2 平行的充要条件是 $\boldsymbol{s}_1/\!/\boldsymbol{s}_2$ 且 $\boldsymbol{s}_1$ 与 $\boldsymbol{M_1M_2}$ 不共线；

(4) L_1 与 L_2 相交的充要条件是 $\boldsymbol{s}_1$ 与 $\boldsymbol{s}_2$ 不共线且 $(\boldsymbol{s}_1,\boldsymbol{s}_2,\boldsymbol{M_1M_2})=0$；

(5) L_1 与 L_2 异面的充要条件是 $(\boldsymbol{s}_1,\boldsymbol{s}_2,\boldsymbol{M_1M_2})\neq0$.

例 2.17 设直线 L 过原点 O 且与直线

$$L_1:\ \begin{cases} x+2y+3z+4=0, \\ 2x+3y+4z+5=0. \end{cases}$$

垂直相交，求直线 L 的方程.

解 由 L_1 的方程消元得

$$\begin{cases}-x+z+2=0,\\ y+2z+3=0.\end{cases}$$

于是 L_1 的标准方程为

$$\frac{x-2}{1}=\frac{y+3}{-2}=\frac{z}{1},$$

从而 L_1 的参数式方程为

$$\begin{cases}x=t+2,\\ y=-2t-3,\\ z=t,\end{cases}$$

L_1 的方向向量 $\boldsymbol{s}=(1,-2,1)$.

设直线 L 与 L_1 的交点为 $H(t+2,-2t-3,t)$，则 $\boldsymbol{OH}\cdot\boldsymbol{s}=0$，又 $\boldsymbol{OH}=(t+2,-2t-3,t)$，从而

$$1\cdot(t+2)-2\cdot(-2t-3)+1\cdot t=0,$$

即 $t=-\frac{4}{3}$，故点 H 坐标为 $\left(\frac{2}{3},-\frac{1}{3},-\frac{4}{3}\right)$，$\boldsymbol{OH}=\left(\frac{2}{3},-\frac{1}{3},-\frac{4}{3}\right)$ 为直线 L 的方向向量，从而直线 L 的方程为

$$\frac{x}{\frac{2}{3}}=\frac{y}{-\frac{1}{3}}=\frac{z}{-\frac{4}{3}}，即 \frac{x}{2}=\frac{y}{-1}=\frac{z}{-4}.$$

例 2.18　已知直线 L 通过点 $A(2,1,-1)$，且与平面 Π_0：$x-2y+3z+7=0$ 平行，与直线 L_0：$\frac{x-2}{-5}=\frac{y+3}{-8}=\frac{z-2}{2}$ 相交，求直线 L 的方程.

解　易知 L_0 的参数式方程为

$$\begin{cases}x=-5t+2,\\ y=-8t-3,\\ z=2t+2.\end{cases}$$

设直线 L 与 L_0 的交点为 $M(-5t+2,-8t-3,2t+2)$，则 L 的方向向量可取为

$$\boldsymbol{s}=\boldsymbol{AM}=(-5t,-8t-4,2t+3),$$

又直线 L 与平面 Π_0 平行，而平面 Π_0 的法向量 $\boldsymbol{n}=(1,-2,3)$，于是 $\boldsymbol{s}\cdot\boldsymbol{n}=0$，即

$$(-5t)\cdot 1+(-8t-4)\cdot(-2)+(2t+3)\cdot 3=0,$$

$$t=-1，\boldsymbol{s}=(5,4,1),$$

故直线 L 的方程为

$$\frac{x-2}{5}=\frac{y-1}{4}=\frac{z+1}{1}.$$

4. 平面束的方程

空间中过同一直线的所有平面的集合叫**有轴平面束**，直线叫有轴平面束的轴；空间中平行于同一平面的所有平面的集合叫**平行平面束**.

可以证明，过二相交平面

$$\Pi_1：A_1x+B_1y+C_1z+D_1=0，\Pi_2：A_2x+B_2y+C_2z+D_2=0$$

的交线 L 的平面束的方程为

$$\lambda(A_1x+B_1y+C_1z+D_1)+\mu(A_2x+B_2y+C_2z+D_2)=0, \qquad (2.4.12)$$

其中 λ 与 μ 是不全为零的实数，称之为参数.

与已知平面 Π：$Ax+By+Cz+D=0$ 平行的平面束的方程为

$$Ax+By+Cz+\lambda=0, \qquad (2.4.13)$$

这里 λ 为任意实数，称之为参数.

例 2.19 求经过直线 L：$\begin{cases}2x-y-2z+1=0,\\x+y+4z-2=0\end{cases}$ 且与 yOz 面垂直的平面 Π 的方程.

解 设过直线 L 的平面的方程为

$$\lambda(2x-y-2z+1)+\mu(x+y+4z-2)=0,$$

即

$$(2\lambda+\mu)x+(-\lambda+\mu)y+(-2\lambda+4\mu)z+(\lambda-2\mu)=0,\text{ 其中 }\lambda\text{ 与 }\mu\text{ 不全为零.}$$

又平面 Π 与 yOz 面垂直，则

$$1\cdot(2\lambda+\mu)+0\cdot(-\lambda+\mu)+0\cdot(-2\lambda+4\mu)=0,$$

即 $\mu=-2\lambda$，故平面 Π 的方程为

$$3y+10z-5=0.$$

***5. 公垂线的方程**

与两条异面直线都垂直且相交的直线为这两条异面直线的**公垂线**，两垂足的连线段为两异面直线的**公垂线段**.

设两条异面直线 L_1 过定点 $M_1(x_1,y_1,z_1)$，方向向量 $\boldsymbol{s}_1=(l_1,m_1,n_1)$；$L_2$ 过定点 $M_2(x_2,y_2,z_2)$，方向向量 $\boldsymbol{s}_2=(l_2,m_2,n_2)$，$L$ 是 L_1 与 L_2 的公垂线，$\boldsymbol{s}$ 是 L 的方向向量. 因 L 与 L_1,L_2 都垂直，所以 $\boldsymbol{s}$ 与 $\boldsymbol{s}_1,\boldsymbol{s}_2$ 都垂直，故可取 $\boldsymbol{s}=\boldsymbol{s}_1\times\boldsymbol{s}_2$.

L 与 L_1 确定的平面 Π_1 的法向量可取为 $\boldsymbol{s}_1\times\boldsymbol{s}$，于是平面 Π_1 的方程为 $\boldsymbol{M_1M}\cdot(\boldsymbol{s}_1\times\boldsymbol{s})=0$，即 $(\boldsymbol{M_1M},\boldsymbol{s}_1,\boldsymbol{s})=0$，亦即 $(\boldsymbol{M_1M},\boldsymbol{s}_1,\boldsymbol{s}_1\times\boldsymbol{s}_2)=0$. 同样可得 L 与 L_2 确定的平面 Π_2 的方程为 $(\boldsymbol{M_2M},\boldsymbol{s}_2,\boldsymbol{s}_1\times\boldsymbol{s}_2)=0$. 故所求公垂线 L 即为平面 Π_1 与平面 Π_2 的交线，其方程为

$$\begin{cases}(\boldsymbol{M_1M},\boldsymbol{s}_1,\boldsymbol{s}_1\times\boldsymbol{s}_2)=0,\\(\boldsymbol{M_2M},\boldsymbol{s}_2,\boldsymbol{s}_1\times\boldsymbol{s}_2)=0.\end{cases}$$

2.4.4 点、直线、平面间的度量关系

1. 夹角

两直线相交或异面，直线与平面相交，两平面相交都涉及夹角问题，下面我们利用向量的内积来讨论这些夹角.

(1)两直线之间的夹角

规定两直线的夹角为它们的方向向量的夹角 θ(通常取锐角或直角)，即若 L_1 的方向向量 $\boldsymbol{s}_1=(l_1,m_1,n_1)$，$L_2$ 的方向向量 $\boldsymbol{s}_2=(l_2,m_2,n_2)$，则

$$\cos\theta=\frac{|\boldsymbol{s}_1\cdot\boldsymbol{s}_2|}{|\boldsymbol{s}_1||\boldsymbol{s}_2|}=\frac{|l_1l_2+m_1m_2+n_1n_2|}{\sqrt{l_1^2+m_1^2+n_1^2}\sqrt{l_2^2+m_2^2+n_2^2}}. \qquad (2.4.14)$$

例 2.20 求直线 L_1：$\dfrac{x-1}{1}=\dfrac{y}{-4}=\dfrac{z+3}{1}$ 和 L_2：$\dfrac{x}{2}=\dfrac{y+2}{-2}=\dfrac{z}{-1}$ 的夹角.

解　直线 L_1 的方向向量 $\boldsymbol{s}_1=(1,-4,1)$；直线 L_2 的方向向量 $\boldsymbol{s}_2=(2,-2,-1)$，由式(2.4.14)知直线 L_1 与 L_2 的夹角 θ 满足

$$\cos\theta=\frac{|1\times2+(-4)\times(-2)+1\times(-1)|}{\sqrt{1^2+(-4)^2+1^2}\sqrt{2^2+(-2)^2+(-1)^2}}=\frac{1}{\sqrt{2}},$$

所以 $\theta=\frac{\pi}{4}$.

(2)直线与平面的夹角

直线与平面不垂直时，定义直线和平面的夹角为直线 L 和直线 L 在平面上的投影直线所夹的锐角 φ，如图 2-23 所示；当直线与平面垂直时，规定直线和平面的夹角为$\frac{\pi}{2}$.

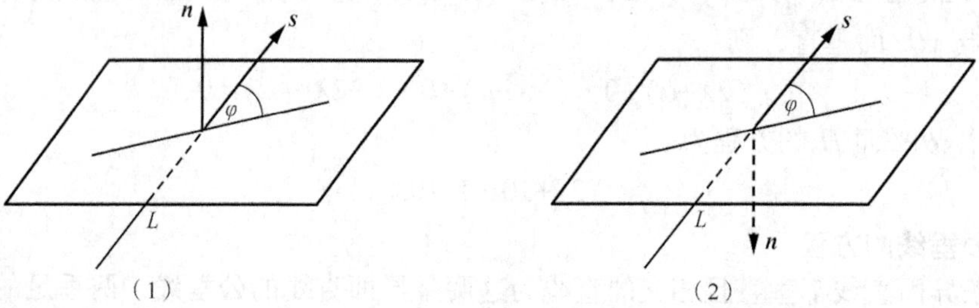

图 2-23

设直线 L 的方向向量 $\boldsymbol{s}=(l,m,n)$，平面的法向量为 $\boldsymbol{n}=(A,B,C)$，直线与平面的夹角为 φ，那么 $\varphi=\left|\frac{\pi}{2}-\angle(\boldsymbol{s},\boldsymbol{n})\right|$，因此 $\sin\varphi=|\cos\angle(\boldsymbol{s},\boldsymbol{n})|$，于是有

$$\sin\varphi=\frac{|\boldsymbol{s}\cdot\boldsymbol{n}|}{|\boldsymbol{s}||\boldsymbol{n}|}=\frac{|Al+Bm+Cn|}{\sqrt{A^2+B^2+C^2}\sqrt{l^2+m^2+n^2}}. \tag{2.4.15}$$

(3)两平面的夹角

两平面的法向量的夹角 $\theta\left(\text{通常约定 } 0\leqslant\theta\leqslant\frac{\pi}{2}\right)$ 称为两平面的夹角，如图 2-24 所示.

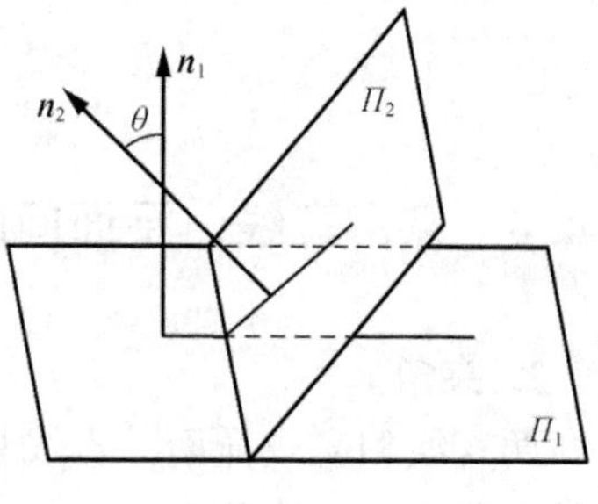

图 2-24

设两平面 Π_1 与 Π_2 的法向量依次为

$$\boldsymbol{n}_1=(A_1,B_1,C_1),\ \boldsymbol{n}_2=(A_2,B_2,C_2),$$

则平面 Π_1 与 Π_2 的夹角 θ 满足

$$\cos\theta=\frac{|\boldsymbol{n}_1\cdot\boldsymbol{n}_2|}{|\boldsymbol{n}_1||\boldsymbol{n}_2|}=\frac{|A_1A_2+B_1B_2+C_1C_2|}{\sqrt{A_1^2+B_1^2+C_1^2}\sqrt{A_2^2+B_2^2+C_2^2}}. \tag{2.4.16}$$

***应用实例**：多面体零件的计算.

一多面体零件如图 2-25 所示. 在制造时，需要求出二面角 $D-AE-B$、$A-BE-F$、$E-BF-C$ 和 $G-EF-B$ 的角度 θ_1、θ_2、θ_3 和 θ_4，以便制造测量样板. 为此，取坐标原点为 C 建立 $Oxyz$ 坐标系，已知各点的坐标为 $A(600,600,0)$，$B(0,600,0)$，$C(0,0,0)$，$D(600,0,0)$，$E(450,450,300)$，$F(150,300,400)$，$G(450,150,300)$. 试求出角 $\theta_1,\theta_2,\theta_3$ 和

θ_4 的值.

解 此问题可以应用前面学过的知识求解.

先求出各平面的方程.

已知过点(x_0,y_0,z_0)的平面方程形如

$$A(x-x_0)+B(y-y_0)+C(z-z_0)=0$$

(其中A,B,C不全为零)

于是

过点D、A、E的平面DAE的方程为$2x+z-1200=0$;

过点B、A、E的平面BAE的方程为$2y+z-1200=0$;

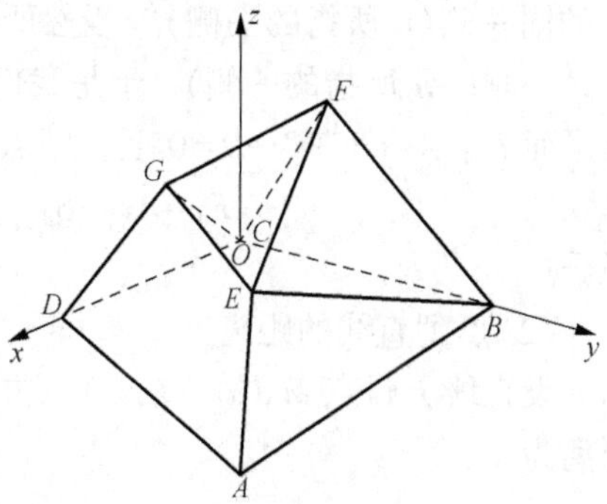

图 2-25

过点F、B、E的平面FBE的方程为$4x-18y-15z+10800=0$;

过点C、B、F的平面CBF的方程为$8x-3z=0$;

过点G、E、F的平面GEF的方程为$x+3z-1350=0$.

最后由两平面夹角余弦的计算公式

$$\cos\theta=\frac{|A_1A_2+B_1B_2+C_1C_2|}{\sqrt{A_1^2+B_1^2+C_1^2}\sqrt{A_2^2+B_2^2+C_2^2}},$$

结合问题的实际情况有，二面角$D-AE-B$的余弦$\cos\theta_1=0.2$；二面角$A-BE-F$的余弦$\cos\theta_2\approx-0.9595$，二面角$E-BF-C$的余弦$\cos\theta_3\approx0.3791$；二面角$G-EF-B$的余弦$\cos\theta_4\approx-0.5455$.

因此

$$\theta_1=\arccos0.2\approx78°28';\ \theta_2\approx\arccos(-0.9595)\approx163°38';$$

$$\theta_3\approx\arccos0.3791\approx67°43';\ \theta_4\approx\arccos(-0.5455)\approx123°4'.$$

2. 距离

(1)点到平面的距离

设$P_0(x_0,y_0,z_0)$是平面Π：$Ax+By+Cz+D=0$外一点.

记$\boldsymbol{n}=(A,B,C)$，点P_0在平面Π上的投影点为$N(x_1,y_1,z_1)$，则$d=|\boldsymbol{NP}_0|$.

又$\boldsymbol{NP}_0/\!/\boldsymbol{n}$，故$\boldsymbol{NP}_0=\delta\boldsymbol{n}^0$. 而

$$\boldsymbol{NP}_0=(x_0-x_1,y_0-y_1,z_0-z_1),\ Ax_1+By_1+Cz_1+D=0.$$

那么

$$\delta=\boldsymbol{NP}_0\cdot\boldsymbol{n}^0=\frac{1}{\sqrt{A^2+B^2+C^2}}[A(x_0-x_1)+B(y_0-y_1)+C(z_0-z_1)]$$

$$=\frac{Ax_0+By_0+Cz_0+D}{\sqrt{A^2+B^2+C^2}},\tag{2.4.17}$$

于是点到平面的距离

$$d=|\boldsymbol{NP}_0|=|\delta|=\frac{|Ax_0+By_0+Cz_0+D|}{\sqrt{A^2+B^2+C^2}}.\tag{2.4.18}$$

称式(2.4.17)中的δ为点$P_0(x_0,y_0,z_0)$到平面Π：$Ax+By+Cz+D=0$的**离差**.

由于$\boldsymbol{NP}_0$与$\boldsymbol{n}$同向时，$\delta>0$，因此所有坐标适合不等式$Ax+By+Cz+D>0$的点都在平面

Π 的同一侧($\boldsymbol{n}$ 所指的一侧)，当然所有坐标适合不等式 $Ax+By+Cz+D<0$ 的点都在平面 Π 的另一侧($-\boldsymbol{n}$ 所指的一侧). 于是我们得到结论：若点 $M_1(x_1,y_1,z_1)$ 和点 $M_2(x_2,y_2,z_2)$ 不在平面 Π：$Ax+By+Cz+D=0$ 上，则点 M_1 和点 M_2 位于平面 Π 同侧的充要条件是

$$F_1=Ax_1+By_1+Cz_1+D \text{ 与 } F_2=Ax_2+By_2+Cz_2+D$$

同号.

(2) 点到直线的距离

设直线 L 过点 $M_0(x_0,y_0,z_0)$，方向向量为 $\boldsymbol{s}=(l,m,n)$，则点 $M(x_1,y_1,z_1)$ 到直线 L 的距离为

$$d=\frac{|\boldsymbol{M_0M}\times\boldsymbol{s}|}{|\boldsymbol{s}|}. \tag{2.4.19}$$

*(3) 两直线之间的距离

两直线之间的距离为两直线上的点之间的距离的最小值. 两直线重合或相交时，它们之间的距离为零；两直线平行时，它们间的距离为一直线上任一点到另一直线的距离；两直线异面时，它们间的距离为它们的公垂线段的长.

设两条异面直线 L_1 和 L_2，其中 L_1 过定点 $M_1(x_1,y_1,z_1)$，方向向量 $\boldsymbol{s}_1=(l_1,m_1,n_1)$；$L_2$ 过定点 $M_2(x_2,y_2,z_2)$，方向向量 $\boldsymbol{s}_2=(l_2,m_2,n_2)$，如图 2-26 所示，则直线 L_1 与 L_2 的距离为

$$d=\frac{|(\boldsymbol{M_1M_2},\boldsymbol{s}_1,\boldsymbol{s}_2)|}{|\boldsymbol{s}_1\times\boldsymbol{s}_2|}. \tag{2.4.20}$$

事实上，若直线 L_1 与 L_2 的公垂线段为 P_1P_2(P_1 在直线 L_1 上，P_2 在直线 L_2 上)，则直线 L_1 与 L_2 的距离 $d=|\boldsymbol{P_1P_2}|$.

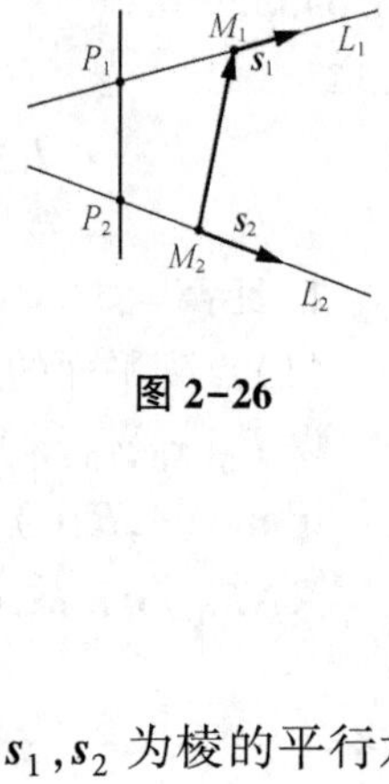

图 2-26

因为公垂线的方向向量为 $\boldsymbol{s}_1\times\boldsymbol{s}_2$，所以 $\boldsymbol{P_1P_2}\parallel\boldsymbol{s}_1\times\boldsymbol{s}_2$.

记 $\boldsymbol{e}$ 为与 $\boldsymbol{s}_1\times\boldsymbol{s}_2$ 同方向的单位向量，则

$$\begin{aligned} d&=|\boldsymbol{P_1P_2}|=|\boldsymbol{P_1P_2}\cdot\boldsymbol{e}|=|(\boldsymbol{P_1M_1}+\boldsymbol{M_1M_2}+\boldsymbol{M_2P_2})\cdot\boldsymbol{e}|\\ &=|\boldsymbol{M_1M_2}\cdot\boldsymbol{e}|\\ &=\left|\boldsymbol{M_1M_2}\cdot\frac{\boldsymbol{s}_1\times\boldsymbol{s}_2}{|\boldsymbol{s}_1\times\boldsymbol{s}_2|}\right|=\frac{|\boldsymbol{M_1M_2}\cdot(\boldsymbol{s}_1\times\boldsymbol{s}_2)|}{|\boldsymbol{s}_1\times\boldsymbol{s}_2|}\\ &=\frac{|(\boldsymbol{M_1M_2},\boldsymbol{s}_1,\boldsymbol{s}_2)|}{|\boldsymbol{s}_1\times\boldsymbol{s}_2|}. \end{aligned}$$

式(2.4.20)表明两条异面直线 L_1 与 L_2 之间的距离等于以 $\boldsymbol{M_1M_2},\boldsymbol{s}_1,\boldsymbol{s}_2$ 为棱的平行六面体的体积除以以 $\boldsymbol{s}_1,\boldsymbol{s}_2$ 为邻边的平行四边形的面积.

例 2.21　判断下列二直线

$$L_1:\ \frac{x-5}{1}=\frac{y}{-4}=\frac{z+2}{1} \text{ 与 } L_2:\ \frac{x-2}{2}=\frac{y+3}{1}=\frac{z-3}{2}$$

是否异面，若异面，求出其公垂线方程及二直线之间的距离.

解　L_1 经过点 $M_1(5,0,-2)$，方向向量 $\boldsymbol{s}_1=(1,-4,1)$，$L_2$ 经过点 $M_2(2,-3,3)$，方向向量 $\boldsymbol{s}_2=(2,1,2)$. 由

$$(\boldsymbol{M_1M_2},\boldsymbol{s}_1,\boldsymbol{s}_2)=\begin{vmatrix}2-5 & -3-0 & 3-(-2)\\ 1 & -4 & 1\\ 2 & 1 & 2\end{vmatrix}=\begin{vmatrix}-3 & -3 & 5\\ 1 & -4 & 1\\ 2 & 1 & 2\end{vmatrix}=72\neq 0,$$

可知直线 L_1 与 L_2 异面，又

$$s_1\times s_2=(1,-4,1)\times(2,1,2)=(-9,0,9).$$

取公垂线的方向向量 $\boldsymbol{s}=(-1,0,1)$，于是 L_1 与 L_2 的公垂线方程为

$$\begin{cases}(\boldsymbol{M_1M},\boldsymbol{s}_1,\boldsymbol{s})=\begin{vmatrix}x-5 & y & z+2\\ 1 & -4 & 1\\ -1 & 0 & 1\end{vmatrix}=0,\\ (\boldsymbol{M_2M},\boldsymbol{s}_2,\boldsymbol{s})=\begin{vmatrix}x-2 & y+3 & z-3\\ 2 & 1 & 2\\ -1 & 0 & 1\end{vmatrix}=0.\end{cases}$$

即

$$\begin{cases}2x+y+2z-6=0,\\ x-4y+z-17=0.\end{cases}$$

L_1 与 L_2 之间的距离

$$d=\frac{|(\boldsymbol{M_1M_2},\boldsymbol{s}_1,\boldsymbol{s}_2)|}{|\boldsymbol{s}_1\times\boldsymbol{s}_2|}=\frac{|72|}{\sqrt{(-9)^2+0^2+9^2}}=4\sqrt{2}.$$

习题 2.4

1. 指出下列各平面的特殊位置，并画出各平面：

(1) $x=0$；　　(2) $3y-1=0$；

(3) $2x-y-6=0$；　　(4) $x-3y=0$.

2. 求分别满足下列条件的平面的方程：

(1)平面过点 $A(2,9,-6)$ 且与连接原点 O 及点 A 的线段 OA 垂直；

(2)平面过点 $A(1,0,-1)$ 且平行于向量 $\boldsymbol{\alpha}=(2,1,1)$ 和 $\boldsymbol{\beta}=(1,-1,0)$；

(3)平面平行于 yOz 面且过点 $A(2,-5,3)$；

(4)平面通过 y 轴和点 $(-3,1,-2)$；

(5)平面平行于 x 轴且过点 $A(4,0,-2)$ 和点 $B(5,1,7)$.

3. 求过点 $A(3,-2,1)$ 和点 $B(-1,0,2)$ 的直线的方程.

4. 用标准方程及参数式方程表示直线

$$\begin{cases}x-y+z-1=0,\\ 2x+y+z-4=0.\end{cases}$$

5. 求过点 $(0,2,4)$ 且与两平面 $x+2z=1$ 和 $y-3z=2$ 平行的直线方程.

6. 求过点 $(3,1,-2)$ 且通过直线 $\frac{x-4}{5}=\frac{y+3}{2}=\frac{z}{1}$ 的平面方程.

7. 设平面 Π 平行于已知直线

$$L_1:\begin{cases}2x-z=0,\\ x+y-z+5=0.\end{cases}$$

且与平面 Π_1：$7x-y+4z-3=0$ 垂直，求平面 Π 的一个法向量的方向余弦.

8. 求直线$\begin{cases}x+y+3z=0,\\x-y-z=0\end{cases}$与平面 $x-y-z+1=0$ 的夹角.

9. 求平面 $2x-2y+z+5=0$ 与各坐标面夹角的余弦.

10. 求点(1,2,1)到平面 $x+2y+2z-10=0$ 的距离.

11. 求点 $P(3,-1,2)$ 到直线$\begin{cases}x+y-z+1=0,\\2x-y+z-4=0\end{cases}$的距离.

12. 求直线$\dfrac{x-1}{2}=\dfrac{y+1}{3}=\dfrac{z-2}{-4}$与平面 $x+2y+3z+3=0$ 的交点.

13. 求过点 $A(11,9,0)$ 与直线 L_1：$\dfrac{x-1}{2}=\dfrac{y+3}{4}=\dfrac{z-5}{3}$和直线 L_2：$\dfrac{x}{5}=\dfrac{y-2}{-1}=\dfrac{z+1}{2}$都相交的直线的方程.

14. 设两条直线 L_1：$\dfrac{x}{3}=\dfrac{y-2}{4}=\dfrac{z-5}{-1}$，$L_2$：$\dfrac{x+1}{2}=\dfrac{y}{-1}=\dfrac{z-2}{2}$，

(1)求两条直线的夹角；

*(2)证明两直线异面；

*(3)求两条直线之间的距离；

*(4)求两条直线的公垂线的方程.

*2.5　用 MATLAB 解题

2.5.1　计算向量的数量积、向量积和混合积

在 MATLAB 中，向量的表示与数学中的表示一致. 设 $\boldsymbol{a},\boldsymbol{b},\boldsymbol{c}$ 为同维向量，λ 为常数，则常用向量运算的命令调用格式和含义如表 2-1 所示.

表 2-1　常用向量运算

运算	含义
a+b，a-b	向量 $\boldsymbol{a}$ 与 $\boldsymbol{b}$ 的加法，向量 $\boldsymbol{a}$ 与 $\boldsymbol{b}$ 的减法
λ * a	数 λ 与向量 $\boldsymbol{a}$ 的乘积
norm(a)	向量 $\boldsymbol{a}$ 的欧几里得范数，此范数也称为 2-范数、向量模或欧几里得长度
dot(a,b)或 sum(a. * b)或 a * b'	向量 $\boldsymbol{a}$ 与 $\boldsymbol{b}$ 的数量积
cross(a,b)	向量 $\boldsymbol{a}$ 与 $\boldsymbol{b}$ 的向量积
dot(cross(a,b),c)	向量 $\boldsymbol{a}$、$\boldsymbol{b}$ 与 $\boldsymbol{c}$ 的混合积
prod(a)	向量 $\boldsymbol{a}$ 的所有元素的乘积
sum(a)	向量 $\boldsymbol{a}$ 的所有元素的和

例 2.22 设 $\boldsymbol{\alpha}=(1,-3,2)$, $\boldsymbol{\beta}=(2,0,-8)$, $\boldsymbol{\gamma}=(1,2,1)$, 计算 $\boldsymbol{\alpha}\cdot\boldsymbol{\beta}$, $\boldsymbol{\alpha}\times\boldsymbol{\beta}$ 和 $(\boldsymbol{\alpha},\boldsymbol{\beta},\boldsymbol{\gamma})$.

解

```
>>alpha=[1,-3,2]; beta=[2,0,-8]; gamma=[1,2,1];
a=dot(alpha,beta);          %计算 alpha 与 beta 的数量积
b=cross(alpha,beta);        %计算 alpha 与 beta 的向量积
c=dot(b,gamma);             %计算 alpha、beta、gamma 的混合积
a,b,c                       %输出最后结果
a=
  -14.0000
b=
   24.0000     12.0000     6.0000
c=
   54.0000
```

2.5.2 二维图形的绘制

1. 直角坐标系下二维曲线的绘制

函数 plot( )是绘制二维曲线最重要、最基本的函数. 该函数产生一幅 x 轴和 y 轴均为线性尺度的直角坐标图, 基本调用格式如下:

```
plot(x,y)
```

这里 x 和 y 为相同长度的向量.

例 2.23 下面指令可绘制一个周期内的正弦曲线, 其生成的曲线如图 2-27(a)所示.

```
>>x=0:0.1:2*pi;y=sin(x);plot(x,y)
```

若 $\boldsymbol{x}$ 是向量, $\boldsymbol{y}$ 是 $m\times n$ 矩阵, 函数 plot(x,y)将在同一坐标系下绘制 m 条曲线, 每一行与 $\boldsymbol{x}$ 之间的关系将绘制一条曲线. 注意, 这时要求矩阵 $\boldsymbol{y}$ 的列数应该与 $\boldsymbol{x}$ 的长度相同. 例如, 执行下列命令可在同一坐标系下显示两条曲线, 如图 2-27(b)所示.

```
>>x=0:0.1:2*pi;y=[sin(x);cos(x)];plot(x,y)
```

假设有多对这样的向量或矩阵, $(x1,y1)$, $(x2,y2)$, $\cdots$, (xn,yn), 则可以用下面的语句直接绘制出各自对应的曲线: plot$(x1,y1,x2,y2,\cdots,xn,yn)$.

注 2.7 绘制完二维图形后, 还可以用命令 grid on 在图形上添加网格线, 用命令 grid off 取消网格线. 函数 xlabel( )和 ylabel( )分别将括号中的字符串写在 x 轴和 y 轴附近, 函数 title( )将括号中的字符串写在图形的上方作为图形的标题.

MATLAB 在绘制图形时, 能根据所给数据的范围自动确定坐标系, 使曲线清晰显示出来. 用户可以利用函数 axis( )修改坐标系的范围, 该函数的调用格式如下:

```
axis([xmin,xmax,ymin,ymax,zmin,zmax])
```

如果只给出 4 个参数，则系统认为是 x 轴和 y 轴的取值范围，并根据这一坐标系范围画出曲线. 如果给出 6 个参数，则系统将根据 x 轴、y 轴和 z 轴的取值范围画出三位曲线. 函数 axis( )还有以下形式：

```
axis equal       %设置纵横比相等的刻度线
axis square      %使当前轴框的大小为正方形
```

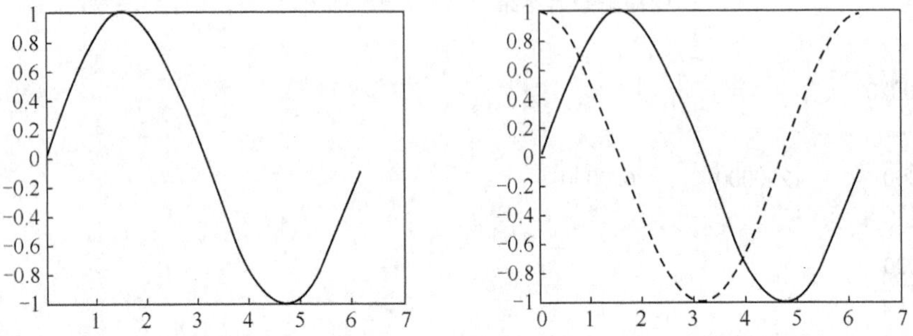

（a）　　　　（b）

图 2−27

2. 隐函数确定的二维曲线的绘制

满足方程 $f(x,y)=0$ 确定的隐函数 $y=y(x)$，有时无法求出 x，y 之间的关系式，无法定义一个向量 x 再求出相应的向量 y，从而无法用函数 plot( )来绘制曲线. MATLAB 提供的函数 ezplot( )可以直接绘制隐函数曲线. 该函数的调用格式为：

```
ezplot('隐函数表达式')
```

例 2.24　分别绘制圆 $(x-1)^2+(y-1)^2=1$ 和隐函数 $\sin y+\operatorname{sh} y=x$ 确定的隐函数曲线.

```
>>ezplot('(x-1)^2+(y-1)^2-1')          %绘制的圆如图 2-28(a)所示
>>axis equal                          %使得绘制的图形不是椭圆
>>axis([-0.2,2.2,-0.2,2.2])           %改变系统确定的定义域为指定区域
>>ezplot('sin(y)+sinh(y)-x')          %绘制 siny+shy=x 确定的隐函数曲线如图 2-28(b)所示
```

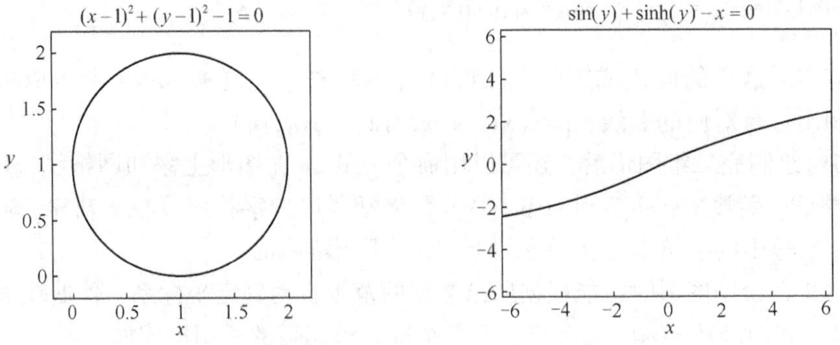

（a）　　　　（b）

图 2−28

2.5.3 平面区域图形的绘制

在 MATLAB 中，平面区域的边界可以用函数 plot( )来绘制，三维区域的边界可以用函数 plot3( )、mesh( )、surf( )等来绘制. 填充区域内部相对比较困难，可以使用函数 fill( )创建多边形填充图，该函数的常用格式为：

```
fill(X,Y,C)
```

这里 **X** 和 **Y** 分别是该多边形的横坐标向量和纵坐标向量，C 指定区域颜色.

例 2.25 画出由曲线 $x=1, y=x, y=0$ 所围成的平面区域 $D1$ 的图形和其内部单元条的填充图.

执行下列命令，即可绘制需要的图形，如图 2-29(a)所示.

```
>>clear,format compact
fill([0,1,1,0],[0,0,1,0],'y')                    %画出区域图形,指定区域颜色为黄色
hold on                                          %添加新绘图时保留当前绘图
fill([0.55,0.6,0.6,0.55],[0,0,0.6,0.55],'r')     %画出单元条的图形
hold off
title('平面区域 D1')                              %添加图形标题
```

例 2.26 画出由曲线 $2xy=1, y=\sqrt{2x}, x=2$ 所围成的平面区域 $D2$ 的图形

执行下列命令，即可绘制出平面区域 D 的图形，如图 2-29(b)所示.

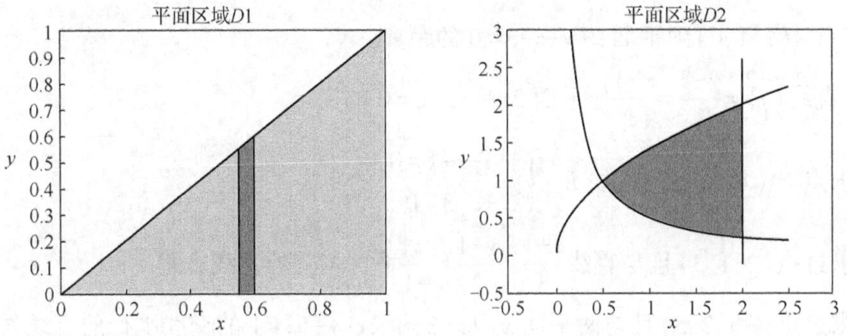

(a)　　(b)

图 2-29

```
>>x=0.001:0.002:2.5;              %创建以 0.001 为初值,0.002 为步长,2 为终止的行向量
y1=1./(2*x);y2=sqrt(2*x);
t=randi([2,2],1,100);             %创建分量均为 2 的 1*100 数组
y=linspace(-0.1,2.6,100);         %返回包含-0.1~2.6 的 100 个等间距点的行向量
plot(x,y1,x,y2,t,y),              %绘制 3 条曲线
hold on                           %添加新绘图时保留当前绘图
p1=0.5:0.01:2; p2=2:-0.01:0.5;pp=[p1,p2];
q1=1./(2*p1);q2=sqrt(2*p2);qq=[q1,q2];
```

```
fill(pp,qq,'b')                       %填充区域
hold off
axis([-0.5 3 -0.5 3])                 %设置坐标范围
xlabel('x'),ylabel('y')
title('平面区域 D2')                   %添加图形标题
```

总习题 2

1. 设 $\triangle ABC$ 的三条边 $\boldsymbol{BC}=\boldsymbol{\alpha}$，$\boldsymbol{CA}=\boldsymbol{\beta}$，$\boldsymbol{AB}=\boldsymbol{\gamma}$，三条边的中点依次为 D,E,F，试用向量 $\boldsymbol{\alpha},\boldsymbol{\beta},\boldsymbol{\gamma}$ 表示 $\boldsymbol{AD}$，$\boldsymbol{BE}$，$\boldsymbol{CF}$，并证明

$$\boldsymbol{AD}+\boldsymbol{BE}+\boldsymbol{CF}=\boldsymbol{0}.$$

2. 设 $\boldsymbol{\alpha}+3\boldsymbol{\beta}\perp 7\boldsymbol{\alpha}-5\boldsymbol{\beta}$，$\boldsymbol{\alpha}-4\boldsymbol{\beta}\perp 7\boldsymbol{\alpha}-2\boldsymbol{\beta}$，求 $\boldsymbol{\alpha}$ 与 $\boldsymbol{\beta}$ 的夹角.

3. 设向量 $\boldsymbol{\alpha},\boldsymbol{\beta},\boldsymbol{\gamma}$ 满足 $|\boldsymbol{\alpha}|=3$，$|\boldsymbol{\beta}|=4$，$|\boldsymbol{\gamma}|=5$，$\boldsymbol{\alpha}+\boldsymbol{\beta}+\boldsymbol{\gamma}=\boldsymbol{0}$，计算 $|\boldsymbol{\alpha}\times\boldsymbol{\beta}+\boldsymbol{\beta}\times\boldsymbol{\gamma}+\boldsymbol{\gamma}\times\boldsymbol{\alpha}|$.

4. 已知向量 $\boldsymbol{\alpha}=(1,-2,3)$，$\boldsymbol{\beta}=(2,1,0)$，$\boldsymbol{\gamma}=(-6,-2,6)$，求 $(\boldsymbol{\alpha},\boldsymbol{\beta},\boldsymbol{\gamma})$，并判断 $\boldsymbol{\alpha},\boldsymbol{\beta},\boldsymbol{\gamma}$ 是否共面.

5. 已知点 $A(1,0,0)$ 和点 $B(0,2,1)$，试在 z 轴上求一点 C，使 $\triangle ABC$ 的面积最小，并求其面积.

6. 求与平面 $3x+6y-9z+5=0$ 平行且在三坐标轴上的截距之和为 7 的平面方程.

7. 求过点 $(-1,0,4)$ 与直线 $\dfrac{x+1}{1}=\dfrac{y-1}{1}=\dfrac{z}{2}$ 相交，且与平面 $3x-4y+z-10=0$ 平行的直线方程.

8. 求点 $A(1,1,0)$ 到平面 $x-y-z-3=0$ 的距离.

9. 求直线 $\dfrac{x-2}{1}=\dfrac{y-3}{1}=\dfrac{z-4}{2}$ 与平面 $2x+y+z-6=0$ 的交点.

10. 求点 $P_0(1,2,3)$ 到直线 L：$\begin{cases}x+y-z-1=0,\\ 2x+z-3=0\end{cases}$ 的距离.

11. 求过点 $(2,1,3)$ 且与直线 $\dfrac{x+1}{3}=\dfrac{y-1}{2}=\dfrac{z}{-1}$ 垂直相交的直线方程.

12. 求过点 $(-3,2,5)$ 且与两平面 $x-4z=3$ 和 $2x-y-5z=1$ 的交线平行的直线方程.

*13. 判断下列两条直线

$$L_1:\ \frac{x}{1}=\frac{y-1}{-1}=\frac{z+1}{0} \text{ 和 } L_2:\ \frac{x+1}{2}=\frac{y-1}{-1}=\frac{z}{2}$$

是否异面，若异面，求出这两条直线之间的距离及其公垂线方程.

第3章 矩　　阵

矩阵是线性代数中的一个重要概念. 在自然科学和工程技术中有大量问题的研究常常反映为对矩阵的研究，甚至有些性质不同、表面上似乎完全没有联系的问题，归结成矩阵问题以后却是相同的，这就使矩阵成为极为重要的工具，因而它也成为代数学研究的一个主要对象. 本章介绍矩阵的概念、矩阵的运算、可逆矩阵、分块矩阵、矩阵的初等变换与初等矩阵、矩阵的秩.

3.1 矩阵的概念

3.1.1 矩阵的定义

定义 3.1 由 $m\times n$ 个数 $a_{ij}(i=1,2,\cdots,m;j=1,2,\cdots,n)$ 排成的 m 行 n 列的数表

$$\begin{matrix} a_{11} & a_{12} & \cdots & a_{1n} \\ a_{21} & a_{22} & \cdots & a_{2n} \\ \vdots & \vdots & & \vdots \\ a_{m1} & a_{m2} & \cdots & a_{mn} \end{matrix} \tag{3.1.1}$$

叫作 ***m* 行 *n* 列矩阵**，简称 $m\times n$ 矩阵，其中 a_{ij} 表示位于矩阵中第 i 行第 j 列的数，称为矩阵的 (i,j) **元**. 为说明数表是一个整体，总是给数表加一个括弧，常用大写字母 $\boldsymbol{A},\boldsymbol{B},\boldsymbol{C}$ 等表示，数表(3.1.1)记作

$$\boldsymbol{A}=\begin{pmatrix} a_{11} & a_{12} & \cdots & a_{1n} \\ a_{21} & a_{22} & \cdots & a_{2n} \\ \vdots & \vdots & & \vdots \\ a_{m1} & a_{m2} & \cdots & a_{mn} \end{pmatrix},$$

以 a_{ij} 为元素的矩阵 $\boldsymbol{A}$ 可简记为 (a_{ij}). 为了指明矩阵 $\boldsymbol{A}$ 的行数和列数，有时也把 $m\times n$ 矩阵 $\boldsymbol{A}$ 记作 $\boldsymbol{A}_{m\times n}$ 或 $\boldsymbol{A}=(a_{ij})_{m\times n}$.

元素全是实数的矩阵称为**实矩阵**，元素是复数的矩阵称为复矩阵. 本书中的矩阵除特别说明外，均为实矩阵.

例 3.1 假设在某一地区的某一种物资，有 m 个产地 $A_1,A_2,\cdots,A_m$ 和 n 个销地 $B_1,B_2,\cdots,B_n$，记 a_{ij} 表示从产地 A_i 运到销地 B_j 的数量，那么一个调运方案可用一个矩阵

$$\boldsymbol{A}=\begin{pmatrix} a_{11} & a_{12} & \cdots & a_{1n} \\ a_{21} & a_{22} & \cdots & a_{2n} \\ \vdots & \vdots & & \vdots \\ a_{m1} & a_{m2} & \cdots & a_{mn} \end{pmatrix}$$

来表示.

例 3.2　n 个变量 $x_1,x_2,\cdots,x_n$ 与 m 个变量 $y_1,y_2,\cdots,y_m$ 之间的关系式

$$\begin{cases} y_1=a_{11}x_1+a_{12}x_2+\cdots+a_{1n}x_n, \\ y_2=a_{21}x_1+a_{22}x_2+\cdots+a_{2n}x_n, \\ \cdots\cdots \\ y_m=a_{m1}x_1+a_{m2}x_2+\cdots+a_{mn}x_n. \end{cases} \tag{3.1.2}$$

称为从变量 $x_1,x_2,\cdots,x_n$ 到变量 $y_1,y_2,\cdots,y_m$ 的线性变换，其中系数 a_{ij} 为常数. 线性变换式(3.1.2)的系数构成矩阵 $\boldsymbol{A}=(a_{ij})_{m\times n}$，称矩阵 $\boldsymbol{A}$ 为线性变换(3.1.2)的系数矩阵.

注 3.1　给定了线性变换式(3.1.2)，它的系数矩阵确定；反之，如果给出一个矩阵作为线性变换的系数矩阵，则线性变换也确定，即线性变换与矩阵之间存在着一一对应关系，因此可以利用矩阵来研究线性变换，也可利用线性变换来解释矩阵.

例 3.3　矩阵$\begin{pmatrix} \cos\varphi & -\sin\varphi \\ \sin\varphi & \cos\varphi \end{pmatrix}$对应的线性变换

$$\begin{cases} x_1=x\cos\varphi-y\sin\varphi, \\ y_1=x\sin\varphi+y\cos\varphi. \end{cases} \tag{3.1.3}$$

把 xOy 平面上向量$\boldsymbol{OP}=\begin{pmatrix} x \\ y \end{pmatrix}$变换为向量$\boldsymbol{OP}_1=\begin{pmatrix} x_1 \\ y_1 \end{pmatrix}$.

设$\boldsymbol{OP}$的长度为 r，x 轴正向到$\boldsymbol{OP}$的转角为 θ，则 $x=r\cos\theta$，$y=r\sin\theta$，那么

$$\begin{cases} x_1=r\cos\theta\cos\varphi-r\sin\theta\sin\varphi=r\cos(\theta+\varphi), \\ y_1=r\sin\theta\cos\varphi+r\cos\theta\sin\varphi=r\sin(\theta+\varphi). \end{cases}$$

即$\boldsymbol{OP}_1$的长度与$\boldsymbol{OP}$的长度相等，x 轴正向到$\boldsymbol{OP}_1$的转角为 $\theta+\varphi$. 因此线性变换(3.1.3)是把 xOy 面上向量$\boldsymbol{OP}$依逆时针方向旋转 φ 角(或是把 xOy 面上点 P 以原点为中心逆时针旋转 φ 角)的旋转变换，如图 3-1 所示.

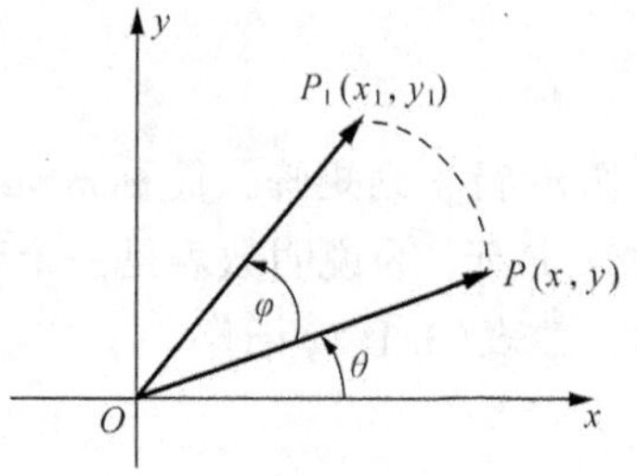

图 3-1

注 3.2　矩阵与行列式是两个不同的概念. 行列式的行数和列数一定相等，n 阶行列式是 n^2 个数按一定的运算法则确定的一个数；而矩阵仅仅是一个数表，矩阵的行数和列数可以不同.

3.1.2　几种常用的特殊矩阵

1. 零矩阵

元素全为零的 m 行 n 列矩阵称为**零矩阵**，记为 $\boldsymbol{O}_{m\times n}$. 在不致引起混淆的情况下，可以简单地把零矩阵记为 $\boldsymbol{O}$.

2. 行矩阵和列矩阵

只有一行的矩阵($1\times n$ 矩阵)

$$\boldsymbol{A}=(a_1\ a_2\cdots\ a_n)$$

称为**行矩阵**，或称为**行向量**. 为避免元素之间的混淆，行矩阵也记作

$$\boldsymbol{A}=(a_1,a_2,\cdots,a_n).$$

只有一列的矩阵($m\times 1$ 矩阵)

$$B=\begin{pmatrix}b_1\\b_2\\\vdots\\b_m\end{pmatrix}$$

称为**列矩阵**，又称为**列向量**.

3. 方阵

行数与列数都等于 n 的矩阵叫作 n 阶矩阵或 n 阶**方阵**，n 阶矩阵 $\boldsymbol{A}$ 也可记为 $\boldsymbol{A}_n$. 特别地，一阶矩阵(a)简记为 a.

4. 对角矩阵

主对角线(从左上角到右下角的直线)以外的所有元素都为零的 n 阶方阵

$$\begin{pmatrix}\lambda_1&0&\cdots&0\\0&\lambda_2&\cdots&0\\\vdots&\vdots&&\vdots\\0&0&\cdots&\lambda_n\end{pmatrix}(\lambda_1,\lambda_2,\cdots,\lambda_n\text{ 不全为零})\text{，简记为}\begin{pmatrix}\lambda_1&&&\\&\lambda_2&&\\&&\ddots&\\&&&\lambda_n\end{pmatrix}$$

称为**对角矩阵**，记为 $\boldsymbol{\Lambda}$，也记作 $\operatorname{diag}(\lambda_1,\lambda_2,\cdots,\lambda_n)$.

特别地，$\lambda_1=\lambda_2=\cdots=\lambda_n=1$ 时，n 阶方阵

$$\begin{pmatrix}1&0&\cdots&0\\0&1&\cdots&0\\\vdots&\vdots&&\vdots\\0&0&\cdots&1\end{pmatrix}$$

称为**单位矩阵**，n 阶单位矩阵记为 $\boldsymbol{E}_n$ 或简记为 $\boldsymbol{E}$.

主对角线上元素都相等的对角矩阵

$$\begin{pmatrix}a&0&\cdots&0\\0&a&\cdots&0\\\vdots&\vdots&&\vdots\\0&0&\cdots&a\end{pmatrix}(a\neq0)$$

称为**数量矩阵**，或称为纯量矩阵(标量矩阵)，记作 $a\boldsymbol{E}$.

5. 三角形矩阵

形如

$$\begin{pmatrix}a_{11}&a_{12}&\cdots&a_{1n}\\0&a_{22}&\cdots&a_{2n}\\\vdots&\vdots&&\vdots\\0&0&\cdots&a_{nn}\end{pmatrix},\begin{pmatrix}a_{11}&0&\cdots&0\\a_{21}&a_{22}&\cdots&0\\\vdots&\vdots&&\vdots\\a_{n1}&a_{n2}&\cdots&a_{nn}\end{pmatrix}$$

的方阵分别称为**上三角形矩阵**和**下三角形矩阵**.

3.2　矩阵的运算

引入矩阵的意义不仅在于将一些数据构成矩阵，更重要的是对这些矩阵赋予一定的运

算，使其成为理论研究和解决实际问题的工具. 本节首先引入同型矩阵与矩阵相等的概念.

定义 3.2　行数相等，列数也相等的矩阵称为**同型矩阵**.

定义 3.3　如果 $\boldsymbol{A}=(a_{ij})$ 与 $\boldsymbol{B}=(b_{ij})$ 是同型矩阵，且它们的对应元素都相等，即

$$a_{ij}=b_{ij}(i=1,2,\cdots,m;j=1,2,\cdots,n),$$

那么就称矩阵 $\boldsymbol{A}$ 与矩阵 $\boldsymbol{B}$ 相等，记作 $\boldsymbol{A}=\boldsymbol{B}$.

注 3.3　不同型的零矩阵是不相等的.

3.2.1　矩阵的线性运算

定义 3.4　设两个 $m\times n$ 矩阵

$$\boldsymbol{A}=(a_{ij})_{m\times n}=\begin{pmatrix} a_{11} & a_{12} & \cdots & a_{1n} \\ a_{21} & a_{22} & \cdots & a_{2n} \\ \vdots & \vdots & & \vdots \\ a_{m1} & a_{m2} & \cdots & a_{mn} \end{pmatrix},\ \boldsymbol{B}=(b_{ij})_{m\times n}=\begin{pmatrix} b_{11} & b_{12} & \cdots & b_{1n} \\ b_{21} & b_{22} & \cdots & b_{2n} \\ \vdots & \vdots & & \vdots \\ b_{m1} & b_{m2} & \cdots & b_{mn} \end{pmatrix}$$

则称矩阵

$$\boldsymbol{C}=\begin{pmatrix} a_{11}+b_{11} & a_{12}+b_{12} & \cdots & a_{1n}+b_{1n} \\ a_{21}+b_{21} & a_{22}+b_{22} & \cdots & a_{2n}+b_{2n} \\ \vdots & \vdots & & \vdots \\ a_{m1}+b_{m1} & a_{m2}+b_{m2} & \cdots & a_{mn}+b_{mn} \end{pmatrix}$$

为矩阵 $\boldsymbol{A}$ 与矩阵 $\boldsymbol{B}$ 的**和**，记作 $\boldsymbol{C}=\boldsymbol{A}+\boldsymbol{B}$.

定义 3.4 表明，矩阵加法运算是把矩阵的对应元素相加，因此只有同型矩阵才能相加.

定义 3.5　设矩阵 $\boldsymbol{A}=(a_{ij})_{m\times n}$，$k$ 是一个数，则称矩阵

$$\begin{pmatrix} ka_{11} & ka_{12} & \cdots & ka_{1n} \\ ka_{21} & ka_{22} & \cdots & ka_{2n} \\ \vdots & \vdots & & \vdots \\ ka_{m1} & ka_{m2} & \cdots & ka_{mn} \end{pmatrix},$$

为数 k 与矩阵 $\boldsymbol{A}$ 的**乘法**(简称**数乘**)，记为 $k\boldsymbol{A}$.

显然，数 k 与矩阵 $\boldsymbol{A}$ 的乘法运算就是用数 k 乘以矩阵 $\boldsymbol{A}$ 的每一个元素.

特别地，$k=-1$ 时，

$$k\boldsymbol{A}=(-1)\boldsymbol{A}=\begin{pmatrix} -a_{11} & -a_{12} & \cdots & -a_{1n} \\ -a_{21} & -a_{22} & \cdots & -a_{2n} \\ \vdots & \vdots & & \vdots \\ -a_{m1} & -a_{m2} & \cdots & -a_{mn} \end{pmatrix}=(-a_{ij})_{m\times n}.$$

称矩阵$(-a_{ij})_{m\times n}$为矩阵 $\boldsymbol{A}$ 的**负矩阵**，记作$-\boldsymbol{A}$. 由此可定义矩阵 $\boldsymbol{A}$ 与 $\boldsymbol{B}$ 的减法：

$$\boldsymbol{A}-\boldsymbol{B}=\boldsymbol{A}+(-\boldsymbol{B}).$$

容易验证矩阵的加法和数与矩阵的乘法满足下列运算规律.

定理 3.1　设 $\boldsymbol{A},\boldsymbol{B},\boldsymbol{C}$ 为同型矩阵，k,l 为常数，则

(1) $\boldsymbol{A}+\boldsymbol{B}=\boldsymbol{B}+\boldsymbol{A}$； (2) $\boldsymbol{A}+(\boldsymbol{B}+\boldsymbol{C})=(\boldsymbol{A}+\boldsymbol{B})+\boldsymbol{C}$；

(3) $\boldsymbol{A}+\boldsymbol{O}=\boldsymbol{A}$； (4) $\boldsymbol{A}+(-\boldsymbol{A})=\boldsymbol{O}$；

(5) $(k+l)\boldsymbol{A}=k\boldsymbol{A}+l\boldsymbol{A}$； (6) $k(\boldsymbol{A}+\boldsymbol{B})=k\boldsymbol{A}+k\boldsymbol{B}$；

(7) $k(l\boldsymbol{A})=(kl)\boldsymbol{A}$； (8) $1\boldsymbol{A}=\boldsymbol{A}$.

因此，矩阵加法和数乘运算，统称为**矩阵的线性运算**.

例 3.4 设矩阵

$$\boldsymbol{A}=\begin{pmatrix}1&2&-1&4\\-1&0&3&2\\0&1&2&4\end{pmatrix},\ \boldsymbol{B}=\begin{pmatrix}2&4&2&0\\-2&0&6&8\\4&2&0&4\end{pmatrix},$$

且 $2\boldsymbol{A}-4\boldsymbol{X}=\boldsymbol{B}$，求矩阵 $\boldsymbol{X}$.

解 由 $2\boldsymbol{A}-4\boldsymbol{X}=\boldsymbol{B}$，得

$$\boldsymbol{X}=\frac{1}{2}A-\frac{1}{4}\boldsymbol{B}=\frac{1}{2}\begin{pmatrix}1&2&-1&4\\-1&0&3&2\\0&1&2&4\end{pmatrix}-\frac{1}{4}\begin{pmatrix}2&4&2&0\\-2&0&6&8\\4&2&0&4\end{pmatrix}=\begin{pmatrix}0&0&-1&2\\0&0&0&-1\\-1&0&1&1\end{pmatrix}.$$

3.2.2 矩阵的乘法运算

记 a_{ij} 表示某工厂向第 i 个商店发送第 j 种产品的数量，b_{j1} 表示第 j 种产品的单价，b_{j2} 表示第 j 种产品的单件重量. 设工厂向三个商店发送四种产品的数量构成矩阵 $\boldsymbol{A}$，四种产品的单价及单件重量构成矩阵 $\boldsymbol{B}$，其中

$$\boldsymbol{A}=\begin{pmatrix}a_{11}&a_{12}&a_{13}&a_{14}\\a_{21}&a_{22}&a_{23}&a_{24}\\a_{31}&a_{32}&a_{33}&a_{34}\end{pmatrix},\ \boldsymbol{B}=\begin{pmatrix}b_{11}&b_{12}\\b_{21}&b_{22}\\b_{31}&b_{32}\\b_{41}&b_{42}\end{pmatrix},$$

则该工厂向三个商店发送四种产品的总价值和总重量构成矩阵

$$\boldsymbol{C}=\begin{pmatrix}a_{11}b_{11}+a_{12}b_{21}+a_{13}b_{31}+a_{14}b_{41} & a_{11}b_{12}+a_{12}b_{22}+a_{13}b_{32}+a_{14}b_{42}\\a_{21}b_{11}+a_{22}b_{21}+a_{23}b_{31}+a_{24}b_{41} & a_{21}b_{12}+a_{22}b_{22}+a_{23}b_{32}+a_{24}b_{42}\\a_{31}b_{11}+a_{32}b_{21}+a_{33}b_{31}+a_{34}b_{41} & a_{31}b_{12}+a_{32}b_{22}+a_{33}b_{32}+a_{34}b_{42}\end{pmatrix}.$$

把矩阵 $\boldsymbol{C}$ 定义为矩阵 $\boldsymbol{A}$ 与矩阵 $\boldsymbol{B}$ 的乘积. 显然，矩阵 $\boldsymbol{C}$ 的行数等于矩阵 $\boldsymbol{A}$ 的行数，矩阵 $\boldsymbol{C}$ 的列数等于矩阵 $\boldsymbol{B}$ 的列数，而矩阵 $\boldsymbol{A}$ 的列数等于矩阵 $\boldsymbol{B}$ 的行数.

如果记

$$\boldsymbol{A}=(a_{ij})_{3\times4},\ \boldsymbol{B}=(b_{ij})_{4\times2},\ \boldsymbol{C}=(c_{ij})_{3\times2},$$

则

$$c_{ij}=a_{i1}b_{1j}+a_{i2}b_{2j}+a_{i3}b_{3j}+a_{i4}b_{4j}(i=1,2,3;\ j=1,2).$$

一般地，有以下定义.

定义 3.6 设矩阵 $\boldsymbol{A}=(a_{ij})_{m\times s}$，$\boldsymbol{B}=(b_{ij})_{s\times n}$，$\boldsymbol{C}=(c_{ij})_{m\times n}$，其中

$$c_{ij}=a_{i1}b_{1j}+a_{i2}b_{2j}+\cdots+a_{is}b_{sj}=\sum_{k=1}^{s}a_{ik}b_{kj}\quad(i=1,2,\cdots,m;\ j=1,2,\cdots,n),$$

称矩阵 $\boldsymbol{C}$ 为矩阵 $\boldsymbol{A}$ 与矩阵 $\boldsymbol{B}$ 的**乘积**，记为 $\boldsymbol{C}=\boldsymbol{AB}$. 矩阵 $\boldsymbol{A}$ 与 $\boldsymbol{B}$ 的乘积 $\boldsymbol{AB}$ 又说成 $\boldsymbol{A}$ 左乘 $\boldsymbol{B}$

或 $\boldsymbol{B}$ 右乘 $\boldsymbol{A}$.

矩阵乘法的定义表明，矩阵 $\boldsymbol{A}$ 与 $\boldsymbol{B}$ 的乘积矩阵 $\boldsymbol{AB}$ 的第 i 行第 j 列元素 c_{ij} 等于左矩阵 $\boldsymbol{A}$ 的第 i 行与右矩阵 $\boldsymbol{B}$ 的第 j 列对应元素乘积之和，即

$$
i\text{行}\begin{pmatrix} \cdots & \cdots & \cdots & \cdots \\ \boxed{a_{i1} \quad a_{i2} \quad \cdots \quad a_{is}} \\ \cdots & \cdots & \cdots & \cdots \end{pmatrix}
\overset{j\text{列}}{\begin{pmatrix} \cdots & b_{1j} & \cdots \\ \cdots & b_{2j} & \cdots \\ \vdots & \vdots & \vdots \\ \cdots & b_{sj} & \cdots \end{pmatrix}}
= \overset{j\text{列}}{\begin{pmatrix} & \vdots & \\ \cdots & \boxed{c_{ij}} & \cdots \\ & \vdots & \end{pmatrix}} i\text{行}
$$

$$
m \times s \text{ 矩阵} \qquad s \times n \text{ 矩阵} \qquad m \times n \text{ 矩阵}
$$

注 3.4 两个矩阵相乘仅当左矩阵的列数等于右矩阵的行数时才有意义. 两个矩阵乘积所得矩阵的行数等于左矩阵行数，列数等于右矩阵的列数.

例 3.5 设矩阵

$$
\boldsymbol{A}=\begin{pmatrix} 4 & 3 & 1 \\ 2 & 1 & 3 \\ 3 & 1 & 2 \end{pmatrix}, \quad \boldsymbol{B}=\begin{pmatrix} 2 & 2 \\ 1 & 3 \\ 0 & 1 \end{pmatrix},
$$

求 $\boldsymbol{AB}$.

解
$$
\boldsymbol{AB}=\begin{pmatrix} 4 & 3 & 1 \\ 2 & 1 & 3 \\ 3 & 1 & 2 \end{pmatrix}\begin{pmatrix} 2 & 2 \\ 1 & 3 \\ 0 & 1 \end{pmatrix}=\begin{pmatrix} 4\times2+3\times1+1\times0 & 4\times2+3\times3+1\times1 \\ 2\times2+1\times1+3\times0 & 2\times2+1\times3+3\times1 \\ 3\times2+1\times1+2\times0 & 3\times2+1\times3+2\times1 \end{pmatrix}=\begin{pmatrix} 11 & 18 \\ 5 & 10 \\ 7 & 11 \end{pmatrix}.
$$

例 3.6 设矩阵

$$
\boldsymbol{A}=\begin{pmatrix} -2 & 4 \\ 1 & -2 \end{pmatrix}, \quad \boldsymbol{B}=\begin{pmatrix} 2 & 4 \\ -3 & -6 \end{pmatrix}, \quad \boldsymbol{C}=\begin{pmatrix} -2 & 0 \\ -5 & -8 \end{pmatrix},
$$

求 $\boldsymbol{AB}$，$\boldsymbol{AC}$ 和 $\boldsymbol{BA}$.

解
$$
\boldsymbol{AB}=\begin{pmatrix} -2 & 4 \\ 1 & -2 \end{pmatrix}\begin{pmatrix} 2 & 4 \\ -3 & -6 \end{pmatrix}=\begin{pmatrix} -16 & -32 \\ 8 & 16 \end{pmatrix},
$$

$$
\boldsymbol{AC}=\begin{pmatrix} -2 & 4 \\ 1 & -2 \end{pmatrix}\begin{pmatrix} -2 & 0 \\ -5 & -8 \end{pmatrix}=\begin{pmatrix} -16 & -32 \\ 8 & 16 \end{pmatrix},
$$

$$
\boldsymbol{BA}=\begin{pmatrix} 2 & 4 \\ -3 & -6 \end{pmatrix}\begin{pmatrix} -2 & 4 \\ 1 & -2 \end{pmatrix}=\begin{pmatrix} 0 & 0 \\ 0 & 0 \end{pmatrix}.
$$

由例 3.6 得出以下结论.

(1)矩阵与矩阵的乘法一般不满足消去律，即由 $\boldsymbol{AB}=\boldsymbol{AC}$ 不一定能推出 $\boldsymbol{B}=\boldsymbol{C}$；

(2)两个非零矩阵的乘积可能是零矩阵，即由 $\boldsymbol{BA}=\boldsymbol{O}$ 不一定能推出 $\boldsymbol{A}=\boldsymbol{O}$ 或 $\boldsymbol{B}=\boldsymbol{O}$.

例 3.7 设矩阵

$$
\boldsymbol{A}=(1,-1,2), \quad \boldsymbol{B}=\begin{pmatrix} 2 \\ 1 \\ 4 \end{pmatrix},
$$

计算 $\boldsymbol{AB}$ 和 $\boldsymbol{BA}$.

解
$$
\boldsymbol{AB}=(1,-1,2)\begin{pmatrix} 2 \\ 1 \\ 4 \end{pmatrix}=(1\times2+(-1)\times1+2\times4)=9;
$$

$$BA=\begin{pmatrix}2\\1\\4\end{pmatrix}(1,-1,2)=\begin{pmatrix}2\times1 & 2\times(-1) & 2\times2\\1\times1 & 1\times(-1) & 1\times2\\4\times1 & 4\times(-1) & 4\times2\end{pmatrix}=\begin{pmatrix}2 & -2 & 4\\1 & -1 & 2\\4 & -4 & 8\end{pmatrix}.$$

由例 3.7 可见，矩阵的乘法一般不满足交换律，即使 $\boldsymbol{AB}$ 与 $\boldsymbol{BA}$ 都有意义，但 $\boldsymbol{AB}$ 与 $\boldsymbol{BA}$ 也不一定相等. 特别地，当 $\boldsymbol{AB}=\boldsymbol{BA}$ 时，则称矩阵 $\boldsymbol{A}$ 与矩阵 $\boldsymbol{B}$ 是**可交换矩阵**.

矩阵的乘法满足下列运算规律.

定理 3.2 假设下列运算都是可行的，则

(1) $(\boldsymbol{AB})\boldsymbol{C}=\boldsymbol{A}(\boldsymbol{BC})$；

(2) $(\boldsymbol{A}+\boldsymbol{B})\boldsymbol{C}=\boldsymbol{AC}+\boldsymbol{BC}$，$\boldsymbol{C}(\boldsymbol{A}+\boldsymbol{B})=\boldsymbol{CA}+\boldsymbol{CB}$；

(3) $k(\boldsymbol{AB})=(k\boldsymbol{A})\boldsymbol{B}=\boldsymbol{A}(k\boldsymbol{B})$，其中 k 是数；

(4) 对于任意矩阵 $\boldsymbol{A}_{m\times n}$，有 $\boldsymbol{A}_{m\times n}\boldsymbol{E}_n=\boldsymbol{A}_{m\times n}$，$\boldsymbol{E}_m\boldsymbol{A}_{m\times n}=\boldsymbol{A}_{m\times n}$，其中 $\boldsymbol{E}_n$ 是 n 阶单位矩阵，$\boldsymbol{E}_m$ 是 m 阶单位矩阵.

特别地，对于 n 阶单位矩阵 $\boldsymbol{E}$ 与 n 阶矩阵 $\boldsymbol{A}$，有

$$\boldsymbol{EA}=\boldsymbol{AE}=\boldsymbol{A}.$$

即单位矩阵在矩阵的乘法中的作用类似于数 1 在数的乘法中的作用. 因此，当 $\boldsymbol{A}$ 与 $\boldsymbol{E}$ 是同阶方阵时，有

$$(a\boldsymbol{E})\boldsymbol{A}=a(\boldsymbol{EA})=a(\boldsymbol{AE})=\boldsymbol{A}(a\boldsymbol{E}),$$

即 n 阶数量矩阵与任意 n 阶矩阵都是可以交换的.

3.2.3 方阵的幂及多项式

定义 3.7 设 $\boldsymbol{A}=(a_{ij})$ 是 n 阶方阵，k 为非负整数，规定

$$\boldsymbol{A}^0=\boldsymbol{E},\ \boldsymbol{A}^k=\underbrace{\boldsymbol{AA}\cdots\boldsymbol{A}}_{k\text{个}}$$

称 $\boldsymbol{A}^k$ 为 $\boldsymbol{A}$ 的 k 次幂.

显然，只有方阵的幂才有意义.

由于矩阵的乘法满足结合律，所以方阵的幂满足以下运算规律：

$$\boldsymbol{A}^k\boldsymbol{A}^l=\boldsymbol{A}^{k+l},\ (\boldsymbol{A}^k)^l=\boldsymbol{A}^{kl},\ k,l\text{ 为非负整数}.$$

又因矩阵乘法不满足交换律，所以对于两个 n 阶矩阵 $\boldsymbol{A}$ 与 $\boldsymbol{B}$，一般说来 $(\boldsymbol{AB})^k\neq\boldsymbol{A}^k\boldsymbol{B}^k$，只有当矩阵 $\boldsymbol{A}$ 与矩阵 $\boldsymbol{B}$ 可交换时，才有 $(\boldsymbol{AB})^k=\boldsymbol{A}^k\boldsymbol{B}^k$. 类似可知，$(\boldsymbol{A}+\boldsymbol{B})^2=\boldsymbol{A}^2+2\boldsymbol{AB}+\boldsymbol{B}^2$，$(\boldsymbol{A}+\boldsymbol{B})(\boldsymbol{A}-\boldsymbol{B})=\boldsymbol{A}^2-\boldsymbol{B}^2$ 等公式，也只有当矩阵 $\boldsymbol{A}$ 与矩阵 $\boldsymbol{B}$ 可交换时才成立.

例 3.8 设对角矩阵

$$\boldsymbol{\Lambda}=\begin{pmatrix}\lambda_1 & & & \\ & \lambda_2 & & \\ & & \ddots & \\ & & & \lambda_n\end{pmatrix},$$

计算 $\boldsymbol{\Lambda}^4$.

解　因 $\boldsymbol{\Lambda}^2=\begin{pmatrix}\lambda_1&&&\\&\lambda_2&&\\&&\ddots&\\&&&\lambda_n\end{pmatrix}\begin{pmatrix}\lambda_1&&&\\&\lambda_2&&\\&&\ddots&\\&&&\lambda_n\end{pmatrix}=\begin{pmatrix}\lambda_1^2&&&\\&\lambda_2^2&&\\&&\ddots&\\&&&\lambda_n^2\end{pmatrix}$,

所以 $\boldsymbol{\Lambda}^4=\boldsymbol{\Lambda}^2\boldsymbol{\Lambda}^2=\begin{pmatrix}\lambda_1^4&&&\\&\lambda_2^4&&\\&&\ddots&\\&&&\lambda_n^4\end{pmatrix}$.

进一步地，有

$$\boldsymbol{\Lambda}^k=\begin{pmatrix}\lambda_1^k&&&\\&\lambda_2^k&&\\&&\ddots&\\&&&\lambda_n^k\end{pmatrix}.$$

设 $f(x)=a_0+a_1x+a_2x^2+\cdots+a_mx^m$ 为 x 的 m 次多项式，$\boldsymbol{A}$ 为 n 阶方阵，称

$$f(\boldsymbol{A})=a_0\boldsymbol{E}+a_1\boldsymbol{A}+a_2\boldsymbol{A}^2+\cdots+a_m\boldsymbol{A}^m$$

为**方阵 $\boldsymbol{A}$ 的 m 次多项式**.

可以证明以下结论.

(1)当方阵 $\boldsymbol{A}$ 为对角矩阵 $\boldsymbol{\Lambda}$ 时，有

$$f(\boldsymbol{\Lambda})=\operatorname{diag}(f(\lambda_1),f(\lambda_2),\cdots,f(\lambda_n)).$$

(2)方阵 $\boldsymbol{A}$ 的两个多项式 $f(\boldsymbol{A})$ 与 $g(\boldsymbol{A})$ 可交换，即 $f(\boldsymbol{A})g(\boldsymbol{A})=g(\boldsymbol{A})f(\boldsymbol{A})$，从而方阵 $\boldsymbol{A}$ 的多项式可以像数 x 的多项式一样相乘或分解因式.

例如，

$$(\boldsymbol{E}+\boldsymbol{A})(2\boldsymbol{E}-\boldsymbol{A})=2\boldsymbol{E}+\boldsymbol{A}-\boldsymbol{A}^2;$$
$$(\boldsymbol{E}-\boldsymbol{A})^3=\boldsymbol{E}-3\boldsymbol{A}+3\boldsymbol{A}^2-\boldsymbol{A}^3;$$
$$\boldsymbol{A}^2-\boldsymbol{A}-6\boldsymbol{E}=(\boldsymbol{A}-3\boldsymbol{E})(\boldsymbol{A}+2\boldsymbol{E})=(\boldsymbol{A}+2\boldsymbol{E})(\boldsymbol{A}-3\boldsymbol{E});$$
$$(\lambda\boldsymbol{E}+\boldsymbol{A})^k=\mathrm{C}_k^0\lambda^k\boldsymbol{E}+\mathrm{C}_k^1\lambda^{k-1}\boldsymbol{A}+\mathrm{C}_k^2\lambda^{k-2}\boldsymbol{A}^2+\cdots+\mathrm{C}_k^k\boldsymbol{A}^k.$$

例 3.9　设矩阵 $\boldsymbol{A}=\begin{pmatrix}\lambda&1&0\\0&\lambda&1\\0&0&\lambda\end{pmatrix}$，计算 $\boldsymbol{A}^n$.

解　设 $\boldsymbol{A}=\lambda\boldsymbol{E}+\boldsymbol{B}$，其中 $\boldsymbol{E}$ 为三阶单位矩阵，

$$\boldsymbol{B}=\begin{pmatrix}0&1&0\\0&0&1\\0&0&0\end{pmatrix}.$$

因为

$$\boldsymbol{B}^2=\begin{pmatrix}0&0&1\\0&0&0\\0&0&0\end{pmatrix},\ \boldsymbol{B}^3=\boldsymbol{B}^4=\cdots=\boldsymbol{B}^n=\boldsymbol{O}(n>3),$$

所以 $A^n=(\lambda E+B)^n=\lambda^n E+n\lambda^{n-1}B+\frac{n(n-1)}{2!}\lambda^{n-2}B^2+\cdots+B^n$,

$$=\lambda^n E+n\lambda^{n-1}B+\frac{n(n-1)}{2!}\lambda^{n-2}B^2$$

$$=\begin{pmatrix}\lambda^n & n\lambda^{n-1} & \frac{n(n-1)}{2}\lambda^{n-2}\\ 0 & \lambda^n & n\lambda^{n-1}\\ 0 & 0 & \lambda^n\end{pmatrix}.$$

* **应用实例**：职工轮训.

某公司为了实现技术更新，计划对职工实行分批脱产轮训，现有不脱产职工 8000 人，脱产轮训职工 2000 人. 若每年从不脱产职工中抽调 30%的人脱产轮训，同时又有 60%脱产轮训职工结业回到生产岗位，假定职工总数保持不变，一年后不脱产职工及脱产职工各有多少人？两年后又怎样？

解 记 $A=\begin{pmatrix}0.7 & 0.6\\ 0.3 & 0.4\end{pmatrix}$，$x=\begin{pmatrix}8000\\ 2000\end{pmatrix}$，则一年后不脱产职工人数及脱产职工人数表示为

$$Ax=\begin{pmatrix}0.7 & 0.6\\ 0.3 & 0.4\end{pmatrix}\begin{pmatrix}8000\\ 2000\end{pmatrix}=\begin{pmatrix}6800\\ 3200\end{pmatrix}.$$

两年后不脱产职工人数及脱产职工人数表示为

$$A^2x=A(Ax)=\begin{pmatrix}0.7 & 0.6\\ 0.3 & 0.4\end{pmatrix}\begin{pmatrix}6800\\ 3200\end{pmatrix}=\begin{pmatrix}6680\\ 3320\end{pmatrix},$$

显然，两年后脱产轮训职工人数约占不脱产职工人数的一半.

3.2.4 矩阵的转置

定义 3.8 把矩阵 A 的行换成同序数的列得到的新矩阵叫矩阵 A 的**转置矩阵**，简称为 A 的**转置**，记为 A^{T}. 即若

$$A=\begin{pmatrix}a_{11} & a_{12} & \cdots & a_{1n}\\ a_{21} & a_{22} & \cdots & a_{2n}\\ \vdots & \vdots & & \vdots\\ a_{m1} & a_{m2} & \cdots & a_{mn}\end{pmatrix},$$

则

$$A^{\mathrm{T}}=\begin{pmatrix}a_{11} & a_{21} & \cdots & a_{m1}\\ a_{12} & a_{22} & \cdots & a_{m2}\\ \vdots & \vdots & & \vdots\\ a_{1n} & a_{2n} & \cdots & a_{mn}\end{pmatrix}.$$

矩阵的转置也是矩阵的一种运算，满足下列运算规律.

定理 3.3 假设下列运算都是可行的，则

(1) $(A^{\mathrm{T}})^{\mathrm{T}}=A$； (2) $(A+B)^{\mathrm{T}}=A^{\mathrm{T}}+B^{\mathrm{T}}$；

(3) $(kA)^{\mathrm{T}}=kA^{\mathrm{T}}$，$k$ 为数； (4) $(AB)^{\mathrm{T}}=B^{\mathrm{T}}A^{\mathrm{T}}$.

这里仅证明等式(4)，设矩阵

$$A=\begin{pmatrix}a_{11}&a_{12}&\cdots&a_{1s}\\a_{21}&a_{22}&\cdots&a_{2s}\\\vdots&\vdots&&\vdots\\a_{m1}&a_{m2}&\cdots&a_{ms}\end{pmatrix},\quad B=\begin{pmatrix}b_{11}&b_{12}&\cdots&b_{1n}\\b_{21}&b_{22}&\cdots&b_{2n}\\\vdots&\vdots&&\vdots\\b_{s1}&b_{s2}&\cdots&b_{sn}\end{pmatrix},$$

则 $(\boldsymbol{AB})^{\mathrm T}$ 与 $\boldsymbol{B}^{\mathrm T}\boldsymbol{A}^{\mathrm T}$ 都是 $n\times m$ 矩阵，且 $(\boldsymbol{AB})^{\mathrm T}$ 的第 i 行第 j 列元素即为 $\boldsymbol{AB}$ 的第 j 行第 i 列元素 $a_{j1}b_{1i}+a_{j2}b_{2i}+\cdots+a_{js}b_{si}$；而 $\boldsymbol{B}^{\mathrm T}$ 的第 i 行元素为 b_{1i}，b_{2i}，$\cdots$，b_{si}，$\boldsymbol{A}^{\mathrm T}$ 的第 j 列元素为 a_{j1}，a_{j2}，$\cdots$，a_{js}，因此 $\boldsymbol{B}^{\mathrm T}\boldsymbol{A}^{\mathrm T}$ 的第 i 行第 j 列元素为 $b_{1i}a_{j1}+b_{2i}a_{j2}+\cdots+b_{si}a_{js}$，显然，$b_{1i}a_{j1}+b_{2i}a_{j2}+\cdots+b_{si}a_{js}=a_{j1}b_{1i}+a_{j2}b_{2i}+\cdots+a_{js}b_{si}$，即 $(\boldsymbol{AB})^{\mathrm T}=\boldsymbol{B}^{\mathrm T}\boldsymbol{A}^{\mathrm T}$.

例 3.10 已知矩阵 $\boldsymbol{A}=\begin{pmatrix}2&0&-1\\1&3&2\end{pmatrix}$，$\boldsymbol{B}=\begin{pmatrix}1&7&-1\\4&2&3\\2&0&1\end{pmatrix}$，求 $(\boldsymbol{AB})^{\mathrm T}$.

解法 1 因为 $\boldsymbol{AB}=\begin{pmatrix}2&0&-1\\1&3&2\end{pmatrix}\begin{pmatrix}1&7&-1\\4&2&3\\2&0&1\end{pmatrix}=\begin{pmatrix}0&14&-3\\17&13&10\end{pmatrix}$

所以 $(\boldsymbol{AB})^{\mathrm T}=\begin{pmatrix}0&17\\14&13\\-3&10\end{pmatrix}$.

解法 2 $(\boldsymbol{AB})^{\mathrm T}=\boldsymbol{B}^{\mathrm T}\boldsymbol{A}^{\mathrm T}=\begin{pmatrix}1&4&2\\7&2&0\\-1&3&1\end{pmatrix}\begin{pmatrix}2&1\\0&3\\-1&2\end{pmatrix}=\begin{pmatrix}0&17\\14&13\\-3&10\end{pmatrix}$.

例 3.11 已知 $\boldsymbol{\alpha}=(1,2,3)$，$\boldsymbol{\beta}=\left(1,\dfrac{1}{2},\dfrac{1}{3}\right)$，且 $\boldsymbol{A}=\boldsymbol{\alpha}^{\mathrm T}\boldsymbol{\beta}$，求 $\boldsymbol{A}^n$.

解 因为矩阵乘法满足结合律，且

$$\boldsymbol{A}=\boldsymbol{\alpha}^{\mathrm T}\boldsymbol{\beta}=\begin{pmatrix}1&\frac{1}{2}&\frac{1}{3}\\2&1&\frac{2}{3}\\3&\frac{3}{2}&1\end{pmatrix}$$

$$\boldsymbol{\beta}\boldsymbol{\alpha}^{\mathrm T}=\left(1,\frac{1}{2},\frac{1}{3}\right)\begin{pmatrix}1\\2\\3\end{pmatrix}=3$$

所以

$$\begin{aligned}\boldsymbol{A}^n&=(\boldsymbol{\alpha}^{\mathrm T}\boldsymbol{\beta})(\boldsymbol{\alpha}^{\mathrm T}\boldsymbol{\beta})\cdots(\boldsymbol{\alpha}^{\mathrm T}\boldsymbol{\beta})=\boldsymbol{\alpha}^{\mathrm T}(\boldsymbol{\beta}\boldsymbol{\alpha}^{\mathrm T})(\boldsymbol{\beta}\boldsymbol{\alpha}^{\mathrm T})\cdots(\boldsymbol{\beta}\boldsymbol{\alpha}^{\mathrm T})\boldsymbol{\beta}\\&=3^{n-1}\boldsymbol{\alpha}^{\mathrm T}\boldsymbol{\beta}=3^{n-1}\boldsymbol{A}=3^{n-1}\begin{pmatrix}1&\frac{1}{2}&\frac{1}{3}\\2&1&\frac{2}{3}\\3&\frac{3}{2}&1\end{pmatrix}.\end{aligned}$$

定义 3.9 设 $\boldsymbol{A}$ 是 n 阶矩阵，如果 $\boldsymbol{A}^{\mathrm{T}}=\boldsymbol{A}$，则称 $\boldsymbol{A}$ 为**对称矩阵**. 如果 $\boldsymbol{A}^{\mathrm{T}}=-\boldsymbol{A}$，则称 $\boldsymbol{A}$ 为**反对称矩阵**；如果 $\boldsymbol{A}^{\mathrm{T}}\boldsymbol{A}=\boldsymbol{E}$，则称 $\boldsymbol{A}$ 为**正交矩阵**.

显然，$\boldsymbol{A}=(a_{ij})_{n\times n}$是对称矩阵时，有 $a_{ij}=a_{ji}(i,j=1,2,\cdots,n)$，即对称矩阵的元素关于主对角线对称；$\boldsymbol{A}=(a_{ij})_{n\times n}$是反对称矩阵时，有 $a_{ij}=-a_{ji}$，$a_{ii}=0(i,j=1,2,\cdots,n)$，即反对称矩阵主对角线上元素全为零；$\boldsymbol{A}=(a_{ij})_{n\times n}$是正交矩阵时，$\boldsymbol{A}$ 的每一列(行)元素的平方和等于 1，且 $\boldsymbol{A}$ 的任意两列(行)对应元素的乘积之和等于零.

3.2.5 方阵的行列式

定义 3.10 由 n 阶矩阵

$$\boldsymbol{A}=\begin{pmatrix} a_{11} & a_{12} & \cdots & a_{1n} \\ a_{21} & a_{22} & \cdots & a_{2n} \\ \vdots & \vdots & & \vdots \\ a_{n1} & a_{n2} & \cdots & a_{nn} \end{pmatrix}$$

的元素(各元素的位置次序不变)所构成的行列式

$$\begin{vmatrix} a_{11} & a_{12} & \cdots & a_{1n} \\ a_{21} & a_{22} & \cdots & a_{2n} \\ \vdots & \vdots & & \vdots \\ a_{n1} & a_{n2} & \cdots & a_{nn} \end{vmatrix},$$

称为**矩阵 $\boldsymbol{A}$ 的行列式**，记作 $|\boldsymbol{A}|$ 或 $\det\boldsymbol{A}$. 例如，

若矩阵 $\boldsymbol{A}=\begin{pmatrix} -2 & 1 \\ 3 & -4 \end{pmatrix}$，则 $|\boldsymbol{A}|=\begin{vmatrix} -2 & 1 \\ 3 & -4 \end{vmatrix}=5$.

注 3.5 只有当矩阵 $\boldsymbol{A}$ 的行数与列数相等，即 $\boldsymbol{A}$ 为方阵时，$|\boldsymbol{A}|$ 才有意义.

方阵的行列式有以下定理.

定理 3.4 设 $\boldsymbol{A},\boldsymbol{B}$ 是两个 n 阶矩阵，λ 为数，则有

(1) $|\boldsymbol{A}^{\mathrm{T}}|=|\boldsymbol{A}|$； (2) $|\lambda\boldsymbol{A}|=\lambda^n|\boldsymbol{A}|$； (3) $|\boldsymbol{AB}|=|\boldsymbol{A}||\boldsymbol{B}|$.

定义 3.11 如果 n 阶矩阵 $\boldsymbol{A}$ 的行列式 $|\boldsymbol{A}|$ 不等于零，则称 $\boldsymbol{A}$ 为**非退化矩阵**(或**非奇异矩阵**)，否则称 $\boldsymbol{A}$ 为**退化矩阵**(或**奇异矩阵**).

显然，若 $\boldsymbol{A}$ 是正交矩阵，则 $|\boldsymbol{A}|=\pm1$，即正交矩阵是非奇异矩阵.

定义 3.12 设 n 阶矩阵

$$\boldsymbol{A}=\begin{pmatrix} a_{11} & a_{12} & \cdots & a_{1n} \\ a_{21} & a_{22} & \cdots & a_{2n} \\ \vdots & \vdots & & \vdots \\ a_{n1} & a_{n2} & \cdots & a_{nn} \end{pmatrix},$$

记由 $|\boldsymbol{A}|$ 中元素 a_{ij}的代数余子式 $A_{ij}(i,j=1,2,\cdots,n)$ 构成矩阵

$$\boldsymbol{A}^*=\begin{pmatrix} A_{11} & A_{21} & \cdots & A_{n1} \\ A_{12} & A_{22} & \cdots & A_{n2} \\ \vdots & \vdots & & \vdots \\ A_{1n} & A_{2n} & \cdots & A_{nn} \end{pmatrix},$$

则称 A^* 为 A 的**伴随矩阵**.

注 3.6　$|A|$ 中第 i 行元素的代数余子式写在 A^* 的第 i 列.

定理 3.5　$AA^*=A^*A=|A|E$.

证　由行列式代数余子式的性质

$$a_{i1}A_{j1}+a_{i2}A_{j2}+\cdots+a_{in}A_{jn}=\begin{cases}|A|, & i=j,\\ 0, & i\neq j,\end{cases}$$

可得

$$AA^*=\begin{pmatrix}a_{11} & a_{12} & \cdots & a_{1n}\\ a_{21} & a_{22} & \cdots & a_{2n}\\ \vdots & \vdots & & \vdots\\ a_{n1} & a_{n2} & \cdots & a_{nn}\end{pmatrix}\begin{pmatrix}A_{11} & A_{21} & \cdots & A_{n1}\\ A_{12} & A_{22} & \cdots & A_{n2}\\ \vdots & \vdots & & \vdots\\ A_{1n} & A_{2n} & \cdots & A_{nn}\end{pmatrix}$$

$$=\begin{pmatrix}|A| & 0 & \cdots & 0\\ 0 & |A| & \cdots & 0\\ \vdots & \vdots & & \vdots\\ 0 & 0 & \cdots & |A|\end{pmatrix}=|A|E,$$

类似地，有

$$A^*A=|A|E.$$

于是

$$AA^*=A^*A=|A|E.$$

证毕.

习题 3.2

1. 设矩阵

$$A=\begin{pmatrix}1 & 2 & 3\\ 2 & 4 & 1\\ 3 & 2 & 4\end{pmatrix},\ B=\begin{pmatrix}1 & 0 & 1\\ -4 & 2 & 1\\ 1 & -2 & 2\end{pmatrix}.$$

求矩阵 X，使 $3A-2X=B$.

2. 计算

(1) $\begin{pmatrix}1 & 2 & 3\\ 2 & 4 & 6\\ 3 & 6 & 9\end{pmatrix}\begin{pmatrix}-1 & -2 & -4\\ -1 & -2 & -4\\ 1 & 2 & 4\end{pmatrix}$;　　(2) $\begin{pmatrix}1 & -1 & 0 & 2\\ -2 & 0 & 3 & 4\end{pmatrix}\begin{pmatrix}1 & 2 & -1\\ 2 & 1 & -2\\ 3 & 0 & 5\\ 0 & 3 & 4\end{pmatrix}$;

(3) $\begin{pmatrix}a_1\\ a_2\\ \vdots\\ a_n\end{pmatrix}(b_1\ \ b_2\ \ \cdots\ \ b_n)$;　　(4) $(x_1\ \ x_2\ \ x_3)\begin{pmatrix}a_{11} & a_{12} & a_{13}\\ a_{12} & a_{22} & a_{23}\\ a_{13} & a_{23} & a_{33}\end{pmatrix}\begin{pmatrix}x_1\\ x_2\\ x_3\end{pmatrix}$.

3. 设矩阵

$$A=\begin{pmatrix}2&1\\-1&1\\3&2\end{pmatrix},\ B=\begin{pmatrix}2&1&3\\1&0&2\end{pmatrix},\ C=\begin{pmatrix}2&1&0\\-1&-2&3\\4&0&-1\end{pmatrix}.$$

求 $\boldsymbol{AB}$，$(\boldsymbol{AB})\boldsymbol{C}$，$\boldsymbol{BC}$，$\boldsymbol{A}(\boldsymbol{BC})$.

4. 证明下列各等式成立的充要条件是 $\boldsymbol{AB}=\boldsymbol{BA}$.

(1) $(\boldsymbol{A}+\boldsymbol{B})^2=\boldsymbol{A}^2+2\boldsymbol{AB}+\boldsymbol{B}^2$；

(2) $\boldsymbol{A}^2-\boldsymbol{B}^2=(\boldsymbol{A}+\boldsymbol{B})(\boldsymbol{A}-\boldsymbol{B})$.

5. 举例说明下列命题是错误的.

(1)若 $\boldsymbol{A}^2=\boldsymbol{O}$，则 $\boldsymbol{A}=\boldsymbol{O}$；

(2)若 $\boldsymbol{A}^2=\boldsymbol{A}$，则 $\boldsymbol{A}=\boldsymbol{O}$ 或 $\boldsymbol{A}=\boldsymbol{E}$；

(3)若 $\boldsymbol{A}^2=\boldsymbol{E}$，则 $\boldsymbol{A}=\boldsymbol{E}$ 或 $\boldsymbol{A}=-\boldsymbol{E}$；

(4)若 $\boldsymbol{AX}=\boldsymbol{AY}$，且 $\boldsymbol{A}\neq\boldsymbol{O}$，则 $\boldsymbol{X}=\boldsymbol{Y}$.

6. 已知矩阵 $\boldsymbol{A}=\begin{pmatrix}1&0\\2&3\\4&5\end{pmatrix}$，$\boldsymbol{B}=\begin{pmatrix}2&1\\4&3\end{pmatrix}$，求 $(\boldsymbol{AB})^{\mathrm{T}}$，$\boldsymbol{B}^{\mathrm{T}}\boldsymbol{A}^{\mathrm{T}}$.

7. (1)已知矩阵 $\boldsymbol{A}=\begin{pmatrix}1&1&1\\2&2&2\\3&3&3\end{pmatrix}$，求 $\boldsymbol{A}^{100}$；

(2)设 $\boldsymbol{\alpha}=\begin{pmatrix}2\\1\\-3\end{pmatrix}$，$\boldsymbol{\beta}=\begin{pmatrix}1\\2\\4\end{pmatrix}$，$\boldsymbol{A}=\boldsymbol{\alpha}\boldsymbol{\beta}^{\mathrm{T}}$，求 $\boldsymbol{A}^n$.

8. 设矩阵 $\boldsymbol{A}=\dfrac{1}{2}(\boldsymbol{B}+\boldsymbol{E})$，证明 $\boldsymbol{A}^2=\boldsymbol{A}$ 的充要条件是 $\boldsymbol{B}^2=\boldsymbol{E}$.

9. 设 $\boldsymbol{A}$ 是实对称矩阵，证明若 $\boldsymbol{A}^2=\boldsymbol{O}$，则 $\boldsymbol{A}=\boldsymbol{O}$.

10. 证明对任意 n 阶矩阵 $\boldsymbol{A}$，必有 n 阶对称矩阵 $\boldsymbol{B}$ 和反对称矩阵 $\boldsymbol{C}$，使 $\boldsymbol{A}=\boldsymbol{B}+\boldsymbol{C}$.

11. 设 $\boldsymbol{A}$，$\boldsymbol{B}$ 都是 n 阶对称矩阵，证明 $\boldsymbol{AB}$ 是对称矩阵的充要条件是 $\boldsymbol{AB}=\boldsymbol{BA}$.

3.3 可逆矩阵

3.3.1 矩阵可逆的定义

由伴随矩阵的性质可见，对 n 阶方阵 $\boldsymbol{A}$，当 $|\boldsymbol{A}|\neq0$ 时，有矩阵 $\boldsymbol{B}=\dfrac{\boldsymbol{A}^*}{|\boldsymbol{A}|}$ 使 $\boldsymbol{AB}=\boldsymbol{BA}=\boldsymbol{E}$，一般地，有以下定义和定理.

定义 3.13 设 $\boldsymbol{A}$ 为 n 阶方阵，$\boldsymbol{E}$ 是 n 阶单位矩阵. 如果存在一个 n 阶方阵 $\boldsymbol{B}$，使得

$$\boldsymbol{AB}=\boldsymbol{BA}=\boldsymbol{E},$$

则称 $\boldsymbol{A}$ 是**可逆的**(或称 $\boldsymbol{A}$ 是**可逆矩阵**)，并称 $\boldsymbol{B}$ 为 $\boldsymbol{A}$ 的**逆矩阵**.

定理 3.6 若 $\boldsymbol{A}$ 可逆，则 $\boldsymbol{A}$ 的逆矩阵是唯一的.

证明　因为矩阵 $\boldsymbol{A}$ 可逆，若 $\boldsymbol{B},\boldsymbol{C}$ 都是 $\boldsymbol{A}$ 的逆矩阵，即有

$$\boldsymbol{AB}=\boldsymbol{BA}=\boldsymbol{E},\ \boldsymbol{AC}=\boldsymbol{CA}=\boldsymbol{E},$$

则

$$\boldsymbol{B}=\boldsymbol{BE}=\boldsymbol{B}(\boldsymbol{AC})=(\boldsymbol{BA})\boldsymbol{C}=\boldsymbol{EC}=\boldsymbol{C}.$$

所以可逆矩阵 $\boldsymbol{A}$ 的逆矩阵是唯一的.

证毕.

$\boldsymbol{A}$ 可逆时，记 $\boldsymbol{A}$ 的逆矩阵为 $\boldsymbol{A}^{-1}$，即若 $\boldsymbol{AB}=\boldsymbol{BA}=\boldsymbol{E}$，则 $\boldsymbol{B}=\boldsymbol{A}^{-1}$.

定理 3.7　方阵 $\boldsymbol{A}$ 可逆的充要条件是 $|\boldsymbol{A}|\neq 0$，且方阵 $\boldsymbol{A}$ 可逆时，有

$$\boldsymbol{A}^{-1}=\frac{1}{|\boldsymbol{A}|}\boldsymbol{A}^{*}. \tag{3.3.1}$$

定理 3.7 不但给出了方阵可逆的条件，同时也给出了求可逆矩阵的逆矩阵的公式，用公式(3.3.1)求逆矩阵的方法叫**伴随矩阵法**(也叫**公式法**).

例 3.12　判断矩阵

$$\boldsymbol{A}=\begin{pmatrix}2&1&1\\3&1&2\\1&-1&0\end{pmatrix}$$

是否可逆？如果 $\boldsymbol{A}$ 可逆，则求出 $\boldsymbol{A}^{-1}$.

解　因

$$|\boldsymbol{A}|=\begin{vmatrix}2&1&1\\3&1&2\\1&-1&0\end{vmatrix}=2\neq 0,$$

所以 $\boldsymbol{A}$ 可逆. 又因 $A_{11}=2$，$A_{12}=2$，$A_{13}=-4$，$A_{21}=-1$，$A_{22}=-1$，$A_{23}=3$，$A_{31}=1$，$A_{32}=-1$，$A_{33}=-1$，即

$$\boldsymbol{A}^{*}=\begin{pmatrix}2&-1&1\\2&-1&-1\\-4&3&-1\end{pmatrix},$$

所以

$$\boldsymbol{A}^{-1}=\frac{\boldsymbol{A}^{*}}{|\boldsymbol{A}|}=\frac{1}{2}\begin{pmatrix}2&-1&1\\2&-1&-1\\-4&3&-1\end{pmatrix}=\begin{pmatrix}1&-\frac{1}{2}&\frac{1}{2}\\1&-\frac{1}{2}&-\frac{1}{2}\\-2&\frac{3}{2}&-\frac{1}{2}\end{pmatrix}.$$

推论 3.1　设 $\boldsymbol{A},\boldsymbol{B}$ 均为 n 阶矩阵，且 $\boldsymbol{AB}=\boldsymbol{E}$(或 $\boldsymbol{BA}=\boldsymbol{E}$)，则 $\boldsymbol{A}$ 可逆，且 $\boldsymbol{A}^{-1}=\boldsymbol{B}$(或 $\boldsymbol{B}^{-1}=\boldsymbol{A}$).

推论 3.1 给出证明方阵 $\boldsymbol{A}$ 可逆及求逆矩阵的又一方法：证明有矩阵 $\boldsymbol{B}$ 使 $\boldsymbol{AB}=\boldsymbol{E}$ 或 $\boldsymbol{BA}=\boldsymbol{E}$ 成立即可.

例 3.13　设方阵 $\boldsymbol{A}$ 满足 $\boldsymbol{A}^2-\boldsymbol{A}-3\boldsymbol{E}=0$，证明 $\boldsymbol{A}+\boldsymbol{E}$ 可逆，并求出 $(\boldsymbol{A}+\boldsymbol{E})^{-1}$.

证明　因为 $\boldsymbol{A}^2-\boldsymbol{A}-3\boldsymbol{E}=0$，即 $(\boldsymbol{A}+\boldsymbol{E})(\boldsymbol{A}-2\boldsymbol{E})=\boldsymbol{E}$，所以 $\boldsymbol{A}+\boldsymbol{E}$ 可逆，且 $(\boldsymbol{A}+\boldsymbol{E})^{-1}=\boldsymbol{A}-2\boldsymbol{E}$.

证毕.

3.3.2 可逆矩阵的性质

定理 3.8 可逆矩阵有以下性质：

(1) 如果矩阵 $\boldsymbol{A}$ 可逆，则数 $\lambda \neq 0$ 时，$\lambda\boldsymbol{A}$ 也可逆，且 $(\lambda\boldsymbol{A})^{-1}=\lambda^{-1}\boldsymbol{A}^{-1}$；

(2) 如果矩阵 $\boldsymbol{A}$ 可逆，则 $\boldsymbol{A}^{-1}$ 也可逆，且 $(\boldsymbol{A}^{-1})^{-1}=\boldsymbol{A}$，$|\boldsymbol{A}^{-1}|=|\boldsymbol{A}|^{-1}$；

(3) 如果矩阵 $\boldsymbol{A}$ 可逆，则 $\boldsymbol{A}^{\mathrm{T}}$ 也可逆，且 $(\boldsymbol{A}^{\mathrm{T}})^{-1}=(\boldsymbol{A}^{-1})^{\mathrm{T}}$；

(4) 如果矩阵 $\boldsymbol{A}$ 可逆，则 $\boldsymbol{A}^{*}$ 也可逆，且 $(\boldsymbol{A}^{*})^{-1}=(\boldsymbol{A}^{-1})^{*}$；

(5) 如果 $\boldsymbol{A}$ 是正交矩阵，则 $\boldsymbol{A}^{-1}=\boldsymbol{A}^{\mathrm{T}}$；

(6) 如果 $\boldsymbol{A}$ 与 $\boldsymbol{B}$ 为同阶可逆矩阵，则 $\boldsymbol{AB}$ 也可逆，且 $(\boldsymbol{AB})^{-1}=\boldsymbol{B}^{-1}\boldsymbol{A}^{-1}$.

当 n 阶方阵 $\boldsymbol{A}$ 可逆时，还定义：$\boldsymbol{A}^0=\boldsymbol{E}$，$\boldsymbol{A}^{-k}=(\boldsymbol{A}^{-1})^k$，其中 k 为正整数. 因此，当方阵 $\boldsymbol{A}$ 可逆，λ，μ 为整数时，有：$\boldsymbol{A}^{\lambda}\boldsymbol{A}^{\mu}=\boldsymbol{A}^{\lambda+\mu}$，$(\boldsymbol{A}^{\lambda})^{\mu}=\boldsymbol{A}^{\lambda\mu}$.

例 3.14 设三阶矩阵 $\boldsymbol{A}$ 满足 $|\boldsymbol{A}|=\dfrac{1}{2}$，求 $|(2\boldsymbol{A})^{-1}-5\boldsymbol{A}^{*}|$.

解 因为 $(2\boldsymbol{A})^{-1}=\dfrac{1}{2}\boldsymbol{A}^{-1}$，$\boldsymbol{A}^{*}=|\boldsymbol{A}|\boldsymbol{A}^{-1}=\dfrac{1}{2}\boldsymbol{A}^{-1}$，所以

$$|(2\boldsymbol{A})^{-1}-5\boldsymbol{A}^{*}|=\left|\frac{1}{2}\boldsymbol{A}^{-1}-\frac{5}{2}\boldsymbol{A}^{-1}\right|=|-2\boldsymbol{A}^{-1}|=(-2)^3|\boldsymbol{A}^{-1}|=(-2)^3\frac{1}{|\boldsymbol{A}|}=-16.$$

例 3.15 求矩阵 $\boldsymbol{X}$，使 $\boldsymbol{AX}=\boldsymbol{B}$，其中

$$\boldsymbol{A}=\begin{pmatrix}2&1&1\\3&1&2\\1&-1&0\end{pmatrix},\ \boldsymbol{B}=\begin{pmatrix}1&2\\2&4\\0&-1\end{pmatrix}.$$

解 由例 3.12 知矩阵 $\boldsymbol{A}$ 可逆，且

$$\boldsymbol{A}^{-1}=\frac{1}{2}\begin{pmatrix}2&-1&1\\2&-1&-1\\-4&3&-1\end{pmatrix}.$$

又由 $\boldsymbol{AX}=\boldsymbol{B}$，得 $\boldsymbol{A}^{-1}\boldsymbol{AX}=\boldsymbol{A}^{-1}\boldsymbol{B}$，即得 $\boldsymbol{X}=\boldsymbol{A}^{-1}\boldsymbol{B}$. 于是

$$\boldsymbol{X}=\boldsymbol{A}^{-1}\boldsymbol{B}=\frac{1}{2}\begin{pmatrix}2&-1&1\\2&-1&-1\\-4&3&-1\end{pmatrix}\begin{pmatrix}1&2\\2&4\\0&-1\end{pmatrix}=\frac{1}{2}\begin{pmatrix}0&-1\\0&1\\2&5\end{pmatrix}.$$

例 3.16 设 $\boldsymbol{P}=\begin{pmatrix}1&2\\1&4\end{pmatrix}$，$\boldsymbol{\Lambda}=\begin{pmatrix}1&0\\0&2\end{pmatrix}$，$\boldsymbol{AP}=\boldsymbol{P\Lambda}$，求 $\boldsymbol{A}^n$ 及 $\varphi(\boldsymbol{A})=\boldsymbol{A}^3+2\boldsymbol{A}^2-3\boldsymbol{A}$.

解 因为 $|\boldsymbol{P}|=2$，即 $\boldsymbol{P}$ 可逆，且 $\boldsymbol{P}^{-1}=\dfrac{1}{2}\begin{pmatrix}4&-2\\-1&1\end{pmatrix}$，于是，由 $\boldsymbol{AP}=\boldsymbol{P\Lambda}$ 得

$$\boldsymbol{A}=\boldsymbol{P\Lambda P}^{-1},\ \boldsymbol{A}^2=\boldsymbol{P\Lambda P}^{-1}\boldsymbol{P\Lambda P}^{-1}=\boldsymbol{P\Lambda}^2\boldsymbol{P}^{-1},\cdots,\boldsymbol{A}^n=\boldsymbol{P\Lambda}^n\boldsymbol{P}^{-1},$$

故

$$\boldsymbol{A}^n=\begin{pmatrix}1&2\\1&4\end{pmatrix}\begin{pmatrix}1&0\\0&2^n\end{pmatrix}\frac{1}{2}\begin{pmatrix}4&-2\\-1&1\end{pmatrix}=\begin{pmatrix}2-2^n&2^n-1\\2-2^{n+1}&2^{n+1}-1\end{pmatrix}.$$

$$\begin{aligned}\varphi(\boldsymbol{A})&=\boldsymbol{P\Lambda}^3\boldsymbol{P}^{-1}+2\boldsymbol{P\Lambda}^2\boldsymbol{P}^{-1}-3\boldsymbol{P\Lambda P}^{-1}=\boldsymbol{P}(\boldsymbol{\Lambda}^3+2\boldsymbol{\Lambda}^2-3\boldsymbol{\Lambda})\boldsymbol{P}^{-1}\\&=\begin{pmatrix}1&2\\1&4\end{pmatrix}\begin{pmatrix}0&0\\0&10\end{pmatrix}\frac{1}{2}\begin{pmatrix}4&-2\\-1&1\end{pmatrix}=\begin{pmatrix}-10&10\\-20&20\end{pmatrix}.\end{aligned}$$

一般地，如果 $\boldsymbol{A}$ 为 n 阶矩阵，$\boldsymbol{\Lambda}$ 为 n 阶对角矩阵，$\varphi(x)=a_0+a_1x+a_2x^2+\cdots+a_sx^s$ 为 x 的 s 次多项式，$\boldsymbol{A}=\boldsymbol{P\Lambda P}^{-1}$，则

$$\boldsymbol{A}^k=\boldsymbol{P\Lambda}^k\boldsymbol{P}^{-1},\ \varphi(\boldsymbol{A})=\boldsymbol{P}\varphi(\boldsymbol{\Lambda})\boldsymbol{P}^{-1}.$$

* **应用实例**：敏感度分析.

一个家具厂生产桌子、椅子和沙发，该厂一个月可用 550 单位木材、475 单位劳力及 222 单位纺织品. 家具厂每月要为用完这些资源制订生产计划表，已知不同产品所需资源的数量如下：

	桌子	椅子	沙发
木材	4	2	5
劳力	3	2	5
纺织品	0	2	4

试确定：

(1) 每种产品应生产出多少个？

(2) 若纺织品的数量增加 10 单位，所生产沙发的数量改变多少？

解　(1) 设每月生产桌子、椅子和沙发的数量分别为 x_1,x_2,x_3，记

$$\boldsymbol{x}=\begin{pmatrix}x_1\\x_2\\x_3\end{pmatrix},\ \boldsymbol{A}=\begin{pmatrix}4&2&5\\3&2&5\\0&2&4\end{pmatrix},\ \boldsymbol{b}=\begin{pmatrix}550\\475\\222\end{pmatrix},$$

则有 $\boldsymbol{Ax}=\boldsymbol{b}$.

因 $\boldsymbol{A}^{-1}=\begin{pmatrix}1&-1&0\\6&-8&\frac{5}{2}\\-3&4&-1\end{pmatrix}$，于是 $\boldsymbol{x}=\boldsymbol{A}^{-1}\boldsymbol{b}=\begin{pmatrix}75\\55\\28\end{pmatrix}$.

(2) 纺织品的数量增加 10 单位，使得 $\boldsymbol{b}$ 改变了 $\Delta\boldsymbol{b}=\begin{pmatrix}0\\0\\10\end{pmatrix}$，此时生产桌子、椅子和沙发的数量分别改变了 $\Delta x_1,\Delta x_2,\Delta x_3$，记 $\Delta\boldsymbol{x}=\begin{pmatrix}\Delta x_1\\\Delta x_2\\\Delta x_3\end{pmatrix}$，则 $\boldsymbol{A}(\boldsymbol{x}+\Delta\boldsymbol{x})=\boldsymbol{b}+\Delta\boldsymbol{b}$，

于是

$$\Delta\boldsymbol{x}=\boldsymbol{A}^{-1}\Delta\boldsymbol{b}=\begin{pmatrix}1&-1&0\\6&-8&\frac{5}{2}\\-3&4&-1\end{pmatrix}\begin{pmatrix}0\\0\\10\end{pmatrix}=\begin{pmatrix}0\\25\\-10\end{pmatrix},$$

故纺织品的数量增加 10 单位，所生产沙发的数量减少 10 单位，$\Delta x_3=-10$.

类似问题(2)那样，通过改变相关变量数值的方法来解释关键指标受这些因素变动影响大小的方法，称之为敏感度分析. 由于生产桌子不需用纺织品，因此仅增加纺织品的数量，对生产桌子的数量没有影响，即 $\Delta x_1=0$；生产椅子要用纺织品，上述计算结果可见，按题设要求每个月要用完所给资源，当纺织品数量增加 10 单位时，所生产的桌子数量增加了 25 单位，即 $\Delta x_2=25$.

习题 3.3

1. 求下列矩阵的逆矩阵.

(1) $\begin{pmatrix}1 & 2 & -1\\ 3 & 4 & -2\\ 5 & -3 & 1\end{pmatrix}$;　　(2) $\begin{pmatrix}\cos\theta & -\sin\theta\\ \sin\theta & \cos\theta\end{pmatrix}$;

(3) $\begin{pmatrix}1 & 2 & -1\\ 3 & 4 & -2\\ 5 & -4 & 1\end{pmatrix}$;　　(4) $\begin{pmatrix}a_1 & & & \\ & a_2 & & \\ & & \ddots & \\ & & & a_n\end{pmatrix}(a_1a_2\cdots a_n\neq 0)$.

2. 若 $\boldsymbol{A}^2+\boldsymbol{A}=4\boldsymbol{E}$，证明 $\boldsymbol{A}-\boldsymbol{E}$ 可逆，并求$(\boldsymbol{A}-\boldsymbol{E})^{-1}$.

3. 设 $\boldsymbol{A}$ 是一个 n 阶矩阵，并且存在正整数 m 使得 $\boldsymbol{A}^m=\boldsymbol{O}$. 证明：$\boldsymbol{E}-\boldsymbol{A}$ 可逆，且

$$(\boldsymbol{E}-\boldsymbol{A})^{-1}=\boldsymbol{E}+\boldsymbol{A}+\cdots+\boldsymbol{A}^{m-1}.$$

4. 求矩阵 $\boldsymbol{X}$.

(1) $\begin{pmatrix}4 & 1 & -2\\ 2 & 2 & 1\\ 3 & 1 & -1\end{pmatrix}\boldsymbol{X}=\begin{pmatrix}1 & -3\\ 2 & 2\\ 3 & -1\end{pmatrix}$;

(2) $\boldsymbol{X}\begin{pmatrix}0 & 2 & 1\\ 2 & -1 & 3\\ -3 & 3 & -4\end{pmatrix}=\begin{pmatrix}1 & 2 & 3\\ 2 & -3 & 1\end{pmatrix}$;

(3) $\begin{pmatrix}2 & 1\\ 5 & 4\end{pmatrix}\boldsymbol{X}\begin{pmatrix}1 & 3 & 3\\ 1 & 4 & 3\\ 1 & 3 & 4\end{pmatrix}=\begin{pmatrix}1 & 0 & -1\\ 1 & -2 & 0\end{pmatrix}$.

5. 设矩阵 $\boldsymbol{A}=\begin{pmatrix}1 & -1 & 0\\ 0 & 1 & -1\\ -1 & 0 & 1\end{pmatrix}$，$\boldsymbol{AX}=2\boldsymbol{X}+\boldsymbol{A}$，求 $\boldsymbol{X}$.

6. 若 $\boldsymbol{A}$ 是可逆对称矩阵(反对称矩阵)，证明 $\boldsymbol{A}^{-1}$也是对称矩阵(反对称矩阵).

7. 设 $\boldsymbol{A}$ 为 3 阶矩阵，$|\boldsymbol{A}|=\dfrac{1}{3}$，$\boldsymbol{A}^*$为 $\boldsymbol{A}$ 的伴随矩阵，计算 $\left|\left(\dfrac{1}{7}\boldsymbol{A}\right)^{-1}-12\boldsymbol{A}^*\right|$.

8. 设 $n(n>1)$阶矩阵 $\boldsymbol{A}$ 的伴随矩阵为 $\boldsymbol{A}^*$. 证明

(1) $|\boldsymbol{A}|=0$ 时 $|\boldsymbol{A}^*|=0$;　　(2) $|\boldsymbol{A}^*|=|\boldsymbol{A}|^{n-1}$.

9. 利用逆矩阵证明克拉默法则.

3.4 分块矩阵

3.4.1 分块矩阵的概念

对于行数与列数较大的矩阵，运算时采用分块法，可使大矩阵的运算化成小矩阵的

运算.

将矩阵 $\boldsymbol{A}$ 用若干条横线和纵线划分成许多个小矩阵，称每个小矩阵为 $\boldsymbol{A}$ 的子块，以子块为元素的形式上的矩阵叫作**分块矩阵**.

例如，用一条横线和一条纵线将以下矩阵 $\boldsymbol{A}$ 分成了 4 块：

$$\boldsymbol{A}=\left(\begin{array}{ccc:cc}1&0&0&0&0\\0&1&0&0&0\\0&0&1&0&0\\\hdashline 1&2&3&1&0\\4&5&6&0&1\end{array}\right)$$

那么 $\boldsymbol{A}$ 可写成以子块为元素的矩阵，即有分块矩阵 $\boldsymbol{A}=\begin{pmatrix}\boldsymbol{E}_3&\boldsymbol{O}\\\boldsymbol{A}_1&\boldsymbol{E}_2\end{pmatrix}$，其中

$$\boldsymbol{E}_3=\begin{pmatrix}1&0&0\\0&1&0\\0&0&1\end{pmatrix},\ \boldsymbol{O}=\begin{pmatrix}0&0\\0&0\\0&0\end{pmatrix},\ \boldsymbol{A}_1=\begin{pmatrix}1&2&3\\4&5&6\end{pmatrix},\ \boldsymbol{E}_2=\begin{pmatrix}1&0\\0&1\end{pmatrix}.$$

对矩阵进行分块的方法不唯一，例如，矩阵 $\boldsymbol{A}=(a_{ij})_{4\times5}$ 可分成以下 3 块：

$$\boldsymbol{A}=\left(\begin{array}{cc:cc:c}a_{11}&a_{12}&a_{13}&a_{14}&a_{15}\\a_{21}&a_{22}&a_{23}&a_{24}&a_{25}\\a_{31}&a_{32}&a_{33}&a_{34}&a_{35}\\a_{41}&a_{42}&a_{43}&a_{44}&a_{45}\end{array}\right),$$

也可按下面这样分成 6 块：

$$\boldsymbol{A}=\left(\begin{array}{cc:cc:c}a_{11}&a_{12}&a_{13}&a_{14}&a_{15}\\a_{21}&a_{22}&a_{23}&a_{24}&a_{25}\\\hdashline a_{31}&a_{32}&a_{33}&a_{34}&a_{35}\\a_{41}&a_{42}&a_{43}&a_{44}&a_{45}\end{array}\right).$$

还可把 $\boldsymbol{A}$ 的每一列分成一块，即把 $\boldsymbol{A}$ 分成 5 块：

$$\boldsymbol{A}=\left(\begin{array}{c:c:c:c:c}a_{11}&a_{12}&a_{13}&a_{14}&a_{15}\\a_{21}&a_{22}&a_{23}&a_{24}&a_{25}\\a_{31}&a_{32}&a_{33}&a_{34}&a_{35}\\a_{41}&a_{42}&a_{43}&a_{44}&a_{45}\end{array}\right)$$

具体问题中，对一个矩阵进行分块的一个重要原则是分块后的子块容易计算.

3.4.2　分块矩阵的运算规则

分块矩阵的运算规则与普通矩阵的运算规则相类似，即可由普通矩阵的运算规则推出分块矩阵的运算规则.

1. 分块矩阵的加法

设 $\boldsymbol{A},\boldsymbol{B}$ 是同型矩阵，并且对 $\boldsymbol{A},\boldsymbol{B}$ 采用相同的分块方法：

$$A=\begin{pmatrix}A_{11} & \cdots & A_{1r}\\ \vdots & & \vdots\\ A_{s1} & \cdots & A_{sr}\end{pmatrix},\quad B=\begin{pmatrix}B_{11} & \cdots & B_{1r}\\ \vdots & & \vdots\\ B_{s1} & \cdots & B_{sr}\end{pmatrix}.$$

其中 A_{ij} 与 B_{ij} 是同型矩阵，则

$$A+B=\begin{pmatrix}A_{11}+B_{11} & \cdots & A_{1r}+B_{1r}\\ \vdots & & \vdots\\ A_{s1}+B_{s1} & \cdots & A_{sr}+B_{sr}\end{pmatrix}.$$

2. 分块矩阵与数的乘法

设 k 为数，分块矩阵

$$A=\begin{pmatrix}A_{11} & \cdots & A_{1r}\\ \vdots & & \vdots\\ A_{s1} & \cdots & A_{sr}\end{pmatrix},$$

则

$$kA=\begin{pmatrix}kA_{11} & \cdots & kA_{1r}\\ \vdots & & \vdots\\ kA_{s1} & \cdots & kA_{sr}\end{pmatrix}.$$

3. 分块矩阵的乘法

设 A 是 $m\times s$ 矩阵，B 是 $s\times n$ 矩阵，对于 A,B 进行以下分块：

$$A=\begin{pmatrix}A_{11} & A_{12} & \cdots & A_{1r}\\ A_{21} & A_{22} & \cdots & A_{2r}\\ \vdots & \vdots & & \vdots\\ A_{p1} & A_{p2} & \cdots & A_{pr}\end{pmatrix},\quad B=\begin{pmatrix}B_{11} & B_{12} & \cdots & B_{1t}\\ B_{21} & B_{22} & \cdots & B_{2t}\\ \vdots & \vdots & & \vdots\\ B_{r1} & B_{r2} & \cdots & B_{rt}\end{pmatrix}.$$

其中小矩阵 $A_{i1},A_{i2},\cdots,A_{ir}$ 的列数分别等于 $B_{1j},B_{2j},\cdots,B_{rj}$ 的行数，则

$$AB=\begin{pmatrix}C_{11} & C_{12} & \cdots & C_{1t}\\ C_{21} & C_{22} & \cdots & C_{2t}\\ \vdots & \vdots & & \vdots\\ C_{p1} & C_{p2} & \cdots & C_{pt}\end{pmatrix}$$

其中 $C_{ij}=A_{i1}B_{1j}+A_{i2}B_{2j}+\cdots+A_{ir}B_{rj}=\sum\limits_{k=1}^{r}A_{ik}B_{kj}(i=1,2,\cdots,p;\ j=1,2,\cdots,t)$.

注 3.7 用分块矩阵计算 AB 时，矩阵 B 的行分法必须与矩阵 A 的列分法一致.

例 3.17 设矩阵

$$A=\begin{pmatrix}1 & 0 & 1 & 3\\ 0 & 1 & 0 & 2\\ 0 & 0 & -1 & 0\\ 0 & 0 & 0 & -1\end{pmatrix},\quad B=\begin{pmatrix}1 & 2 & 0 & 0\\ 2 & 0 & 0 & 0\\ 2 & 1 & 1 & 0\\ 0 & -2 & 0 & 1\end{pmatrix}$$

利用分块矩阵计算 AB.

解 把矩阵 A,B 分块成

$$A=\left(\begin{array}{cc|cc}1&0&1&3\\0&1&0&2\\ \hline 0&0&-1&0\\0&0&0&-1\end{array}\right)=\begin{pmatrix}E&C\\O&-E\end{pmatrix},\quad B=\left(\begin{array}{cc|cc}1&2&0&0\\2&0&0&0\\ \hline 2&1&1&0\\0&-2&0&1\end{array}\right)=\begin{pmatrix}D&O\\F&E\end{pmatrix},$$

其中

$$C=\begin{pmatrix}1&3\\0&2\end{pmatrix},E=\begin{pmatrix}1&0\\0&1\end{pmatrix},D=\begin{pmatrix}1&2\\2&0\end{pmatrix},F=\begin{pmatrix}2&1\\0&-2\end{pmatrix},$$

作分块矩阵的乘法，得

$$AB=\begin{pmatrix}E&C\\O&-E\end{pmatrix}\begin{pmatrix}D&O\\F&E\end{pmatrix}=\begin{pmatrix}D+CF&C\\-F&-E\end{pmatrix},$$

计算

$$D+CF=\begin{pmatrix}3&-3\\2&-4\end{pmatrix},$$

所以

$$AB=\begin{pmatrix}3&-3&1&3\\2&-4&0&2\\-2&-1&-1&0\\0&2&0&-1\end{pmatrix}.$$

例 3.18　设矩阵 $A=(a_{ij})_{m\times n}$，$B=(b_{jk})_{n\times s}$，若把矩阵 A 按行分成 m 块，把矩阵 B 按列分成 s 块，则有

$$AB=\begin{pmatrix}\alpha_1^T\\\alpha_2^T\\\vdots\\\alpha_m^T\end{pmatrix}B=A(\beta_1,\beta_2,\cdots,\beta_s)=\begin{pmatrix}\alpha_1^T\\\alpha_2^T\\\vdots\\\alpha_m^T\end{pmatrix}(\beta_1\quad\beta_2\quad\cdots\quad\beta_s)$$

$$=\begin{pmatrix}\alpha_1^T\beta_1&\alpha_1^T\beta_2&\cdots&\alpha_1^T\beta_s\\\alpha_2^T\beta_1&\alpha_2^T\beta_2&\cdots&\alpha_2^T\beta_s\\\vdots&\vdots&&\vdots\\\alpha_m^T\beta_1&\alpha_m^T\beta_2&\cdots&\alpha_m^T\beta_s\end{pmatrix}=\begin{pmatrix}\alpha_1^TB\\\alpha_2^TB\\\vdots\\\alpha_m^TB\end{pmatrix}$$

$$=(A\beta_1\quad A\beta_2\quad\cdots\quad A\beta_s).$$

AB 的第 i 行为 $\alpha_i^TB=(a_{i1}\quad a_{i2}\quad\cdots\quad a_{in})B\,(i=1,2,\cdots,m)$，即 AB 的第 i 行等于用 B 右乘 A 的第 i 行. AB 的第 j 列为

$$A\beta_j=A\begin{pmatrix}b_{1j}\\b_{2j}\\\vdots\\b_{nj}\end{pmatrix},\quad j=1,2,\cdots,s.$$

即 AB 的第 j 列等于用 A 左乘 B 的第 j 列.

4. 分块矩阵的转置

设分块矩阵

$$A=\begin{pmatrix}A_{11} & \cdots & A_{1r}\\ \vdots & & \vdots\\ A_{s1} & \cdots & A_{sr}\end{pmatrix},$$

则

$$A^{\mathrm{T}}=\begin{pmatrix}A_{11}^{\mathrm{T}} & \cdots & A_{s1}^{\mathrm{T}}\\ \vdots & & \vdots\\ A_{1r}^{\mathrm{T}} & \cdots & A_{sr}^{\mathrm{T}}\end{pmatrix}.$$

3.4.3 块对角矩阵及其性质

设 A 为 n 阶方阵，若 A 的分块矩阵只有对角线上有非零子块，其余子块都为零矩阵，且在对角线上的子块都是方阵，即

$$A=\begin{pmatrix}A_1 & O & \cdots & O\\ O & A_2 & \cdots & O\\ \vdots & \vdots & & \vdots\\ O & O & \cdots & A_s\end{pmatrix},$$

其中 $A_i(i=1,2,\cdots,s)$ 都是方阵，则称矩阵 A 为**块对角矩阵**.

块对角矩阵 A 具有下列性质：

(1) $|A|=|A_1||A_2|\cdots|A_s|$；

(2) $A^k=\begin{pmatrix}A_1^k & O & \cdots & O\\ O & A_2^k & \cdots & O\\ \vdots & \vdots & & \vdots\\ O & O & \cdots & A_s^k\end{pmatrix}$（其中 k 为数）；

(3) 如果每一个 $A_i(i=1,2,\cdots,s)$ 都是可逆矩阵，那么 A 也可逆，且

$$A^{-1}=\begin{pmatrix}A_1^{-1} & O & \cdots & O\\ O & A_2^{-1} & \cdots & O\\ \vdots & \vdots & & \vdots\\ O & O & \cdots & A_s^{-1}\end{pmatrix}.$$

例 3.19 用分块矩阵求矩阵

$$A=\begin{pmatrix}4 & 0 & 0 & 0 & 0\\ 0 & 1 & 2 & 0 & 0\\ 0 & 1 & 1 & 0 & 0\\ 0 & 0 & 0 & 3 & 1\\ 0 & 0 & 0 & 5 & 2\end{pmatrix}$$

的行列式和逆矩阵.

解　记 $A_1=4$，$A_2=\begin{pmatrix}1&2\\1&1\end{pmatrix}$，$A_3=\begin{pmatrix}3&1\\5&2\end{pmatrix}$，则

$$A=\begin{pmatrix}A_1&&\\&A_2&\\&&A_3\end{pmatrix},$$

即 A 是一个块对角矩阵. 因为 $|A_1|=4$，$|A_2|=-1$，$|A_3|=1$，$A_1^{-1}=\frac{1}{4}$，$A_2^{-1}=\begin{pmatrix}-1&2\\1&-1\end{pmatrix}$，$A_3^{-1}=\begin{pmatrix}2&-1\\-5&3\end{pmatrix}$，所以 $|A|=-4$，

$$A^{-1}=\begin{pmatrix}\frac{1}{4}&0&0&0&0\\0&-1&2&0&0\\0&1&-1&0&0\\0&0&0&2&-1\\0&0&0&-5&3\end{pmatrix}.$$

例 3.20　设 A,B 分别为 r 阶和 s 阶可逆矩阵，矩阵 $P=\begin{pmatrix}A&C\\O&B\end{pmatrix}$，证明矩阵 P 可逆，并求矩阵 P 的逆矩阵.

证明　假设矩阵 P 有逆矩阵 X，将 X 按矩阵 P 的分法进行分块：

$$X=\begin{pmatrix}X_1&X_2\\X_3&X_4\end{pmatrix},$$

则有

$$\begin{pmatrix}A&C\\O&B\end{pmatrix}\begin{pmatrix}X_1&X_2\\X_3&X_4\end{pmatrix}=\begin{pmatrix}E_r&O\\O&E_s\end{pmatrix}.$$

于是得

$$AX_1+CX_3=E_r,\ AX_2+CX_4=O,\ BX_3=O,\ BX_4=E_s.$$

由 B 可逆，可得 $X_3=O$，$X_4=B^{-1}$. 于是

$$AX_1=E_r,\ AX_2+CB^{-1}=O,$$

即

$$X_1=A^{-1},\ X_2=-A^{-1}CB^{-1}.$$

从而

$$X=\begin{pmatrix}A^{-1}&-A^{-1}CB^{-1}\\O&B^{-1}\end{pmatrix}.$$

因此，矩阵 P 可逆，且 P 的逆矩阵为 $X=\begin{pmatrix}A^{-1}&-A^{-1}CB^{-1}\\O&B^{-1}\end{pmatrix}$.

证毕.

习题 3.4

1. 设矩阵 $\boldsymbol{A}=\begin{pmatrix}3&4&0&0\\4&-3&0&0\\0&0&2&0\\0&0&2&2\end{pmatrix}$，用分块矩阵求 $|\boldsymbol{A}^8|$ 及 $\boldsymbol{A}^4$.

2. 用分块矩阵求矩阵 $\boldsymbol{A}=\begin{pmatrix}2&1&0&0\\3&2&0&0\\5&7&1&3\\-1&-3&-2&-5\end{pmatrix}$ 的逆矩阵.

3. 设 $\boldsymbol{X}=\begin{pmatrix}\boldsymbol{O}&\boldsymbol{B}\\\boldsymbol{C}&\boldsymbol{O}\end{pmatrix}$，已知 $\boldsymbol{B}^{-1}$，$\boldsymbol{C}^{-1}$存在，求 $\boldsymbol{X}^{-1}$.

4. 设矩阵 $\boldsymbol{A}=\begin{pmatrix}0&a_1&0&\cdots&0&0\\0&0&a_2&\cdots&0&0\\\vdots&\vdots&\vdots&&\vdots&\vdots\\0&0&0&\cdots&0&a_{n-1}\\a_n&0&0&\cdots&0&0\end{pmatrix}$，其中 $a_i\neq0(i=1,2,\cdots,n)$，求 $\boldsymbol{A}^{-1}$.

5. 证明 n 阶实矩阵 $\boldsymbol{A}=\boldsymbol{O}$ 的充要条件是方阵 $\boldsymbol{A}^{\mathrm{T}}\boldsymbol{A}=\boldsymbol{O}$.

3.5 矩阵的初等变换与初等矩阵

矩阵的初等变换是矩阵的一种十分重要的运算，它在求逆矩阵、解线性方程组及矩阵理论的探讨中起到重要的作用. 本节介绍矩阵的初等变换与初等矩阵的概念、性质及矩阵的初等变换的初步应用.

3.5.1 矩阵初等变换的概念

定义 3.14 下面 3 种变换称为矩阵的**初等行变换**：

(1)对换矩阵的两行(对换第 i 行与第 j 行，记作 $r_i\leftrightarrow r_j$)；

(2)用一个非零数乘矩阵的某一行中的所有元素(第 i 行乘非零数 k，记作 $r_i\times k$)；

(3)把矩阵某一行所有元素的 k 倍加到另一行对应的元素上去(第 j 行的 k 倍加到第 i 行上，记作 r_i+kr_j).

把上述定义中的“行”换成“列”即得矩阵的**初等列变换**的定义(所用记号中“r”换成“c”).

矩阵的初等行变换与初等列变换，统称为矩阵的**初等变换**.

可以证明矩阵的初等变换都是可逆的.

定义 3.15 如果矩阵 $\boldsymbol{A}$ 经过有限次初等变换化成矩阵 $\boldsymbol{B}$，则称矩阵 $\boldsymbol{A}$ 与矩阵 $\boldsymbol{B}$ 等价，

记作 $\boldsymbol{A} \sim \boldsymbol{B}$；如果矩阵 $\boldsymbol{A}$ 经过有限次初等行变换化成矩阵 $\boldsymbol{B}$，则称矩阵 $\boldsymbol{A}$ 与矩阵 $\boldsymbol{B}$ **行等价**，记作 $\boldsymbol{A} \overset{r}{\sim} \boldsymbol{B}$；如果矩阵 $\boldsymbol{A}$ 经过有限次初等列变换化成矩阵 $\boldsymbol{B}$，则称矩阵 $\boldsymbol{A}$ 与矩阵 $\boldsymbol{B}$ **列等价**，记作 $\boldsymbol{A} \overset{c}{\sim} \boldsymbol{B}$.

矩阵的等价关系具有以下性质：

(1) 反身性：$\boldsymbol{A} \sim \boldsymbol{A}$；

(2) 对称性：若 $\boldsymbol{A} \sim \boldsymbol{B}$，则 $\boldsymbol{B} \sim \boldsymbol{A}$；

(3) 传递性：若 $\boldsymbol{A} \sim \boldsymbol{B}$ 且 $\boldsymbol{B} \sim \boldsymbol{C}$，则 $\boldsymbol{A} \sim \boldsymbol{C}$.

定义 3.16　满足以下两个条件的非零矩阵 $\boldsymbol{A}$ 称为**行阶梯形矩阵**.

(1) $\boldsymbol{A}$ 有零行（元素全为零的行）时，$\boldsymbol{A}$ 的零行都在非零行（元素不全为零的行）的下面；

(2) 非零行的首非零元（从左往右第一个非零元素）所在列在上一行（如果存在的话）的首非零元所在列的右面.

非零行的首非零元都是 1，且首非零元所在列的其他元素全为零的行阶梯形矩阵称为**简化行阶梯形矩阵**.

例如，矩阵

$$\boldsymbol{A}=\begin{pmatrix}1&5&0\\0&4&6\\0&0&2\end{pmatrix},\ \boldsymbol{B}=\begin{pmatrix}1&2&3\\0&3&5\\0&0&3\\0&0&0\end{pmatrix},\ \boldsymbol{C}=\begin{pmatrix}1&5&0&5\\0&0&1&6\\0&0&0&0\end{pmatrix}$$

都是行阶梯形矩阵，只有矩阵 $\boldsymbol{C}$ 为简化行阶梯形矩阵. 而矩阵

$$\begin{pmatrix}2&1&4&0&5\\0&3&2&3&1\\0&3&1&1&0\\0&0&0&0&0\end{pmatrix}$$

不是行阶梯形矩阵.

定理 3.9　任意一个非零矩阵 $\boldsymbol{A}=(a_{ij})_{m\times n}$ 都与行阶梯形矩阵、简化行阶梯形矩阵**行等价**，也与矩阵

$$\boldsymbol{F}=\begin{pmatrix}\boldsymbol{E}_r&\boldsymbol{O}\\\boldsymbol{O}&\boldsymbol{O}\end{pmatrix}_{m\times n}\quad（其中 \boldsymbol{E}_r 为 r 阶单位矩阵）$$

等价. 矩阵 $\boldsymbol{F}$ 的左上角是一个单位矩阵，其余元素全为 0，单位矩阵的阶数就是与 $\boldsymbol{A}$ 行等价的行阶梯形矩阵中非零行的行数. 称矩阵 $\boldsymbol{F}$ 为矩阵 $\boldsymbol{A}$ 的等价**标准形矩阵**.

利用矩阵初等行变换把矩阵化为行阶梯形矩阵和简化行阶梯形矩阵是矩阵的一种重要的运算. 一个非零矩阵的简化行阶梯形矩阵是唯一确定的（行阶梯形矩阵中非零行的行数也是唯一确定的）.

所有与 $\boldsymbol{A}$ 等价的矩阵组成一个集合，标准形矩阵 $\boldsymbol{F}$ 是这个集合中形状最简单的矩阵.

可以证明，任意矩阵都可以经过有限次初等行变换化为行阶梯形矩阵，进一步可以化为简化行阶梯形矩阵和标准形矩阵.

例 3.21　用初等行变换将矩阵 $\boldsymbol{A}$ 化为简化行阶梯形矩阵 $\boldsymbol{B}$，并求出矩阵 $\boldsymbol{A}$ 的等价标准形矩阵 $\boldsymbol{F}$，其中

$$A=\begin{pmatrix}1&1&2&1&3\\1&3&2&3&5\\2&4&4&4&8\\2&2&5&3&4\end{pmatrix}.$$

解 $$A\xrightarrow[r_4-2r_1]{\substack{r_2-r_1\\r_3-2r_1}}\begin{pmatrix}1&1&2&1&3\\0&2&0&2&2\\0&2&0&2&2\\0&0&1&1&-2\end{pmatrix}\xrightarrow[r_2\times\frac{1}{2}]{\substack{r_1-2r_4\\r_3-r_2}}\begin{pmatrix}1&1&0&-1&7\\0&1&0&1&1\\0&0&0&0&0\\0&0&1&1&-2\end{pmatrix}\xrightarrow[r_3\leftrightarrow r_4]{r_1-r_2}\begin{pmatrix}1&0&0&-2&6\\0&1&0&1&1\\0&0&1&1&-2\\0&0&0&0&0\end{pmatrix}$$

$$=B\xrightarrow[c_5-6c_1]{c_4+2c_1}\begin{pmatrix}1&0&0&0&0\\0&1&0&1&1\\0&0&1&1&-2\\0&0&0&0&0\end{pmatrix}\xrightarrow[c_5-c_2]{c_4-c_2}\begin{pmatrix}1&0&0&0&0\\0&1&0&0&0\\0&0&1&1&-2\\0&0&0&0&0\end{pmatrix}\xrightarrow[c_5+2c_3]{c_4-c_3}\begin{pmatrix}1&0&0&0&0\\0&1&0&0&0\\0&0&1&0&0\\0&0&0&0&0\end{pmatrix}=F.$$

3.5.2 初等矩阵及其性质

定义 3.17 单位矩阵 E 经过一次初等变换得到的矩阵称为**初等矩阵**.

显然，初等矩阵都是方阵. 初等变换有 3 种，故初等矩阵也有 3 种.

(1)对换单位矩阵 E 的第 i 行(列)与第 j 行(列)，得初等矩阵

$$E(i,j)=\begin{pmatrix}1&&&&&&&&\\&\ddots&&&&&&&\\&&1&&&&&&\\&&&0&\cdots&1&&&\\&&&&1&&&&\\&&&\vdots&\ddots&\vdots&&&\\&&&&&1&&&\\&&&1&\cdots&0&&&\\&&&&&&1&&\\&&&&&&&\ddots&\\&&&&&&&&1\end{pmatrix}\begin{matrix}\\\\\\\leftarrow\text{第 } i \text{ 行}\\\\\\\\\leftarrow\text{第 } j \text{ 行}\\\\\\\\\end{matrix}.$$

(2)把单位矩阵 E 的第 i 行(列)乘以非零数 k，得初等矩阵

$$E(i(k))=\begin{pmatrix}1&&&&&&\\&\ddots&&&&&\\&&1&&&&\\&&&k&&&\\&&&&1&&\\&&&&&\ddots&\\&&&&&&1\end{pmatrix}\leftarrow\text{第 } i \text{ 行}.$$

(3)单位矩阵 E 的第 j 行的 k 倍加到第 i 行(或第 i 列的 k 倍加到第 j 列)上，得初等矩阵

$$E(i,j(k))=\begin{pmatrix}1 & & & & & & \\ & \ddots & & & & & \\ & & 1 & \cdots & k & & \\ & & & \ddots & \vdots & & \\ & & & & 1 & & \\ & & & & & \ddots & \\ & & & & & & 1\end{pmatrix}\begin{matrix} \\ \\ \leftarrow 第\,i\,行 \\ \\ \leftarrow 第\,j\,行 \\ \\ \\ \end{matrix}.$$

可以验证，初等矩阵有以下性质：

性质 3.1 设 $A=(a_{ij})$ 是一个 $m\times n$ 矩阵，对 $\boldsymbol{A}$ 施行一次初等行变换，相当于用相应的 m 阶初等矩阵左乘矩阵 $\boldsymbol{A}$；对 $\boldsymbol{A}$ 施行一次初等列变换，相当于用相应的 n 阶初等矩阵右乘 $\boldsymbol{A}$.

性质 3.1 表明，对矩阵做初等变换就相当于用相应的初等矩阵去乘这个矩阵. 一次初等变换对应一个初等矩阵，由于初等变换都是可逆的，因此初等矩阵也是可逆的，即

性质 3.2 初等矩阵都是可逆的，其逆矩阵也是同一类型的初等矩阵，且

$$\boldsymbol{E}(i,j)^{-1}=\boldsymbol{E}(i,j),\ \boldsymbol{E}(i(k))^{-1}=\boldsymbol{E}\left(i\left(\frac{1}{k}\right)\right),\ \boldsymbol{E}(i,j(k))^{-1}=\boldsymbol{E}(i,j(-k)).$$

定理 3.10 方阵 $\boldsymbol{A}$ 可逆的充要条件是存在有限个初等矩阵 $\boldsymbol{P}_1,\boldsymbol{P}_2,\cdots,\boldsymbol{P}_l$，使 $\boldsymbol{A}=\boldsymbol{P}_1\boldsymbol{P}_2\cdots\boldsymbol{P}_l$.

证明 先证充分性. 设方阵 $\boldsymbol{A}=\boldsymbol{P}_1\boldsymbol{P}_2\cdots\boldsymbol{P}_l$，因为初等矩阵可逆，有限个可逆矩阵的乘积仍可逆，所以 $\boldsymbol{A}$ 可逆.

再证必要性. 设 n 阶矩阵 $\boldsymbol{A}$ 可逆，且矩阵 $\boldsymbol{A}$ 经过有限次初等行变换化为简化行阶梯形矩阵 $\boldsymbol{B}$，由性质 3.1 可知，存在初等矩阵 $\boldsymbol{Q}_1,\boldsymbol{Q}_2,\cdots,\boldsymbol{Q}_l$ 使得 $\boldsymbol{Q}_l\cdots\boldsymbol{Q}_2\boldsymbol{Q}_1\boldsymbol{A}=\boldsymbol{B}$. 因 $\boldsymbol{Q}_1,\boldsymbol{Q}_2,\cdots,\boldsymbol{Q}_l$，$\boldsymbol{A}$ 均可逆，故 $\boldsymbol{B}$ 可逆，从而 $\boldsymbol{B}$ 的非零行数为 n，即 $\boldsymbol{B}$ 有 n 个首非零元 1，但 $\boldsymbol{B}$ 只有 n 行，故 $\boldsymbol{B}=\boldsymbol{E}$. 于是

$$\boldsymbol{A}=\boldsymbol{Q}_1^{-1}\boldsymbol{Q}_2^{-1}\cdots\boldsymbol{Q}_l^{-1}\boldsymbol{B}=\boldsymbol{Q}_1^{-1}\boldsymbol{Q}_2^{-1}\cdots\boldsymbol{Q}_l^{-1}\boldsymbol{E}=\boldsymbol{Q}_1^{-1}\boldsymbol{Q}_2^{-1}\cdots\boldsymbol{Q}_l^{-1}=\boldsymbol{P}_1\boldsymbol{P}_2\cdots\boldsymbol{P}_l$$

这里 $\boldsymbol{P}_i=\boldsymbol{Q}_i^{-1}$ 为初等矩阵，即 n 阶矩阵 $\boldsymbol{A}$ 是若干初等矩阵的乘积.

证毕.

推论 3.2 方阵 $\boldsymbol{A}$ 可逆的充要条件是 $\boldsymbol{A}\overset{r}{\sim}\boldsymbol{E}$.

上述推论 3.2 可见，判断方阵 $\boldsymbol{A}$ 是否可逆，只需对方阵 $\boldsymbol{A}$ 施行初等行变换，如果 $\boldsymbol{A}$ 的行阶梯形矩阵中出现元素全为 0 的行，则断定方阵 $\boldsymbol{A}$ 不可逆.

利用初等矩阵的性质可证明矩阵初等变换的性质.

定理 3.11 设 $\boldsymbol{A}$ 与 $\boldsymbol{B}$ 都为 $m\times n$ 矩阵，那么

(1) $\boldsymbol{A}\overset{r}{\sim}\boldsymbol{B}$ 的充要条件是存在 m 阶可逆矩阵 $\boldsymbol{P}$ 使 $\boldsymbol{PA}=\boldsymbol{B}$；

(2) $\boldsymbol{A}\overset{c}{\sim}\boldsymbol{B}$ 的充要条件是存在 n 阶可逆矩阵 $\boldsymbol{Q}$ 使 $\boldsymbol{AQ}=\boldsymbol{B}$；

(3) $\boldsymbol{A}\sim\boldsymbol{B}$ 的充要条件是存在 m 阶可逆矩阵 $\boldsymbol{P}$ 及 n 阶可逆矩阵 $\boldsymbol{Q}$ 使 $\boldsymbol{PAQ}=\boldsymbol{B}$.

3.5.3 矩阵初等变换的初步应用

1. 求可逆矩阵 P 使 $PA=B$

定理 3.11 表明，如果 $\boldsymbol{A}\overset{r}{\sim}\boldsymbol{B}$，即 $\boldsymbol{A}$ 经一系列初等行变换化为矩阵 $\boldsymbol{B}$，则有可逆矩阵 $\boldsymbol{P}$ 使 $\boldsymbol{PA}=\boldsymbol{B}$，那么如何求出这个可逆矩阵 $\boldsymbol{P}$？

由 $\boldsymbol{PA}=\boldsymbol{B}\Leftrightarrow\begin{cases}\boldsymbol{PA}=\boldsymbol{B},\\ \boldsymbol{PE}=\boldsymbol{P}\end{cases}\Leftrightarrow\boldsymbol{P}(\boldsymbol{A}\quad\boldsymbol{E})=(\boldsymbol{B}\quad\boldsymbol{P})\Leftrightarrow(\boldsymbol{A}\quad\boldsymbol{E})\overset{r}{\sim}(\boldsymbol{B}\quad\boldsymbol{P})$ 可见，对矩阵 $(\boldsymbol{A}\quad\boldsymbol{E})$

作初等行变换，当把 $\boldsymbol{A}$ 化为 $\boldsymbol{B}$ 时，$\boldsymbol{E}$ 就化成了 $\boldsymbol{P}$. 于是就得到了所求的可逆矩阵 $\boldsymbol{P}$.

例 3.22 设矩阵 $\boldsymbol{A}=\begin{pmatrix}2 & -1 & -1\\ 1 & 1 & -2\\ 4 & -6 & 2\end{pmatrix}$ 的简化行阶梯形矩阵为 $\boldsymbol{B}$，求 $\boldsymbol{B}$ 及一个可逆矩阵 $\boldsymbol{P}$ 使 $\boldsymbol{PA}=\boldsymbol{B}$.

解 由前面知道，对 $\boldsymbol{A}$ 进行初等行变换，便可求得 $\boldsymbol{B}$，但还要求使 $\boldsymbol{PA}=\boldsymbol{B}$ 的可逆矩阵 $\boldsymbol{P}$，则对 $(\boldsymbol{A}\quad \boldsymbol{E})$ 作初等行变换，把 $\boldsymbol{A}$ 化为简化行阶梯形矩阵 $\boldsymbol{B}$ 便可得 $\boldsymbol{P}$.

$$因(\boldsymbol{A}\quad \boldsymbol{E})=\begin{pmatrix}2 & -1 & -1 & 1 & 0 & 0\\ 1 & 1 & -2 & 0 & 1 & 0\\ 4 & -6 & 2 & 0 & 0 & 1\end{pmatrix}\xrightarrow{r_1\leftrightarrow r_2}\begin{pmatrix}1 & 1 & -2 & 0 & 1 & 0\\ 2 & -1 & -1 & 1 & 0 & 0\\ 4 & -6 & 2 & 0 & 0 & 1\end{pmatrix}$$

$$\xrightarrow[r_3-4r_1]{r_2-2r_1}\begin{pmatrix}1 & 1 & -2 & 0 & 1 & 0\\ 0 & -3 & 3 & 1 & -2 & 0\\ 0 & -10 & 10 & 0 & -4 & 1\end{pmatrix}\xrightarrow{r_4-3r}\begin{pmatrix}1 & 1 & -2 & 0 & 1 & 0\\ 0 & -3 & 3 & 1 & -2 & 0\\ 0 & -1 & 1 & -3 & 2 & 1\end{pmatrix}$$

$$\xrightarrow[\substack{r_2-3r_3\\ r_3\times(-1)}]{r_1+r_3}\begin{pmatrix}1 & 0 & -1 & -3 & 3 & 1\\ 0 & 0 & 0 & 10 & -8 & -3\\ 0 & 1 & -1 & 3 & -2 & -1\end{pmatrix}\xrightarrow{r_2\leftrightarrow r_3}\begin{pmatrix}1 & 0 & -1 & -3 & 3 & 1\\ 0 & 1 & -1 & 3 & -2 & -1\\ 0 & 0 & 0 & 10 & -8 & -3\end{pmatrix},$$

所以 $\boldsymbol{B}=\begin{pmatrix}1 & 0 & -1\\ 0 & 1 & -1\\ 0 & 0 & 0\end{pmatrix}$，$\boldsymbol{P}=\begin{pmatrix}-3 & 3 & 1\\ 3 & -2 & -1\\ 10 & -8 & -3\end{pmatrix}$ 使 $\boldsymbol{PA}=\boldsymbol{B}$.

注 3.8 使 $\boldsymbol{PA}=\boldsymbol{B}$ 的可逆矩阵 $\boldsymbol{P}$ 不是唯一的.

注 3.9 若矩阵 $\boldsymbol{A}$ 可逆，即 $\boldsymbol{A}$ 与单位矩阵 $\boldsymbol{E}$ 行等价，则使 $\boldsymbol{PA}=\boldsymbol{E}$ 的可逆矩阵 $\boldsymbol{P}=\boldsymbol{A}^{-1}$，于是得到求可逆矩阵的逆矩阵的又一个方法——初等行变换法.

对 $(\boldsymbol{A}\quad \boldsymbol{E})$ 施行初等行变换，当把 n 阶矩阵 $\boldsymbol{A}$ 化为单位矩阵 $\boldsymbol{E}$ 时，$\boldsymbol{E}$ 就化为了 $\boldsymbol{A}^{-1}$，即

$$(\boldsymbol{A}\quad \boldsymbol{E})\xrightarrow{\text{初等行变换}}(\boldsymbol{E}\ \boldsymbol{A}^{-1}).$$

例 3.23 求矩阵 $\boldsymbol{A}$ 的逆矩阵 $\boldsymbol{A}^{-1}$，其中

$$\boldsymbol{A}=\begin{pmatrix}4 & 2 & 3\\ 3 & 1 & 2\\ 2 & 1 & 1\end{pmatrix}.$$

解 $$(\boldsymbol{A}\quad \boldsymbol{E})=\left(\begin{array}{ccc:ccc}4 & 2 & 3 & 1 & 0 & 0\\ 3 & 1 & 2 & 0 & 1 & 0\\ 2 & 1 & 1 & 0 & 0 & 1\end{array}\right)\xrightarrow{r_1-r_2}\left(\begin{array}{ccc:ccc}1 & 1 & 1 & 1 & -1 & 0\\ 3 & 1 & 2 & 0 & 1 & 0\\ 2 & 1 & 1 & 0 & 0 & 1\end{array}\right)$$

$$\xrightarrow[r_3-2r_1]{r_2-3r_1}\left(\begin{array}{ccc:ccc}1 & 1 & 1 & 1 & -1 & 0\\ 0 & -2 & -1 & -3 & 4 & 0\\ 0 & -1 & -1 & -2 & 2 & 1\end{array}\right)\xrightarrow[r_2-2r_3]{r_1+r_3}\left(\begin{array}{ccc:ccc}1 & 0 & 0 & -1 & 1 & 1\\ 0 & 0 & 1 & 1 & 0 & -2\\ 0 & -1 & -1 & -2 & 2 & 1\end{array}\right)$$

$$\xrightarrow{r_2\leftrightarrow r_3}\left(\begin{array}{ccc:ccc}1 & 0 & 0 & -1 & 1 & 1\\ 0 & -1 & -1 & -2 & 2 & 1\\ 0 & 0 & 1 & 1 & 0 & -2\end{array}\right)\xrightarrow{r_2+r_3}\left(\begin{array}{ccc:ccc}1 & 0 & 0 & -1 & 1 & 1\\ 0 & -1 & 0 & -1 & 2 & -1\\ 0 & 0 & 1 & 1 & 0 & -2\end{array}\right)$$

$$\xrightarrow{r_2\times(-1)}\left(\begin{array}{ccc:ccc}1 & 0 & 0 & -1 & 1 & 1\\ 0 & 1 & 0 & 1 & -2 & 1\\ 0 & 0 & 1 & 1 & 0 & -2\end{array}\right).$$

故

$$A^{-1}=\begin{pmatrix}-1 & 1 & 1\\ 1 & -2 & 1\\ 1 & 0 & -2\end{pmatrix}.$$

一般说来，求阶数较低或较特殊的矩阵的逆矩阵时，常用伴随矩阵法；对于求阶数较高的矩阵的逆矩阵时，常采用初等行变换法.

2. 解矩阵方程

利用矩阵的初等行变换还可以求解矩阵方程.

已知 $\boldsymbol{A}$ 为 n 阶可逆矩阵时，矩阵方程 $\boldsymbol{AX}=\boldsymbol{E}$ 的解为 $\boldsymbol{X}=\boldsymbol{A}^{-1}\boldsymbol{E}$，将 $\boldsymbol{E}$ 换成任意一个 $n\times s$ 矩阵 $\boldsymbol{B}$，那么矩阵方程 $\boldsymbol{AX}=\boldsymbol{B}$ 的解为 $\boldsymbol{X}=\boldsymbol{A}^{-1}\boldsymbol{AX}=\boldsymbol{A}^{-1}\boldsymbol{B}$.

因为 $\boldsymbol{A}^{-1}\boldsymbol{A}=\boldsymbol{E}$，则 $\boldsymbol{A}^{-1}(\boldsymbol{A}\quad\boldsymbol{B})=(\boldsymbol{A}^{-1}\boldsymbol{A}\quad\boldsymbol{A}^{-1}\boldsymbol{B})=(\boldsymbol{E}\quad\boldsymbol{A}^{-1}\boldsymbol{B})=(\boldsymbol{E}\quad\boldsymbol{X})$，所以有解矩阵方程 $\boldsymbol{AX}=\boldsymbol{B}$ 的初等行变换法.

将 $\boldsymbol{A}$ 和 $\boldsymbol{B}$ 凑在一起，作成一个分块矩阵$(\boldsymbol{A}\quad\boldsymbol{B})$，对$(\boldsymbol{A}\quad\boldsymbol{B})$施行初等行变换，当左边 n 阶矩阵 $\boldsymbol{A}$ 化成单位矩阵时，右边 $n\times s$ 矩阵就是方程 $\boldsymbol{AX}=\boldsymbol{B}$ 的解 $\boldsymbol{X}=\boldsymbol{A}^{-1}\boldsymbol{B}$，即

$$(\boldsymbol{A}\quad\boldsymbol{B})\xrightarrow{\text{初等行变换}}(\boldsymbol{E}\quad\boldsymbol{A}^{-1}\boldsymbol{B})=(\boldsymbol{E}\quad\boldsymbol{X}).$$

例 3.24　解矩阵方程 $\boldsymbol{AX}=\boldsymbol{B}$，其中 $\boldsymbol{A}=\begin{pmatrix}1 & 2 & 3\\ 2 & 3 & 2\\ 3 & 5 & 4\end{pmatrix}$，$\boldsymbol{B}=\begin{pmatrix}2 & 1\\ 3 & 4\\ 6 & 2\end{pmatrix}$.

解　因

$$(\boldsymbol{A}\quad\boldsymbol{B})=\left(\begin{array}{ccc:cc}1 & 2 & 3 & 2 & 1\\ 2 & 3 & 2 & 3 & 4\\ 3 & 5 & 4 & 6 & 2\end{array}\right)\xrightarrow[r_3-3r_1]{r_2-2r_1}\left(\begin{array}{ccc:cc}1 & 2 & 3 & 2 & 1\\ 0 & -1 & -4 & -1 & 2\\ 0 & -1 & -5 & 0 & -1\end{array}\right)$$

$$\xrightarrow[r_3-r_2]{r_1-2r_2}\left(\begin{array}{ccc:cc}1 & 0 & -5 & 0 & 5\\ 0 & -1 & -4 & -1 & 2\\ 0 & 0 & -1 & 1 & -3\end{array}\right)\xrightarrow[r_2-4r_3]{r_1-5r_3}\left(\begin{array}{ccc:cc}1 & 0 & 0 & -5 & 20\\ 0 & -1 & 0 & -5 & 14\\ 0 & 0 & -1 & 1 & -3\end{array}\right)$$

$$\xrightarrow[r_3\times(-1)]{r_2\times(-1)}\left(\begin{array}{ccc:cc}1 & 0 & 0 & -5 & 20\\ 0 & 1 & 0 & 5 & -14\\ 0 & 0 & 1 & -1 & 3\end{array}\right).$$

故方程的解为 $\boldsymbol{X}=\begin{pmatrix}-5 & 20\\ 5 & -14\\ -1 & 3\end{pmatrix}$.

习题 3.5

1. 用矩阵的初等行变换把下列矩阵化为简化行阶梯形矩阵.

(1) $\begin{pmatrix}1 & 0 & 2 & -1\\ 2 & 1 & 3 & 2\\ 3 & 4 & 6 & 1\end{pmatrix}$；　　(2) $\begin{pmatrix}1 & 2 & -1\\ 3 & -2 & 1\\ 1 & -1 & -1\end{pmatrix}$；

(3) $\begin{pmatrix}0 & 0 & 3 & 1\\ 2 & 1 & -1 & 2\\ 4 & 2 & 3 & 1\\ 2 & 1 & -4 & -3\end{pmatrix}$；　　(4) $\begin{pmatrix}0 & 2 & -3 & 1\\ 0 & 3 & -4 & 3\\ 0 & 4 & -7 & -1\end{pmatrix}$.

2. 设矩阵 $\boldsymbol{A}=\begin{pmatrix}-5 & 3 & 1\\ 2 & -1 & 1\end{pmatrix}$,

(1)求一个可逆矩阵 $\boldsymbol{P}$ 使 $\boldsymbol{PA}$ 为简化行阶梯形矩阵;

(2)求一个可逆矩阵 $\boldsymbol{Q}$ 使 $\boldsymbol{QA}^{\mathrm{T}}$ 为简化行阶梯形矩阵.

3. 用矩阵初等行变换判定下列矩阵是否可逆？如可逆，则求出其逆矩阵.

(1)$\boldsymbol{A}=\begin{pmatrix}2 & 2 & 3\\ 1 & -1 & 0\\ -1 & 2 & 1\end{pmatrix}$;　(2)$\boldsymbol{A}=\begin{pmatrix}1 & 3 & -5 & 7\\ 0 & 1 & 2 & 3\\ 0 & 0 & 1 & 2\\ 0 & 0 & 0 & 1\end{pmatrix}$;

(3)$\boldsymbol{A}=\begin{pmatrix}0 & 0 & 3 & 1\\ 2 & 1 & -1 & 2\\ 4 & 2 & 3 & 1\\ 2 & 1 & -4 & -3\end{pmatrix}$;　(4)$\boldsymbol{A}=\begin{pmatrix}1 & 0 & 3 & 1\\ 0 & 1 & 6 & 2\\ 0 & 0 & 3 & 1\\ 1 & -1 & 0 & 0\end{pmatrix}$.

4. 用矩阵初等变换解矩阵方程 $\boldsymbol{AX}=\boldsymbol{B}$，其中

$$\boldsymbol{A}=\begin{pmatrix}1 & 1 & -1\\ 0 & 2 & -5\\ 1 & 0 & 1\end{pmatrix},\ \boldsymbol{B}=\begin{pmatrix}1\\ 2\\ 3\end{pmatrix}.$$

3.6 矩阵的秩

矩阵的秩是两个等价矩阵之间具有的共同数字特征，反映了矩阵内在的特性，在矩阵理论和应用中都有重要意义. 本节引入矩阵秩的概念，并讨论求矩阵秩的方法及矩阵秩的性质.

3.6.1 矩阵秩的概念

首先给出矩阵的子式的定义.

定义 3.18 在 $m\times n$ 矩阵 $\boldsymbol{A}=(a_{ij})$ 中任取 k 行 k 列($1\leqslant k\leqslant\min\{m,n\}$)，位于这些行和列交叉点处的 k^2 个元素，保持它们原来的相对位置次序所构成的 k 阶行列式称为矩阵 $\boldsymbol{A}$ 的一个 **k 阶子式**.

例如，在矩阵

$$\boldsymbol{A}=\begin{pmatrix}1 & -2 & 3 & 4 & 5\\ 2 & 0 & 1 & 3 & 6\\ 3 & -1 & 4 & -2 & 0\\ 4 & 2 & 5 & 3 & 1\end{pmatrix}$$

中，取第 1,3 行，第 2,4 列，得到 $\boldsymbol{A}$ 的一个 2 阶子式

$$\begin{vmatrix}-2 & 4\\ -1 & -2\end{vmatrix},$$

如果取第 1,2,3 行，第 1,3,5 列，则得到 $\boldsymbol{A}$ 的一个 3 阶子式

$$\begin{vmatrix}1 & 3 & 5\\ 2 & 1 & 6\\ 3 & 4 & 0\end{vmatrix}.$$

特别地，$\boldsymbol{A}$ 的每个元素都构成 $\boldsymbol{A}$ 的一个 1 阶子式.

一个 $m\times n$ 矩阵 $\boldsymbol{A}$ 的 k 阶子式共有 $\mathrm{C}_m^k\cdot\mathrm{C}_n^k$ 个. 当 $\boldsymbol{A}=\boldsymbol{O}$ 时，$\boldsymbol{A}$ 的任何阶子式都等于零；当 $\boldsymbol{A}\neq\boldsymbol{O}$ 时，$\boldsymbol{A}$ 至少有一个一阶子式不等于零，这时若 $\boldsymbol{A}$ 有二阶子式，再考虑 $\boldsymbol{A}$ 的二阶子式的值，如果 $\boldsymbol{A}$ 有二阶子式不为零且 $\boldsymbol{A}$ 又有三阶子式，则往下考察 $\boldsymbol{A}$ 的三阶子式的值，依次类推. 最后必找到非零矩阵 $\boldsymbol{A}$ 有 r 阶子式不为零，而没有比 r 阶子式更高阶的不为零的子式，这个不为零的子式的阶数 r 称为矩阵 $\boldsymbol{A}$ 的秩，即有以下定义：

定义 3.19 如果矩阵 $\boldsymbol{A}$ 有一个 r 阶子式 D_r 不等于 0，且若 $\boldsymbol{A}$ 有 $r+1$ 阶子式时，$\boldsymbol{A}$ 的所有 $r+1$ 阶子式全等于 0，那么称 D_r 为矩阵 $\boldsymbol{A}$ 的一个**最高阶非零子式**，而 D_r 的阶数 r 称为矩阵 $\boldsymbol{A}$ 的**秩**，记作 $R(\boldsymbol{A})$，并规定零矩阵的秩等于 0.

由定义 3.19 及行列式的性质可知，$\boldsymbol{A}$ 有 $t+1$ 阶子式时，如果矩阵 $\boldsymbol{A}$ 的所有 t 阶子式全等于 0，那么 $\boldsymbol{A}$ 的所有 $t+1$ 阶子式也全等于 0. 由于 $R(\boldsymbol{A})$ 是 $\boldsymbol{A}$ 的非零子式的最高阶数，因此当矩阵 $\boldsymbol{A}$ 中有某个 s 阶子式不为 0 时，必有 $R(\boldsymbol{A})\geqslant s$；当 $\boldsymbol{A}$ 中所有 t 阶子式全为 0 时，必有 $R(\boldsymbol{A})<t$.

3.6.2 求矩阵秩的方法

1. 用矩阵秩的定义

求矩阵的非零子式的最高阶数.

例 3.25 求下列矩阵的秩

$$(1)\boldsymbol{A}=\begin{pmatrix}1&2&3\\0&1&2\\2&4&6\end{pmatrix};\qquad (2)\boldsymbol{A}=\begin{pmatrix}1&1&0&-1&1\\0&2&4&0&1\\0&0&0&3&2\\0&0&0&0&0\end{pmatrix}.$$

解 (1) 因为矩阵 $\boldsymbol{A}$ 有一个二阶子式 $\begin{vmatrix}1&2\\0&1\end{vmatrix}\neq0$，$\boldsymbol{A}$ 的三阶子式仅有一个即 $|\boldsymbol{A}|$，且

$$|\boldsymbol{A}|=\begin{vmatrix}1&2&3\\0&1&2\\2&4&6\end{vmatrix}=0,$$

所以 $R(\boldsymbol{A})=2$.

(2) 因为 $\boldsymbol{A}$ 有一个三阶子式

$$\begin{vmatrix}1&1&-1\\0&2&0\\0&0&3\end{vmatrix}\neq0,$$

而矩阵 $\boldsymbol{A}$ 的第 4 行元素全为零，即 $\boldsymbol{A}$ 的所有四阶子式都等于零，故 $R(\boldsymbol{A})=3$.

2. 用矩阵的初等行变换

一般说来，用定义 3.19 求行数、列数都很大的矩阵的秩是不方便的. 下面介绍求矩阵秩的另一方法. 首先证明下面的定理.

定理 3.12 若矩阵 $\boldsymbol{A}$ 与矩阵 $\boldsymbol{B}$ 行等价，则 $R(\boldsymbol{A})=R(\boldsymbol{B})$.

***证明** 先证矩阵 $\boldsymbol{A}$ 经一次初等行变换得到 $\boldsymbol{B}$ 的情形.

设 $R(\boldsymbol{A})=s$，D 是 $\boldsymbol{A}$ 的 s 阶非零子式，

当 $A\overset{r_i\leftrightarrow r_j}{\sim}B$ 或 $A\overset{r_i\times k}{\sim}B(k\neq0)$ 时，在 B 中总能找到与 D 相对应的 s 阶子式 D_1 满足 $D_1=D$ 或 $D_1=-D$ 或 $D_1=kD$，因此 $D_1\neq0$. 于是 $R(B)\geqslant s=R(A)$.

当 $A\overset{r_i+kr_j}{\sim}B$ 时，因对 A 作变换 $r_i\leftrightarrow r_j$ 得到 B 时有 $R(B)\geqslant s=R(A)$，所以只需考虑 $A\overset{r_1+kr_2}{\sim}B$ 这一特殊情形. 分两种情况讨论：①D 不含 A 的第 1 行元素，这时 D 也是 B 的 s 阶非零子式；②D 包含矩阵 A 的第 1 行元素，不妨记

$$D=\begin{vmatrix} r_1 \\ r_p \\ \vdots \\ r_q \end{vmatrix},$$

这时把矩阵 B 中与 D 对应的 s 阶子式记作 D_1，有

$$D_1=\begin{vmatrix} r_1+kr_2 \\ r_p \\ \vdots \\ r_q \end{vmatrix}=\begin{vmatrix} r_1 \\ r_p \\ \vdots \\ r_q \end{vmatrix}+k\begin{vmatrix} r_2 \\ r_p \\ \vdots \\ r_q \end{vmatrix}=D+kD_2,$$

若 $p=2$，则 $D_1=D\neq0$；若 $p\neq2$，则 D_2 也是 B 的 s 阶子式，由 $D_1-kD_2=D\neq0$ 知 D_1 与 D_2 不同时为零. 总之，B 中存在 s 阶非零子式 D_1 或 D_2，即 $A\overset{r_1+kr_2}{\sim}B$ 时，$R(B)\geqslant s=R(A)$.

因 A 经一次初等行变换化为 B，B 也可经一次初等行变换化为 A，故又有 $R(A)\geqslant R(B)$，故 $R(A)=R(B)$.

上述表明经一次初等行变换结论成立，所以经有限次初等行变换结论也成立.

证毕.

定理 3.12 表明，矩阵的初等行变换不改变矩阵的秩，于是得到求矩阵秩的又一方法：

$$A\xrightarrow{\text{初等行变换}}\text{行阶梯形矩阵 }B,$$

行阶梯形矩阵 B 中非零行的行数即为矩阵 A 的秩.

例 3.26 求矩阵 $A=\begin{pmatrix} 0 & 1 & 0 & -1 & 1 \\ 1 & -1 & 4 & 0 & 1 \\ 2 & 1 & 2 & 1 & 2 \\ -1 & 2 & -4 & -1 & 0 \end{pmatrix}$ 的秩.

解 因对矩阵 A 施行初等行变换

$$A=\begin{pmatrix} 0 & 1 & 0 & -1 & 1 \\ 1 & -1 & 4 & 0 & 1 \\ 2 & 1 & 2 & 1 & 2 \\ -1 & 2 & -4 & -1 & 0 \end{pmatrix}\xrightarrow{r_1\leftrightarrow r_2}\begin{pmatrix} 1 & -1 & 4 & 0 & 1 \\ 0 & 1 & 0 & -1 & 1 \\ 2 & 1 & 2 & 1 & 2 \\ -1 & 2 & -4 & -1 & 0 \end{pmatrix}$$

$$\xrightarrow[r_4+r_1]{r_3+(-2)r_1}\begin{pmatrix} 1 & -1 & 4 & 0 & 1 \\ 0 & 1 & 0 & -1 & 1 \\ 0 & 3 & -6 & 1 & 0 \\ 0 & 1 & 0 & -1 & 1 \end{pmatrix}\xrightarrow[r_4+(-1)r_2]{r_3+(-3)r_2}\begin{pmatrix} 1 & -1 & 4 & 0 & 1 \\ 0 & 1 & 0 & -1 & 1 \\ 0 & 0 & -6 & 4 & -3 \\ 0 & 0 & 0 & 0 & 0 \end{pmatrix}.$$

所以 $R(A)=3$.

3.6.3　矩阵秩的性质

根据矩阵秩的定义容易证明以下性质.

性质 3.3　对于任意 $m\times n$ 矩阵 $\boldsymbol{A}$，$0\leqslant R(\boldsymbol{A})\leqslant\min\{m,n\}$.

对于 n 阶矩阵 $\boldsymbol{A}$，当 $|\boldsymbol{A}|\neq 0$ 时，$R(\boldsymbol{A})=n$；$|\boldsymbol{A}|=0$ 时，$R(\boldsymbol{A})<n$，即可逆矩阵的秩等于矩阵的阶数，不可逆矩阵的秩小于矩阵的阶数. 因此，可逆矩阵又称为**满秩矩阵**，不可逆矩阵又称为**降秩矩阵**.

性质 3.4　$R(\boldsymbol{A}^{\mathrm{T}})=R(\boldsymbol{A})$，$R(k\boldsymbol{A})=R(\boldsymbol{A})$（数 $k\neq 0$）.

根据矩阵秩的定义和行列式的性质，容易证明性质 3.4. 利用定理 3.12 和性质 3.4 容易证明性质 3.5 和性质 3.6.

性质 3.5　若 $\boldsymbol{A}\sim\boldsymbol{B}$，则 $R(\boldsymbol{A})=R(\boldsymbol{B})$.

性质 3.6　若 $\boldsymbol{P},\boldsymbol{Q}$ 可逆，则 $R(\boldsymbol{PAQ})=R(\boldsymbol{A})$.

性质 3.7　$\max\{R(\boldsymbol{A}),R(\boldsymbol{B})\}\leqslant R(\boldsymbol{A}\quad\boldsymbol{B})\leqslant R(\boldsymbol{A})+R(\boldsymbol{B})$.

***证明**　因为 $\boldsymbol{A}$ 的最高阶非零子式总是 $(\boldsymbol{A}\quad\boldsymbol{B})$ 的非零子式，所以 $R(\boldsymbol{A})\leqslant R(\boldsymbol{A}\quad\boldsymbol{B})$. 同理有 $R(\boldsymbol{B})\leqslant R(\boldsymbol{A}\quad\boldsymbol{B})$，于是 $\max\{R(\boldsymbol{A}),R(\boldsymbol{B})\}\leqslant R(\boldsymbol{A}\quad\boldsymbol{B})$.

设 $R(\boldsymbol{A})=r$，$R(\boldsymbol{B})=t$，则 $R(\boldsymbol{A}^{\mathrm{T}})=r$，$R(\boldsymbol{B}^{\mathrm{T}})=t$.

$$\boldsymbol{A}^{\mathrm{T}}\xrightarrow{\text{初等行变换}}\text{行阶梯形矩阵 }\widetilde{\boldsymbol{A}},\quad \boldsymbol{B}^{\mathrm{T}}\xrightarrow{\text{初等行变换}}\text{行阶梯形矩阵 }\widetilde{\boldsymbol{B}},$$

故 $\widetilde{\boldsymbol{A}}$ 和 $\widetilde{\boldsymbol{B}}$ 中分别含 r 个和 t 个非零行，从而 $\begin{pmatrix}\widetilde{\boldsymbol{A}}\\ \widetilde{\boldsymbol{B}}\end{pmatrix}$ 中含 $r+t$ 个非零行，并且 $\begin{pmatrix}\boldsymbol{A}^{\mathrm{T}}\\ \boldsymbol{B}^{\mathrm{T}}\end{pmatrix}\xrightarrow{\text{初等行变换}}\begin{pmatrix}\widetilde{\boldsymbol{A}}\\ \widetilde{\boldsymbol{B}}\end{pmatrix}$，于是 $R(\boldsymbol{A},\boldsymbol{B})=R\begin{pmatrix}\boldsymbol{A}^{\mathrm{T}}\\ \boldsymbol{B}^{\mathrm{T}}\end{pmatrix}^{\mathrm{T}}=R\begin{pmatrix}\boldsymbol{A}^{\mathrm{T}}\\ \boldsymbol{B}^{\mathrm{T}}\end{pmatrix}=R\begin{pmatrix}\widetilde{\boldsymbol{A}}\\ \widetilde{\boldsymbol{B}}\end{pmatrix}\leqslant r+t=R(\boldsymbol{A})+R(\boldsymbol{B})$.

证毕.

性质 3.8　$R(\boldsymbol{A}+\boldsymbol{B})\leqslant R(\boldsymbol{A})+R(\boldsymbol{B})$.

证明　不妨设 $\boldsymbol{A}$、$\boldsymbol{B}$ 为 $m\times n$ 矩阵，对矩阵 $\begin{pmatrix}\boldsymbol{A}+\boldsymbol{B}\\ \boldsymbol{B}\end{pmatrix}$ 做初等行变换 $r_i-r_{m+i}(i=1,2,\cdots,m)$，即得

$$\begin{pmatrix}\boldsymbol{A}+\boldsymbol{B}\\ \boldsymbol{B}\end{pmatrix}\overset{r}{\sim}\begin{pmatrix}\boldsymbol{A}\\ \boldsymbol{B}\end{pmatrix}$$

于是

$$R(\boldsymbol{A}+\boldsymbol{B})\leqslant R\begin{pmatrix}\boldsymbol{A}+\boldsymbol{B}\\ \boldsymbol{B}\end{pmatrix}=R\begin{pmatrix}\boldsymbol{A}\\ \boldsymbol{B}\end{pmatrix}=R\,(\boldsymbol{A}^{\mathrm{T}}\ \boldsymbol{B}^{\mathrm{T}})^{\mathrm{T}}=R(\boldsymbol{A}^{\mathrm{T}}\ \boldsymbol{B}^{\mathrm{T}})\leqslant R(\boldsymbol{A}^{\mathrm{T}})+R(\boldsymbol{B}^{\mathrm{T}})=R(\boldsymbol{A})+R(\boldsymbol{B}).$$

证毕.

性质 3.9　$R(\boldsymbol{AB})\leqslant\min\{R(\boldsymbol{A}),R(\boldsymbol{B})\}$.

***证明**　设 $\boldsymbol{A}$ 为 $m\times s$ 矩阵，$\boldsymbol{B}$ 为 $s\times n$ 矩阵，记 $R(\boldsymbol{A})=r$，则

$$\boldsymbol{A}\xrightarrow{\text{初等变换}}\text{标准形矩阵 }\widetilde{\boldsymbol{A}}=\begin{pmatrix}1&0&\cdots&0&\cdots&0\\0&1&\cdots&0&\cdots&0\\\vdots&\vdots&&\vdots&&\vdots\\0&0&\cdots&1&\cdots&0\\0&0&\cdots&0&\cdots&0\\\vdots&\vdots&&\vdots&&\vdots\\0&0&\cdots&0&\cdots&0\end{pmatrix}\begin{matrix}\left.\begin{matrix}\\ \\ \\ \\ \end{matrix}\right\}r\text{ 行}\\ \\ \\ \\ \end{matrix}$$

于是存在 m 阶初等矩阵 $\boldsymbol{P}_1,\boldsymbol{P}_2,\cdots,\boldsymbol{P}_l$ 和 s 阶初等矩阵 $\boldsymbol{Q}_1,\boldsymbol{Q}_2,\cdots,\boldsymbol{Q}_t$，使

$$\boldsymbol{P}_1\boldsymbol{P}_2\cdots\boldsymbol{P}_l\boldsymbol{A}\boldsymbol{Q}_1\boldsymbol{Q}_2\cdots\boldsymbol{Q}_t=\widetilde{\boldsymbol{A}},$$

即

$$\boldsymbol{P}_1\boldsymbol{P}_2\cdots\boldsymbol{P}_l\boldsymbol{A}=\widetilde{\boldsymbol{A}}\boldsymbol{Q}_t^{-1}\cdots\boldsymbol{Q}_2^{-1}\boldsymbol{Q}_1^{-1},$$

于是

$$\boldsymbol{P}_1\boldsymbol{P}_2\cdots\boldsymbol{P}_l\boldsymbol{A}\boldsymbol{B}=\widetilde{\boldsymbol{A}}\boldsymbol{Q}_t^{-1}\cdots\boldsymbol{Q}_2^{-1}\boldsymbol{Q}_1^{-1}\boldsymbol{B}=\widetilde{\boldsymbol{A}}\widetilde{\boldsymbol{B}},$$

这里 $\widetilde{\boldsymbol{B}}=\boldsymbol{Q}_t^{-1}\cdots\boldsymbol{Q}_2^{-1}\boldsymbol{Q}_1^{-1}\boldsymbol{B}$. 因 $\widetilde{\boldsymbol{A}}$ 的后 $m-r$ 行全为零，所以 $\widetilde{\boldsymbol{A}}\widetilde{\boldsymbol{B}}$ 除前 r 行外，其余各行的元素都是零，因此 $R(\widetilde{\boldsymbol{A}}\widetilde{\boldsymbol{B}})\leqslant r$. 另一方面，$\boldsymbol{P}_1\boldsymbol{P}_2\cdots\boldsymbol{P}_l\boldsymbol{A}\boldsymbol{B}$ 表示对 $\boldsymbol{AB}$ 施行初等行变换，因此

$$R(\boldsymbol{AB})=R(\boldsymbol{P}_1\boldsymbol{P}_2\cdots\boldsymbol{P}_l\boldsymbol{AB})=R(\widetilde{\boldsymbol{A}}\widetilde{\boldsymbol{B}})\leqslant r=R(\boldsymbol{A}).$$

同理可证 $R(\boldsymbol{AB})\leqslant R(\boldsymbol{B})$. 所以 $R(\boldsymbol{AB})\leqslant\min\{R(\boldsymbol{A}),R(\boldsymbol{B})\}$.

证毕.

例 3.27 设 $\boldsymbol{A}$ 为 n 阶矩阵，证明 $R(\boldsymbol{A}+\boldsymbol{E})+R(\boldsymbol{A}-\boldsymbol{E})\geqslant n$.

证明 因 $(\boldsymbol{A}+\boldsymbol{E})+(\boldsymbol{E}-\boldsymbol{A})=2\boldsymbol{E}$，由性质 3.8 有

$$R(\boldsymbol{A}+\boldsymbol{E})+R(\boldsymbol{E}-\boldsymbol{A})\geqslant R(2\boldsymbol{E})=n,$$

而 $R(\boldsymbol{E}-\boldsymbol{A})=R(\boldsymbol{A}-\boldsymbol{E})$，所以

$$R(\boldsymbol{A}+\boldsymbol{E})+R(\boldsymbol{A}-\boldsymbol{E})\geqslant n.$$

证毕.

例 3.28 证明：若 $\boldsymbol{A}_{m\times n}\boldsymbol{B}_{n\times s}=\boldsymbol{C}$ 且 $R(\boldsymbol{A})=n$，则 $R(\boldsymbol{B})=R(\boldsymbol{C})$.

证明 由 $R(\boldsymbol{A})=n$ 知 $\boldsymbol{A}$ 的简化行阶梯形矩阵为 $\begin{pmatrix}\boldsymbol{E}_n\\ \boldsymbol{O}\end{pmatrix}_{m\times n}$，并有 m 阶可逆矩阵 $\boldsymbol{P}$ 使

$$\boldsymbol{PA}=\begin{pmatrix}\boldsymbol{E}_n\\ \boldsymbol{O}\end{pmatrix}_{m\times n},$$

于是

$$\boldsymbol{PC}=\boldsymbol{PAB}=\begin{pmatrix}\boldsymbol{E}_n\\ \boldsymbol{O}\end{pmatrix}\boldsymbol{B}=\begin{pmatrix}\boldsymbol{B}\\ \boldsymbol{O}\end{pmatrix}.$$

由性质 3.6 知 $R(\boldsymbol{C})=R(\boldsymbol{PC})$，而 $R\begin{pmatrix}\boldsymbol{B}\\ \boldsymbol{O}\end{pmatrix}=R(\boldsymbol{B})$，故 $R(\boldsymbol{B})=R(\boldsymbol{C})$.

证毕.

注 3.10 由例 3.28 可见，若 $\boldsymbol{A}_{m\times n}\boldsymbol{B}_{n\times s}=\boldsymbol{O}$ 且 $R(\boldsymbol{A})=n$，则 $\boldsymbol{B}=\boldsymbol{O}$.
根据例 3.28 的结论，有 $R(\boldsymbol{B})=0$，故 $\boldsymbol{B}=\boldsymbol{O}$. 这一结论通常称为矩阵乘法的消去律.

习题 3.6

1. 求下列矩阵的秩.

(1) $\boldsymbol{A}=\begin{pmatrix}1&0&2&-1\\2&1&2&4\\3&1&4&3\end{pmatrix}$；　　(2) $\boldsymbol{A}=\begin{pmatrix}3&2&-1&-3\\2&-1&3&1\\7&0&5&-1\end{pmatrix}$；

(3) $\boldsymbol{A}=\begin{pmatrix}1&-1&2&0&1\\2&-2&4&0&-2\\3&0&6&1&-1\\0&3&0&1&0\end{pmatrix}$;　　(4) $\boldsymbol{A}=\begin{pmatrix}2&1&1&-2&1\\2&-3&4&2&2\\3&-2&0&1&3\\1&0&5&-1&0\end{pmatrix}$.

2. 设矩阵

$$\boldsymbol{A}=\begin{pmatrix}1&-2&3k\\-1&2k&-3\\k&-2&3\end{pmatrix},$$

问 k 为何值时，可使

(1) $R(\boldsymbol{A})=1$；　(2) $R(\boldsymbol{A})=2$；　(3) $R(\boldsymbol{A})=3$.

3. $\boldsymbol{A}$ 是 n 阶矩阵. 证明 $R(\boldsymbol{A})=1$ 的充要条件是 $\boldsymbol{A}$ 可以表示为一个 $n\times1$ 非零矩阵 $\boldsymbol{\alpha}$ 和一个 $1\times n$ 非零矩阵 $\boldsymbol{\beta}$ 的乘积.

*3.7　用 MATLAB 解题

3.7.1　矩阵的加减法和乘法

矩阵的加法、减法和乘法在 MATLAB 软件中分别用+、-和 * 符号表示. 在矩阵与标量相加、相减或相乘时，矩阵的各元素都与该标量进行运算. 例如：

```
>>A=[1 2;3 4],B=A+2,A+B,A*B,pi*A
A=
    1    2
    3    4
B=
    3    4
    5    6
ans=
    4    6
    8    10
ans=
    13    16
    29    36
ans=
    3.1416    6.2832
    9.4248    12.5664
```

注 3.11　相加减的两个矩阵应该是同型矩阵；两个矩阵相乘，前一个矩阵的列数应与后一个矩阵的行数一致.

3.7.2 矩阵的点运算

点运算是两个同型矩阵或向量之间元素一一对应的运算，是它们对应元素的直接运算. 如 ***C*=*A*. ∗*B*** 表示矩阵 ***A*** 和矩阵 ***B*** 的相应元素之间直接进行的乘法运算(点乘. ∗)，然后将结果赋给矩阵 ***C***. 这一点与普通的矩阵乘法是不同的. 例如

```
>>A=[5 6;7 8];B=[1 2;3 4];C=A*B,D=A.*B
C=
    23    34
    31    46
D=
    5     12
    21    32
```

注 3.12 点运算还包括点左除(. \)、点右除(. /)和点乘方(. ^). 该运算在 MATLAB 中起着很重要的作用. 如当 x 是一个向量时，若求其各元素的 5 次方，不能直接写成 ***x***^5，而必须写成 ***x***. ^5. 注意点运算要求两个矩阵或向量的维数必须相同.

3.7.3 矩阵的幂运算

当 ***A*** 为方阵，而 p 为标量时，***A***^p 表示 ***A*** 的 p 次乘方. 当 p 是大于 1 的整数时，乘方以重复自乘实现. 例如，执行语句"***A***=[1 2; 3 4]; ***A***^2"，结果为

```
ans=
    7     10
    15    22
```

3.7.4 逆矩阵的计算及矩阵的除法

MATLAB 中函数 inv(A)表示计算矩阵 ***A*** 的逆矩阵，当然，***A***^(-1)也表示计算矩阵 ***A*** 的逆矩阵.

MATLAB 中有两种矩阵除法运算"\"和"/"，分别称为左除和右除. 当 ***A*** 为可逆矩阵时，***A*** \ ***B*** 表示 inv(A) ∗***B***，***B***/***A*** 表示 ***B*** ∗inv(A). 于是，当 ***A*** 为可逆矩阵时，矩阵方程 ***AX***=***B*** 的解可表示为 ***X***=***A*** \ ***B***，矩阵方程 ***XA***=***B*** 的解可表示为 ***X***=***B***/***A***.

3.7.5 方阵的行列式和迹

可以用函数 det(A)计算方阵 ***A*** 的行列式，函数 trace(A)求出方阵 ***A*** 的迹. 例如，

```
>>A=[1 2;3 4];x=det(A),y=trace(A)
x=
```

```
    -2
y =
5
```

MATLAB 中没有直接求矩阵的伴随矩阵的函数，引入伴随矩阵的概念，实际上是为了求逆矩阵. 如果 $\boldsymbol{A}$ 可逆，则 $\boldsymbol{A}$ 的伴随矩阵 $\boldsymbol{A}^{*}=|\boldsymbol{A}|\boldsymbol{A}^{-1}$ 可以用语句 det(A)inv(A)求出.

3.7.6　矩阵的秩

用函数 rank(A)可以求出矩阵 $\boldsymbol{A}$ 的秩. 例如，计算 5 阶魔方阵的秩，可以执行以下命令：

```
>>rank(magic(5))
ans =
    5
```

3.7.7　矩阵结构的改变

1. 矩阵的转置

矩阵转置用撇号'表示，例如，

```
>>A = [1 2 3;4 5 6; 7 8 9],B = A'
A =
    1    2    3
    4    5    6
    7    8    9
B =
    1    4    7
    2    5    8
    3    6    9
```

注 3.13　$\boldsymbol{A}$'表示矩阵 $\boldsymbol{A}$ 的共轭复数的转置矩阵. 若求矩阵 $\boldsymbol{A}$ 的原始元素的转置矩阵，可用 $\boldsymbol{A}$.'或 conj(A')或 transpose(A)来实现.

2. 矩阵的翻转

MATLAB 提供了一些矩阵翻转的特殊命令，如函数 rot90(A)表示将矩阵 $\boldsymbol{A}$ 逆时针旋转 90 度，函数 flipud(A)表示将 $\boldsymbol{A}$ 矩阵上下翻转，函数 fliplr(A)表示将 $\boldsymbol{A}$ 矩阵左右翻转等.

```
>>A = [1 2;3 4;5 6]; rot90(A)
ans =
    2    4    6
    1    3    5
>>B = [10 11 12;20 21 22;30 31 32;40 41 42];flipud(B),fliplr(B)
ans =
```

```
    40    41    42
    30    31    32
    20    21    22
    10    11    12
ans =
    12    11    10
    22    21    20
    32    31    30
    42    41    40
```

3. 提取矩阵的三角形部分

函数 tril(A)返回的矩阵与矩阵 $\boldsymbol{A}$ 的下三角部分相同，其余部分置零，函数 triu(A)返回的矩阵与矩阵 $\boldsymbol{A}$ 的上三角部分相同，其余部分置零. 例如，

```
>>A=[1 2 3;4 5 6];tril(A),triu(A)
ans =
    1    0    0
    4    5    0
ans =
    1    2    3
    0    5    6
```

总习题 3

1. 选择题

(1)设有矩阵 $\boldsymbol{A}_{3\times2},\boldsymbol{B}_{2\times3},\boldsymbol{C}_{3\times3}$，则下列矩阵运算可行的是(　　).

(A)$\boldsymbol{AC}$　　(B)$\boldsymbol{ABC}$　　(C)$\boldsymbol{BAC}$　　(D)$\boldsymbol{AB}-\boldsymbol{BC}$

(2)下列命题一定成立的是(　　).

(A)若 $\boldsymbol{AB}=\boldsymbol{AC}$，则 $\boldsymbol{B}=\boldsymbol{C}$　　(B)若 $\boldsymbol{AB}=\boldsymbol{O}$，则 $\boldsymbol{A}=\boldsymbol{O}$ 或 $\boldsymbol{B}=\boldsymbol{O}$

(C)若 $\boldsymbol{A}\neq\boldsymbol{O}$，则 $|\boldsymbol{A}|\neq0$　　(D)若 $|\boldsymbol{A}|\neq0$，则 $\boldsymbol{A}\neq\boldsymbol{O}$

(3)设矩阵 $\boldsymbol{A}=\begin{pmatrix}1&2\\4&3\end{pmatrix}$，$\boldsymbol{B}=\begin{pmatrix}x&1\\2&y\end{pmatrix}$，则 $\boldsymbol{A}$ 与 $\boldsymbol{B}$ 可交换的充要条件是(　　).

(A)$x-y=1$　　(B)$x-y=-1$　　(C)$x=y$　　(D)$x=2y$

(4)设 $\boldsymbol{A}$ 为 n 阶可逆矩阵，$\boldsymbol{A}^*$ 是 $\boldsymbol{A}$ 的伴随矩阵，则 $|\boldsymbol{A}^*|=$(　　).

(A) $|\boldsymbol{A}|$　　(B)$\dfrac{1}{|\boldsymbol{A}|}$　　(C) $|\boldsymbol{A}|^{n-1}$　　(D) $|\boldsymbol{A}|^n$

(5)设 $m\times n$ 矩阵 $\boldsymbol{A}$ 的秩等于 n，则必有(　　).

(A)$m=n$　　(B)$m<n$　　(C)$m>n$　　(D)$m\geqslant n$

2. 证明矩阵 $\boldsymbol{A}=\begin{pmatrix}1&-a&b\\a&1&-c\\-b&c&1\end{pmatrix}$可逆，并求 $\boldsymbol{A}$ 的逆矩阵.

3. 确定 x 与 y 的值，使矩阵 $\boldsymbol{A}=\begin{pmatrix}1&1&1&1&1\\3&2&1&-3&x\\0&1&2&6&3\\5&4&3&-1&y\end{pmatrix}$ 的秩为 2.

4. 已知 $\boldsymbol{x}=(1,2,3)^{\mathrm{T}}$，$\boldsymbol{y}=\left(1,-2,\dfrac{1}{3}\right)^{\mathrm{T}}$，令 $\boldsymbol{A}=\boldsymbol{x}\boldsymbol{y}^{\mathrm{T}}$，求 $\boldsymbol{A}^n$（n 为正整数）.

5. 设矩阵 $\boldsymbol{P}=\begin{pmatrix}2&0&0\\0&1&2\\0&0&1\end{pmatrix}$，$\boldsymbol{\Lambda}=\begin{pmatrix}-2&0&0\\0&1&0\\0&0&1\end{pmatrix}$，$\boldsymbol{AP}=\boldsymbol{P\Lambda}$，求 $\boldsymbol{A}$ 及 $\boldsymbol{A}^k$.

6. 设矩阵 $\boldsymbol{A}=\begin{pmatrix}a&a&a\\a&a&a\\a&a&a\end{pmatrix}$，求 $\boldsymbol{A}^n$.

7. 设矩阵 $\boldsymbol{A}=\begin{pmatrix}2&4&0&0\\1&2&0&0\\0&0&2&0\\0&0&4&2\end{pmatrix}$，求 $\boldsymbol{A}^n$.

8. 设 $\boldsymbol{A}$ 是 n 阶正交矩阵，且 $|\boldsymbol{A}|<0$. 证明 $\boldsymbol{A}+\boldsymbol{E}$ 不可逆.

9. 设矩阵 $\boldsymbol{A}$ 满足 $\boldsymbol{A}^2=\boldsymbol{E}$，证明 $\boldsymbol{A}+\boldsymbol{E}$ 与 $\boldsymbol{A}-\boldsymbol{E}$ 中至少有一个不可逆.

10. 设 $\boldsymbol{A},\boldsymbol{B}$ 为 n 阶矩阵，且 $\boldsymbol{E}-\boldsymbol{AB}$ 可逆，证明 $\boldsymbol{E}-\boldsymbol{BA}$ 也可逆.

11. 设 $\boldsymbol{A}$ 是 $m\times n$ 矩阵，若对任意 n 阶矩阵 $\boldsymbol{X}$ 都有 $\boldsymbol{AX}=\boldsymbol{O}$. 证明 $\boldsymbol{A}=\boldsymbol{O}$.

第 4 章　线性方程组与 n 维向量空间

线性方程组在数学许多分支以及其他领域中都有广泛的应用，求解线性方程组是代数学讨论的核心问题之一. 在第 1 章中介绍过利用克拉默法则求解线性方程组的方法，但它要求线性方程组中方程的个数与未知量的个数相等，且方程组的系数行列式不等于零. 然而，实际问题中所遇到的线性方程组在很多情形并不满足克拉默法则的条件，因此需要寻找求解线性方程组的其他方法.

本章首先以矩阵为工具讨论线性方程组有解的条件及求解方法，其次引入 n 维向量与向量空间的概念，在向量组、矩阵与线性方程组之间建立联系，然后以向量组、矩阵为工具，讨论线性方程组有无穷多个解时，线性方程组的解的结构.

4.1　线性方程组有解的条件

4.1.1　线性方程组的基本概念

设含有 m 个方程 n 个未知量的线性方程组为

$$\begin{cases} a_{11}x_1+a_{12}x_2+\cdots+a_{1n}x_n=b_1, \\ a_{21}x_1+a_{22}x_2+\cdots+a_{2n}x_n=b_2, \\ \qquad\cdots\cdots \\ a_{m1}x_1+a_{m2}x_2+\cdots+a_{mn}x_n=b_m. \end{cases} \tag{4.1.1}$$

其中 $x_1,x_2,\cdots,x_n$ 代表 n 个未知量，m 是方程的个数，$a_{ij}(i=1,2,\cdots,m,j=1,2,\cdots,n)$ 表示第 i 个方程中第 j 个未知量 x_j 的系数，称之为方程组的**系数**，$b_i(i=1,2,\cdots,m)$ 称为方程组的**常数项**. 注意方程组中方程的个数 m 与未知量的个数 n 可能不相等.

若方程组(4.1.1)右端的常数项 $b_1,b_2,\cdots,b_m$ 不全为零，则称方程组(4.1.1)为**非齐次线性方程组**；当 $b_1,b_2,\cdots,b_m$ 全为零时，则称方程组(4.1.1)为**齐次线性方程组**.

记

$$\boldsymbol{A}=\begin{pmatrix} a_{11} & a_{12} & \cdots & a_{1n} \\ a_{21} & a_{22} & \cdots & a_{2n} \\ \vdots & \vdots & & \vdots \\ a_{m1} & a_{m2} & \cdots & a_{mn} \end{pmatrix},\ \boldsymbol{x}=\begin{pmatrix} x_1 \\ x_2 \\ \vdots \\ x_n \end{pmatrix},\ \boldsymbol{\beta}=\begin{pmatrix} b_1 \\ b_2 \\ \vdots \\ b_m \end{pmatrix}.$$

则方程组(4.1.1)可以表示成

$$\boldsymbol{Ax}=\boldsymbol{\beta}, \tag{4.1.2}$$

称矩阵 $\boldsymbol{A}$ 为方程组(4.1.1)的**系数矩阵**，$\boldsymbol{\beta}$ 为方程组(4.1.1)的**常数项矩阵**，$\boldsymbol{x}$ 为 n 元**未知量矩阵**.

方程(4.1.2)称为线性方程组的矩阵形式，也称之为向量方程，今后将线性方程组

(4.1.1)与向量方程(4.1.2)不加区分混同使用，方程组的解与向量方程的解向量的名称也不加区别.

我们把方程组(4.1.1)的系数矩阵 $\boldsymbol{A}$ 和常数项矩阵 $\boldsymbol{\beta}$ 放在一起构成一个 m 行 $n+1$ 列矩阵

$$(\boldsymbol{A}\ \boldsymbol{\beta})=\begin{pmatrix} a_{11} & a_{12} & \cdots & a_{1n} & b_1 \\ a_{21} & a_{22} & \cdots & a_{2n} & b_2 \\ \vdots & \vdots & & \vdots & \vdots \\ a_{m1} & a_{m2} & \cdots & a_{mn} & b_m \end{pmatrix},$$

称矩阵 $(\boldsymbol{A}\ \boldsymbol{\beta})$ 为方程组(4.1.1)的**增广矩阵**，方程组中任意一个方程与其增广矩阵 $(\boldsymbol{A}\ \boldsymbol{\beta})$ 中的一行对应.

显然，一个含 m 个方程 n 个未知量的线性方程组与其 $m\times(n+1)$ 阶增广矩阵之间存在一一对应关系，即可用方程组的增广矩阵完全代表该线性方程组.

使方程组(4.1.1)的每个方程

$$a_{i1}x_1+a_{i2}x_2+\cdots+a_{in}x_n=b_i(i=1,2,\cdots,m)$$

变成恒等式

$$a_{i1}k_1+a_{i2}k_2+\cdots+a_{in}k_n=b_i(i=1,2,\cdots,m)$$

的一个有序数组 $(k_1,k_2,\cdots,k_n)$ 叫作方程组(4.1.1)的一个**解**. 有解的线性方程组叫作**相容方程组**，无解的线性方程组叫作**矛盾方程组**. 方程组的所有解的集合叫作方程组的**解集**(解集的元素都是有序数组). 矛盾方程组的解集是空集. 解集相同的两个方程组叫作**同解方程组**.

4.1.2　线性方程组有解的条件

在初等数学中，已学过用消元法解简单的线性方程组，这一方法也适用于求解一般的线性方程组(4.1.1)，并可用方程组增广矩阵的初等行变换表示其求解过程.

例 4.1　解线性方程组

$$\begin{cases} 2x_1-x_2-x_3+x_4=2, \\ x_1+x_2-2x_3+x_4=4, \\ 4x_1-6x_2+2x_3-2x_4=4, \\ 3x_1+6x_2-9x_3+7x_4=9. \end{cases} \tag{4.1.3}$$

解　由于方程组(4.1.3)的系数行列式 $\begin{vmatrix} 2 & -1 & -1 & 1 \\ 1 & 1 & -2 & 1 \\ 4 & -6 & 2 & -2 \\ 3 & 6 & -9 & 7 \end{vmatrix}=0$，所以方程组(4.1.3)不能用克拉默法则求解，下面我们用消元法来解方程组(4.1.3).

$$\begin{cases} 2x_1-x_2-x_3+x_4=2, & ① \\ x_1+x_2-2x_3+x_4=4, & ② \\ 4x_1-6x_2+2x_3-2x_4=4, & ③ \\ 3x_1+6x_2-9x_3+7x_4=9. & ④ \end{cases} \xrightarrow[③\div 2]{①\leftrightarrow②} \begin{cases} x_1+x_2-2x_3+x_4=4, & ① \\ 2x_1-x_2-x_3+x_4=2, & ② \\ 2x_1-3x_2+x_3-x_4=2, & ③ \\ 3x_1+6x_2-9x_3+7x_4=9. & ④ \end{cases}$$

$$\xrightarrow[\substack{③-2①\\④-3①}]{②-2①}\begin{cases}x_1+x_2-2x_3+x_4=4, & ①\\ -3x_2+3x_3-x_4=-6, & ②\\ -5x_2+5x_3-3x_4=-6, & ③\\ 3x_2-3x_3+4x_4=-3. & ④\end{cases}\xrightarrow[④+②]{③-\frac{5}{3}②}\begin{cases}x_1+x_2-2x_3+x_4=4, & ①\\ -3x_2+3x_3-x_4=-6, & ②\\ -\frac{4}{3}x_4=4, & ③\\ 3x_4=-9. & ④\end{cases}$$

$$\xrightarrow[④\times\frac{1}{3}]{③\times\left(-\frac{3}{4}\right)}\begin{cases}x_1+x_2-2x_3+x_4=4, & ①\\ -3x_2+3x_3-x_4=-6, & ②\\ x_4=-3, & ③\\ x_4=-3. & ④\end{cases}\xrightarrow[④-③]{\substack{①-③\\②+③}}\begin{cases}x_1+x_2-2x_3=7, & ①\\ -3x_2+3x_3=-9, & ②\\ x_4=-3, & ③\\ 0=0. & ④\end{cases}$$

$$\xrightarrow{②\times\left(-\frac{1}{3}\right)}\begin{cases}x_1+x_2-2x_3=7, & ①\\ x_2-x_3=3, & ②\\ x_4=-3, & ③\\ 0=0. & ④\end{cases}\xrightarrow{①-②}\begin{cases}x_1-x_3=4, & ①\\ x_2-x_3=3, & ②\\ x_4=-3, & ③\\ 0=0. & ④\end{cases}$$

于是得 $\begin{cases}x_1=x_3+4,\\ x_2=x_3+3,\\ x_4=-3,\end{cases}$ 其中 x_3 可任意取值. (4.1.4)

若令 $x_3=c$(c 为任意常数),方程组的解可记作 $\boldsymbol{x}=\begin{pmatrix}x_1\\x_2\\x_3\\x_4\end{pmatrix}=\begin{pmatrix}c+4\\c+3\\c\\-3\end{pmatrix}$,

即

$$\boldsymbol{x}=\begin{pmatrix}x_1\\x_2\\x_3\\x_4\end{pmatrix}=c\begin{pmatrix}1\\1\\1\\0\end{pmatrix}+\begin{pmatrix}4\\3\\0\\-3\end{pmatrix},$$

这表明方程组(4.1.3)有无穷多个解.

由例 4.1 的求解过程可见,用消元法解线性方程组的过程中,始终把方程组看作一个整体,用到三种变换:交换第 i 个方程与第 j 个方程的次序(方程ⓘ与方程ⓙ相互交换);用不等于零的数 k 乘以第 i 个方程(以ⓘ$\times k$ 替换方程 $\boldsymbol{i}$);第 i 个方程加上第 j 个方程的 k 倍(以ⓘ$+k$ⓙ替换方程ⓘ). 由于这三种变换都是可逆的,即

若$(\boldsymbol{A})\xrightarrow{(ⓘ)\leftrightarrow(ⓙ)}(\boldsymbol{B})$,则$(\boldsymbol{B})\xrightarrow{(ⓘ)\leftrightarrow(ⓙ)}(\boldsymbol{A})$;

若$(\boldsymbol{A})\xrightarrow[(k\neq0)]{(ⓘ)\times k}(\boldsymbol{B})$,则$(\boldsymbol{B})\xrightarrow{(ⓘ)\times\frac{1}{k}}(\boldsymbol{A})$;

若$(\boldsymbol{A})\xrightarrow{(ⓘ)+k(ⓙ)}(\boldsymbol{B})$,则$(\boldsymbol{B})\xrightarrow{(ⓘ)-k(ⓙ)}(\boldsymbol{A})$.

因此变换前的方程组与变换后的方程组是同解的,这三种变换都是方程组的同解变换,所以最后求得的解(4.1.4)是方程组(4.1.3)的全部解,也称式(4.1.4)为方程组

(4.1.3)的通解.

例 4.1 的求解过程还表明，用消元法解方程组的过程中，参与运算的只是方程组中未知量的系数和常数项，未知量本身并未参与运算，于是可把例 4.1 的求解过程用方程组增广矩阵的初等行变换来表示，即

$$(\boldsymbol{A}\ \boldsymbol{\beta})=\begin{pmatrix}2&-1&-1&1&2\\1&1&-2&1&4\\4&-6&2&-2&4\\3&6&-9&7&9\end{pmatrix}\xrightarrow[r_3\times\frac{1}{2}]{r_1\leftrightarrow r_2}\begin{pmatrix}1&1&-2&1&4\\2&-1&-1&1&2\\2&-3&1&-1&2\\3&6&-9&7&9\end{pmatrix}$$

$$\xrightarrow[\substack{r_3+r_1\times(-2)\\ r_4+r_1\times(-3)}]{r_2+r_1\times(-2)}\begin{pmatrix}1&1&-2&1&4\\0&-3&3&-1&-6\\0&-5&5&-3&-6\\0&3&-3&4&-3\end{pmatrix}\xrightarrow[r_4+r_2\times 1]{r_3+r_2\times\left(-\frac{5}{3}\right)}\begin{pmatrix}1&1&-2&1&4\\0&-3&3&-1&-6\\0&0&0&-\frac{4}{3}&4\\0&0&0&3&-9\end{pmatrix}$$

$$\xrightarrow[r_4\times\frac{1}{3}]{r_3\times\left(-\frac{3}{4}\right)}\begin{pmatrix}1&1&-2&1&4\\0&-3&3&-1&-6\\0&0&0&1&-3\\0&0&0&1&-3\end{pmatrix}\xrightarrow[r_4+r_3\times(-1)]{\substack{r_1+r_3\times(-1)\\ r_1+r_3\times 1}}\begin{pmatrix}1&1&-2&0&7\\0&-3&3&0&-9\\0&0&0&1&-3\\0&0&0&0&0\end{pmatrix}$$

$$\xrightarrow{r_2\times\left(-\frac{1}{3}\right)}\begin{pmatrix}1&1&-2&0&7\\0&1&-1&0&3\\0&0&0&1&-3\\0&0&0&0&0\end{pmatrix}\xrightarrow{r_1+r_2\times(-1)}\begin{pmatrix}1&0&-1&0&4\\0&1&-1&0&3\\0&0&0&1&-3\\0&0&0&0&0\end{pmatrix},$$

由最后一个矩阵得到方程组的解

$$\begin{cases}x_1=x_3+4,\\x_2=x_3+3,\\x_4=-3,\end{cases}\quad 其中\ x_3\ 可任意取值.$$

上述表明，用**消元法解方程组的过程就是对方程组的增广矩阵做有限次初等行变换的过程**，直到把方程组的增广矩阵化为简化行阶梯形矩阵，便能写出方程组的解.

一般地，利用方程组的系数矩阵和增广矩阵的秩，可以方便地讨论线性方程组是否有解以及有解时方程组的解是否唯一等问题.

设线性方程组 $\boldsymbol{Ax}=\boldsymbol{\beta}$ 的系数矩阵 $\boldsymbol{A}$ 的秩为 r，即 $R(\boldsymbol{A})=r$，并不妨假定 $\boldsymbol{A}$ 的左上角 r 阶子式不为零，则线性方程组 $\boldsymbol{Ax}=\boldsymbol{\beta}$ 的增广矩阵

$$(\boldsymbol{A}\ \boldsymbol{\beta})=\begin{pmatrix}a_{11}&a_{12}&\cdots&a_{1n}&b_1\\a_{21}&a_{22}&\cdots&a_{2n}&b_2\\\vdots&\vdots&&\vdots&\vdots\\a_{m1}&a_{m2}&\cdots&a_{mn}&b_m\end{pmatrix}\xrightarrow{\text{初等行变换}}\begin{pmatrix}1&0&\cdots&0&a'_{1,r+1}&\cdots&a'_{1n}&d_1\\0&1&\cdots&0&a'_{2,r+1}&\cdots&a'_{2n}&d_2\\\vdots&\vdots&&\vdots&\vdots&&\vdots&\vdots\\0&0&\cdots&1&a'_{r,r+1}&\cdots&a'_{rn}&d_r\\0&0&\cdots&0&\cdots&\cdots&0&d_{r+1}\\0&0&\cdots&0&\cdots&\cdots&0&0\\\vdots&\vdots&&\vdots&&&\vdots&\vdots\\0&0&\cdots&0&\cdots&\cdots&0&0\end{pmatrix}.$$

于是线性方程组 $\boldsymbol{Ax}=\boldsymbol{\beta}$ 的同解方程组为

$$\begin{cases}x_1+a'_{1,r+1}x_{r+1}+\cdots+a'_{1n}x_n=d_1,\\x_2+a'_{2,r+1}x_{r+1}+\cdots+a'_{2n}x_n=d_2,\\\qquad\cdots\cdots\\x_r+a'_{r,r+1}x_{r+1}+\cdots+a'_{rn}x_n=d_r,\\0=d_{r+1}.\end{cases}\tag{4.1.1a}$$

即方程组 $\boldsymbol{Ax}=\boldsymbol{\beta}$ 有解的充要条件是方程组(4.1.1a)有解.

显然，若方程组(4.1.1a)有解，则 $r=m$(即 d_{r+1} 不出现)或 $r<m$ 且 $d_{r+1}=0$，这两种情形都有 $R(\boldsymbol{A})=R(\boldsymbol{A}\ \boldsymbol{\beta})=r$；反之，如果 $R(\boldsymbol{A})=R(\boldsymbol{A}\ \boldsymbol{\beta})=r$，则必有 $r=m$ 或 $r<m$ 且 $d_{r+1}=0$，这时方程组(4.1.1a)有解，即方程组 $\boldsymbol{Ax}=\boldsymbol{\beta}$ 有解. 于是有以下定理:

定理 4.1 n 元线性方程组 $\boldsymbol{Ax}=\boldsymbol{\beta}$ 有解的充要条件是 $R(\boldsymbol{A})=R(\boldsymbol{A}\ \boldsymbol{\beta})=r$.

特别地，当 $R(\boldsymbol{A})=R(\boldsymbol{A}\ \boldsymbol{\beta})=r=n$ 时，由线性方程组(4.1.1a)得到线性方程组 $\boldsymbol{Ax}=\boldsymbol{\beta}$ 的唯一解

$$\begin{cases}x_1=d_1,\\x_2=d_2,\\\quad\cdots\cdots\\x_n=d_n.\end{cases}$$

$R(\boldsymbol{A})=R(\boldsymbol{A}\ \boldsymbol{\beta})=r<n$ 时，线性方程组 $\boldsymbol{Ax}=\boldsymbol{\beta}$ 有无穷多解，此时由线性方程组(4.1.1a)得到

$$\begin{cases}x_1=d_1-a'_{1,r+1}x_{r+1}-\cdots-a'_{1n}x_n,\\x_2=d_2-a'_{2,r+1}x_{r+1}-\cdots-a'_{2n}x_n,\\\qquad\cdots\cdots\\x_r=d_r-a'_{r,r+1}x_{r+1}-\cdots-a'_{rn}x_n.\end{cases}\tag{4.1.1b}$$

如果取 $x_{r+1}=c_1,x_{r+2}=c_2,\cdots,x_n=c_{n-r}$，其中 $c_1,c_2,\cdots,c_{n-r}$ 为任意常数，那么方程组(4.1.1b)有以下形式的解:

$$\begin{cases}x_1=d_1-a'_{1,r+1}c_1-\cdots-a'_{1n}c_{n-r},\\x_2=d_2-a'_{2,r+1}c_1-\cdots-a'_{2n}c_{n-r},\\\qquad\cdots\cdots\\x_r=d_r-a'_{r,r+1}c_1-\cdots-a'_{rn}c_{n-r},\\x_{r+1}=c_1,\\x_{r+2}=c_2,\\\qquad\cdots\cdots\\x_n=c_{n-r}.\end{cases}\tag{4.1.5}$$

式(4.1.5)为方程组(4.1.1)的无穷多个解的一般形式，称式(4.1.5)为方程组(4.1.1)的全部解(或通解).

因此，n 元线性方程组 $\boldsymbol{Ax}=\boldsymbol{\beta}$ 有没有解，以及有解时解是否唯一，都可以通过对方程组的增广矩阵作初等行变换进行判定.

对于齐次线性方程组 $\boldsymbol{Ax}=\boldsymbol{O}$，显然有 $R(\boldsymbol{A}\ \boldsymbol{O})=R(\boldsymbol{A})$，即齐次线性方程组永远有解.

推论 4.1　n 元齐次线性方程组 $\boldsymbol{Ax}=\boldsymbol{O}$ 有非零解的充要条件是 $R(\boldsymbol{A})<n$.

综合上述讨论得到**求解线性方程组的方法**：对于齐次线性方程组，只要将系数矩阵用初等行变换化为简化行阶梯形矩阵，便可写出其通解；对于非齐次线性方程组，先将增广矩阵用初等行变换化为行阶梯形矩阵，便可判断其是否有解. 若有解，则继续用初等行变换把增广矩阵化为简化行阶梯形矩阵，便能写出其通解.

例 4.2　解线性方程组

$$\begin{cases}5x_1-x_2+2x_3+x_4=7,\\2x_1+x_2+4x_3-2x_4=1,\\x_1-3x_2-6x_3+5x_4=0.\end{cases}$$

解　因所给方程组是非齐次线性方程组，对方程组的增广矩阵作初等行变换

$$(\boldsymbol{A}\ \boldsymbol{\beta})=\begin{pmatrix}5&-1&2&1&7\\2&1&4&-2&1\\1&-3&-6&5&0\end{pmatrix}\to\begin{pmatrix}1&-3&-6&5&0\\2&1&4&-2&1\\5&-1&2&1&7\end{pmatrix}$$

$$\to\begin{pmatrix}1&-3&-6&5&0\\0&7&16&-12&1\\0&14&32&-24&7\end{pmatrix}\to\begin{pmatrix}1&-3&-6&5&0\\0&7&16&-12&1\\0&0&0&0&5\end{pmatrix}(\text{行阶梯形矩阵}),$$

从矩阵 $(\boldsymbol{A}\ \boldsymbol{\beta})$ 的行阶梯形矩阵知 $R(\boldsymbol{A})=2<R(\boldsymbol{A},\boldsymbol{\beta})=3$，故所给方程组无解.

例 4.3　解线性方程组

$$\begin{cases}2x_1-x_2-x_3+x_4=0,\\x_1+x_2-2x_3+x_4=0,\\4x_1-6x_2+2x_3-2x_4=0,\\3x_1+6x_2-9x_3+7x_4=0.\end{cases}$$

解　因所给方程组是齐次线性方程组，对方程组的系数矩阵做初等行变换

$$\boldsymbol{A}=\begin{pmatrix}2&-1&-1&1\\1&1&-2&1\\4&-6&2&-2\\3&6&-9&7\end{pmatrix}\to\begin{pmatrix}1&1&-2&1\\2&-1&-1&1\\4&-6&2&-2\\3&6&-9&7\end{pmatrix}\to\begin{pmatrix}1&2&-2&1\\0&-3&3&-1\\0&-10&10&-6\\0&3&-3&4\end{pmatrix}$$

$$\to\begin{pmatrix}1&1&-2&1\\0&-3&3&-1\\0&-1&1&-3\\0&0&0&3\end{pmatrix}\to\begin{pmatrix}1&0&-1&-2\\0&0&0&8\\0&-1&1&-3\\0&0&0&1\end{pmatrix}\to\begin{pmatrix}1&0&-1&0\\0&0&0&0\\0&-1&1&0\\0&0&0&1\end{pmatrix}\to\begin{pmatrix}1&0&-1&0\\0&1&-1&0\\0&0&0&1\\0&0&0&0\end{pmatrix}.$$

于是所给方程组的同解方程组为

$$\begin{cases}x_1-x_3=0,\\x_2-x_3=0,\\x_4=0.\end{cases}$$

从而所给方程组的全部解为

$$\begin{cases}x_1=c,\\x_2=c,\\x_3=c,\\x_4=0.\end{cases}$$

方程组的全部解也可以记为$(c,c,c,0)^{\mathrm{T}}$，其中c为任意常数.

例 4.4 λ取何值时，线性方程组

$$\begin{cases}(1+\lambda)x_1+x_2+x_3=0,\\ x_1+(1+\lambda)x_2+x_3=3,\\ x_1+x_2+(1+\lambda)x_3=\lambda.\end{cases}$$

有唯一解；无解；有无穷多解？并在有无穷多解时求出全部解.

解 因所给方程组是非齐次线性方程组，对方程组的增广矩阵作初等行变换

$$(\boldsymbol{A}\ \boldsymbol{\beta})==\begin{pmatrix}1+\lambda & 1 & 1 & 0\\ 1 & 1+\lambda & 1 & 3\\ 1 & 1 & 1+\lambda & \lambda\end{pmatrix}\to\begin{pmatrix}1 & 1 & 1+\lambda & \lambda\\ 1 & 1+\lambda & 1 & 3\\ 1+\lambda & 1 & 1 & 0\end{pmatrix}$$

$$\to\begin{pmatrix}1 & 1 & 1+\lambda & \lambda\\ 0 & \lambda & -\lambda & 3-\lambda\\ 0 & -\lambda & -\lambda(2+\lambda) & -\lambda(1+\lambda)\end{pmatrix}\to\begin{pmatrix}1 & 1 & 1+\lambda & \lambda\\ 0 & \lambda & -\lambda & 3-\lambda\\ 0 & 0 & -\lambda(3+\lambda) & (1-\lambda)(3+\lambda)\end{pmatrix}.$$

则当$\lambda\neq0$且$\lambda\neq-3$时，$R(\boldsymbol{A}\ \boldsymbol{\beta})=R(\boldsymbol{A})=3$，方程组有唯一解；
当$\lambda=0$时，$R(\boldsymbol{A}\ \boldsymbol{\beta})=2$，$R(\boldsymbol{A})=1$，方程组无解；
当$\lambda=-3$时，$R(\boldsymbol{A}\ \boldsymbol{\beta})=R(\boldsymbol{A})=2<3$，方程组有无穷多解.

此时，

$$(\boldsymbol{A}\ \boldsymbol{\beta})=\begin{pmatrix}-2 & 1 & 1 & 0\\ 1 & -2 & 1 & 3\\ 1 & 1 & -2 & -3\end{pmatrix}\to\begin{pmatrix}1 & 1 & -2 & -3\\ 0 & -3 & 3 & 6\\ 0 & 0 & 0 & 0\end{pmatrix}\to\begin{pmatrix}1 & 1 & -2 & -3\\ 0 & 1 & -1 & -2\\ 0 & 0 & 0 & 0\end{pmatrix}\to\begin{pmatrix}1 & 0 & -1 & -1\\ 0 & 1 & -1 & -2\\ 0 & 0 & 0 & 0\end{pmatrix}.$$

因此当$\lambda=-3$时，方程组的全部解为

$$\begin{cases}x_1=c-1,\\ x_2=c-2,(c\text{ 为任意常数})\\ x_3=c.\end{cases}$$

定理 4.2 矩阵方程$\boldsymbol{AX}=\boldsymbol{B}$有解的充要条件是$R(\boldsymbol{A})=R(\boldsymbol{A}\quad\boldsymbol{B})$.

证明 设$\boldsymbol{A}$为$m\times n$矩阵，$\boldsymbol{B}$为$m\times s$矩阵，则$\boldsymbol{X}$为$n\times s$矩阵. 把$\boldsymbol{X}$和$\boldsymbol{B}$按列分块，记为

$$\boldsymbol{X}=(\boldsymbol{x}_1\quad\boldsymbol{x}_2\quad\cdots\quad\boldsymbol{x}_s),\ \boldsymbol{B}=(\boldsymbol{\beta}_1\quad\boldsymbol{\beta}_2\quad\cdots\quad\boldsymbol{\beta}_s),$$

于是矩阵方程$\boldsymbol{AX}=\boldsymbol{B}$等价于$s$个线性方程组$\boldsymbol{Ax}_j=\boldsymbol{\beta}_j(j=1,2,\cdots,s)$.

充分性：因$R(A)=R(\boldsymbol{A}\quad\boldsymbol{B})$，$R(\boldsymbol{A})\leqslant R(\boldsymbol{A},\boldsymbol{\beta}_j)\leqslant R(\boldsymbol{A},\boldsymbol{\beta}_1,\cdots,\boldsymbol{\beta}_s)=R(\boldsymbol{A}\ \boldsymbol{B})$，

则$R(\boldsymbol{A})=R(\boldsymbol{A},\boldsymbol{\beta}_j)$，即线性方程组$\boldsymbol{Ax}_j=\boldsymbol{\beta}_j(j=1,2,\cdots,s)$有解，所以矩阵方程$\boldsymbol{AX}=\boldsymbol{B}$有解.

必要性：因矩阵方程$\boldsymbol{AX}=\boldsymbol{B}$有解，即$\boldsymbol{Ax}_j=\boldsymbol{\beta}_j(j=1,2,\cdots,s)$有解，

令$\boldsymbol{Ax}_j=\boldsymbol{\beta}_j$的解为$\boldsymbol{x}_j=\begin{pmatrix}k_{1j}\\ k_{2j}\\ \vdots\\ k_{nj}\end{pmatrix}$，又把$\boldsymbol{A}$按列分块，记为$\boldsymbol{A}=(\boldsymbol{\alpha}_1\quad\boldsymbol{\alpha}_2\quad\cdots\quad\boldsymbol{\alpha}_n)$，

于是

$k_{1j}\boldsymbol{\alpha}_1+k_{2j}\boldsymbol{\alpha}_2+\cdots+k_{nj}\boldsymbol{\alpha}_n=\boldsymbol{\beta}_j(j=1,2,\cdots,s)$，$(\boldsymbol{A}\quad\boldsymbol{B})=(\boldsymbol{\alpha}_1\quad\boldsymbol{\alpha}_2\quad\cdots\quad\boldsymbol{\alpha}_n\quad\boldsymbol{\beta}_1\quad\boldsymbol{\beta}_2\quad\cdots\quad\boldsymbol{\beta}_s)$

$$\xrightarrow{c_{n+j}+(-k_{1j})c_1+(-k_{2j})c_2+\cdots+(-k_{nj})c_n}(\boldsymbol{\alpha}_1\quad \boldsymbol{\alpha}_2\quad \cdots\quad \boldsymbol{\alpha}_n\quad 0\quad 0\quad \cdots\quad 0)=(\boldsymbol{A}\ \boldsymbol{O}),$$

所以 $R(\boldsymbol{A})=R(\boldsymbol{A}\quad \boldsymbol{B})$.

证毕.

例 4.5　设 $\boldsymbol{AB}=\boldsymbol{C}$，则 $R(\boldsymbol{C})\leqslant \min\{R(\boldsymbol{A}),\ R(\boldsymbol{B})\}$.

证明　由 $\boldsymbol{AB}=\boldsymbol{C}$ 知道矩阵方程 $\boldsymbol{AX}=\boldsymbol{C}$ 有解 $\boldsymbol{X}=\boldsymbol{B}$，于是 $R(\boldsymbol{A})=R(\boldsymbol{A}\ \boldsymbol{C})\geqslant R(\boldsymbol{C})$，又 $\boldsymbol{B}^{\mathrm{T}}\boldsymbol{A}^{\mathrm{T}}=\boldsymbol{C}^{\mathrm{T}}$，即 $\boldsymbol{B}^{\mathrm{T}}\boldsymbol{X}=\boldsymbol{C}^{\mathrm{T}}$ 有解 $\boldsymbol{X}=\boldsymbol{B}^{\mathrm{T}}$，则 $R(\boldsymbol{B}^{\mathrm{T}})=R(\boldsymbol{B}^{\mathrm{T}},\boldsymbol{C}^{\mathrm{T}})\geqslant R(\boldsymbol{C}^{\mathrm{T}})$，而 $R(\boldsymbol{B})=R(\boldsymbol{B}^{\mathrm{T}})$，$R(\boldsymbol{C})=R(\boldsymbol{C}^{\mathrm{T}})$，因此 $R(\boldsymbol{B})\geqslant R(\boldsymbol{C})$，综上所述，有 $\boldsymbol{AB}=\boldsymbol{C}$ 时 $R(\boldsymbol{C})\leqslant \min\{R(\boldsymbol{A}),\ R(\boldsymbol{B})\}$.

习题 4.1

1. 求解下列线性方程组

(1) $\begin{cases}x_1+x_2+2x_3-x_4=0,\\2x_1+x_2+x_3-x_4=0,\\2x_1+2x_2+x_3+2x_4=0.\end{cases}$　(2) $\begin{cases}x_1+6x_2-x_3-4x_4=0,\\-2x_1-12x_2+5x_3+17x_4=0,\\3x_1+18x_2-x_3-6x_4=0.\end{cases}$

(3) $\begin{cases}4x_1+2x_2-x_3=2,\\3x_1-x_2+2x_3=10,\\11x_1+3x_2=8.\end{cases}$　(4) $\begin{cases}2x+y-z+w=1,\\4x+2y-2z+w=2,\\2x+y-z-w=1.\end{cases}$

2. 当 λ、μ 取何值时，下列方程组有解，并求解.

(1) $\begin{cases}\lambda x_1+x_2+x_3=1,\\x_1+\lambda x_2+x_3=\lambda,\\x_1+x_2+\lambda x_3=\lambda^2.\end{cases}$　(2) $\begin{cases}\lambda x_1+x_2+x_3=4,\\x_1+\mu x_2+x_3=3,\\x_1+2\mu x_2+x_3=4.\end{cases}$

4.2　n 维向量空间

4.2.1　n 维向量的概念

定义 4.1　由 n 个有次序的数 $a_1,a_2,\cdots,a_n$ 组成的数组称为一个 **n 维向量**；a_i 称为该向量的第 i 个**分量**(或坐标).

分量全为 0 的向量称为**零向量**. 分量全为实数的向量称为**实向量**，分量为复数的向量称为**复向量**.

本教材中除特别说明外，所讨论的向量均为实向量.

n 维向量可写成一行，也可写成一列.

形如$(a_1,a_2,\cdots,a_n)$的向量叫行向量；形如$\begin{pmatrix}a_1\\a_2\\\vdots\\a_n\end{pmatrix}$的向量叫列向量.

$m\times n$ 矩阵 $\boldsymbol{A}$ 的每一行组成一个 n 维行向量；$\boldsymbol{A}$ 的每一列组成一个 m 维列向量，即 $m\times n$ 矩阵 $\boldsymbol{A}$ 可看成由 m 个 n 维行向量构成，也可看成是由 n 个 m 维列向量构成.

由定义 4.1 可见，n 维行向量和 n 维列向量都是 n 元有序数组，但按第 3 章的规定，行向量和列向量也就是行矩阵和列矩阵，因此行向量和列向量都按矩阵的运算规则进行运算，n 维行向量和 n 维列向量总被看作是两个不同的向量.

本书中，零向量用黑体数字 $\mathbf{0}$ 表示；列向量用黑体小写字母 $\boldsymbol{a},\boldsymbol{b},\boldsymbol{\alpha},\boldsymbol{\beta},\boldsymbol{\gamma}$ 等表示；行向量则用字母 $\boldsymbol{a}^T,\boldsymbol{b}^T,\boldsymbol{\alpha}^T,\boldsymbol{\beta}^T,\boldsymbol{\gamma}^T$ 等表示. 所讨论的向量没有指明是行向量还是列向量，都当作列向量.

解析几何中，我们把"既有大小又有方向的量"叫向量，并把可随意平行移动的有向线段作为向量的几何形象，引进坐标系后，这种向量就有了坐标表示式. 因此，当 $n\leqslant 3$ 时，可以把有向线段作为 n 维向量的几何形象，但当 $n>3$ 时，n 维向量就不再有几何形象，只是沿用一些几何术语罢了.

4.2.2 *n* 维向量空间的概念

定义 4.2 设 V 为一些 n 维向量的集合，且 V 非空. 若对任意 $\boldsymbol{\alpha},\boldsymbol{\beta}\in V$，$k\in\mathbf{R}$，有 $\boldsymbol{\alpha}+\boldsymbol{\beta}\in V$，$k\boldsymbol{\alpha}\in V$，即集合 V 对于加法及数乘两种运算封闭，则称集合 V 为**向量空间**.

显然，全体 n 维实向量组成的集合 $R^n=\{(x_1,x_2,\cdots,x_n)^{\mathrm{T}}\mid x_1,x_2,\cdots,x_n\in\mathbf{R}\}$ 对于向量加法与数乘两种运算封闭，故 R^n 是一个向量空间，称 R^n 为实数集 $\mathbf{R}$ 上的 ***n* 维向量空间**.

仅由一个零向量 $\mathbf{0}$ 组成的集合 $\{\mathbf{0}\}$ 对于向量加法与数乘两种运算也是封闭的，因此 $\{\mathbf{0}\}$ 也是向量空间，称为**零空间**.

例 4.6 集合

$$V=\{\alpha=(x_1,x_2,\cdots,x_{n-1},0)^{\mathrm{T}}\mid x_1,x_2,\cdots,x_{n-1}\in\mathbf{R}\}$$

是一个向量空间. 事实上，对 $\boldsymbol{\alpha}=(a_1,a_2,\cdots,a_{n-1},0)^{\mathrm{T}},\boldsymbol{\beta}=(b_1,b_2,\cdots,b_{n-1},0)^{\mathrm{T}}\in V$，$k\in\mathbf{R}$ 有

$$\boldsymbol{\alpha}+\boldsymbol{\beta}=(a_1+b_1,a_2+b_2,\cdots,a_{n-1}+b_{n-1},0)^{\mathrm{T}}\in V,\ k\boldsymbol{\alpha}=(ka_1,ka_2,\cdots,ka_{n-1},0)^{\mathrm{T}}\in V.$$

例 4.7 集合

$$V=\{\boldsymbol{\alpha}=(1,x_2,\cdots,x_n)^{\mathrm{T}}\mid x_2,\cdots,x_n\in\mathbf{R}\}$$

不是向量空间. 因为 $\boldsymbol{\alpha}=(1,x_2,\cdots,x_n)^{\mathrm{T}}\in V$，有 $2\boldsymbol{\alpha}=(2,2x_2,\cdots,2x_n)^{\mathrm{T}}\notin V$.

例 4.8 n 元齐次线性方程组的解集 $S=\{\boldsymbol{x}\mid \boldsymbol{A}\boldsymbol{x}=\boldsymbol{O}\}$ 是一个向量空间(称为齐次线性方程组的解空间)；n 元非齐次线性方程组的解集 $S=\{\boldsymbol{x}\mid \boldsymbol{A}\boldsymbol{x}=\boldsymbol{\beta}\}$ 不是一个向量空间.

例 4.9 设 $\boldsymbol{\alpha},\boldsymbol{\beta}$ 为两个已知的 n 维向量，则集合

$$L=\{\boldsymbol{\eta}=k\boldsymbol{\alpha}+l\boldsymbol{\beta}\mid k,\ l\in\mathbf{R}\}$$

是一个向量空间. 因为 $\boldsymbol{\xi}=k_1\boldsymbol{\alpha}+l_1\boldsymbol{\beta}$，$\boldsymbol{\eta}=k_2\boldsymbol{\alpha}+l_2\boldsymbol{\beta}\in V$，$k\in\mathbf{R}$，有

$$\boldsymbol{\xi}+\boldsymbol{\eta}=(k_1\boldsymbol{\alpha}+l_1\boldsymbol{\beta})+(k_2\boldsymbol{\alpha}+l_2\boldsymbol{\beta})=(k_1+l_1)\boldsymbol{\alpha}+(k_2+l_2)\boldsymbol{\beta}\in V,$$

$$k\boldsymbol{\xi}=(kk_1)\boldsymbol{\alpha}+(kl_1)\boldsymbol{\beta}\in V.$$

称向量空间 L 是由向量 $\boldsymbol{\alpha},\boldsymbol{\beta}$ **生成的向量空间**.

定义 4.3 设 V_1 和 V_2 都是向量空间，若 $V_1\subseteq V_2$，则称 V_1 是 V_2 的**子空间**.

例如，向量空间 $V=\{\alpha=(x_1,x_2,\cdots,x_{n-1},0)^{\mathrm{T}}\mid x_1,x_2,\cdots,x_{n-1}\in\mathbf{R}\}$ 是 $\mathbf{R}^n$ 的一个子空间.

几何中，"空间"通常是作为点的集合，即构成"空间"的元素是点，这样的空间叫作

点空间. 在点空间中取定坐标系后，以坐标原点为起点的有向线段$\boldsymbol{OP}$与其终点 $P(x,y,z)$ 一一对应，即 3 维向量 $\boldsymbol{r}=(x,y,z)^{\mathrm{T}}$ 与空间中的点 $P(x,y,z)$ 一一对应，因此，向量空间 $\mathbf{R}^3$ 可形象地看作以坐标原点为起点的有向线段的全体，也可看作取定了坐标系的点空间.

$n>3$ 时，向量空间 $\mathbf{R}^n$ 没有直观的几何意义.

习题 4.2

1. 设向量 $\boldsymbol{\alpha}_1=(2,3,1,0)$，$\boldsymbol{\alpha}_2=(1,2,-3,2)$，$\boldsymbol{\alpha}_3=(4,1,6,2)$，求 $\boldsymbol{\alpha}_1+2\boldsymbol{\alpha}_2-\boldsymbol{\alpha}_3$.
2. 设 $3(\boldsymbol{\alpha}_1-\boldsymbol{\alpha})+2(\boldsymbol{\alpha}_2+\boldsymbol{\alpha})=4(\boldsymbol{\alpha}_1+\boldsymbol{\alpha})$，求向量 $\boldsymbol{\alpha}$，其中
$$\boldsymbol{\alpha}_1=(2,5,1,3),\ \boldsymbol{\alpha}_2=(1,-3,3,2).$$
3. 设
$$V_1=\{\boldsymbol{\alpha}=(x_1,x_2,\cdots,x_n)\in\mathbf{R}^n\mid x_1+x_2+\cdots+x_n=0\},$$
$$V_2=\{\boldsymbol{\alpha}=(x_1,x_2,\cdots,x_n)\in\mathbf{R}^n\mid x_1^2=x_2\}.$$
问 V_1,V_2 是不是向量空间？为什么？

4.3　向量组的线性相关性

4.3.1　向量组的线性组合

若干个同维数的列向量(或同维数的行向量)所组成的集合叫作一个**向量组**.

例如，$m\times n$ 矩阵 $\boldsymbol{A}$ 的全体列向量构成一个含 n 个 m 维列向量的向量组；$\boldsymbol{A}$ 的全体行向量构成一个含 m 个 n 维行向量的向量组. 又如，当 $R(\boldsymbol{A})<n$ 时，n 元齐次线性方程组 $\boldsymbol{Ax}=\boldsymbol{O}$的所有解的集合是一个含有无穷多个 n 维列向量的向量组.

本节我们讨论只含有限个向量的向量组，4.4 节把本节讨论的结果推广到含无穷多个向量的向量组.

定义 4.4　给定向量组 $\boldsymbol{\alpha}_1,\boldsymbol{\alpha}_2,\cdots,\boldsymbol{\alpha}_s,\boldsymbol{\beta}$，如果存在 s 个数 $k_1,k_2,\cdots,k_s$ 使
$$\boldsymbol{\beta}=k_1\boldsymbol{\alpha}_1+k_2\boldsymbol{\alpha}_2+\cdots+k_s\boldsymbol{\alpha}_s, \tag{4.3.1}$$
则称向量$\boldsymbol{\beta}$ 为向量组 $\boldsymbol{\alpha}_1,\boldsymbol{\alpha}_2,\cdots,\boldsymbol{\alpha}_s$ 的一个**线性组合**，或说向量$\boldsymbol{\beta}$ 可以由向量组 $\boldsymbol{\alpha}_1,\boldsymbol{\alpha}_2,\cdots,\boldsymbol{\alpha}_s$ **线性表示**，$k_1,k_2,\cdots,k_s$ 称为组合系数.

显然，零向量是任一向量组的线性组合；向量组 $\boldsymbol{\alpha}_1,\boldsymbol{\alpha}_2,\cdots,\boldsymbol{\alpha}_s$ 中每一个向量 $\boldsymbol{\alpha}_j(1\leqslant j\leqslant s)$都能由向量组 $\boldsymbol{\alpha}_1,\boldsymbol{\alpha}_2,\cdots,\boldsymbol{\alpha}_s$ 线性表示.

例 4.10　给定向量组 $\boldsymbol{\alpha}_1=\begin{pmatrix}1\\0\\2\\-1\end{pmatrix},\boldsymbol{\alpha}_2=\begin{pmatrix}3\\0\\4\\1\end{pmatrix},\boldsymbol{\beta}=\begin{pmatrix}-1\\0\\0\\-3\end{pmatrix}$，由于$\boldsymbol{\beta}=2\boldsymbol{\alpha}_1-\boldsymbol{\alpha}_2$，所以向量$\boldsymbol{\beta}$ 是向量组 $\boldsymbol{\alpha}_1,\boldsymbol{\alpha}_2$ 的线性组合.

例 4.11　设 $\boldsymbol{\varepsilon}_1=(1,0,\cdots,0)^{\mathrm{T}}$，$\boldsymbol{\varepsilon}_2=(0,1,\cdots,0)^{\mathrm{T}},\cdots,\boldsymbol{\varepsilon}_n=(0,0,\cdots,1)^{\mathrm{T}}$，则任一 n 维

向量 $\boldsymbol{\alpha}=(a_1,a_2,\cdots,a_n)^{\mathrm{T}}$ 都可由向量组 $\boldsymbol{\varepsilon}_1,\boldsymbol{\varepsilon}_2,\cdots,\boldsymbol{\varepsilon}_n$ 线性表示. 事实上，有 $\boldsymbol{\alpha}=a_1\boldsymbol{\varepsilon}_1+a_2\boldsymbol{\varepsilon}_2+\cdots+a_n\boldsymbol{\varepsilon}_n$. 并称向量组 $\boldsymbol{\varepsilon}_1,\boldsymbol{\varepsilon}_2,\cdots,\boldsymbol{\varepsilon}_n$ 为 n **维单位坐标向量组**.

下面我们来看向量组的线性组合与矩阵的秩、线性方程组之间的联系. 设有 n 维向量组

$$\boldsymbol{\alpha}_1=\begin{pmatrix}a_{11}\\a_{21}\\\vdots\\a_{n1}\end{pmatrix},\boldsymbol{\alpha}_2=\begin{pmatrix}a_{12}\\a_{22}\\\vdots\\a_{n2}\end{pmatrix},\cdots,\boldsymbol{\alpha}_s=\begin{pmatrix}a_{1s}\\a_{2s}\\\vdots\\a_{ns}\end{pmatrix},\boldsymbol{\beta}=\begin{pmatrix}b_1\\b_2\\\vdots\\b_n\end{pmatrix},$$

则向量 $\boldsymbol{\beta}$ 可以由向量组 $\boldsymbol{\alpha}_1,\boldsymbol{\alpha}_2,\cdots,\boldsymbol{\alpha}_s$ 线性表示⇔存在 s 个数 $k_1,k_2,\cdots,k_s$ 使

$$\boldsymbol{\beta}=k_1\boldsymbol{\alpha}_1+k_2\boldsymbol{\alpha}_2+\cdots+k_s\boldsymbol{\alpha}_s,$$

即线性方程组

$$\begin{cases}a_{11}x_1+a_{12}x_2+\cdots+a_{1s}x_s=b_1,\\a_{21}x_1+a_{22}x_2+\cdots+a_{2s}x_s=b_2,\\\quad\cdots\cdots\\a_{n1}x_1+a_{n2}x_2+\cdots+a_{ns}x_s=b_n\end{cases}\tag{4.3.2}$$

有解 $\begin{pmatrix}x_1\\x_2\\\vdots\\x_s\end{pmatrix}=\begin{pmatrix}k_1\\k_2\\\vdots\\k_s\end{pmatrix}$.

而线性方程组(4.3.2)的增广矩阵

$$(\boldsymbol{A}\ \boldsymbol{\beta})=\begin{pmatrix}a_{11}&a_{12}&\cdots&a_{1s}&b_1\\a_{21}&a_{22}&\cdots&a_{2s}&b_2\\\vdots&\vdots&&\vdots&\vdots\\a_{n1}&a_{n2}&\cdots&a_{ns}&b_n\end{pmatrix}.$$

的列向量组正好是给定的向量组 $\boldsymbol{\alpha}_1,\boldsymbol{\alpha}_2,\cdots,\boldsymbol{\alpha}_s,\boldsymbol{\beta}$，于是由线性方程组有解的条件得到：

定理 4.3 给定向量组 $\boldsymbol{\alpha}_1,\boldsymbol{\alpha}_2,\cdots,\boldsymbol{\alpha}_s,\boldsymbol{\beta}$，则 $\boldsymbol{\beta}$ 可以由向量组 $\boldsymbol{\alpha}_1,\boldsymbol{\alpha}_2,\cdots,\boldsymbol{\alpha}_s$ 线性表示的充要条件是 $R(\boldsymbol{A})=R(\boldsymbol{A}\ \boldsymbol{\beta})$，其中 $\boldsymbol{A}=(\boldsymbol{\alpha}_1,\boldsymbol{\alpha}_2,\cdots,\boldsymbol{\alpha}_s)$.

例 4.12 设 $\boldsymbol{\alpha}_1=\begin{pmatrix}1\\1\\2\\2\end{pmatrix}$，$\boldsymbol{\alpha}_2=\begin{pmatrix}1\\2\\1\\3\end{pmatrix}$，$\boldsymbol{\alpha}_3=\begin{pmatrix}1\\-1\\4\\0\end{pmatrix}$，$\boldsymbol{\beta}=\begin{pmatrix}1\\0\\3\\1\end{pmatrix}$，

证明向量 $\boldsymbol{\beta}$ 能由向量组 $\boldsymbol{\alpha}_1,\boldsymbol{\alpha}_2,\boldsymbol{\alpha}_3$ 线性表示，并求出表示式.

解 记 $\boldsymbol{A}=(\boldsymbol{\alpha}_1,\boldsymbol{\alpha}_2,\boldsymbol{\alpha}_3)$，因为

$$(\boldsymbol{A}\ \boldsymbol{\beta})=\begin{pmatrix}1&1&1&1\\1&2&-1&0\\2&1&4&3\\2&3&0&1\end{pmatrix}\xrightarrow{\text{初等行变换}}\begin{pmatrix}1&1&1&1\\0&1&-2&-1\\0&-1&2&1\\0&1&-2&-1\end{pmatrix}\xrightarrow{\text{初等行变换}}\begin{pmatrix}1&0&3&2\\0&1&-2&-1\\0&0&0&0\\0&0&0&0\end{pmatrix},$$

即 $R(\boldsymbol{A})=R(\boldsymbol{A}\ \boldsymbol{\beta})$，所以向量 $\boldsymbol{\beta}$ 能由向量组 $\boldsymbol{\alpha}_1,\boldsymbol{\alpha}_2,\boldsymbol{\alpha}_3$ 线性表示.

又由$(\boldsymbol{A}\ \boldsymbol{\beta})$的简化行阶梯形矩阵，可得方程组$(\boldsymbol{\alpha}_1,\boldsymbol{\alpha}_2,\boldsymbol{\alpha}_3)\begin{pmatrix}x_1\\x_2\\x_3\end{pmatrix}=\boldsymbol{\beta}$ 的通解为

$$\begin{pmatrix}x_1\\x_2\\x_3\end{pmatrix}=\begin{pmatrix}-3c+2\\2c-1\\c\end{pmatrix},\ 其中\ c\ 为任意值,$$

从而得$\boldsymbol{\beta}$ 由向量组 $\boldsymbol{\alpha}_1,\boldsymbol{\alpha}_2,\boldsymbol{\alpha}_3$ 线性表示的表示式

$$\boldsymbol{\beta}=(\boldsymbol{\alpha}_1,\boldsymbol{\alpha}_2,\boldsymbol{\alpha}_3)\begin{pmatrix}x_1\\x_2\\x_3\end{pmatrix}=(-3c+2)\boldsymbol{\alpha}_1+(2c-1)\boldsymbol{\alpha}_2+c\boldsymbol{\alpha}_3.$$

定义 4.5　如果向量组 $\boldsymbol{A}$：$\boldsymbol{\alpha}_1,\boldsymbol{\alpha}_2,\cdots,\boldsymbol{\alpha}_t$ 中每一个向量 $\boldsymbol{\alpha}_i(i=1,2,\cdots,t)$都可以由向量组 $\boldsymbol{B}$:$\boldsymbol{\beta}_1,\boldsymbol{\beta}_2,\cdots,\boldsymbol{\beta}_s$ 线性表示，则称向量组$\boldsymbol{A}$：$\boldsymbol{\alpha}_1,\boldsymbol{\alpha}_2,\cdots,\boldsymbol{\alpha}_t$ 可以由向量组 $\boldsymbol{B}$:$\boldsymbol{\beta}_1,\boldsymbol{\beta}_2,\cdots,\boldsymbol{\beta}_s$ **线性表示**；如果两个向量组可以互相线性表示，则称这两个**向量组等价**.

例如，若 $\boldsymbol{\alpha}_1=(1,1,1)$，$\boldsymbol{\alpha}_2=(1,2,0)$；$\boldsymbol{\beta}_1=(1,0,2)$，$\boldsymbol{\beta}_2=(0,1,-1)$，则向量组 $\boldsymbol{\alpha}_1,\boldsymbol{\alpha}_2$ 与向量组$\boldsymbol{\beta}_1,\boldsymbol{\beta}_2$ 等价. 因为有

$$\boldsymbol{\beta}_1=2\boldsymbol{\alpha}_1-\boldsymbol{\alpha}_2,\ \boldsymbol{\beta}_2=\boldsymbol{\alpha}_2-\boldsymbol{\alpha}_1;$$
$$\boldsymbol{\alpha}_1=\boldsymbol{\beta}_1+\boldsymbol{\beta}_2,\ \boldsymbol{\alpha}_2=\boldsymbol{\beta}_1+2\boldsymbol{\beta}_2.$$

向量组的等价关系有以下基本性质：

(1)反身性：每个向量组都与它自身等价；

(2)对称性：如果向量组$\boldsymbol{\alpha}_1,\boldsymbol{\alpha}_2,\cdots,\boldsymbol{\alpha}_t$ 与$\boldsymbol{\beta}_1,\boldsymbol{\beta}_2,\cdots,\boldsymbol{\beta}_s$ 等价，那么向量组$\boldsymbol{\beta}_1,\boldsymbol{\beta}_2,\cdots,\boldsymbol{\beta}_s$ 也与 $\boldsymbol{\alpha}_1,\boldsymbol{\alpha}_2,\cdots,\boldsymbol{\alpha}_t$ 等价；

(3)传递性：如果向量组 $\boldsymbol{\alpha}_1,\boldsymbol{\alpha}_2,\cdots,\boldsymbol{\alpha}_t$ 与$\boldsymbol{\beta}_1,\boldsymbol{\beta}_2,\cdots,\boldsymbol{\beta}_s$ 等价，向量组 $\boldsymbol{\beta}_1,\boldsymbol{\beta}_2,\cdots,\boldsymbol{\beta}_s$ 与 $\boldsymbol{\gamma}_1,\boldsymbol{\gamma}_2,\cdots,\boldsymbol{\gamma}_p$ 等价，那么向量组 $\boldsymbol{\alpha}_1,\boldsymbol{\alpha}_2,\cdots,\boldsymbol{\alpha}_t$ 与 $\boldsymbol{\gamma}_1,\boldsymbol{\gamma}_2,\cdots,\boldsymbol{\gamma}_p$ 等价.

按定义 4.5，向量组 $\boldsymbol{A}$：$\boldsymbol{\alpha}_1,\boldsymbol{\alpha}_2,\cdots,\boldsymbol{\alpha}_t$ 能由向量组 $\boldsymbol{B}$:$\boldsymbol{\beta}_1,\boldsymbol{\beta}_2,\cdots,\boldsymbol{\beta}_s$ 线性表示，即存在矩阵 $\boldsymbol{K}_{s\times t}$使$(\boldsymbol{\alpha}_1,\boldsymbol{\alpha}_2,\cdots,\boldsymbol{\alpha}_t)=(\boldsymbol{\beta}_1,\boldsymbol{\beta}_2,\cdots,\boldsymbol{\beta}_s)\boldsymbol{K}_{s\times t}$，也就是矩阵方程

$$(\boldsymbol{\beta}_1,\boldsymbol{\beta}_2,\cdots,\boldsymbol{\beta}_s)\boldsymbol{X}=(\boldsymbol{\alpha}_1,\boldsymbol{\alpha}_2,\cdots,\boldsymbol{\alpha}_t)$$

有解 $\boldsymbol{X}=\boldsymbol{K}_{s\times t}$，因此有以下定理.

定理 4.4　向量组 $\boldsymbol{A}$：$\boldsymbol{\alpha}_1,\boldsymbol{\alpha}_2,\cdots,\boldsymbol{\alpha}_t$ 能由向量组 $\boldsymbol{B}$:$\boldsymbol{\beta}_1,\boldsymbol{\beta}_2,\cdots,\boldsymbol{\beta}_s$ 线性表示的充要条件是 $R(\boldsymbol{B})=R(\boldsymbol{B}\ \boldsymbol{A})$，其中 $\boldsymbol{B}=(\boldsymbol{\beta}_1,\boldsymbol{\beta}_2,\cdots,\boldsymbol{\beta}_s)$，$\boldsymbol{A}=(\boldsymbol{\alpha}_1,\boldsymbol{\alpha}_2,\cdots,\boldsymbol{\alpha}_t)$.

推论 4.2　向量组 $\boldsymbol{A}$：$\boldsymbol{\alpha}_1,\boldsymbol{\alpha}_2,\cdots,\boldsymbol{\alpha}_t$ 与向量组 $\boldsymbol{B}$:$\boldsymbol{\beta}_1,\boldsymbol{\beta}_2,\cdots,\boldsymbol{\beta}_s$ 等价的充要条件是$R(\boldsymbol{A})=R(\boldsymbol{B})=R(\boldsymbol{A}\quad\boldsymbol{B})$.

4.3.2　向量组的线性相关性

定义 4.6　给定向量组 $\boldsymbol{\alpha}_1,\boldsymbol{\alpha}_2,\cdots,\boldsymbol{\alpha}_s$，如果存在不全为零的数 $k_1,k_2,\cdots,k_s$ 使

$$k_1\boldsymbol{\alpha}_1+k_2\boldsymbol{\alpha}_2+\cdots+k_s\boldsymbol{\alpha}_s=\boldsymbol{0},$$

则称向量组 $\boldsymbol{\alpha}_1,\boldsymbol{\alpha}_2,\cdots,\boldsymbol{\alpha}_s$ **线性相关**，否则称向量组 $\boldsymbol{\alpha}_1,\boldsymbol{\alpha}_2,\cdots,\boldsymbol{\alpha}_s$ **线性无关**.

例 4.13　给定向量组 $\boldsymbol{\alpha}_1=(1,0,1)$,$\boldsymbol{\alpha}_2=(0,1,0)$,$\boldsymbol{\alpha}_3=(2,0,2)$，因为有不全为零的数 $k_1=2,k_2=0,k_3=-1$ 使 $2\boldsymbol{\alpha}_1+0\cdot\boldsymbol{\alpha}_2+(-1)\cdot\boldsymbol{\alpha}_3=\boldsymbol{0}$，所以向量组 $\boldsymbol{\alpha}_1,\boldsymbol{\alpha}_2,\boldsymbol{\alpha}_3$ 是线性相关的.

注 4.1 按定义 4.6，如果没有不全为零的数 $k_1,k_2,\cdots,k_s$ 使 $k_1\boldsymbol{\alpha}_1+k_2\boldsymbol{\alpha}_2+\cdots+k_s\boldsymbol{\alpha}_s=\mathbf{0}$，则向量组 $\boldsymbol{\alpha}_1,\boldsymbol{\alpha}_2,\cdots,\boldsymbol{\alpha}_s$ 线性无关. 也就是说，向量组 $\boldsymbol{\alpha}_1,\boldsymbol{\alpha}_2,\cdots,\boldsymbol{\alpha}_s$ 线性无关的充要条件是等式

$$k_1\boldsymbol{\alpha}_1+k_2\boldsymbol{\alpha}_2+\cdots+k_s\boldsymbol{\alpha}_s=\mathbf{0}$$

仅当 $k_1=k_2=\cdots=k_s=0$ 时成立.

注 4.2 线性相关与线性无关都是反映向量间线性关系的概念，它们是互斥的，即任意一组向量，如果它们不线性相关，就必线性无关.

注 4.3 向量组 $\boldsymbol{\alpha}_1,\boldsymbol{\alpha}_2,\cdots,\boldsymbol{\alpha}_s$ 通常是指 $s\geqslant 2$ 的情形. 但定义 4.6 对 $s=1$ 的情形也适用. 当 $s=1$ 即向量组只含一个向量 $\boldsymbol{\alpha}$，则 $\boldsymbol{\alpha}=\mathbf{0}$ 时是线性相关的，$\boldsymbol{\alpha}\neq\mathbf{0}$ 时线性无关，即**单独一个非零向量是线性无关的**.

注 4.4 设有向量组 $\boldsymbol{\alpha}_1=\begin{pmatrix}a_{11}\\a_{21}\\\vdots\\a_{n1}\end{pmatrix}$，$\boldsymbol{\alpha}_2=\begin{pmatrix}a_{12}\\a_{22}\\\vdots\\a_{n2}\end{pmatrix},\cdots,\boldsymbol{\alpha}_s=\begin{pmatrix}a_{1s}\\a_{2s}\\\vdots\\a_{ns}\end{pmatrix}$，则向量组 $\boldsymbol{\alpha}_1,\boldsymbol{\alpha}_2,\cdots,\boldsymbol{\alpha}_s$ 线性相关$\Leftrightarrow$存在 s 个不全为零的数 $k_1,k_2,\cdots,k_s$ 使

$$k_1\boldsymbol{\alpha}_1+k_2\boldsymbol{\alpha}_2+\cdots+k_s\boldsymbol{\alpha}_s=\mathbf{0},$$

即线性方程组

$$\begin{cases}a_{11}x_1+a_{12}x_2+\cdots+a_{1s}x_s=0,\\a_{21}x_1+a_{22}x_2+\cdots+a_{2s}x_s=0,\\\quad\cdots\cdots\\a_{n1}x_1+a_{n2}x_2+\cdots+a_{ns}x_s=0\end{cases}\tag{4.3.3}$$

有非零解 $\begin{pmatrix}x_1\\x_2\\\vdots\\x_s\end{pmatrix}=\begin{pmatrix}k_1\\k_2\\\vdots\\k_s\end{pmatrix}\neq\mathbf{0}$，于是有以下定理.

定理 4.5 向量组 $\boldsymbol{\alpha}_1,\boldsymbol{\alpha}_2,\cdots,\boldsymbol{\alpha}_s$ 线性相关的充要条件是 $R(\boldsymbol{A})<s$，其中 $\boldsymbol{A}=(\boldsymbol{\alpha}_1,\boldsymbol{\alpha}_2,\cdots,\boldsymbol{\alpha}_s)$，$s$ 是向量组中所含向量的个数.

特别地，任意 $n+1$ 个 n 维向量必线性相关.

例 4.14 讨论 n 维单位坐标向量组

$$\boldsymbol{\varepsilon}_1=(1,0,\cdots,0)^{\mathrm{T}},\boldsymbol{\varepsilon}_2=(0,1,\cdots,0)^{\mathrm{T}},\cdots,\boldsymbol{\varepsilon}_n=(0,0,\cdots,1)^{\mathrm{T}}$$

的线性相关性.

解 因 $\boldsymbol{A}=(\boldsymbol{\varepsilon}_1\quad\boldsymbol{\varepsilon}_2\quad\cdots\quad\boldsymbol{\varepsilon}_n)=\begin{pmatrix}1&0&\cdots&0\\0&1&\cdots&0\\\vdots&\vdots&&\vdots\\0&0&\cdots&1\end{pmatrix}$，即 $R(\boldsymbol{A})=n$，所以向量组 $\boldsymbol{\varepsilon}_1,\boldsymbol{\varepsilon}_2,\cdots,\boldsymbol{\varepsilon}_n$ 线性无关.

例 4.15 判断向量组 $\boldsymbol{\alpha}_1=(2,-1,3,1)^{\mathrm{T}},\boldsymbol{\alpha}_2=(4,-2,5,4)^{\mathrm{T}},\boldsymbol{\alpha}_3=(2,-1,4,-1)^{\mathrm{T}}$ 的线性相关性.

解　因

$$A=(\boldsymbol{\alpha}_1\quad\boldsymbol{\alpha}_2\quad\boldsymbol{\alpha}_3)=\begin{pmatrix}2&4&2\\-1&-2&-1\\3&5&4\\1&4&-1\end{pmatrix}\to\begin{pmatrix}0&-4&4\\0&2&-2\\0&-7&7\\1&4&-1\end{pmatrix}\to\begin{pmatrix}1&4&-1\\0&1&-1\\0&0&0\\0&0&0\end{pmatrix}$$

即 $R(\boldsymbol{A})=2<3$(向量组中所含向量的个数)，从而向量组 $\boldsymbol{\alpha}_1,\boldsymbol{\alpha}_2,\boldsymbol{\alpha}_3$ 线性相关.

定理 4.6　向量组 $\boldsymbol{\alpha}_1,\boldsymbol{\alpha}_2,\cdots,\boldsymbol{\alpha}_s(s\geqslant 2)$ 线性相关的充要条件是向量组中至少有一个向量可以由其余向量线性表示.

证明　先证明必要性.

若 $\boldsymbol{\alpha}_1,\boldsymbol{\alpha}_2,\cdots,\boldsymbol{\alpha}_s(s\geqslant 2)$ 线性相关，则有不全为零的数 $k_1,k_2,\cdots,k_s$ 使

$$k_1\boldsymbol{\alpha}_1+k_2\boldsymbol{\alpha}_2+\cdots+k_s\boldsymbol{\alpha}_s=\boldsymbol{0}.$$

不妨设 $k_j\neq 0$，则有

$$\boldsymbol{\alpha}_j=-\frac{k_1}{k_j}\boldsymbol{\alpha}_1-\cdots-\frac{k_{j-1}}{k_j}\boldsymbol{\alpha}_{j-1}-\frac{k_{j+1}}{k_j}\boldsymbol{\alpha}_{j+1}-\cdots-\frac{k_s}{k_j}\boldsymbol{\alpha}_s.$$

即 $\boldsymbol{\alpha}_j$ 可由 $\boldsymbol{\alpha}_1,\cdots,\boldsymbol{\alpha}_{j-1},\boldsymbol{\alpha}_{j+1},\cdots,\boldsymbol{\alpha}_s$ 线性表示.

再证明充分性.

若 $\boldsymbol{\alpha}_j$ 可由其余向量线性表示，设

$$\boldsymbol{\alpha}_j=k_1\boldsymbol{\alpha}_1+\cdots+k_{j-1}\boldsymbol{\alpha}_{j-1}+k_{j+1}\boldsymbol{\alpha}_{j+1}+\cdots+k_s\boldsymbol{\alpha}_s,$$

则有

$$k_1\boldsymbol{\alpha}_1+\cdots+k_{j-1}\boldsymbol{\alpha}_{j-1}+(-1)\boldsymbol{\alpha}_j+k_{j+1}\boldsymbol{\alpha}_{j+1}+\cdots+k_s\boldsymbol{\alpha}_s=\boldsymbol{0}.$$

因 $\boldsymbol{\alpha}_j$ 的系数不为零，按定义 4.6 知道向量组 $\boldsymbol{\alpha}_1,\boldsymbol{\alpha}_2,\cdots,\boldsymbol{\alpha}_s$ 线性相关.

证毕.

由定理 4.6 容易得到以下简单结论：

(1)含有零向量的向量组必线性相关；

(2)两个向量线性相关的充要条件是它们的分量对应成比例.

定理 4.7　如果向量组的一个部分组线性相关，那么这个向量组就线性相关；反之，如果向量组线性无关，那么它的任何一个非空的部分组也线性无关.

证明　仅证明前一个结论，后一个结论请读者自行证明.

不妨设 $\boldsymbol{\alpha}_1,\boldsymbol{\alpha}_2,\cdots,\boldsymbol{\alpha}_s$ 是向量组 $\boldsymbol{\alpha}_1,\boldsymbol{\alpha}_2,\cdots,\boldsymbol{\alpha}_s,\cdots,\boldsymbol{\alpha}_r(s\leqslant r)$ 的一个部分组，若 $\boldsymbol{\alpha}_1,\boldsymbol{\alpha}_2,\cdots,\boldsymbol{\alpha}_s$ 线性相关，则有不全为零的数 $k_1,k_2,\cdots,k_s$，使

$$k_1\boldsymbol{\alpha}_1+k_2\boldsymbol{\alpha}_2+\cdots+k_s\boldsymbol{\alpha}_s=\boldsymbol{0}.$$

由上式，有

$$k_1\boldsymbol{\alpha}_1+k_2\boldsymbol{\alpha}_2+\cdots+k_s\boldsymbol{\alpha}_s+0\boldsymbol{\alpha}_{s+1}+\cdots+0\boldsymbol{\alpha}_r=\boldsymbol{0}.$$

因为 $k_1,k_2,\cdots,k_s$ 不全为零，所以 $k_1,k_2,\cdots,k_s,0,\cdots,0$ 也不全为零，因而向量组 $\boldsymbol{\alpha}_1,\boldsymbol{\alpha}_2,\cdots,\boldsymbol{\alpha}_s,\cdots,\boldsymbol{\alpha}_r$ 线性相关.

证毕.

定理 4.8　设向量组 $\boldsymbol{A}$：$\boldsymbol{\alpha}_1,\boldsymbol{\alpha}_2,\cdots,\boldsymbol{\alpha}_s$ 线性无关，而向量组 $\boldsymbol{B}$：$\boldsymbol{\alpha}_1,\boldsymbol{\alpha}_2,\cdots,\boldsymbol{\alpha}_s,\boldsymbol{\beta}$ 线性相关，则向量 $\boldsymbol{\beta}$ 必能由向量组 $\boldsymbol{A}$：$\boldsymbol{\alpha}_1,\boldsymbol{\alpha}_2,\cdots,\boldsymbol{\alpha}_s$ 线性表示，且表示式是唯一的.

证明　记 $\boldsymbol{A}=(\boldsymbol{\alpha}_1,\boldsymbol{\alpha}_2,\cdots,\boldsymbol{\alpha}_s)$，$\boldsymbol{B}=(\boldsymbol{\alpha}_1,\boldsymbol{\alpha}_2,\cdots,\boldsymbol{\alpha}_s,\boldsymbol{\beta})$. 因向量组 $\boldsymbol{A}$：$\boldsymbol{\alpha}_1,\boldsymbol{\alpha}_2,\cdots,\boldsymbol{\alpha}_s$ 线性无关，向量组 $\boldsymbol{B}$：$\boldsymbol{\alpha}_1,\boldsymbol{\alpha}_2,\cdots,\boldsymbol{\alpha}_s,\boldsymbol{\beta}$ 线性相关，所以 $R(\boldsymbol{A})=s$，$s\leqslant R(\boldsymbol{B})=R(\boldsymbol{A},\boldsymbol{\beta})<s+1$，即

$R(\boldsymbol{A})=R(\boldsymbol{B})=R(\boldsymbol{A},\boldsymbol{\beta})=s$，故方程组 $\boldsymbol{Ax}=\boldsymbol{\beta}$ 有唯一解，因此向量$\boldsymbol{\beta}$ 必能由向量组 $\boldsymbol{A}$：$\boldsymbol{\alpha}_1,\boldsymbol{\alpha}_2,\cdots,\boldsymbol{\alpha}_s$ 线性表示，且表示式是唯一的.

证毕.

例 4.16 设向量组 $\boldsymbol{\alpha}_1,\boldsymbol{\alpha}_2,\boldsymbol{\alpha}_3$ 线性相关，向量组 $\boldsymbol{\alpha}_2,\boldsymbol{\alpha}_3,\boldsymbol{\alpha}_4$ 线性无关，证明：

(1) $\boldsymbol{\alpha}_1$ 能由 $\boldsymbol{\alpha}_2,\boldsymbol{\alpha}_3$ 线性表示；

(2) $\boldsymbol{\alpha}_4$ 不能由 $\boldsymbol{\alpha}_1,\boldsymbol{\alpha}_2,\boldsymbol{\alpha}_3$ 线性表示.

证明 (1)因向量组 $\boldsymbol{\alpha}_2,\boldsymbol{\alpha}_3,\boldsymbol{\alpha}_4$ 线性无关，即向量组 $\boldsymbol{\alpha}_2,\boldsymbol{\alpha}_3$ 线性无关，又向量组 $\boldsymbol{\alpha}_1,\boldsymbol{\alpha}_2,\boldsymbol{\alpha}_3$ 线性相关，因此 $\boldsymbol{\alpha}_1$ 能由 $\boldsymbol{\alpha}_2,\boldsymbol{\alpha}_3$ 线性表示.

(2)用反证法. 若 $\boldsymbol{\alpha}_4$ 能由 $\boldsymbol{\alpha}_1,\boldsymbol{\alpha}_2,\boldsymbol{\alpha}_3$ 线性表示，不妨令 $\boldsymbol{\alpha}_4=k_1\boldsymbol{\alpha}_1+k_2\boldsymbol{\alpha}_2+k_3\boldsymbol{\alpha}_3$，而由(1)知道 $\boldsymbol{\alpha}_1$ 能由 $\boldsymbol{\alpha}_2,\boldsymbol{\alpha}_3$ 线性表示，即有数 λ_2,λ_3 使 $\boldsymbol{\alpha}_1=\lambda_2\boldsymbol{\alpha}_2+\lambda_3\boldsymbol{\alpha}_3$，于是

$$\boldsymbol{\alpha}_4=k_1(\lambda_2\boldsymbol{\alpha}_2++\lambda_3\boldsymbol{\alpha}_3)+k_2\boldsymbol{\alpha}_2+k_3\boldsymbol{\alpha}_3=(k_1\lambda_2+k_2)\boldsymbol{\alpha}_2+(k_1\lambda_3+k_3)\boldsymbol{\alpha}_3,$$

即 $\boldsymbol{\alpha}_4$ 能由 $\boldsymbol{\alpha}_2,\boldsymbol{\alpha}_3$ 线性表示，这与向量组 $\boldsymbol{\alpha}_2,\boldsymbol{\alpha}_3,\boldsymbol{\alpha}_4$ 线性无关矛盾. 故 $\boldsymbol{\alpha}_4$ 不能由 $\boldsymbol{\alpha}_1,\boldsymbol{\alpha}_2,\boldsymbol{\alpha}_3$ 线性表示.

证毕.

习题 4.3

1. 已知向量组

$$\boldsymbol{A}:\ \boldsymbol{\alpha}_1=\begin{pmatrix}0\\1\\1\end{pmatrix},\boldsymbol{\alpha}_2=\begin{pmatrix}1\\1\\0\end{pmatrix};\ \boldsymbol{B}:\boldsymbol{\beta}_1=\begin{pmatrix}-1\\0\\1\end{pmatrix},\boldsymbol{\beta}_2=\begin{pmatrix}1\\2\\1\end{pmatrix},\boldsymbol{\beta}_3=\begin{pmatrix}3\\2\\-1\end{pmatrix},$$

证明向量组 $\boldsymbol{A}$ 与向量组 $\boldsymbol{B}$ 等价.

2. 设向量组 $\boldsymbol{A}$：$\boldsymbol{\alpha}_1=\begin{pmatrix}-1\\1\\4\end{pmatrix},\boldsymbol{\alpha}_2=\begin{pmatrix}-2\\1\\5\end{pmatrix},\boldsymbol{\alpha}_3=\begin{pmatrix}a\\2\\10\end{pmatrix}$ 及向量$\boldsymbol{\beta}=\begin{pmatrix}1\\b\\-1\end{pmatrix}$，问 a,b 为何值时：

(1)向量$\boldsymbol{\beta}$ 能由向量组 $\boldsymbol{A}$ 线性表示，且表示式唯一；

(2)向量$\boldsymbol{\beta}$ 不能由向量组 $\boldsymbol{A}$ 线性表示；

(3)向量$\boldsymbol{\beta}$ 能由向量组 $\boldsymbol{A}$ 线性表示，且表示式不唯一，并求出一般表示式.

3. 判定下列向量组是线性相关还是线性无关：

(1) $\boldsymbol{\alpha}_1=\begin{pmatrix}-1\\3\\1\end{pmatrix},\boldsymbol{\alpha}_2=\begin{pmatrix}2\\1\\0\end{pmatrix},\boldsymbol{\alpha}_3=\begin{pmatrix}1\\4\\1\end{pmatrix}$；　(2) $\boldsymbol{\beta}_1=\begin{pmatrix}2\\3\\0\end{pmatrix},\boldsymbol{\beta}_2=\begin{pmatrix}-1\\4\\0\end{pmatrix},\boldsymbol{\beta}_3=\begin{pmatrix}0\\0\\2\end{pmatrix}$.

4. 问 k 取何值时，向量组

$$\boldsymbol{\alpha}_1=\begin{pmatrix}k\\1\\1\end{pmatrix},\boldsymbol{\alpha}_2=\begin{pmatrix}1\\k\\-1\end{pmatrix},\boldsymbol{\alpha}_3=\begin{pmatrix}1\\-1\\k\end{pmatrix}$$

线性相关.

5. 设 $\boldsymbol{\alpha}_1,\boldsymbol{\alpha}_2$ 线性无关，$\boldsymbol{\alpha}_1+\boldsymbol{\beta},\boldsymbol{\alpha}_2+\boldsymbol{\beta}$ 线性相关，求向量$\boldsymbol{\beta}$ 用 $\boldsymbol{\alpha}_1,\boldsymbol{\alpha}_2$ 线性表示的表示式.

6. 设 $\boldsymbol{\alpha}_1,\boldsymbol{\alpha}_2,\cdots,\boldsymbol{\alpha}_s$ 是 s 个 n 维向量，下列论断是否正确，说明理由.

(1)若 $\boldsymbol{\alpha}_s$ 不能由 $\boldsymbol{\alpha}_1,\boldsymbol{\alpha}_2,\cdots,\boldsymbol{\alpha}_{s-1}$ 线性表出，则向量组 $\boldsymbol{\alpha}_1,\boldsymbol{\alpha}_2,\cdots,\boldsymbol{\alpha}_s$ 线性无关；

(2)若 $\boldsymbol{\alpha}_1,\boldsymbol{\alpha}_2,\cdots,\boldsymbol{\alpha}_s$ 线性相关，则任一向量均可由其余向量线性表示；

(3)若 $\boldsymbol{\alpha}_1,\boldsymbol{\alpha}_2,\cdots,\boldsymbol{\alpha}_s$ 线性相关，$\boldsymbol{\alpha}_s$ 不能由 $\boldsymbol{\alpha}_1,\boldsymbol{\alpha}_2,\cdots,\boldsymbol{\alpha}_{s-1}$ 线性表示，则 $\boldsymbol{\alpha}_1,\boldsymbol{\alpha}_2,\cdots,\boldsymbol{\alpha}_{s-1}$ 线性相关；

(4)若 $\boldsymbol{\alpha}_1,\boldsymbol{\alpha}_2,\cdots,\boldsymbol{\alpha}_{s-1}$ 线性无关，且 $\boldsymbol{\alpha}_s$ 不能由 $\boldsymbol{\alpha}_1,\boldsymbol{\alpha}_2,\cdots,\boldsymbol{\alpha}_{s-1}$ 线性表示，则 $\boldsymbol{\alpha}_1,\boldsymbol{\alpha}_2,\cdots,\boldsymbol{\alpha}_{s-1}$，$\boldsymbol{\alpha}_s$ 线性无关.

7. 证明向量组 $\boldsymbol{\alpha}_1,\boldsymbol{\alpha}_2,\cdots,\boldsymbol{\alpha}_s$(其中 $\boldsymbol{\alpha}_1\neq 0$)线性相关的充要条件是至少有一个向量 $\alpha_k(1<k\leqslant s)$ 可被 $\boldsymbol{\alpha}_1,\boldsymbol{\alpha}_2,\cdots,\boldsymbol{\alpha}_{k-1}$ 线性表示.

4.4　向量组的秩

4.3 节的讨论中，向量组只含有限个向量，现在我们去掉这一限制，即后面遇到的向量组可以含有无限多个向量.

4.4.1　最大线性无关组与向量组秩的概念

定义 4.7　给定向量组 $\boldsymbol{A}$，如果在向量组 $\boldsymbol{A}$ 中能选出 r 个向量 $\boldsymbol{\alpha}_1,\boldsymbol{\alpha}_2,\cdots,\boldsymbol{\alpha}_r$ 满足

(1)向量组 $\boldsymbol{A}_0$：$\boldsymbol{\alpha}_1,\boldsymbol{\alpha}_2,\cdots,\boldsymbol{\alpha}_r$ 线性无关；

(2)向量组 $\boldsymbol{A}$ 中有 $r+1$ 个向量时，$\boldsymbol{A}$ 的任意 $r+1$ 个向量都线性相关.

那么称向量组 $\boldsymbol{A}_0$ 是向量组 $\boldsymbol{A}$ 的一个**最大线性无关向量组**(简称**最大无关组**)，向量组 $\boldsymbol{A}$ 的最大无关组中所含向量的个数 r 称为向量组 $\boldsymbol{A}$ 的秩，记为 $R_{\boldsymbol{A}}$.

只含零向量的向量组没有最大无关组，规定只含零向量的向量组的秩为 0.

例 4.17　求向量组

$$\boldsymbol{A}:\ \boldsymbol{\alpha}_1=(2,-1,3,1)^{\mathrm{T}},\boldsymbol{\alpha}_2=(4,-2,5,4)^{\mathrm{T}},\boldsymbol{\alpha}_3=(2,-1,4,-1)^{\mathrm{T}}$$

的一个最大无关组和秩.

解　因 $\boldsymbol{\alpha}_1,\boldsymbol{\alpha}_2$ 的分量对应不成比例，即 $\boldsymbol{\alpha}_1,\boldsymbol{\alpha}_2$ 线性无关，又 $3\boldsymbol{\alpha}_1-\boldsymbol{\alpha}_2-\boldsymbol{\alpha}_3=\boldsymbol{0}$，所以 $\boldsymbol{\alpha}_1,\boldsymbol{\alpha}_2,\boldsymbol{\alpha}_3$ 线性相关. 故 $\boldsymbol{\alpha}_1,\boldsymbol{\alpha}_2$ 是向量组 $\boldsymbol{A}$：$\boldsymbol{\alpha}_1,\boldsymbol{\alpha}_2,\boldsymbol{\alpha}_3$ 的一个最大无关组，$R_{\boldsymbol{A}}=2$.

例 4.18　求向量组

$$\boldsymbol{A}:\ \boldsymbol{\alpha}_0=\begin{pmatrix}0\\0\end{pmatrix},\boldsymbol{\alpha}_1=\begin{pmatrix}1\\2\end{pmatrix},\boldsymbol{\alpha}_2=\begin{pmatrix}2\\3\end{pmatrix},\cdots,\boldsymbol{\alpha}_k=\begin{pmatrix}k\\k+1\end{pmatrix},\cdots$$

的一个最大无关组和秩.

解　因向量组 $\boldsymbol{A}$ 是二维向量组，任意三个二维向量都线性相关，而向量组 $\boldsymbol{A}$ 中有两个向量 $\boldsymbol{\alpha}_1,\boldsymbol{\alpha}_2$ 线性无关，所以 $\boldsymbol{\alpha}_1,\boldsymbol{\alpha}_2$ 是向量组 $\boldsymbol{A}$ 的一个最大无关组，$R_{\boldsymbol{A}}=2$.

注 4.5　若向量组 $\boldsymbol{A}$ 线性无关，则向量组 $\boldsymbol{A}$ 自身就是 $\boldsymbol{A}$ 的最大无关组，$R_{\boldsymbol{A}}$ 等于向量组 $\boldsymbol{A}$ 中所含向量的个数. 从而有

向量组线性无关⇔向量组的秩等于向量组中所含向量的个数.

注 4.6　一个向量组的最大无关组可能不唯一.

若向量组的秩为 r，则向量组中任意 r 个线性无关的向量都构成向量组的一个最大无

关组. 如例 4.17 所给向量组 $\boldsymbol{\alpha}_1,\boldsymbol{\alpha}_2,\boldsymbol{\alpha}_3$ 的秩为 2，而 $\boldsymbol{\alpha}_2,\boldsymbol{\alpha}_3$ 线性无关，$\boldsymbol{\alpha}_1,\boldsymbol{\alpha}_3$ 也是线性无关的，所以向量组 $\boldsymbol{\alpha}_2,\boldsymbol{\alpha}_3$ 和 $\boldsymbol{\alpha}_1,\boldsymbol{\alpha}_3$ 都是向量组 $\boldsymbol{\alpha}_1,\boldsymbol{\alpha}_2,\boldsymbol{\alpha}_3$ 的最大无关组.

定理 4.9 向量组 $\boldsymbol{A}$ 的最大无关组 $\boldsymbol{A}_0$ 和向量组 $\boldsymbol{A}$ 是等价的.

证明 若向量组 $\boldsymbol{A}$ 线性无关，则向量组 $\boldsymbol{A}$ 就是它自己的最大无关组 $\boldsymbol{A}_0$，当然 $\boldsymbol{A}$ 和 $\boldsymbol{A}_0$ 是等价的.

若向量组 $\boldsymbol{A}$ 线性相关，则设向量组 $\boldsymbol{A}$ 的一个最大无关组为向量组 $\boldsymbol{A}_0$：$\boldsymbol{\alpha}_1,\boldsymbol{\alpha}_2,\cdots,\boldsymbol{\alpha}_r$. 因为 $\boldsymbol{\alpha}_1,\boldsymbol{\alpha}_2,\cdots,\boldsymbol{\alpha}_r$ 都是向量组 $\boldsymbol{A}$ 中的向量，所以向量组 $\boldsymbol{A}_0$ 中每个向量都能由向量组 $\boldsymbol{A}$ 线性表示. 下面证明向量组 $\boldsymbol{A}$ 能由向量组 $\boldsymbol{A}_0$ 线性表示.

显然，只需证明在向量组 $\boldsymbol{A}$ 中而不在向量组 $\boldsymbol{A}_0$ 中的每一个向量 $\boldsymbol{\alpha}$ 都能由向量组 $\boldsymbol{A}_0$ 线性表示即可. 由最大无关组的定义知道向量组 $\boldsymbol{\alpha}_1,\boldsymbol{\alpha}_2,\cdots,\boldsymbol{\alpha}_r$ 线性无关，向量组 $\boldsymbol{\alpha}_1,\boldsymbol{\alpha}_2,\cdots,\boldsymbol{\alpha}_r,\boldsymbol{\alpha}$ 线性相关，故 $\boldsymbol{\alpha}$ 可被 $\boldsymbol{\alpha}_1,\boldsymbol{\alpha}_2,\cdots,\boldsymbol{\alpha}_r$ 线性表示，于是向量组 $\boldsymbol{A}$ 能由向量组 $\boldsymbol{A}_0$ 线性表示.

所以向量组 $\boldsymbol{A}$ 的最大无关组 $\boldsymbol{A}_0$ 和向量组 $\boldsymbol{A}$ 是等价的.

证毕.

注 4.7 若向量组 $\boldsymbol{A}$ 的最大无关组不唯一，则 $\boldsymbol{A}$ 的任意两个最大无关组等价，从而向量组 $\boldsymbol{A}$ 的最大无关组所含向量个数相同，即向量组的秩是唯一的.

由定理 4.9 的证明可得最大无关组的等价定义.

定义 4.8 给定向量组 $\boldsymbol{A}$，如果在向量组 $\boldsymbol{A}$ 中能选出 r 个向量 $\boldsymbol{\alpha}_1,\boldsymbol{\alpha}_2,\cdots,\boldsymbol{\alpha}_r$ 满足

(1) 向量组 $\boldsymbol{A}_0$：$\boldsymbol{\alpha}_1,\boldsymbol{\alpha}_2,\cdots,\boldsymbol{\alpha}_r$ 线性无关；

(2) 向量组 $\boldsymbol{A}$ 中的任一向量都能由向量组 $\boldsymbol{A}_0$：$\boldsymbol{\alpha}_1,\boldsymbol{\alpha}_2,\cdots,\boldsymbol{\alpha}_r$ 线性表示，那么称向量组 $\boldsymbol{A}_0$ 是向量组 $\boldsymbol{A}$ 的一个**最大线性无关向量组**.

例 4.19 求向量组

$$\boldsymbol{A}:\ \boldsymbol{\alpha}_0=\begin{pmatrix}0\\0\end{pmatrix},\boldsymbol{\alpha}_1=\begin{pmatrix}1\\1\end{pmatrix},\boldsymbol{\alpha}_2=\begin{pmatrix}2\\2\end{pmatrix},\cdots,\boldsymbol{\alpha}_k=\begin{pmatrix}k\\k\end{pmatrix},\cdots$$

的一个最大无关组和秩.

解 因向量组 $\boldsymbol{A}$ 中有向量 $\boldsymbol{\alpha}_1$ 线性无关，又 $\boldsymbol{\alpha}_k=k\boldsymbol{\alpha}_1$，即向量组 $\boldsymbol{A}$ 中任意一个向量 $\boldsymbol{\alpha}_k$ 都能由 $\boldsymbol{\alpha}_1$ 线性表示，所以 $\boldsymbol{\alpha}_1$ 是向量组 $\boldsymbol{A}$ 的一个最大无关组，$R_A=1$.

4.4.2 向量组的秩与矩阵秩的关系

把向量组的最大无关组及秩的定义与矩阵的最高阶非零子式及秩的定义做比较，对于只含有限个 n 维向量的向量组 $\boldsymbol{A}$：$\boldsymbol{\alpha}_1,\boldsymbol{\alpha}_2,\cdots,\boldsymbol{\alpha}_s$ 有下面的定理.

定理 4.10 矩阵 $\boldsymbol{A}$ 的秩等于矩阵 $\boldsymbol{A}$ 的列向量组的秩，也等于矩阵 $\boldsymbol{A}$ 的行向量组的秩.

证明 设矩阵 $\boldsymbol{A}=(\boldsymbol{\alpha}_1,\boldsymbol{\alpha}_2,\cdots,\boldsymbol{\alpha}_s)=(a_{ij})_{n\times s}$.

如果 $R(\boldsymbol{A})=0$，则矩阵 $\boldsymbol{A}=\boldsymbol{O}$，显然矩阵 $\boldsymbol{A}$ 的行向量组的秩与列向量组的秩都为 0.

若 $R(\boldsymbol{A})=r\neq 0$，则矩阵 $\boldsymbol{A}$ 中至少有一个 r 阶子式 $D_r\neq 0$，而当矩阵 $\boldsymbol{A}$ 有 $r+1$ 阶子式时，矩阵 $\boldsymbol{A}$ 的所有 $r+1$ 阶子式全为零. 不妨设 D_r 位于矩阵 $\boldsymbol{A}$ 的左上角，即

$$D_r=\begin{vmatrix}a_{11} & a_{12} & \cdots & a_{1r}\\ a_{21} & a_{22} & \cdots & a_{2r}\\ \vdots & \vdots & & \vdots\\ a_{r1} & a_{r2} & \cdots & a_{rr}\end{vmatrix}\neq 0.$$

所以向量组

$$\begin{pmatrix} a_{11} \\ a_{21} \\ \vdots \\ a_{r1} \end{pmatrix}, \begin{pmatrix} a_{12} \\ a_{22} \\ \vdots \\ a_{r2} \end{pmatrix}, \cdots, \begin{pmatrix} a_{1r} \\ a_{2r} \\ \vdots \\ a_{rr} \end{pmatrix}$$

线性无关，于是添加分量后的向量组

$$\boldsymbol{\beta}_1 = \begin{pmatrix} a_{11} \\ a_{21} \\ \vdots \\ a_{r1} \\ \vdots \\ a_{n1} \end{pmatrix}, \boldsymbol{\beta}_2 = \begin{pmatrix} a_{12} \\ a_{22} \\ \vdots \\ a_{r2} \\ \vdots \\ a_{n2} \end{pmatrix}, \cdots, \boldsymbol{\beta}_r = \begin{pmatrix} a_{1r} \\ a_{2r} \\ \vdots \\ a_{rr} \\ \vdots \\ a_{nr} \end{pmatrix}$$

也线性无关. $\boldsymbol{\beta}_1, \boldsymbol{\beta}_2, \cdots, \boldsymbol{\beta}_r$ 即为矩阵 $\boldsymbol{A}$ 的前 r 个列向量，下面证明向量组 $\boldsymbol{\beta}_1, \boldsymbol{\beta}_2, \cdots, \boldsymbol{\beta}_r$ 是矩阵 $\boldsymbol{A}$ 的列向量组的一个最大无关组，这只需证明对矩阵 $\boldsymbol{A}$ 中后 $n-r$ 列的任一列向量 $\boldsymbol{\beta}_t(r<t\leqslant s)$，向量组 $\boldsymbol{\beta}_1, \boldsymbol{\beta}_2, \cdots, \boldsymbol{\beta}_r, \boldsymbol{\beta}_t$ 线性相关.

若 $\boldsymbol{\beta}_1, \boldsymbol{\beta}_2, \cdots, \boldsymbol{\beta}_r, \boldsymbol{\beta}_t$ 线性无关，则 $r+1$ 元齐次线性方程组

$$x_1 \boldsymbol{\beta}_1 + x_2 \boldsymbol{\beta}_2 + \cdots + x_r \boldsymbol{\beta}_r + x_t \boldsymbol{\beta}_t = \mathbf{0}$$

只有零解，即该方程组的系数矩阵 $\boldsymbol{B} = (\boldsymbol{\beta}_1, \boldsymbol{\beta}_2, \cdots, \boldsymbol{\beta}_r, \boldsymbol{\beta}_t)$ 的秩等于 $r+1$，因而矩阵 $\boldsymbol{B}$ 有 $r+1$ 阶子式 $D_{r+1} \neq 0$，这个 $r+1$ 阶子式当然也是矩阵 $\boldsymbol{A}$ 的 $r+1$ 阶子式，这与 $R(\boldsymbol{A}) = r$ 矛盾. 故向量组 $\boldsymbol{\beta}_1, \boldsymbol{\beta}_2, \cdots, \boldsymbol{\beta}_r, \boldsymbol{\beta}_t$ 线性相关，即 $\boldsymbol{\beta}_1, \boldsymbol{\beta}_2, \cdots, \boldsymbol{\beta}_r$ 是矩阵 $\boldsymbol{A}$ 的列向量组的一个最大无关组，因而矩阵 $\boldsymbol{A}$ 的列向量组的秩等于矩阵 $\boldsymbol{A}$ 的秩.

又因矩阵 $\boldsymbol{A}$ 的行向量即为 $\boldsymbol{A}^{\mathrm{T}}$ 的列向量，而 $R(\boldsymbol{A}^{\mathrm{T}}) = R(\boldsymbol{A})$，可知矩阵 $\boldsymbol{A}$ 的行向量组的秩也等于矩阵 $\boldsymbol{A}$ 的秩.

证毕.

今后把向量组 $\boldsymbol{A}$：$\boldsymbol{\alpha}_1, \boldsymbol{\alpha}_2, \cdots, \boldsymbol{\alpha}_s$ 的秩也记作 $R(\boldsymbol{\alpha}_1, \boldsymbol{\alpha}_2, \cdots, \boldsymbol{\alpha}_s)$. 由定理 4.10 可见，求只含有限个向量的向量组的秩，可以转化为求以这个向量组为列向量(或行向量)的矩阵的秩，且矩阵 $\boldsymbol{A}$ 的一个最高阶非零子式 D_r 所在的 r 列(或行)就是矩阵 $\boldsymbol{A}$ 的列(或行)向量组的一个最大无关组，而矩阵的秩又可通过初等变换求得，且还能证明下面的定理.

定理 4.11　若矩阵 $\boldsymbol{A}$ 经过有限次初等行(列)变换化为矩阵 $\boldsymbol{B}$，则矩阵 $\boldsymbol{A}$ 的行(列)向量组与矩阵 $\boldsymbol{B}$ 的行(列)向量组等价.

证明　对 $m \times n$ 矩阵 $\boldsymbol{A}$ 施行初等行变换后化为矩阵 $\boldsymbol{B}$，相当于用一个 m 阶可逆矩阵 $\boldsymbol{P}$ 左乘矩阵 $\boldsymbol{A}$，即 $\boldsymbol{B} = \boldsymbol{P}\boldsymbol{A}$，从而 $\boldsymbol{P}^{-1}\boldsymbol{B} = \boldsymbol{A}$. 令

$$\boldsymbol{A} = \begin{pmatrix} \boldsymbol{\alpha}_1 \\ \boldsymbol{\alpha}_2 \\ \vdots \\ \boldsymbol{\alpha}_m \end{pmatrix}, \boldsymbol{B} = \begin{pmatrix} \boldsymbol{\beta}_1 \\ \boldsymbol{\beta}_2 \\ \vdots \\ \boldsymbol{\beta}_m \end{pmatrix}, \boldsymbol{P} = (p_{ij})_{m \times m}, \boldsymbol{P}^{-1} = (q_{ij})_{m \times m}.$$

其中 $\boldsymbol{\alpha}_1, \boldsymbol{\alpha}_2, \cdots, \boldsymbol{\alpha}_m$ 及 $\boldsymbol{\beta}_1, \boldsymbol{\beta}_2, \cdots, \boldsymbol{\beta}_m$ 分别是矩阵 $\boldsymbol{A}$ 及 $\boldsymbol{B}$ 的行向量，则有

$$\begin{pmatrix}\boldsymbol{\beta}_1\\ \boldsymbol{\beta}_2\\ \vdots\\ \boldsymbol{\beta}_m\end{pmatrix}=\begin{pmatrix}p_{11} & p_{12} & \cdots & p_{1m}\\ p_{21} & p_{22} & \cdots & p_{2m}\\ \vdots & \vdots & & \vdots\\ p_{m1} & p_{m2} & \cdots & p_{mm}\end{pmatrix}\begin{pmatrix}\boldsymbol{\alpha}_1\\ \boldsymbol{\alpha}_2\\ \vdots\\ \boldsymbol{\alpha}_m\end{pmatrix},$$

即

$$\begin{cases}\boldsymbol{\beta}_1=p_{11}\boldsymbol{\alpha}_1+p_{12}\boldsymbol{\alpha}_2+\cdots p_{1m}\boldsymbol{\alpha}_m,\\ \boldsymbol{\beta}_2=p_{21}\boldsymbol{\alpha}_1+p_{22}\boldsymbol{\alpha}_2+\cdots p_{2m}\boldsymbol{\alpha}_m,\\ \quad\cdots\cdots\\ \boldsymbol{\beta}_m=p_{m1}\boldsymbol{\alpha}_1+p_{m2}\boldsymbol{\alpha}_2+\cdots p_{mm}\boldsymbol{\alpha}_m.\end{cases}$$

这说明$\boldsymbol{\beta}_1,\boldsymbol{\beta}_2,\cdots,\boldsymbol{\beta}_m$ 能由 $\boldsymbol{\alpha}_1,\boldsymbol{\alpha}_2,\cdots,\boldsymbol{\alpha}_m$ 线性表示.

同理有

$$\begin{cases}\boldsymbol{\alpha}_1=q_{11}\boldsymbol{\beta}_1+q_{12}\boldsymbol{\beta}_2+\cdots+q_{1m}\boldsymbol{\beta}_m,\\ \boldsymbol{\alpha}_2=q_{21}\boldsymbol{\beta}_1+q_{22}\boldsymbol{\beta}_2+\cdots+q_{2m}\boldsymbol{\beta}_m,\\ \quad\cdots\cdots\\ \boldsymbol{\alpha}_m=q_{m1}\boldsymbol{\beta}_1+q_{m2}\boldsymbol{\beta}_2+\cdots+q_{mm}\boldsymbol{\beta}_m.\end{cases}$$

这说明 $\boldsymbol{\alpha}_1,\boldsymbol{\alpha}_2,\cdots,\boldsymbol{\alpha}_m$ 能由$\boldsymbol{\beta}_1,\boldsymbol{\beta}_2,\cdots,\boldsymbol{\beta}_m$ 线性表示.

由向量组等价的定义可知，矩阵 $\boldsymbol{A}$ 的行向量组与矩阵 $\boldsymbol{B}$ 的行向量组等价.

类似地，可证矩阵$\boldsymbol{A}$ 经过有限次初等列变换后化为矩阵 $\boldsymbol{B}$，则矩阵 $\boldsymbol{A}$ 的列向量组与矩阵 $\boldsymbol{B}$ 的列向量组等价.

证毕.

定理 4.12 矩阵的初等行变换不改变矩阵列向量组的线性关系；初等列变换不改变矩阵行向量组的线性关系.

证明 设对 $m\times n$ 矩阵 $\boldsymbol{A}$ 施行初等行变换后化为 $\boldsymbol{B}$，即

$$\boldsymbol{A}=(\boldsymbol{\alpha}_1,\boldsymbol{\alpha}_2,\cdots,\boldsymbol{\alpha}_n)\xrightarrow{\text{初等行变换}}(\boldsymbol{\beta}_1,\boldsymbol{\beta}_2,\cdots,\boldsymbol{\beta}_n)=\boldsymbol{B}$$

其中 $\boldsymbol{\alpha}_1,\boldsymbol{\alpha}_2,\cdots,\boldsymbol{\alpha}_n$ 及$\boldsymbol{\beta}_1,\boldsymbol{\beta}_2,\cdots,\boldsymbol{\beta}_n$分别是矩阵 $\boldsymbol{A}$ 及 $\boldsymbol{B}$ 的列向量组. 任取矩阵 $\boldsymbol{A}$ 的列向量 $\boldsymbol{\alpha}_{i_1},\boldsymbol{\alpha}_{i_2},\cdots,\boldsymbol{\alpha}_{i_s}(1\leqslant i_1<i_2<\cdots<i_s\leqslant n)$，记

$$\widetilde{\boldsymbol{A}}=(\boldsymbol{\alpha}_{i_1},\boldsymbol{\alpha}_{i_2},\cdots,\boldsymbol{\alpha}_{i_s}),\ \widetilde{\boldsymbol{B}}=(\boldsymbol{\beta}_{i_1},\boldsymbol{\beta}_{i_2},\cdots,\boldsymbol{\beta}_{i_s}),$$

则 $\widetilde{\boldsymbol{B}}$ 是 $\widetilde{\boldsymbol{A}}$ 经过初等行变换而得的，于是方程组 $\widetilde{\boldsymbol{A}}\boldsymbol{x}=\boldsymbol{0}$ 与 $\widetilde{\boldsymbol{B}}\boldsymbol{x}=\boldsymbol{0}$ 同解，即

$$x_1\boldsymbol{\alpha}_{i_1}+x_2\boldsymbol{\alpha}_{i_2}+\cdots+x_s\boldsymbol{\alpha}_{i_s}=\boldsymbol{0}$$

与

$$x_1\boldsymbol{\beta}_{i_1}+x_2\boldsymbol{\beta}_{i_2}+\cdots+x_s\boldsymbol{\beta}_{i_s}=\boldsymbol{0}$$

同解. 所以$\boldsymbol{\beta}_{i_1},\boldsymbol{\beta}_{i_2},\cdots,\boldsymbol{\beta}_{i_s}$线性相关当且仅当 $\boldsymbol{\alpha}_{i_1},\boldsymbol{\alpha}_{i_2},\cdots,\boldsymbol{\alpha}_{i_s}$线性相关. 这就证明了初等行变换不改变矩阵列向量组的线性关系.

类似地，可证初等列变换不改变矩阵行向量组的线性关系.

证毕.

上述讨论表明，$\boldsymbol{A}\xrightarrow{\text{初等行变换}}\boldsymbol{B}$，如果矩阵 $\boldsymbol{B}$ 是一个简化行阶梯形矩阵，则容易看出矩阵 $\boldsymbol{B}$ 的列向量组各向量之间的线性关系，从而也就得到矩阵 $\boldsymbol{A}$ 的列向量组各向量之间的线性关系. 因此得到求只含有限个向量的向量组的一个最大无关组和秩的又一方法：

把向量组中的每个向量作为矩阵的一列构成一个矩阵，然后用矩阵的初等行变换把矩阵化成阶梯形矩阵，阶梯形矩阵中非零行的行数即为向量组的秩，每个非零行首非零元所在列对应的向量就是最大无关组中的向量.

进一步用矩阵的初等行变换把阶梯形矩阵化成简化行阶梯形矩阵，则不属于最大无关组中的列的元素即为该列向量用最大无关组表示的系数.

例 4.20　求向量组 $\boldsymbol{\alpha}_1=(1,0,2,1)^{\mathrm{T}}$, $\boldsymbol{\alpha}_2=(1,2,3,1)^{\mathrm{T}}$, $\boldsymbol{\alpha}_3=(2,3,5,4)^{\mathrm{T}}$, $\boldsymbol{\alpha}_4=(-3,12,-1,1)^{\mathrm{T}}$ 的秩和一个最大无关组，并把其余向量用所求的最大无关组线性表示.

解　因

$$\boldsymbol{A}=(\boldsymbol{\alpha}_1,\boldsymbol{\alpha}_2,\boldsymbol{\alpha}_3,\boldsymbol{\alpha}_4)=\begin{pmatrix}1&1&2&-3\\0&2&3&12\\2&3&5&-1\\1&1&4&1\end{pmatrix}\xrightarrow{\text{初等行变换}}\begin{pmatrix}1&1&2&-3\\0&2&3&12\\0&1&1&5\\0&0&2&4\end{pmatrix}$$

$$\xrightarrow{\text{初等行变换}}\begin{pmatrix}1&0&1&-8\\0&0&1&2\\0&1&1&5\\0&0&2&4\end{pmatrix}\xrightarrow{\text{初等行变换}}\begin{pmatrix}1&0&1&-8\\0&1&1&5\\0&0&1&2\\0&0&0&0\end{pmatrix}$$

$$\xrightarrow{\text{初等行变换}}\begin{pmatrix}1&0&0&-10\\0&1&0&3\\0&0&1&2\\0&0&0&0\end{pmatrix}=\boldsymbol{B}=(\boldsymbol{\beta}_1,\boldsymbol{\beta}_2,\boldsymbol{\beta}_3,\boldsymbol{\beta}_4)$$

因 $\boldsymbol{Ax}=\boldsymbol{0}$ 与 $\boldsymbol{Bx}=\boldsymbol{0}$ 同解，即 $\boldsymbol{\alpha}_1,\boldsymbol{\alpha}_2,\boldsymbol{\alpha}_3,\boldsymbol{\alpha}_4$ 之间的线性关系与 $\boldsymbol{\beta}_1,\boldsymbol{\beta}_2,\boldsymbol{\beta}_3,\boldsymbol{\beta}_4$ 之间的线性关系相同，由矩阵 $\boldsymbol{B}$ 可见，$\boldsymbol{\beta}_1,\boldsymbol{\beta}_2,\boldsymbol{\beta}_3$ 线性无关，且 $\boldsymbol{\beta}_4=-10\boldsymbol{\beta}_1+3\boldsymbol{\beta}_2+2\boldsymbol{\beta}_3$，从而向量组 $\boldsymbol{\alpha}_1,\boldsymbol{\alpha}_2,\boldsymbol{\alpha}_3,\boldsymbol{\alpha}_4$ 的秩是 3，$\boldsymbol{\alpha}_1,\boldsymbol{\alpha}_2,\boldsymbol{\alpha}_3$ 是所给向量组的一个最大无关组，且 $\boldsymbol{\alpha}_4=-10\boldsymbol{\alpha}_1+3\boldsymbol{\alpha}_2+2\boldsymbol{\alpha}_3$.

4.4.3　向量空间的基、维数与坐标

定义 4.9　设 V 是向量空间，如果 V 中有 r 个向量 $\boldsymbol{\alpha}_1,\boldsymbol{\alpha}_2,\cdots,\boldsymbol{\alpha}_r$ 满足 $\boldsymbol{\alpha}_1,\boldsymbol{\alpha}_2,\cdots,\boldsymbol{\alpha}_r$ 线性无关；V 中任一向量都可由 $\boldsymbol{\alpha}_1,\boldsymbol{\alpha}_2,\cdots,\boldsymbol{\alpha}_r$ 线性表示，那么称向量组 $\boldsymbol{\alpha}_1,\boldsymbol{\alpha}_2,\cdots,\boldsymbol{\alpha}_r$ 是向量空间 V 的一个**基**，数 r 称为向量空间 V 的**维数**，并称 V 为 $\boldsymbol{r}$ **维向量空间**.

如果向量空间 V 没有基，那么 V 的维数为 0，零维向量空间只含一个零向量.

显然，把向量空间 V 看作向量组，V 的基就是向量组的最大无关组，V 的维数就是向量组的秩.

例 4.21　(1) n 维单位坐标向量组

$$\boldsymbol{e}_1=\begin{pmatrix}1\\0\\\vdots\\0\end{pmatrix},\boldsymbol{e}_2=\begin{pmatrix}0\\1\\\vdots\\0\end{pmatrix},\cdots,\boldsymbol{e}_n=\begin{pmatrix}0\\\vdots\\0\\1\end{pmatrix}$$

就是全体 n 维向量构成的向量空间 $\mathbf{R}^n$ 的一个基，因此 $\mathbf{R}^n$ 的维数是 n，所以 $\mathbf{R}^n$ 是 n 维向量空间.

(2) 向量组

$$e_2=\begin{pmatrix}0\\1\\\vdots\\0\end{pmatrix},\cdots,e_n=\begin{pmatrix}0\\\vdots\\0\\1\end{pmatrix}$$

是向量空间 $V_1=\{x=(0,x_2,\cdots,x_n)^{\mathrm{T}}\mid x_2,\cdots,x_n\in\mathbf{R}\}$ 的一个基，因此 V_1 的维数为 $n-1$.

例 4.22 设由向量组 $\boldsymbol{\alpha}_1,\boldsymbol{\alpha}_2,\cdots,\boldsymbol{\alpha}_m$ 生成的向量空间

$$L=\{\boldsymbol{x}=\lambda_1\boldsymbol{\alpha}_1+\lambda_2\boldsymbol{\alpha}_2+\cdots+\lambda_m\boldsymbol{\alpha}_m\mid\lambda_1,\lambda_2,\cdots,\lambda_m\in\mathbf{R}\},$$

显然，向量空间 L 与向量组 $\boldsymbol{\alpha}_1,\boldsymbol{\alpha}_2,\cdots,\boldsymbol{\alpha}_m$ 等价，所以向量组 $\boldsymbol{\alpha}_1,\boldsymbol{\alpha}_2,\cdots,\boldsymbol{\alpha}_m$ 的最大无关组就是向量空间 L 的基，向量组 $\boldsymbol{\alpha}_1,\boldsymbol{\alpha}_2,\cdots,\boldsymbol{\alpha}_m$ 的秩就是 L 的维数.

由向量空间的基的定义可见，若 $\boldsymbol{\alpha}_1,\boldsymbol{\alpha}_2,\cdots,\boldsymbol{\alpha}_r$ 是向量空间 V 的一个基，则

$$V=\{\boldsymbol{x}=\lambda_1\boldsymbol{\alpha}_1+\lambda_2\boldsymbol{\alpha}_2+\cdots+\lambda_r\boldsymbol{\alpha}_r\mid\lambda_1,\lambda_2,\cdots,\lambda_r\in\mathbf{R}\},$$

即向量空间 V 是由 V 的基生成的向量空间，这就较清楚地显示出了向量空间的构造.

定义 4.10 如果在向量空间 V 中取定一个基 $\boldsymbol{\alpha}_1,\boldsymbol{\alpha}_2,\cdots,\boldsymbol{\alpha}_r$，那么对向量空间 V 中任一个向量 $\boldsymbol{\alpha}$，存在唯一一组数 $x_1,x_2,\cdots,x_r$ 使 $\boldsymbol{\alpha}=x_1\boldsymbol{\alpha}_1+x_2\boldsymbol{\alpha}_2+\cdots+x_r\boldsymbol{\alpha}_r$，称有序数组 $x_1,x_2,\cdots,x_r$ 为向量 $\boldsymbol{\alpha}$ 在基 $\boldsymbol{\alpha}_1,\boldsymbol{\alpha}_2,\cdots,\boldsymbol{\alpha}_r$ 下的**坐标**，记为 $(x_1,x_2,\cdots,x_r)$.

特别地，在 n 维向量空间 $\mathbf{R}^n$ 中取单位坐标向量 $\boldsymbol{e}_1,\boldsymbol{e}_2,\cdots,\boldsymbol{e}_n$ 为基，则以 $x_1,x_2,\cdots,x_n$ 为分量的向量 $\boldsymbol{x}=x_1\boldsymbol{e}_1+x_2\boldsymbol{e}_2+\cdots+x_n\boldsymbol{e}_n$，即向量 $\boldsymbol{x}$ 在基 $\boldsymbol{e}_1,\boldsymbol{e}_2,\cdots,\boldsymbol{e}_n$ 下的坐标就是该向量的分量，因此向量组 $\boldsymbol{e}_1,\boldsymbol{e}_2,\cdots,\boldsymbol{e}_n$ 叫作 $\mathbf{R}^n$ 的**自然基**.

向量空间的基是不唯一的，如向量组

$$\boldsymbol{\alpha}_1=(1,0,0,\cdots,0)^{\mathrm{T}},\boldsymbol{\alpha}_2=(1,1,0,\cdots,0)^{\mathrm{T}},\cdots,\boldsymbol{\alpha}_n=(1,1,1,\cdots,1)^{\mathrm{T}}$$

也是 $\mathbf{R}^n$ 的一个基.

定理 4.13 设向量组 $\boldsymbol{A}$：$\boldsymbol{\alpha}_1,\boldsymbol{\alpha}_2,\cdots,\boldsymbol{\alpha}_r$ 与 $\boldsymbol{B}$：$\boldsymbol{\beta}_1,\boldsymbol{\beta}_2,\cdots,\boldsymbol{\beta}_r$ 都是向量空间 V 的基，则存在唯一的可逆矩阵 $\boldsymbol{P}$ 使

$$(\boldsymbol{\beta}_1,\boldsymbol{\beta}_2,\cdots,\boldsymbol{\beta}_r)=(\boldsymbol{\alpha}_1,\boldsymbol{\alpha}_2,\cdots,\boldsymbol{\alpha}_r)\boldsymbol{P},\tag{4.4.1}$$

称可逆矩阵 $\boldsymbol{P}$ 为由基 $\boldsymbol{A}$：$\boldsymbol{\alpha}_1,\boldsymbol{\alpha}_2,\cdots,\boldsymbol{\alpha}_r$ 到基 $\boldsymbol{B}$：$\boldsymbol{\beta}_1,\boldsymbol{\beta}_2,\cdots,\boldsymbol{\beta}_r$ 的过渡矩阵，等式(4.4.1)叫基变换公式. 若向量 $\boldsymbol{x}$ 在基 $\boldsymbol{A}$：$\boldsymbol{\alpha}_1,\boldsymbol{\alpha}_2,\cdots,\boldsymbol{\alpha}_r$ 下的坐标为 $(x_1,x_2,\cdots,x_r)$，在基 $\boldsymbol{B}$：$\boldsymbol{\beta}_1,\boldsymbol{\beta}_2,\cdots,\boldsymbol{\beta}_r$ 下的坐标为 $(y_1,y_2,\cdots,y_r)$，则有坐标变换公式

$$\begin{pmatrix}x_1\\x_2\\\vdots\\x_r\end{pmatrix}=\boldsymbol{P}\begin{pmatrix}y_1\\y_2\\\vdots\\y_r\end{pmatrix}\tag{4.4.2}$$

例 4.23 设 $\mathbf{R}^3$ 的两个基为

$$I:\ \boldsymbol{\alpha}_1=\begin{pmatrix}1\\0\\0\end{pmatrix},\ \boldsymbol{\alpha}_2=\begin{pmatrix}1\\1\\0\end{pmatrix},\ \boldsymbol{\alpha}_3=\begin{pmatrix}1\\1\\1\end{pmatrix},\ II:\boldsymbol{\beta}_1=\begin{pmatrix}1\\2\\1\end{pmatrix},\boldsymbol{\beta}_2=\begin{pmatrix}2\\3\\3\end{pmatrix},\boldsymbol{\beta}_3=\begin{pmatrix}3\\7\\1\end{pmatrix},$$

(1) 求由基 I 到基 II 的过渡矩阵 $\boldsymbol{P}$；

(2) 设向量 x 在基 I 中的坐标为 $(-2,1,2)$，求向量 x 在基 II 中的坐标.

解　记 $\boldsymbol{A}=(\boldsymbol{\alpha}_1,\boldsymbol{\alpha}_2,\boldsymbol{\alpha}_3)$，$\boldsymbol{B}=(\boldsymbol{\beta}_1,\boldsymbol{\beta}_2,\boldsymbol{\beta}_3)$，

(1)由$(\boldsymbol{\beta}_1,\boldsymbol{\beta}_2,\boldsymbol{\beta}_3)=(\boldsymbol{\alpha}_1,\boldsymbol{\alpha}_2,\boldsymbol{\alpha}_3)\boldsymbol{P}$ 得到由基 I 到基 II 的过渡矩阵 $\boldsymbol{P}=\boldsymbol{A}^{-1}\boldsymbol{B}$，因

$$(\boldsymbol{A},\boldsymbol{B})=(\boldsymbol{\alpha}_1,\boldsymbol{\alpha}_2,\boldsymbol{\alpha}_3,\boldsymbol{\beta}_1,\boldsymbol{\beta}_2,\boldsymbol{\beta}_3)=\begin{pmatrix}1&1&1&1&2&3\\0&1&1&2&3&7\\0&0&1&1&3&1\end{pmatrix}$$

$$\xrightarrow{\text{初等行变换}}\begin{pmatrix}1&0&0&-1&-1&-4\\0&1&0&1&0&6\\0&0&1&1&3&1\end{pmatrix},$$

所以过渡矩阵 $\boldsymbol{P}=\begin{pmatrix}-1&-1&-4\\1&0&6\\1&3&1\end{pmatrix}$.

(2)设向量 $\boldsymbol{x}$ 在基 II 中的坐标为(x_1,x_2,x_3)，

因向量 $\boldsymbol{x}$ 在基 I 中的坐标为$(-2,1,2)$，则 $\boldsymbol{x}=-2\boldsymbol{\alpha}_1+\boldsymbol{\alpha}_2+2\boldsymbol{\alpha}_3=x_1\boldsymbol{\beta}_1+x_2\boldsymbol{\beta}_2+x_3\boldsymbol{\beta}_3$，即

$$(\boldsymbol{\alpha}_1,\boldsymbol{\alpha}_2,\boldsymbol{\alpha}_3)\begin{pmatrix}-2\\1\\2\end{pmatrix}=(\boldsymbol{\beta}_1,\boldsymbol{\beta}_2,\boldsymbol{\beta}_3)\begin{pmatrix}x_1\\x_2\\x_3\end{pmatrix}\text{及}(\boldsymbol{\beta}_1,\boldsymbol{\beta}_2,\boldsymbol{\beta}_3)=(\boldsymbol{\alpha}_1,\boldsymbol{\alpha}_2,\boldsymbol{\alpha}_3)\boldsymbol{P}$$

得

$$\begin{pmatrix}x_1\\x_2\\x_3\end{pmatrix}=\boldsymbol{P}^{-1}\begin{pmatrix}-2\\1\\2\end{pmatrix},\ \text{又}\boldsymbol{P}^{-1}=\begin{pmatrix}-18&-11&-6\\5&3&2\\3&2&1\end{pmatrix},$$

所以

$$\begin{pmatrix}x_1\\x_2\\x_3\end{pmatrix}=\begin{pmatrix}-18&-11&-6\\5&3&2\\3&2&1\end{pmatrix}\begin{pmatrix}-2\\1\\2\end{pmatrix}=\begin{pmatrix}13\\-3\\-2\end{pmatrix}$$

即向量 $\boldsymbol{x}$ 在基 II 中的坐标为$(13,-3,-2)$.

习题 4.4

1. 求下列向量组的一个最大无关组和秩，并将其余向量用所求的最大无关组线性表示.

(1)$\boldsymbol{\alpha}_1=(1,2,1,3)^{\mathrm{T}}$，$\boldsymbol{\alpha}_2=(4,-1,-5,-6)^{\mathrm{T}}$，$\boldsymbol{\alpha}_3=(1,-3,-4,-7)^{\mathrm{T}}$；

(2)$\boldsymbol{\alpha}_1=(-1,0,1,0)^{\mathrm{T}}$，$\boldsymbol{\alpha}_2=(1,1,1,1)^{\mathrm{T}}$，$\boldsymbol{\alpha}_3=(0,1,2,1)^{\mathrm{T}}$，$\boldsymbol{\alpha}_4=(-1,1,3,1)^{\mathrm{T}}$；

(3)$\boldsymbol{\alpha}_1=(1,-1,0)^{\mathrm{T}}$，$\boldsymbol{\alpha}_2=(2,1,3)^{\mathrm{T}}$，$\boldsymbol{\alpha}_3=(3,1,2)^{\mathrm{T}}$，$\boldsymbol{\alpha}_4=(5,3,7)^{\mathrm{T}}$.

2. 设向量组

$$\begin{pmatrix}a\\3\\1\end{pmatrix},\ \begin{pmatrix}2\\b\\3\end{pmatrix},\ \begin{pmatrix}1\\2\\1\end{pmatrix},\ \begin{pmatrix}2\\3\\1\end{pmatrix}$$

的秩为 2，求 a,b.

3. 设$\boldsymbol{\beta}_1=\boldsymbol{\alpha}_1,\boldsymbol{\beta}_2=\boldsymbol{\alpha}_1+\boldsymbol{\alpha}_2,\cdots,\boldsymbol{\beta}_s=\boldsymbol{\alpha}_1+\boldsymbol{\alpha}_2+\cdots+\boldsymbol{\alpha}_s$，证明向量组 $\boldsymbol{\alpha}_1,\boldsymbol{\alpha}_2,\cdots,\boldsymbol{\alpha}_s$ 与向量组 $\boldsymbol{\beta}_1,\boldsymbol{\beta}_2,\cdots,\boldsymbol{\beta}_s$ 有相同的秩.

4. 设 $\boldsymbol{\alpha}_1,\boldsymbol{\alpha}_2,\cdots,\boldsymbol{\alpha}_s$ 与$\boldsymbol{\beta}_1,\boldsymbol{\beta}_2,\cdots,\boldsymbol{\beta}_r$ 都是 n 维列向量组，$\boldsymbol{\alpha}_1,\boldsymbol{\alpha}_2,\cdots,\boldsymbol{\alpha}_s$ 线性无关，且

$$(\boldsymbol{\beta}_1,\boldsymbol{\beta}_2,\cdots,\boldsymbol{\beta}_r)=(\boldsymbol{\alpha}_1,\boldsymbol{\alpha}_2,\cdots,\boldsymbol{\alpha}_s)\boldsymbol{C},$$

其中 $\boldsymbol{C}$ 是 $s\times r$ 矩阵，证明$\boldsymbol{\beta}_1,\boldsymbol{\beta}_2,\cdots,\boldsymbol{\beta}_r$ 线性无关的充要条件是 $R(\boldsymbol{C})=r$.

5. 设 $\boldsymbol{A}=(\boldsymbol{\alpha}_1,\boldsymbol{\alpha}_2,\boldsymbol{\alpha}_3)=\begin{pmatrix}2&2&-1\\2&-1&2\\-1&2&2\end{pmatrix}$，$\boldsymbol{B}=(\boldsymbol{\beta}_1,\boldsymbol{\beta}_2)=\begin{pmatrix}1&4\\0&3\\-4&2\end{pmatrix}$，验证 $\boldsymbol{\alpha}_1,\boldsymbol{\alpha}_2,\boldsymbol{\alpha}_3$ 是 $\mathbf{R}^3$ 的一个基，并把$\boldsymbol{\beta}_1,\boldsymbol{\beta}_2$ 用基 $\boldsymbol{\alpha}_1,\boldsymbol{\alpha}_2,\boldsymbol{\alpha}_3$ 线性表示.

6. 设 $\mathbf{R}^3$ 的三个基为

$$\boldsymbol{\alpha}_1=\begin{pmatrix}1\\1\\1\end{pmatrix},\boldsymbol{\alpha}_2=\begin{pmatrix}1\\0\\-1\end{pmatrix},\boldsymbol{\alpha}_3=\begin{pmatrix}1\\0\\1\end{pmatrix}\text{与}\boldsymbol{\beta}_1=\begin{pmatrix}1\\2\\1\end{pmatrix},\boldsymbol{\beta}_2=\begin{pmatrix}2\\3\\4\end{pmatrix},\boldsymbol{\beta}_3=\begin{pmatrix}3\\4\\3\end{pmatrix},$$

(1) 求基 $\boldsymbol{\alpha}_1,\boldsymbol{\alpha}_2,\boldsymbol{\alpha}_3$ 到基$\boldsymbol{\beta}_1,\boldsymbol{\beta}_2,\boldsymbol{\beta}_3$ 的过渡矩阵 $\boldsymbol{P}$;

(2) 设向量 $\boldsymbol{\alpha}$ 在基 $\boldsymbol{\alpha}_1,\boldsymbol{\alpha}_2,\boldsymbol{\alpha}_3$ 中的坐标为 $(1,1,3)$，求向量 $\boldsymbol{\alpha}$ 在基$\boldsymbol{\beta}_1,\boldsymbol{\beta}_2,\boldsymbol{\beta}_3$ 中的坐标.

4.5 线性方程组解的结构

在 4.1 节中我们讨论了线性方程组有解的条件以及用矩阵的初等变换解线性方程组的方法，并建立了两个重要定理，即

(1) 含 n 个未知数的齐次线性方程组 $\boldsymbol{Ax}=\mathbf{0}$ 有非零解的充要条件是系数矩阵 $\boldsymbol{A}$ 的秩小于未知数的个数 n，即 $R(\boldsymbol{A})<n$;

(2) 含 n 个未知数的非齐次线性方程组 $\boldsymbol{Ax}=\boldsymbol{b}$ 有解的充分必要条件是系数矩阵 $\boldsymbol{A}$ 的秩和增广矩阵 $(\boldsymbol{A},\boldsymbol{b})$ 的秩相等，即 $R(\boldsymbol{A})=R(\boldsymbol{A},\boldsymbol{b})=r$. 特别地，$r=n$ 时，$\boldsymbol{Ax}=\boldsymbol{b}$ 有唯一解，$r<n$时，$\boldsymbol{Ax}=\boldsymbol{b}$ 有无穷多解.

下面我们用向量组线性相关性的有关理论来讨论线性方程组的解的结构.

4.5.1 齐次线性方程组解的结构

设齐次线性方程组

$$\begin{cases}a_{11}x_1+a_{12}x_2+\cdots+a_{1n}x_n=0,\\a_{21}x_1+a_{22}x_2+\cdots+a_{2n}x_n=0,\\\qquad\cdots\cdots\\a_{m1}x_1+a_{m2}x_2+\cdots+a_{mn}x_n=0.\end{cases}\tag{4.5.1}$$

记

$$\boldsymbol{A}=\begin{pmatrix} a_{11} & a_{12} & \cdots & a_{1n} \\ a_{21} & a_{22} & \cdots & a_{2n} \\ \vdots & \vdots & & \vdots \\ a_{m1} & a_{m2} & \cdots & a_{mn} \end{pmatrix},\quad \boldsymbol{x}=\begin{pmatrix} x_1 \\ x_2 \\ \vdots \\ x_n \end{pmatrix},$$

方程组(4.5.1)写成矩阵方程形式为

$$\boldsymbol{Ax}=\boldsymbol{0}, \tag{4.5.2}$$

容易证明齐次线性方程组的解有以下性质.

性质 4.1　若 $\boldsymbol{\xi}_1,\boldsymbol{\xi}_2$ 都是 $\boldsymbol{Ax}=\boldsymbol{0}$ 的解，则 $\boldsymbol{\xi}_1+\boldsymbol{\xi}_2$ 也是 $\boldsymbol{Ax}=\boldsymbol{0}$ 的解.

性质 4.2　若 $\boldsymbol{\xi}$ 是 $\boldsymbol{Ax}=\boldsymbol{0}$ 的解，则 $k\boldsymbol{\xi}$ 也是 $\boldsymbol{Ax}=\boldsymbol{0}$ 的解，这里 k 为任意数.

由上述两个性质可证明：若 $\boldsymbol{\xi}_1,\boldsymbol{\xi}_2,\cdots,\boldsymbol{\xi}_r$ 是齐次线性方程组 $\boldsymbol{Ax}=\boldsymbol{0}$ 的解，则线性组合 $k_1\boldsymbol{\xi}_1+k_2\boldsymbol{\xi}_2+\cdots+k_r\boldsymbol{\xi}_r$($k_1,k_2,\cdots,k_r$ 为任意实数)也是 $\boldsymbol{Ax}=\boldsymbol{0}$ 的解. 这说明当 $\boldsymbol{Ax}=\boldsymbol{0}$ 有非零解时，$\boldsymbol{Ax}=\boldsymbol{0}$ 一定有无穷多解. 如果记 $\boldsymbol{Ax}=\boldsymbol{0}$ 的全体解所组成的集合为 S，$\boldsymbol{\xi}_1,\boldsymbol{\xi}_2,\cdots,\boldsymbol{\xi}_r$ 是 S 的一个最大无关组，则 $\boldsymbol{Ax}=\boldsymbol{0}$ 的任一解 $\boldsymbol{x}=k_1\boldsymbol{\xi}_1+k_2\boldsymbol{\xi}_2+\cdots+k_r\boldsymbol{\xi}_r$($k_1,k_2,\cdots,k_r$ 为任意实数).

定义 4.11　齐次线性方程组 $\boldsymbol{Ax}=\boldsymbol{0}$ 的解集的一个最大无关组称为该齐次线性方程组 $\boldsymbol{Ax}=\boldsymbol{0}$ 的一个**基础解系**.

定理 4.14　设 n 元齐次线性方程组 $\boldsymbol{Ax}=\boldsymbol{0}$，$R(\boldsymbol{A})=r$. 若 $r=n$，则 $\boldsymbol{Ax}=\boldsymbol{0}$ 没有基础解系；若 $r<n$，则 $\boldsymbol{Ax}=\boldsymbol{0}$ 一定有基础解系，且 $\boldsymbol{Ax}=\boldsymbol{0}$ 的基础解系中恰有 $n-r$ 个解.

证明　因 n 元齐次线性方程组 $\boldsymbol{Ax}=\boldsymbol{0}$ 的系数矩阵的秩 $R(\boldsymbol{A})=r$.

如果 $r=n$，即方程组 $\boldsymbol{Ax}=\boldsymbol{0}$ 只有零解，则 $\boldsymbol{Ax}=\boldsymbol{0}$ 没有基础解系.

如果 $r<n$，不妨假定矩阵 $\boldsymbol{A}$ 的左上角的 r 阶子式不等于零，则

$$\boldsymbol{A}\xrightarrow{\text{初等行变换}}\begin{pmatrix} 1 & 0 & \cdots & 0 & c_{1,r+1} & \cdots & c_{1n} \\ 0 & 1 & \cdots & 0 & c_{2,r+1} & \cdots & c_{2n} \\ \vdots & \vdots & & \vdots & \vdots & & \vdots \\ 0 & 0 & \cdots & 1 & c_{r,r+1} & \cdots & c_{rn} \\ 0 & 0 & \cdots & 0 & 0 & \cdots & 0 \\ \vdots & \vdots & & \vdots & \vdots & & \vdots \\ 0 & 0 & \cdots & 0 & 0 & \cdots & 0 \end{pmatrix}, \tag{4.5.3}$$

矩阵(4.5.3)对应的方程组为

$$\begin{cases} x_1=-c_{1,r+1}x_{r+1}-c_{1,r+2}x_{r+2}-\cdots-c_{1n}x_n, \\ x_2=-c_{2,r+1}x_{r+1}-c_{2,r+2}x_{r+2}-\cdots-c_{2n}x_n, \\ \cdots\cdots \\ x_r=-c_{r,r+1}x_{r+1}-c_{r,r+2}x_{r+2}-\cdots-c_{rn}x_n. \end{cases} \tag{4.5.4}$$

将式(4.5.4)写成

$$\begin{pmatrix} x_1 \\ x_2 \\ \vdots \\ x_r \end{pmatrix}=x_{r+1}\begin{pmatrix} -c_{1,r+1} \\ -c_{2,r+1} \\ \vdots \\ -c_{r,r+1} \end{pmatrix}+x_{r+2}\begin{pmatrix} -c_{1,r+2} \\ -c_{2,r+2} \\ \vdots \\ -c_{r,r+2} \end{pmatrix}+\cdots+x_n\begin{pmatrix} -c_{1n} \\ -c_{2n} \\ \vdots \\ -c_{rn} \end{pmatrix}, \tag{4.5.5}$$

式(4.5.5)表明，给 $x_{r+1},x_{r+2},\cdots,x_n$ 取定一组值，就可唯一确定出 $x_1,x_2,\cdots,x_r$ 的值，从而可得方程组 $\boldsymbol{Ax}=\boldsymbol{0}$ 的一个解. 现令 $x_{r+1},x_{r+2},\cdots,x_n$ 分别取下列 $n-r$ 组数

$$\begin{pmatrix} x_{r+1} \\ x_{r+2} \\ \vdots \\ x_n \end{pmatrix}=\begin{pmatrix} 1 \\ 0 \\ \vdots \\ 0 \end{pmatrix},\begin{pmatrix} 0 \\ 1 \\ \vdots \\ 0 \end{pmatrix},\cdots,\begin{pmatrix} 0 \\ 0 \\ \vdots \\ 1 \end{pmatrix},$$

那么依次可得

$$\begin{pmatrix} x_1 \\ x_2 \\ \vdots \\ x_r \end{pmatrix}=\begin{pmatrix} -c_{1,r+1} \\ -c_{2,r+1} \\ \vdots \\ -c_{r,r+1} \end{pmatrix},\begin{pmatrix} -c_{1,r+2} \\ -c_{2,r+2} \\ \vdots \\ -c_{r,r+2} \end{pmatrix},\cdots,\begin{pmatrix} -c_{1n} \\ -c_{2n} \\ \vdots \\ -c_{rn} \end{pmatrix},$$

从而得方程组 $\boldsymbol{Ax}=\boldsymbol{0}$ 的 $n-r$ 个解

$$\boldsymbol{\xi}_1=\begin{pmatrix} -c_{1,r+1} \\ -c_{2,r+1} \\ \vdots \\ -c_{r,r+1} \\ 1 \\ 0 \\ \vdots \\ 0 \end{pmatrix},\boldsymbol{\xi}_2=\begin{pmatrix} -c_{1,r+2} \\ -c_{2,r+2} \\ \vdots \\ -c_{r,r+2} \\ 0 \\ 1 \\ \vdots \\ 0 \end{pmatrix},\cdots,\boldsymbol{\xi}_{n-r}=\begin{pmatrix} -c_{1n} \\ -c_{2n} \\ \vdots \\ -c_{rn} \\ 0 \\ 0 \\ \vdots \\ 1 \end{pmatrix}.$$

下面证明 $\boldsymbol{\xi}_1,\boldsymbol{\xi}_2,\cdots,\boldsymbol{\xi}_{n-r}$ 是方程组的一个基础解系.

首先，因为向量组

$$\begin{pmatrix} 1 \\ 0 \\ \vdots \\ 0 \end{pmatrix},\begin{pmatrix} 0 \\ 1 \\ \vdots \\ 0 \end{pmatrix},\cdots,\begin{pmatrix} 0 \\ 0 \\ \vdots \\ 1 \end{pmatrix}$$

线性无关，所以在每个向量第 1 个分量上方添加 r 个分量得到的 $n-r$ 个 n 维向量构成的向量组 $\boldsymbol{\xi}_1,\boldsymbol{\xi}_2,\cdots,\boldsymbol{\xi}_{n-r}$ 线性无关.

其次，设 $x_1=k_1,x_2=k_2,\cdots,x_n=k_n$ 是方程组的任意一个解，则有

$$\begin{cases} k_1=-c_{1,r+1}k_{r+1}-c_{1,r+2}k_{r+2}-\cdots-c_{1n}k_n, \\ k_2=-c_{2,r+1}k_{r+1}-c_{2,r+2}k_{r+2}-\cdots-c_{2n}k_n, \\ \qquad\cdots\cdots \\ k_r=-c_{r,r+1}k_{r+1}-c_{r,r+2}k_{r+2}-\cdots-c_{rn}k_n, \\ k_{r+1}=k_{r+1}, \\ \qquad\cdots\cdots \\ k_n=k_n. \end{cases}$$

写成向量形式有

$$\begin{pmatrix} k_1 \\ k_2 \\ \vdots \\ k_r \\ k_{r+1} \\ k_{r+2} \\ \vdots \\ k_n \end{pmatrix} = k_{r+1}\begin{pmatrix} -c_{1,r+1} \\ -c_{2,r+1} \\ \vdots \\ -c_{r,r+1} \\ 1 \\ 0 \\ \vdots \\ 0 \end{pmatrix} + k_{r+2}\begin{pmatrix} -c_{1,r+2} \\ -c_{2,r+2} \\ \vdots \\ -c_{r,r+2} \\ 0 \\ 1 \\ \vdots \\ 0 \end{pmatrix} + \cdots + k_n\begin{pmatrix} -c_{1n} \\ -c_{2n} \\ \vdots \\ -c_{rn} \\ 0 \\ 0 \\ \vdots \\ 1 \end{pmatrix} = k_{r+1}\boldsymbol{\xi}_1 + k_{r+2}\boldsymbol{\xi}_2 + \cdots + k_n\boldsymbol{\xi}_{n-r},$$

这说明方程组的任一解都能由 $\boldsymbol{\xi}_1,\boldsymbol{\xi}_2,\cdots,\boldsymbol{\xi}_{n-r}$ 线性表示.

故 $\boldsymbol{\xi}_1,\boldsymbol{\xi}_2,\cdots,\boldsymbol{\xi}_{n-r}$ 是方程组 $\boldsymbol{Ax}=\boldsymbol{0}$ 的解集 S 的一个最大无关组，即向量组 $\boldsymbol{\xi}_1,\boldsymbol{\xi}_2,\cdots,\boldsymbol{\xi}_{n-r}$ 为 $\boldsymbol{Ax}=\boldsymbol{0}$ 的一个基础解系.

证毕.

定理 4.14 的证明过程实际上给出了求 $\boldsymbol{Ax}=\boldsymbol{0}$ 的一个基础解系的具体方法：用初等行变换将方程组的系数矩阵化为简化行阶梯形矩阵，由简化行阶梯形矩阵的非零行得到与原方程组同解的方程组(假设含有 r 个方程)，在方程组的每个方程中找出系数为 1 的 1 个未知量，把这 r 个未知量作为非自由未知量，剩下的 $n-r$ 个未知量作为自由未知量，并把方程组变形，非自由未知量留在左边，自由未知量移到方程的右边. 给 $n-r$ 个自由未知量取一组值，便可得到 r 个非自由未知量的值，从而得到方程组的一个解. 若对 $n-r$ 个自由未知量取 $n-r$ 组值，只要这 $n-r$ 组值构成的 $n-r$ 维向量组线性无关，那么得到的方程组的 $n-r$ 个解 $\boldsymbol{\xi}_1,\boldsymbol{\xi}_2,\cdots,\boldsymbol{\xi}_{n-r}$ 便是方程组的一个基础解系.

注 4.8　n 元齐次线性方程组 $\boldsymbol{Ax}=\boldsymbol{0}$ 有基础解系时，它的基础解系是不唯一的，因对自由未知量的取值不唯一.

注 4.9　由定理 4.14 的证明过程可见，对于 n 元齐次线性方程组 $\boldsymbol{Ax}=\boldsymbol{0}$，当 $R(\boldsymbol{A})=r<n$ 时，$\boldsymbol{Ax}=\boldsymbol{0}$ 的基础解系必含 $n-r$ 个解.

注 4.10　如果 $\boldsymbol{\xi}_1,\boldsymbol{\xi}_2,\cdots,\boldsymbol{\xi}_{n-r}$ 是 $\boldsymbol{Ax}=\boldsymbol{0}$ 的一个基础解系，那么方程组 $\boldsymbol{Ax}=\boldsymbol{0}$ 的任一解可表示为

$$\boldsymbol{x}=k_1\boldsymbol{\xi}_1+k_2\boldsymbol{\xi}_2+\cdots+k_{n-r}\boldsymbol{\xi}_{n-r} \tag{4.5.6}$$

其中 $k_1,k_2,\cdots,k_{n-r}$ 是任意数，称式(4.5.6)为齐次线性方程组 $\boldsymbol{Ax}=\boldsymbol{0}$ 的**通解**.

注 4.11　设 $m\times n$ 矩阵 $\boldsymbol{A}$ 的秩 $R(\boldsymbol{A})=r$，则 n 元齐次线性方程组 $\boldsymbol{Ax}=\boldsymbol{0}$ 的解集 $\boldsymbol{S}$ 的秩 $R_s=n-r$.

例 4.24　求线性方程组

$$\begin{cases} x_1+x_2+x_3+x_4+x_5=0, \\ 3x_1+2x_2+x_3-3x_5=0, \\ x_2+2x_3+3x_4+2x_5=0, \\ 5x_1+4x_2+3x_3+2x_4+6x_5=0 \end{cases}$$

的一个基础解系与通解.

解　因方程组的系数矩阵

$$A=\begin{pmatrix}1&1&1&1&1\\3&2&1&0&-3\\0&1&2&3&2\\5&4&3&2&6\end{pmatrix}\xrightarrow{\text{初等行变换}}\begin{pmatrix}1&1&1&1&1\\0&-1&-2&-3&-6\\0&1&2&3&2\\0&-1&-2&-3&1\end{pmatrix}$$

$$\xrightarrow{\text{初等行变换}}\begin{pmatrix}1&1&1&1&1\\0&1&2&3&6\\0&0&0&0&1\\0&0&0&0&0\end{pmatrix}\xrightarrow{\text{初等行变换}}\begin{pmatrix}1&0&-1&-2&0\\0&1&2&3&0\\0&0&0&0&1\\0&0&0&0&0\end{pmatrix}.$$

所以与原方程组对应的同解方程组为

$$\begin{cases}x_1-x_3-2x_4=0,\\x_2+2x_3+3x_4=0,\\x_5=0,\end{cases}\qquad \text{即}\begin{cases}x_1=x_3+2x_4,\\x_2=-2x_3-3x_4,\\x_5=0.\end{cases}$$

其中 x_3,x_4 为自由未知量.

取

$$\begin{pmatrix}x_3\\x_4\end{pmatrix}=\begin{pmatrix}1\\0\end{pmatrix},\begin{pmatrix}0\\1\end{pmatrix}$$

对应有

$$\begin{pmatrix}x_1\\x_2\end{pmatrix}=\begin{pmatrix}1\\-2\end{pmatrix},\begin{pmatrix}2\\-3\end{pmatrix},$$

于是得到方程组的一个基础解系

$$\boldsymbol{\xi}_1=\begin{pmatrix}1\\-2\\1\\0\\0\end{pmatrix},\boldsymbol{\xi}_2=\begin{pmatrix}2\\-3\\0\\1\\0\end{pmatrix}.$$

方程组的通解 $\qquad \boldsymbol{x}=k_1\boldsymbol{\xi}_1+k_2\boldsymbol{\xi}_2,k_1,k_2$ 是任意数.

例 4.25 设 $\boldsymbol{A}_{m\times n}\boldsymbol{B}_{n\times s}=\boldsymbol{O}$，证明 $R(\boldsymbol{A})+R(\boldsymbol{B})\leqslant n$.

证明 设 $\boldsymbol{\beta}_1,\boldsymbol{\beta}_2,\cdots,\boldsymbol{\beta}_s$ 为 $\boldsymbol{B}$ 的列向量，即 $\boldsymbol{B}=(\boldsymbol{\beta}_1,\boldsymbol{\beta}_2,\cdots,\boldsymbol{\beta}_s)$，则

$$\boldsymbol{AB}=(\boldsymbol{A\beta}_1,\boldsymbol{A\beta}_2,\cdots,\boldsymbol{A\beta}_s).$$

由 $\boldsymbol{AB}=\boldsymbol{O}$ 知 $\boldsymbol{A\beta}_j=\boldsymbol{0}(j=1,2,\cdots,s)$，这说明 $\boldsymbol{B}$ 的列向量 $\boldsymbol{\beta}_1,\boldsymbol{\beta}_2,\cdots,\boldsymbol{\beta}_s$ 是齐次线性方程组 $\boldsymbol{Ax}=\boldsymbol{0}$ 的解向量. 设 $R(\boldsymbol{A})=r$，方程组 $\boldsymbol{Ax}=\boldsymbol{0}$ 的解集为 $\boldsymbol{S}$，则 $R_S=n-r$. 由 $\boldsymbol{\beta}_j\subset \boldsymbol{S}$ 知有 $R(\boldsymbol{\beta}_1,\boldsymbol{\beta}_2,\cdots,\boldsymbol{\beta}_s)\leqslant R_S$，于是 $R(\boldsymbol{B})\leqslant n-r$，即 $R(\boldsymbol{A})+R(\boldsymbol{B})\leqslant n$.

4.5.2 非齐次线性方程组解的结构

性质 4.3 若 $\boldsymbol{\xi}_1,\boldsymbol{\xi}_2$ 都是 $\boldsymbol{Ax}=\boldsymbol{\beta}$ 的解，则 $\boldsymbol{\xi}_1-\boldsymbol{\xi}_2$ 是 $\boldsymbol{Ax}=\boldsymbol{0}$ 的解.

称 $\boldsymbol{Ax}=\boldsymbol{0}$ 为非齐次线性方程组 $\boldsymbol{Ax}=\boldsymbol{\beta}$ 的**导出方程组**.

性质 4.4 设 $\boldsymbol{\eta}$ 是 $\boldsymbol{Ax}=\boldsymbol{\beta}$ 的一个解，$\boldsymbol{\xi}$ 是 $\boldsymbol{Ax}=\boldsymbol{0}$ 的解，则 $\boldsymbol{\eta}+\boldsymbol{\xi}$ 是 $\boldsymbol{Ax}=\boldsymbol{\beta}$ 的解.

利用性质 4.3、性质 4.4 及注 4.10 容易证明定理 4.15.

定理 4.15　对于 n 元非齐次线性方程组 $\boldsymbol{Ax}=\boldsymbol{\beta}$，设 $R(\boldsymbol{A})=R(\boldsymbol{A},\boldsymbol{\beta})=r$，如果 $\boldsymbol{\eta}$ 是 $\boldsymbol{Ax}=\boldsymbol{\beta}$ 的一个取定的解，$\boldsymbol{\xi}_1,\boldsymbol{\xi}_2,\cdots,\boldsymbol{\xi}_{n-r}$ 是 $\boldsymbol{Ax}=\boldsymbol{\beta}$ 的导出方程组 $\boldsymbol{Ax}=\boldsymbol{0}$ 的一个基础解系，那么方程组 $\boldsymbol{Ax}=\boldsymbol{\beta}$ 的任一解可表示为

$$\boldsymbol{\gamma}=\boldsymbol{\eta}+k_1\boldsymbol{\xi}_1+k_2\boldsymbol{\xi}_2+\cdots+k_{n-r}\boldsymbol{\xi}_{n-r},\tag{4.5.7}$$

其中 $k_1,k_2,\cdots,k_{n-r}$ 是任意数. 称式(4.5.7)为非齐次线性方程组 $\boldsymbol{Ax}=\boldsymbol{\beta}$ 的**通解**，这里 $\boldsymbol{\eta}$ 为非齐次线性方程组 $\boldsymbol{Ax}=\boldsymbol{\beta}$ 的一个**特解**.

式(4.5.7)表明了非齐次线性方程组的解的结构，要求 $\boldsymbol{Ax}=\boldsymbol{\beta}$ 的通解，只需求出 $\boldsymbol{Ax}=\boldsymbol{\beta}$ 的一个特解和 $\boldsymbol{Ax}=\boldsymbol{\beta}$ 的导出方程组 $\boldsymbol{Ax}=\boldsymbol{0}$ 的一个基础解系即可.

例 4.26　解线性方程组

$$\begin{cases}x_1+x_2-x_3-x_4+x_5=0,\\2x_1+2x_2+x_3+x_5=1,\\3x_1+3x_2-x_4+2x_5=1,\\x_1+x_2+2x_3+x_4=1.\end{cases}$$

解　方程组的增广矩阵

$$(\boldsymbol{A},\boldsymbol{\beta})=\begin{pmatrix}1&1&-1&-1&1&0\\2&2&1&0&1&1\\3&3&0&-1&2&1\\1&1&2&1&0&1\end{pmatrix}\xrightarrow{\text{初等行变换}}\begin{pmatrix}1&1&-1&-1&1&0\\0&0&3&2&-1&1\\0&0&3&2&-1&1\\0&0&3&2&-1&1\end{pmatrix}$$

$$\xrightarrow{\text{初等行变换}}\begin{pmatrix}1&1&0&-\frac{1}{3}&\frac{2}{3}&\frac{1}{3}\\0&0&1&\frac{2}{3}&-\frac{1}{3}&\frac{1}{3}\\0&0&0&0&0&0\\0&0&0&0&0&0\end{pmatrix}.$$

即 $R(\boldsymbol{A})=R(\boldsymbol{A},\boldsymbol{\beta})=2\leqslant5$，则所给方程组 $\boldsymbol{Ax}=\boldsymbol{\beta}$ 有无穷多解，且 $\boldsymbol{Ax}=\boldsymbol{\beta}$ 的一个同解方程组是

$$\begin{cases}x_1+x_2-\frac{1}{3}x_4+\frac{2}{3}x_5=\frac{1}{3},\\x_3+\frac{2}{3}x_4-\frac{1}{3}x_5=\frac{1}{3}.\end{cases}$$

把 x_2,x_4,x_5 当作自由未知量，并把方程组变形为

$$\begin{cases}x_1=\frac{1}{3}-x_2+\frac{1}{3}x_4-\frac{2}{3}x_5,\\x_3=\frac{1}{3}-\frac{2}{3}x_4+\frac{1}{3}x_5.\end{cases}$$

取 $x_2=x_4=x_5=0$，得方程组的一个特解

$$\boldsymbol{\eta}=\begin{pmatrix}\frac{1}{3}\\0\\\frac{1}{3}\\0\\0\end{pmatrix}.$$

$\boldsymbol{Ax}=\boldsymbol{\beta}$ 的导出方程组 $\boldsymbol{Ax}=\boldsymbol{0}$ 所对应的同解方程组为

$$\begin{cases} x_1=-x_2+\dfrac{1}{3}x_4-\dfrac{2}{3}x_5, \\ x_3=-\dfrac{2}{3}x_4+\dfrac{1}{3}x_5. \end{cases}$$

取 $\begin{pmatrix} x_2 \\ x_4 \\ x_5 \end{pmatrix}=\begin{pmatrix} 1 \\ 0 \\ 0 \end{pmatrix},\begin{pmatrix} 0 \\ 1 \\ 0 \end{pmatrix},\begin{pmatrix} 0 \\ 0 \\ 1 \end{pmatrix}$，得到 $\boldsymbol{Ax}=\boldsymbol{0}$ 的一个基础解系

$$\boldsymbol{\xi}_1=\begin{pmatrix} -1 \\ 1 \\ 0 \\ 0 \\ 0 \end{pmatrix},\boldsymbol{\xi}_2=\begin{pmatrix} \dfrac{1}{3} \\ 0 \\ -\dfrac{2}{3} \\ 1 \\ 0 \end{pmatrix},\boldsymbol{\xi}_3=\begin{pmatrix} -\dfrac{2}{3} \\ 0 \\ \dfrac{1}{3} \\ 0 \\ 1 \end{pmatrix}.$$

于是所给方程组的通解为

$$\boldsymbol{\gamma}=\boldsymbol{\eta}+k_1\boldsymbol{\xi}_1+k_2\boldsymbol{\xi}_2+k_3\boldsymbol{\xi}_3，\text{其中 } k_1,k_2,k_3 \text{ 是任意数.}$$

例 4.27 设 $R(\boldsymbol{A}_{m\times 4})=3$，非齐次线性方程组 $\boldsymbol{Ax}=\boldsymbol{\beta}$ 的三个解向量 $\boldsymbol{\eta}_1,\boldsymbol{\eta}_2,\boldsymbol{\eta}_3$ 满足

$$\boldsymbol{\eta}_1=\begin{pmatrix} 2 \\ 3 \\ 4 \\ 5 \end{pmatrix},\quad \boldsymbol{\eta}_2+\boldsymbol{\eta}_3=\begin{pmatrix} 1 \\ 2 \\ 3 \\ 4 \end{pmatrix},$$

求 $\boldsymbol{Ax}=\boldsymbol{\beta}$ 的通解.

解 因 $R(\boldsymbol{A}_{m\times 4})=3$，则 $\boldsymbol{Ax}=\boldsymbol{0}$ 的一个基础解系中仅含一个解向量，又 $\boldsymbol{A\eta}_1=\boldsymbol{\beta}$，$\boldsymbol{A\eta}_2=\boldsymbol{\beta}$，$\boldsymbol{A\eta}_3=\boldsymbol{\beta}$，即 $\boldsymbol{A}(2\boldsymbol{\eta}_1-\boldsymbol{\eta}_2-\boldsymbol{\eta}_3)=\boldsymbol{0}$，$\boldsymbol{\xi}=2\boldsymbol{\eta}_1-\boldsymbol{\eta}_2-\boldsymbol{\eta}_3$ 是 $\boldsymbol{Ax}=\boldsymbol{0}$ 的解，而

$$\boldsymbol{\xi}=2\boldsymbol{\eta}_1-\boldsymbol{\eta}_2-\boldsymbol{\eta}_3=\begin{pmatrix} 3 \\ 4 \\ 5 \\ 6 \end{pmatrix}\neq\boldsymbol{0},$$

从而 $\boldsymbol{\xi}$ 是 $\boldsymbol{Ax}=\boldsymbol{0}$ 的一个基础解系，故 $\boldsymbol{Ax}=\boldsymbol{\beta}$ 的通解为 $\boldsymbol{x}=\boldsymbol{\eta}_1+k\boldsymbol{\xi}$，$k$ 为任意常数.

***例 4.28** 讨论两张平面

$$\Pi_1:\ a_1x+b_1y+c_1z=d_1,\quad \Pi_2:\ a_2x+b_2y+c_2z=d_2$$

之间的位置关系.

解 记 $\boldsymbol{A}=\begin{pmatrix} a_1 & b_1 & c_1 \\ a_2 & b_2 & c_2 \end{pmatrix}$，$(\boldsymbol{A}\ \boldsymbol{\beta})=\begin{pmatrix} a_1 & b_1 & c_1 & d_1 \\ a_2 & b_2 & c_2 & d_2 \end{pmatrix}$，

情形 1. $R(\boldsymbol{A})=2$ 时，矩阵 $\boldsymbol{A}$ 的两个行向量线性无关，即两张平面的法向量不共线. 又由 $R(\boldsymbol{A})=R(\boldsymbol{A}\ \boldsymbol{\beta})=2<3$，因而 $\boldsymbol{Ax}=\boldsymbol{\beta}$ 有无穷多个解，所以两张平面相交于一条直线；

情形 2. $R(\boldsymbol{A})=1$ 时，矩阵 $\boldsymbol{A}$ 的两个行向量线性相关，即两张平面的法向量共线.

若 $R(\boldsymbol{A}\ \boldsymbol{\beta})=2$ 时，线性方程组 $\boldsymbol{Ax}=\boldsymbol{\beta}$ 无解，所以两张平面平行；$R(\boldsymbol{A}\ \boldsymbol{\beta})=1$ 时，$(\boldsymbol{A}\ \boldsymbol{\beta})$ 的两个行向量线性相关，即 a_1,b_1,c_1,d_1 与 a_2,b_2,c_2,d_2 对应成比例，所以两张平面重合.

***例 4.29**　讨论三张平面

$$\Pi_1:\ a_1x+b_1y+c_1z=d_1,\ \Pi_2:\ a_2x+b_2y+c_2z=d_2,\ \Pi_3:\ a_3x+b_3y+c_3z=d_3$$

之间的位置关系.

解　记 $\boldsymbol{A}=\begin{pmatrix}a_1 & b_1 & c_1\\ a_2 & b_2 & c_2\\ a_3 & b_3 & c_3\end{pmatrix}$，$(\boldsymbol{A}\ \boldsymbol{\beta})=\begin{pmatrix}a_1 & b_1 & c_1 & d_1\\ a_2 & b_2 & c_2 & d_2\\ a_3 & b_3 & c_3 & d_3\end{pmatrix}$

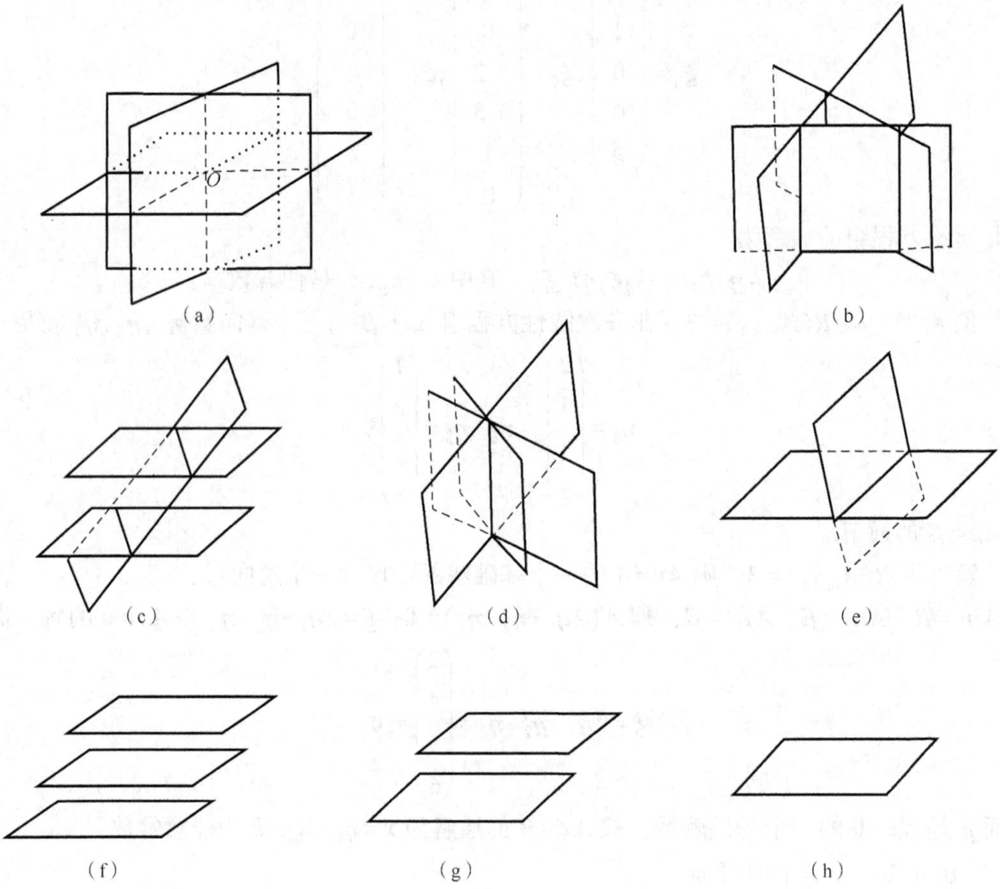

图 4-1

情形 1. $R(\boldsymbol{A})=3$ 时，线性方程组 $\boldsymbol{Ax}=\boldsymbol{\beta}$ 有唯一解，所以三张平面相交于一点，如图 4-1(a)所示.

情形 2. $R(\boldsymbol{A})=2$，$R(\boldsymbol{A}\ \boldsymbol{\beta})=3$ 时，线性方程组 $\boldsymbol{Ax}=\boldsymbol{\beta}$ 无解，所以三张平面不相交.

因为 $R(\boldsymbol{A})=2$，所以矩阵 $\boldsymbol{A}$ 的三个行向量即三张平面的法向量 $\boldsymbol{n}_1,\boldsymbol{n}_2,\boldsymbol{n}_3$ 线性相关，从而存在不全为零的实数 k_1,k_2,k_3 使 $k_1\boldsymbol{n}_1+k_2\boldsymbol{n}_2+k_3\boldsymbol{n}_3=\boldsymbol{0}$.

k_1,k_2,k_3 都不为零时，$\boldsymbol{n}_1,\boldsymbol{n}_2,\boldsymbol{n}_3$ 中任意两个都不共线，即三张平面中任意两张平面相

交，而由 $\det(\boldsymbol{A})=0$，即 $\boldsymbol{n}_1\cdot(\boldsymbol{n}_2\times\boldsymbol{n}_3)=(\boldsymbol{n}_1\times\boldsymbol{n}_2)\cdot\boldsymbol{n}_3=\boldsymbol{n}_2\cdot(\boldsymbol{n}_3\times\boldsymbol{n}_1)=0$，知道平面 Π_2 与平面 Π_3 的交线和平面 Π_1 平行，平面 Π_1 与平面 Π_2 的交线和平面 Π_3 平行，平面 Π_3 与平面 Π_1 的交线和平面 Π_2 平行，如图 4-1(b)所示.

k_1,k_2,k_3 中有一个为零时，三张平面中有两张平面平行，另一张平面与这两张平面相交，如图 4-1(c)所示.

情形 3. $R(\boldsymbol{A})=2$，$R(\boldsymbol{A}\ \boldsymbol{\beta})=2$ 时，线性方程组 $\boldsymbol{Ax}=\boldsymbol{\beta}$ 有解，且解中仅含一个参数，故三张平面相交于一条直线. 又 $R(\boldsymbol{A}\ \boldsymbol{\beta})=2$，所以$(\boldsymbol{A}\ \boldsymbol{\beta})$的三个行向量$\boldsymbol{\beta}_1,\boldsymbol{\beta}_2,\boldsymbol{\beta}_3$ 线性相关，即存在不全为零的实数 k_1,k_2,k_3 使 $k_1\boldsymbol{\beta}_1+k_2\boldsymbol{\beta}_2+k_3\boldsymbol{\beta}_3=\boldsymbol{0}$. k_1,k_2,k_3 都不为零时，三张平面互异，如图 4-1(d)所示；k_1,k_2,k_3 中有一个为零时，三张平面中有两张平面重合，如图 4-1(e)所示.

情形 4. $R(\boldsymbol{A})=1$，$R(\boldsymbol{A}\ \boldsymbol{\beta})=2$ 时，线性方程组 $\boldsymbol{Ax}=\boldsymbol{\beta}$ 无解，所以三张平面不相交. 由 $R(\boldsymbol{A})=1$ 知 $\boldsymbol{n}_1,\boldsymbol{n}_2,\boldsymbol{n}_3$ 共线，即三张平面平行；又由 $R(\boldsymbol{A}\ \boldsymbol{\beta})=2$ 知$(\boldsymbol{A}\ \boldsymbol{\beta})$的三个行向量 $\boldsymbol{\beta}_1,\boldsymbol{\beta}_2,\boldsymbol{\beta}_3$ 中有两个不共线，即三张平面中至少有两张平面互异. 因此，三张平面平行且互异，如图 4-1(f)所示，或三张平面平行，其中有两张平面重合，如图 4-1(g)所示.

情形 5. $R(\boldsymbol{A})=1$，$R(\boldsymbol{A}\ \boldsymbol{\beta})=1$ 时，线性方程组 $\boldsymbol{Ax}=\boldsymbol{\beta}$ 有无穷多解. 由 $R(\boldsymbol{A}\ \boldsymbol{\beta})=1$ 知$(\boldsymbol{A}\ \boldsymbol{\beta})$的三个行向量$\boldsymbol{\beta}_1,\boldsymbol{\beta}_2,\boldsymbol{\beta}_3$ 共线，所以三张平面重合，如图 4-1(h)所示.

综上所述，三张平面总共有上述 8 种不同的位置关系.

习题 4.5

1. 求下列齐次线性方程组的一个基础解系，并用基础解系表示出方程组的通解.

(1) $\begin{cases}x_1-2x_2+3x_3-4x_4=0,\\x_2-x_3+x_4=0,\\x_1+3x_2-3x_4=0,\\x_1-4x_2+3x_3-2x_4=0.\end{cases}$ (2) $\begin{cases}x_1-x_2+x_3+x_4-2x_5=0,\\2x_1+x_2-x_3-x_4+x_5=0,\\3x_1+3x_2-3x_3-3x_4+4x_5=0,\\4x_1+5x_2-5x_3-5x_4+7x_5=0.\end{cases}$

2. 求解下列线性方程组

(1) $\begin{cases}x_1+x_2=5,\\2x_1+x_2+x_3+2x_4=1,\\5x_1+3x_2+2x_3+2x_4=3.\end{cases}$ (2) $\begin{cases}x_1-5x_2+2x_3-3x_4=11,\\5x_1+3x_2+6x_3-x_4=-1,\\2x_1+4x_2+2x_3+x_4=-6.\end{cases}$

3. 设矩阵 $\boldsymbol{A}=(\boldsymbol{\alpha}_1,\boldsymbol{\alpha}_2,\boldsymbol{\alpha}_3,\ \boldsymbol{\alpha}_4)$，其中向量 $\boldsymbol{\alpha}_1=2\boldsymbol{\alpha}_2-\boldsymbol{\alpha}_3$，向量组 $\boldsymbol{\alpha}_2,\boldsymbol{\alpha}_3,\boldsymbol{\alpha}_4$ 线性无关，向量$\boldsymbol{\beta}=\boldsymbol{\alpha}_1+\boldsymbol{\alpha}_2+\boldsymbol{\alpha}_3+\boldsymbol{\alpha}_4$，求方程 $\boldsymbol{Ax}=\boldsymbol{\beta}$ 的通解.

4. 设 $\boldsymbol{\eta}$ 是非齐次线性方程组 $\boldsymbol{Ax}=\boldsymbol{\beta}$ 的一个解，$\boldsymbol{\xi}_1,\boldsymbol{\xi}_2,\cdots,\boldsymbol{\xi}_{n-r}$ 为 $\boldsymbol{Ax}=\boldsymbol{\beta}$ 的导出组 $\boldsymbol{Ax}=\boldsymbol{0}$ 的一个基础解系.

(1)证明 $\boldsymbol{\eta},\boldsymbol{\xi}_1,\boldsymbol{\xi}_2,\cdots,\boldsymbol{\xi}_{n-r}$ 线性无关；

(2)若 $\boldsymbol{\eta}_1$ 为 $\boldsymbol{Ax}=\boldsymbol{\beta}$ 的另一特解，则 $\boldsymbol{\eta}_1,\boldsymbol{\eta},\boldsymbol{\xi}_1,\boldsymbol{\xi}_2,\cdots,\boldsymbol{\xi}_{n-r}$ 线性相关.

5. 如果 $\boldsymbol{\eta}_1,\boldsymbol{\eta}_2,\cdots,\boldsymbol{\eta}_t$ 是非齐次线性方程组 $\boldsymbol{Ax}=\boldsymbol{\beta}$ 的 t 个解，实数 $k_1,k_2,\cdots,k_t$ 满足 $k_1+k_2+\cdots+k_t=1$，证明 $k_1\boldsymbol{\eta}_1+k_2\boldsymbol{\eta}_2+\cdots+k_t\boldsymbol{\eta}_t$ 也是方程组 $\boldsymbol{Ax}=\boldsymbol{\beta}$ 的解.

*4.6　用 MATLAB 解题

4.6.1　求线性方程组的通解

在 MATLAB 中，命令 null(A)可以计算齐次线性方程组 $\boldsymbol{Ax}=\mathbf{0}$ 的一个基础解系.

例 4.30　求解线性方程组 $\begin{cases}x_1+x_2+x_3-x_4=0,\\x_1-x_2+x_3-3x_4=0,\\x_1+3x_2+x_3+x_4=0.\end{cases}$

MATLAB 执行步骤如下：

```
>>A=[1,1,1,-1;1,-1,1,-3;1,3,1,1];      %输入系数矩阵
>>x=null(A)                             %计算 Ax=0 的一个基础解系,并将其赋给矩阵 x
x=
   0.8395    0.2127
  -0.1796   -0.4666
  -0.4804    0.7206
   0.1796    0.4666
```

因此，原方程组的通解为

$$k_1(0.8395,-0.1796,-0.4804,0.1796)^{\mathrm{T}}+k_2(0.2127,-0.4666,0.7266,0.4666)^{\mathrm{T}}.$$

这里 k_1,k_2 为任意常数.

对于非齐次线性方程组 $\boldsymbol{Ax}=\boldsymbol{b}$，首先利用上面的方法，求出齐次线性方程组的通解，然后用命令 rref 将该方程组的增广矩阵化为简化行阶梯形矩阵，从而可求解该非齐次线性方程组 $\boldsymbol{Ax}=\boldsymbol{b}$ 的一个特解，最后得到原线性方程组 $\boldsymbol{Ax}=\boldsymbol{b}$ 的通解.

例 4.31　求解方程组 $\begin{cases}x_1-x_2-x_3+x_4=0,\\x_1-x_2+x_3-3x_4=1,\\x_1-x_2-2x_3+3x_4=-\dfrac{1}{2}\end{cases}$ 的一个特解.

MATLAB 执行步骤如下：

```
>>A=[1,-1,-1,1;1,-1,1,-3;1,-1,-2,3]; b=[0;1;-1/2];
>>C=[A,b];               %构成增广矩阵
>> rref(C)               %将矩阵 C 做初等行变换化为行阶梯形矩阵
ans=
    1.0000   -1.0000   0        -1.0000    0.5000
    0         0        1.0000   -2.0000    0.5000
    0         0        0         0         0
```

由此得到该方程组的一个特解 $\boldsymbol{x}=(0.5,0,0.5,0)^{\mathrm{T}}$.

注 4.12　还可用命令 solve 求解线性方程组，此处从略.

4.6.2 向量组的最大线性无关组

矩阵的秩与它的行向量组或列向量组的秩相等，可以用命令 rref( ) 求向量组的秩，以及向量组的最大线性无关组，也可以直接用函数 rank(A) 直接求出矩阵 $\boldsymbol{A}$ 的秩.

例 4.32 讨论向量组 $\boldsymbol{\alpha}_1=(1,-2,3)^T,\boldsymbol{\alpha}_2=(0,2,-5)^T,\boldsymbol{\alpha}_3=(1,-2,4)^T$ 的线性相关性.

MATLAB 执行步骤如下：

```
>>x1=[1 -2 3]'; x2=[0 2 -5]'; x3=[1 -2 4]';
>>A=[x1  x2  x3];
>> rref(A)
ans=
     1     0     0
     0     1     0
     0     0     1
>>rank(A)
ans=
     3
```

因此，该矩阵的秩为 3，故向量组 $\boldsymbol{\alpha}_1,\boldsymbol{\alpha}_2,\boldsymbol{\alpha}_3$ 线性无关.

例 4.33 求向量组 $\boldsymbol{\alpha}_1=(1,-2,5,3)^T,\boldsymbol{\alpha}_2=(-2,4,-1,3)^T,\boldsymbol{\alpha}_3=(0,1,-2,4)^T,\boldsymbol{\alpha}_4=(1,-3,2,4)^T,\boldsymbol{\alpha}_5=(1,-2,0,3)^T$ 的一个最大无关组.

MATLAB 执行步骤如下：

将向量组中向量按行向量排列成矩阵.

```
>>b1=[1 -2 5 3]'; b2=[-2 4 -1 3]'; b3=[0 1 -2 4]';b4=[1 -3 2 4]';b5=[1 -2 0 3]';
>>A=[b1 b2 b3 b4 b5];
>> rref(A)
ans=
    1.0000         0         0         0    -0.0556
         0    1.0000         0         0    -0.2778
         0         0    1.0000         0     0.5000
         0         0         0    1.0000     0.5000
```

在简化行阶梯形矩阵中有 4 个非零行，因此向量组的秩为 4，另从简化行阶梯形矩阵知 $\boldsymbol{\alpha}_1,\boldsymbol{\alpha}_2,\boldsymbol{\alpha}_3,\boldsymbol{\alpha}_4$ 为向量组的一个最大无关组.

总习题 4

1. 选择题

(1) 如果线性方程组

$$\begin{cases}x_1+x_2+x_3=\lambda-1,\\2x_2-x_3=\lambda-2,\\x_3=\lambda-1,\\(\lambda-1)x_3=-(\lambda-3)(\lambda-1)\end{cases}$$

有唯一解，则 $\lambda=($　　$)$.

(A) 1 或 2　　(B) −1 或 3　　(C) 1 或 3　　(D) −1 或 −3

(2) 向量组 $\boldsymbol{\alpha}_1=(3,1,a)^{\mathrm{T}}$，$\boldsymbol{\alpha}_2=(4,a,0)^{\mathrm{T}}$，$\boldsymbol{\alpha}_3=(1,0,a)^{\mathrm{T}}$ 线性无关，则(　　).

(A) $a=0$ 或 2　　(B) $a\neq1$ 且 $a\neq-2$　　(C) $a=1$ 或 -2　　(D) $a\neq0$ 且 $a\neq2$

(3) 设向量组 $\boldsymbol{\alpha}_1,\boldsymbol{\alpha}_2,\cdots,\boldsymbol{\alpha}_s$ 的秩为 $r(r<s)$，则下述 4 个结论

①$\boldsymbol{\alpha}_1,\boldsymbol{\alpha}_2,\cdots,\boldsymbol{\alpha}_s$ 中至少有一个含 r 个向量的部分组线性无关；

②$\boldsymbol{\alpha}_1,\boldsymbol{\alpha}_2,\cdots,\boldsymbol{\alpha}_s$ 中任意含 r 个向量的线性无关部分组与 $\boldsymbol{\alpha}_1,\boldsymbol{\alpha}_2,\cdots,\boldsymbol{\alpha}_s$ 可互相线性表示；

③$\boldsymbol{\alpha}_1,\boldsymbol{\alpha}_2,\cdots,\boldsymbol{\alpha}_s$ 中任意含 r 个向量的部分组皆线性无关；

④$\boldsymbol{\alpha}_1,\boldsymbol{\alpha}_2,\cdots,\boldsymbol{\alpha}_s$ 中任意含 $r+1$ 个向量的部分组皆线性相关.

中正确的有(　　).

(A) ①②③　　(B) ①②④　　(C) ①③④　　(D) ②③④

(4) 设矩阵 $\boldsymbol{A}_{m\times n}$ 的秩 $R(\boldsymbol{A})=r(0<r<n)$，则下述结论中不正确的是(　　).

(A) 齐次线性方程组 $\boldsymbol{Ax}=\boldsymbol{0}$ 的任何一个基础解系中都含有 $n-r$ 个线性无关的解向量

(B) 若 $\boldsymbol{X}$ 为 $n\times s$ 矩阵，且 $\boldsymbol{AX}=\boldsymbol{0}$，则 $R(\boldsymbol{X})\leqslant n-r$

(C) $\boldsymbol{\beta}$ 为 m 维列向量，$R(\boldsymbol{A},\boldsymbol{\beta})=r$，则 $\boldsymbol{\beta}$ 可由矩阵 $\boldsymbol{A}$ 的列向量组线性表示

(D) 非齐次线性方程组 $\boldsymbol{Ax}=\boldsymbol{b}$ 必有无穷多个解

2. 求向量组

$\boldsymbol{\alpha}_1=(1,2,1,3)^{\mathrm{T}},\boldsymbol{\alpha}_2=(1,1,-1,1)^{\mathrm{T}},\boldsymbol{\alpha}_3=(1,3,3,5)^{\mathrm{T}},\boldsymbol{\alpha}_4=(4,5,-2,6)^{\mathrm{T}},\boldsymbol{\alpha}_5=(-3,5,-1,7)^{\mathrm{T}}$

的秩与最大无关组，并把不属于最大无关组的向量用最大无关组线性表示.

3. 求线性方程组

$$\begin{cases}x_1+5x_2-x_3-x_4=-1,\\x_1-2x_2+x_3+3x_4=3,\\3x_1+8x_2-x_3+x_4=1,\\x_1-9x_2+3x_3+7x_4=7.\end{cases}$$

的通解.

4. 设四元非齐次线性方程组的系数矩阵的秩为 3，已知 $\boldsymbol{\alpha}_1=(2,3,0,1)^{\mathrm{T}}$，$\boldsymbol{\alpha}_2=(1,2,-1,0)^{\mathrm{T}}$ 是它的两个解向量，求方程组的通解.

5. 设线性方程组

$$\begin{cases}x+y-z=1,\\2x+(a+3)y-3z=3,\\-2x+(a-1)y+bz=a-1.\end{cases}$$

当 a,b 为何值时，线性方程组无解，有唯一解，有无穷多解，并在有无穷多解时求其全部解.

6. 设 $\boldsymbol{\alpha}_1,\boldsymbol{\alpha}_2,\cdots,\boldsymbol{\alpha}_r$ 是一组线性无关的向量，

$$\begin{cases}\boldsymbol{\beta}_1=a_{11}\boldsymbol{\alpha}_1+a_{12}\boldsymbol{\alpha}_2+\cdots+a_{1r}\boldsymbol{\alpha}_r,\\ \boldsymbol{\beta}_2=a_{21}\boldsymbol{\alpha}_1+a_{22}\boldsymbol{\alpha}_2+\cdots+a_{2r}\boldsymbol{\alpha}_r,\\ \cdots\cdots\\ \boldsymbol{\beta}_r=a_{r1}\boldsymbol{\alpha}_1+a_{r2}\boldsymbol{\alpha}_2+\cdots+a_{rr}\boldsymbol{\alpha}_r.\end{cases}$$

证明:$\boldsymbol{\beta}_1,\boldsymbol{\beta}_2,\cdots,\boldsymbol{\beta}_r$ 线性无关的充要条件是

$$\begin{vmatrix}a_{11} & a_{12} & \cdots & a_{1r}\\ a_{21} & a_{22} & \cdots & a_{2r}\\ \vdots & \vdots & & \vdots\\ a_{r1} & a_{r2} & \cdots & a_{rr}\end{vmatrix}\neq 0.$$

7. 设 $\boldsymbol{A}^*$ 为 $n(n\geqslant 2)$ 阶矩阵 $\boldsymbol{A}$ 的伴随矩阵，证明

$$R(\boldsymbol{A}^*)=\begin{cases}n, & \text{当 } R(\boldsymbol{A})=n,\\ 1, & \text{当 } R(\boldsymbol{A})=n-1,\\ 0, & \text{当 } R(\boldsymbol{A})\leqslant n-2.\end{cases}$$

8. 设 $\boldsymbol{\eta}_0$ 是线性方程组 $\boldsymbol{Ax}=\boldsymbol{\beta}$ 的一个解，$\boldsymbol{\eta}_1,\boldsymbol{\eta}_2,\cdots,\boldsymbol{\eta}_t$ 是 $\boldsymbol{Ax}=\boldsymbol{\beta}$ 的导出组 $\boldsymbol{Ax}=\boldsymbol{0}$ 的一个基础解系，令

$$\boldsymbol{\gamma}_1=\boldsymbol{\eta}_0,\boldsymbol{\gamma}_2=\boldsymbol{\eta}_1+\boldsymbol{\eta}_0,\cdots,\boldsymbol{\gamma}_{t+1}=\boldsymbol{\eta}_t+\boldsymbol{\eta}_0.$$

证明方程组 $\boldsymbol{Ax}=\boldsymbol{\beta}$ 的任一解 $\boldsymbol{\gamma}$ 都可以表成

$$\boldsymbol{\gamma}=u_1\boldsymbol{\gamma}_1+u_2\boldsymbol{\gamma}_2+\cdots+u_{t+1}\boldsymbol{\gamma}_{t+1},$$

其中 $u_1+u_2+\cdots+u_{t+1}=1$.

9. 设

$$V_1=\{\boldsymbol{x}=(x_1,x_2,\cdots,x_n)^{\mathrm{T}}\mid x_1,x_2,\cdots,x_n\in\mathbf{R},\text{且满足 } x_1+x_2+\cdots+x_n=0\},$$
$$V_2=\{\boldsymbol{x}=(x_1,x_2,\cdots,x_n)^{\mathrm{T}}\mid x_1,x_2,\cdots,x_n\in\mathbf{R},\text{且满足 } x_1+x_2+\cdots+x_n=1\}$$

问 V_1,V_2 是不是向量空间？为什么？

第5章 相似矩阵与二次型

本章主要介绍方阵的特征值与特征向量、方阵的相似、方阵能相似对角化的条件、实对称矩阵的对角化以及化二次型为标准型的方法等问题，其中涉及向量的内积、长度及正交等知识.

5.1 向量的内积、长度及正交性

在解析几何中，我们定义了向量$\boldsymbol{\alpha}$与$\boldsymbol{\beta}$的数量积$\boldsymbol{\alpha}\cdot\boldsymbol{\beta}=|\boldsymbol{\alpha}||\boldsymbol{\beta}|\cos\boldsymbol{\theta}$($\boldsymbol{\theta}$为$\boldsymbol{\alpha}$与$\boldsymbol{\beta}$的夹角)，且在直角坐标系中，$\boldsymbol{\alpha}=(a_1,a_2,a_3)$，$\boldsymbol{\beta}=(b_1,b_2,b_3)$时有$\boldsymbol{\alpha}\cdot\boldsymbol{\beta}=a_1b_1+a_2b_2+a_3b_3$. 下面我们把向量的数量积概念进行推广，引入$n$维向量内积的概念，但由于$n>3$时，$n$维向量没有几何空间中向量那样直观的长度和夹角的概念，因此只按数量积的直角坐标表示式来推广，并利用内积定义n维向量的长度和夹角.

5.1.1 向量的内积

定义 5.1 设有n维实向量

$$\boldsymbol{\alpha}=\begin{pmatrix}a_1\\a_2\\\vdots\\a_n\end{pmatrix},\boldsymbol{\beta}=\begin{pmatrix}b_1\\b_2\\\vdots\\b_n\end{pmatrix}$$

称实数$\sum_{i=1}^{n}a_ib_i=a_1b_1+a_2b_2+\cdots+a_nb_n$为向量$\boldsymbol{\alpha}$与$\boldsymbol{\beta}$的**内积**，记作$[\boldsymbol{\alpha},\boldsymbol{\beta}]$，即

$$[\boldsymbol{\alpha},\boldsymbol{\beta}]=\sum_{i=1}^{n}a_ib_i=a_1b_1+a_2b_2+\cdots+a_nb_n.$$

内积是两个向量间的一种运算，其结果是一个数，用矩阵记号来表示. 当$\boldsymbol{\alpha}$与$\boldsymbol{\beta}$是列向量时，有

$$[\boldsymbol{\alpha},\boldsymbol{\beta}]=\boldsymbol{\alpha}^{\mathrm{T}}\boldsymbol{\beta}.$$

根据向量的内积的定义，容易证明向量的内积具有下列基本性质.

定理 5.1 设$\boldsymbol{\alpha},\boldsymbol{\beta},\boldsymbol{\gamma}$都是$n$维向量，$k$是实数，则

(1)对称性：$[\boldsymbol{\alpha},\boldsymbol{\beta}]=[\boldsymbol{\beta},\boldsymbol{\alpha}]$;

(2)线性性：$[\boldsymbol{\alpha}+\boldsymbol{\beta},\boldsymbol{\gamma}]=[\boldsymbol{\alpha},\boldsymbol{\gamma}]+[\boldsymbol{\beta},\boldsymbol{\gamma}]$，$[k\boldsymbol{\alpha},\boldsymbol{\beta}]=k[\boldsymbol{\alpha},\boldsymbol{\beta}]$;

(3)非负性：$[\boldsymbol{\alpha},\boldsymbol{\alpha}]\geqslant0$，当且仅当$\boldsymbol{\alpha}=\boldsymbol{0}$时有$[\boldsymbol{\alpha},\boldsymbol{\alpha}]=0$.

利用上述性质可以证明**柯西-施瓦兹(Cauchy-Schwarz)不等式**

$$[\boldsymbol{\alpha},\boldsymbol{\beta}]^2\leqslant[\boldsymbol{\alpha},\boldsymbol{\alpha}][\boldsymbol{\beta},\boldsymbol{\beta}].$$

证明 若$\boldsymbol{\alpha},\boldsymbol{\beta}$线性相关，不妨设$\boldsymbol{\alpha}=k\boldsymbol{\beta}$，于是有

$$[\boldsymbol{\alpha},\boldsymbol{\beta}]^2=[k\boldsymbol{\beta},\boldsymbol{\beta}]^2=k^2[\boldsymbol{\beta},\boldsymbol{\beta}]^2=[k\boldsymbol{\beta},k\boldsymbol{\beta}][\boldsymbol{\beta},\boldsymbol{\beta}]=[\boldsymbol{\alpha},\boldsymbol{\alpha}][\boldsymbol{\beta},\boldsymbol{\beta}].$$

若$\boldsymbol{\alpha},\boldsymbol{\beta}$线性无关，则对任意实数$x$，都有$x\boldsymbol{\alpha}+\boldsymbol{\beta}\neq\boldsymbol{0}$，于是有

$$[x\boldsymbol{\alpha}+\boldsymbol{\beta},x\boldsymbol{\alpha}+\boldsymbol{\beta}]>0$$

即对任意实数x，有

$$[\boldsymbol{\alpha},\boldsymbol{\alpha}]x^2+2[\boldsymbol{\alpha},\boldsymbol{\beta}]x+[\boldsymbol{\beta},\boldsymbol{\beta}]>0$$

所以判别式

$$(2[\boldsymbol{\alpha},\boldsymbol{\beta}])^2-4[\boldsymbol{\alpha},\boldsymbol{\alpha}][\boldsymbol{\beta},\boldsymbol{\beta}]<0$$

即

$$[\boldsymbol{\alpha},\boldsymbol{\beta}]^2<[\boldsymbol{\alpha},\boldsymbol{\alpha}][\boldsymbol{\beta},\boldsymbol{\beta}].$$

证毕.

5.1.2 向量的长度

定义 5.2 对于n维实向量$\boldsymbol{\alpha}=(a_1,a_2,\cdots,a_n)^{\mathrm{T}}$，称非负实数$\sqrt{[\boldsymbol{\alpha},\boldsymbol{\alpha}]}$为向量$\boldsymbol{\alpha}$的**长度**（**或范数**），记为$\|\boldsymbol{\alpha}\|$，即

$$\|\boldsymbol{\alpha}\|=\sqrt{[\boldsymbol{\alpha},\boldsymbol{\alpha}]}=\sqrt{a_1^2+a_2^2+\cdots+a_n^2}.$$

向量的长度有下述性质：

(1) 非负性：当$\boldsymbol{\alpha}\neq\boldsymbol{0}$时，$\|\boldsymbol{\alpha}\|>0$；当$\boldsymbol{\alpha}=\boldsymbol{0}$时，$\|\boldsymbol{\alpha}\|=0$；

(2) 齐次性：$\|k\boldsymbol{\alpha}\|=|k|\cdot\|\boldsymbol{\alpha}\|$；

(3) 三角不等式：$\|\boldsymbol{\alpha}+\boldsymbol{\beta}\|\leqslant\|\boldsymbol{\alpha}\|+\|\boldsymbol{\beta}\|$.

证明 (1),(2)由定义 5.2 易证，这里证明(3).

因为$[\boldsymbol{\alpha},\boldsymbol{\beta}]=[\boldsymbol{\beta},\boldsymbol{\alpha}]$，$[\boldsymbol{\alpha},\boldsymbol{\beta}]\leqslant\|\boldsymbol{\alpha}\|\cdot\|\boldsymbol{\beta}\|$，则

$$\begin{aligned}\|\boldsymbol{\alpha}+\boldsymbol{\beta}\|^2&=[\boldsymbol{\alpha}+\boldsymbol{\beta},\boldsymbol{\alpha}+\boldsymbol{\beta}]=[\boldsymbol{\alpha},\boldsymbol{\alpha}]+[\boldsymbol{\alpha},\boldsymbol{\beta}]+[\boldsymbol{\beta},\boldsymbol{\alpha}]+[\boldsymbol{\beta},\boldsymbol{\beta}]\\&=[\boldsymbol{\alpha},\boldsymbol{\alpha}]+2[\boldsymbol{\alpha},\boldsymbol{\beta}]+[\boldsymbol{\beta},\boldsymbol{\beta}]\leqslant\|\boldsymbol{\alpha}\|^2+2\|\boldsymbol{\alpha}\|\cdot\|\boldsymbol{\beta}\|+\|\boldsymbol{\beta}\|^2\\&=(\|\boldsymbol{\alpha}\|+\|\boldsymbol{\beta}\|)^2\end{aligned}$$

故

$$\|\boldsymbol{\alpha}+\boldsymbol{\beta}\|\leqslant\|\boldsymbol{\alpha}\|+\|\boldsymbol{\beta}\|.$$

证毕.

注 5.1 当$\|\boldsymbol{\alpha}\|=1$时，称$\boldsymbol{\alpha}$为**单位向量**. 当$\boldsymbol{\alpha}\neq\boldsymbol{0}$时，$\dfrac{1}{\|\boldsymbol{\alpha}\|}\boldsymbol{\alpha}$是一个单位向量. 由非零向量$\boldsymbol{\alpha}$得到单位向量$\dfrac{1}{\|\boldsymbol{\alpha}\|}\boldsymbol{\alpha}$的过程称为把向量$\boldsymbol{\alpha}$**单位化或标准化**.

5.1.3 向量组的正交性

由柯西-施瓦兹不等式及向量长度的定义可得

$$|[\boldsymbol{\alpha},\boldsymbol{\beta}]|\leqslant\|\boldsymbol{\alpha}\|\cdot\|\boldsymbol{\beta}\|,$$

故当$\boldsymbol{\alpha}\neq\boldsymbol{0},\boldsymbol{\beta}\neq\boldsymbol{0}$时，有

$$\frac{|[\boldsymbol{\alpha},\boldsymbol{\beta}]|}{\|\boldsymbol{\alpha}\|\cdot\|\boldsymbol{\beta}\|}\leqslant 1.$$

于是，

定义 5.3　当 $\boldsymbol{\alpha}\neq\mathbf{0},\boldsymbol{\beta}\neq\mathbf{0}$ 时，称

$$\theta=\arccos\frac{[\boldsymbol{\alpha},\boldsymbol{\beta}]}{\|\boldsymbol{\alpha}\|\cdot\|\boldsymbol{\beta}\|}$$

为向量 $\boldsymbol{\alpha}$ 与 $\boldsymbol{\beta}$ 的**夹角**.

当 $[\boldsymbol{\alpha},\boldsymbol{\beta}]=0$，即 $\theta=\frac{\pi}{2}$ 时，称向量 $\boldsymbol{\alpha}$ 与 $\boldsymbol{\beta}$ **正交**.

显然，如果 $\boldsymbol{\alpha}=\mathbf{0}$，则 $\boldsymbol{\alpha}$ 与任何向量都正交.

例 5.1　设

$$\boldsymbol{\alpha}=\begin{pmatrix}-1\\1\\1\\1\end{pmatrix},\boldsymbol{\beta}=\begin{pmatrix}-1\\1\\1\\0\end{pmatrix},$$

求向量 $\boldsymbol{\alpha}$ 与 $\boldsymbol{\beta}$ 的夹角.

解　因 $[\boldsymbol{\alpha},\boldsymbol{\beta}]=(-1)\times(-1)+1\times1+1\times1+1\times0=3$,

$$\|\boldsymbol{\alpha}\|=\sqrt{(-1)^2+1^2+1^2+1^2}=2,\ \|\boldsymbol{\beta}\|=\sqrt{(-1)^2+1^2+1^2+0^2}=\sqrt{3},$$

则

$$\cos\theta=\frac{[\boldsymbol{\alpha},\boldsymbol{\beta}]}{\|\boldsymbol{\alpha}\|\cdot\|\boldsymbol{\beta}\|}=\frac{3}{2\sqrt{3}}=\frac{\sqrt{3}}{2},$$

从而 $\boldsymbol{\alpha}$ 与 $\boldsymbol{\beta}$ 的夹角 $\theta=\frac{\pi}{6}$.

例 5.2　已知向量 $\boldsymbol{\alpha}_1=\begin{pmatrix}1\\1\\1\end{pmatrix}$ 与 $\boldsymbol{\alpha}_2=\begin{pmatrix}1\\-2\\1\end{pmatrix}$ 正交，求一个非零向量 $\boldsymbol{\alpha}_3$ 使 $\boldsymbol{\alpha}_1,\boldsymbol{\alpha}_2,\boldsymbol{\alpha}_3$ 两两正交.

解　设 $\boldsymbol{\alpha}_3=\begin{pmatrix}x_1\\x_2\\x_3\end{pmatrix}$，因 $[\boldsymbol{\alpha}_1,\boldsymbol{\alpha}_2]=0$，则要 $\boldsymbol{\alpha}_1,\boldsymbol{\alpha}_2,\boldsymbol{\alpha}_3$ 两两正交，只要 $[\boldsymbol{\alpha}_1,\boldsymbol{\alpha}_3]=0$ 且 $[\boldsymbol{\alpha}_2,\boldsymbol{\alpha}_3]=0$，即

$$\begin{cases}x_1+x_2+x_3=0,\\x_1-2x_2+x_3=0,\end{cases}$$

因矩阵

$$\boldsymbol{A}=\begin{pmatrix}1&1&1\\1&-2&1\end{pmatrix}\xrightarrow{\text{初等行变换}}\begin{pmatrix}1&0&1\\0&1&0\end{pmatrix},$$

所以方程组 $\boldsymbol{Ax}=\mathbf{0}$ 的一个基础解系为 $\begin{pmatrix}1\\0\\-1\end{pmatrix}$，故取 $\boldsymbol{\alpha}_3=\begin{pmatrix}1\\0\\-1\end{pmatrix}$ 即可.

定义 5.4 不含零向量且两两正交的向量组称为**正交向量组**；每个向量都是单位向量的正交向量组称为**标准正交向量组**.

显然，$\boldsymbol{\alpha}_1,\boldsymbol{\alpha}_2,\cdots,\boldsymbol{\alpha}_m$ 是正交向量组的充要条件是$[\boldsymbol{\alpha}_i,\boldsymbol{\alpha}_j]\begin{cases}\neq 0, & j=i,\\ =0, & j\neq i.\end{cases}\quad i,j=1,2,\cdots,m$

$\boldsymbol{\alpha}_1,\boldsymbol{\alpha}_2,\cdots,\boldsymbol{\alpha}_m$ 是标准正交向量组的充要条件是$[\boldsymbol{\alpha}_i,\boldsymbol{\alpha}_j]=\begin{cases}1, & j=i,\\ 0, & j\neq i.\end{cases}\quad i,j=1,2,\cdots,m$

定理 5.2 若 n 维向量组 $\boldsymbol{\alpha}_1,\boldsymbol{\alpha}_2,\cdots,\boldsymbol{\alpha}_m$ 是正交向量组，则向量组 $\boldsymbol{\alpha}_1,\boldsymbol{\alpha}_2,\cdots,\boldsymbol{\alpha}_m$ 线性无关.

证明 设有实数 $k_1,k_2,\cdots,k_m$ 使

$$k_1\boldsymbol{\alpha}_1+k_2\boldsymbol{\alpha}_2+\cdots+k_m\boldsymbol{\alpha}_m=\mathbf{0},$$

上式两端与 $\boldsymbol{\alpha}_i(i=1,2,\cdots,m)$ 做内积得

$$\begin{aligned}0=[0,\boldsymbol{\alpha}_i]&=[k_1\boldsymbol{\alpha}_1+k_2\boldsymbol{\alpha}_2+\cdots+k_m\boldsymbol{\alpha}_m,\boldsymbol{\alpha}_i]\\&=k_1[\boldsymbol{\alpha}_1,\boldsymbol{\alpha}_i]+\cdots+k_i[\boldsymbol{\alpha}_i,\boldsymbol{\alpha}_i]+\cdots+k_m[\boldsymbol{\alpha}_m,\boldsymbol{\alpha}_i],\end{aligned}$$

因 $\boldsymbol{\alpha}_1,\boldsymbol{\alpha}_2,\cdots,\boldsymbol{\alpha}_m$ 是正交向量组，即$[\boldsymbol{\alpha}_i,\boldsymbol{\alpha}_j]\begin{cases}\neq 0, & j=i,\\ =0, & j\neq i.\end{cases}$

所以 $k_i=0(i=1,2,\cdots,m)$，故向量组 $\boldsymbol{\alpha}_1,\boldsymbol{\alpha}_2,\cdots,\boldsymbol{\alpha}_m$ 线性无关.

证毕.

注 5.2 定理 5.2 表明正交向量组一定线性无关，但线性无关的向量组未必是正交向量组. 例如，在 R^2 中，$\boldsymbol{\alpha}_1=\begin{pmatrix}1\\0\end{pmatrix}$，$\boldsymbol{\alpha}_2=\begin{pmatrix}1\\2\end{pmatrix}$线性无关，但$[\boldsymbol{\alpha}_1,\boldsymbol{\alpha}_2]=1\neq 0$，即 $\boldsymbol{\alpha}_1$ 与 $\boldsymbol{\alpha}_2$ 不正交.

由定理 5.2 知，在 n 维向量空间中，任何正交向量组所含向量的个数$\leqslant n$. 例如，在平面上找不到 3 个两两正交的非零向量；在 3 维空间中找不到 4 个两两正交的非零向量.

定义 5.5 设 n 维向量组 $\boldsymbol{\varepsilon}_1,\boldsymbol{\varepsilon}_2,\cdots,\boldsymbol{\varepsilon}_r$ 是向量空间 $V(V\subset\mathbf{R}^n)$ 的一个基，如果 $\boldsymbol{\varepsilon}_1,\boldsymbol{\varepsilon}_2,\cdots,\boldsymbol{\varepsilon}_r$ 两两正交，则称 $\boldsymbol{\varepsilon}_1,\boldsymbol{\varepsilon}_2,\cdots,\boldsymbol{\varepsilon}_r$ 为 V 的一个**正交基**；如果 $\boldsymbol{\varepsilon}_1,\boldsymbol{\varepsilon}_2,\cdots,\boldsymbol{\varepsilon}_r$ 两两正交且都是单位向量，则称 $\boldsymbol{\varepsilon}_1,\boldsymbol{\varepsilon}_2,\cdots,\boldsymbol{\varepsilon}_r$ 为 V 的一个**标准正交基**(或称为**规范正交基**).

例如，(1)$\boldsymbol{e}_1=\begin{pmatrix}1\\1\\0\\0\end{pmatrix}$，$\boldsymbol{e}_2=\begin{pmatrix}1\\-1\\0\\0\end{pmatrix}$，$\boldsymbol{e}_3=\begin{pmatrix}0\\0\\1\\1\end{pmatrix}$，$\boldsymbol{e}_4=\begin{pmatrix}0\\0\\1\\-1\end{pmatrix}$是 $\mathbf{R}^4$ 的一个正交基，但不是 $\mathbf{R}^n$ 的标准正交基.

(2)$\boldsymbol{\varepsilon}_1=\begin{pmatrix}1\\0\\\vdots\\0\end{pmatrix}$，$\boldsymbol{\varepsilon}_2=\begin{pmatrix}0\\1\\\vdots\\0\end{pmatrix},\cdots,\boldsymbol{\varepsilon}_n=\begin{pmatrix}0\\0\\\vdots\\1\end{pmatrix}$是 $\mathbf{R}^n$ 的一个标准正交基.

若向量组 $\boldsymbol{\varepsilon}_1,\boldsymbol{\varepsilon}_2,\cdots,\boldsymbol{\varepsilon}_r$ 是向量空间 V 的一个标准正交基，V 中向量 $\boldsymbol{\alpha}$ 在基 $\boldsymbol{\varepsilon}_1,\boldsymbol{\varepsilon}_2,\cdots,\boldsymbol{\varepsilon}_r$ 下的坐标为 $x_1,x_2,\cdots,x_r$，即

$$\boldsymbol{\alpha}=x_1\boldsymbol{\varepsilon}_1+x_2\boldsymbol{\varepsilon}_2+\cdots+x_r\boldsymbol{\varepsilon}_r,$$

则

$$\begin{aligned}[\boldsymbol{\alpha},\boldsymbol{\varepsilon}_i]&=[x_1\boldsymbol{\varepsilon}_1+x_2\boldsymbol{\varepsilon}_2+\cdots+x_r\boldsymbol{\varepsilon}_r,\boldsymbol{\varepsilon}_i]=x_1[\boldsymbol{\varepsilon}_1,\boldsymbol{\varepsilon}_i]+\cdots+x_i[\boldsymbol{\varepsilon}_i,\boldsymbol{\varepsilon}_i]+\cdots+x_r[\boldsymbol{\varepsilon}_r,\boldsymbol{\varepsilon}_i]\\&=x_i[\boldsymbol{\varepsilon}_i,\ \boldsymbol{\varepsilon}_i]=x_i\quad(i=1,2,\cdots,r),\end{aligned}$$

即

$$x_i=[\boldsymbol{\alpha},\boldsymbol{\varepsilon}_i]\quad(i=1,2,\cdots,r).$$

上式表明，利用向量内积可方便地求出向量空间中向量在其标准正交基下的坐标，因此，今后我们在给向量空间取基时，常常取标准正交基. 因为 r 维向量空间 V 中任意 r 个线性无关的向量组都可作为 V 的一个基，通常从向量空间 V 的一个基出发能求出 V 的一个标准正交基.

设 $\boldsymbol{\alpha}_1,\boldsymbol{\alpha}_2,\cdots,\boldsymbol{\alpha}_r$ 是 r 维向量空间 V 的一个基，求 V 的一个标准正交基，就是要找一个两两正交的单位向量组 $\boldsymbol{\varepsilon}_1,\boldsymbol{\varepsilon}_2,\cdots,\boldsymbol{\varepsilon}_r$，使 $\boldsymbol{\varepsilon}_1,\boldsymbol{\varepsilon}_2,\cdots,\boldsymbol{\varepsilon}_r$ 与 $\boldsymbol{\alpha}_1,\boldsymbol{\alpha}_2,\cdots,\boldsymbol{\alpha}_r$ 等价. 这个过程称为把 r 维向量空间 V 的基 $\boldsymbol{\alpha}_1,\boldsymbol{\alpha}_2,\cdots,\boldsymbol{\alpha}_r$ **标准正交化**，也就是把线性无关的向量组 $\boldsymbol{\alpha}_1,\boldsymbol{\alpha}_2,\cdots,\boldsymbol{\alpha}_r$ 标准正交化，分为以下两个步骤.

(1)正交化，取

$$\boldsymbol{\beta}_1=\boldsymbol{\alpha}_1,$$

$$\boldsymbol{\beta}_2=\boldsymbol{\alpha}_2-\frac{[\boldsymbol{\beta}_1,\ \boldsymbol{\alpha}_2]}{[\boldsymbol{\beta}_1,\boldsymbol{\beta}_1]}\boldsymbol{\beta}_1,$$

……

$$\boldsymbol{\beta}_r=\boldsymbol{\alpha}_r-\frac{[\boldsymbol{\beta}_1,\boldsymbol{\alpha}_r]}{[\boldsymbol{\beta}_1,\boldsymbol{\beta}_1]}\boldsymbol{\beta}_1-\frac{[\boldsymbol{\beta}_2,\boldsymbol{\alpha}_r]}{[\boldsymbol{\beta}_2,\boldsymbol{\beta}_2]}\boldsymbol{\beta}_2-\cdots-\frac{[\boldsymbol{\beta}_{r-1},\boldsymbol{\alpha}_r]}{[\boldsymbol{\beta}_{r-1},\boldsymbol{\beta}_{r-1}]}\boldsymbol{\beta}_{r-1}.$$

容易证明，对任何 $r(1\leqslant r\leqslant m)$，向量组 $\boldsymbol{\beta}_1,\boldsymbol{\beta}_2,\cdots,\boldsymbol{\beta}_r$ 两两正交，且 $\boldsymbol{\beta}_1,\boldsymbol{\beta}_2,\cdots,\boldsymbol{\beta}_r$ 与 $\boldsymbol{\alpha}_1,\boldsymbol{\alpha}_2,\cdots,\boldsymbol{\alpha}_r$ 等价.

上述从线性无关向量组 $\boldsymbol{\alpha}_1,\boldsymbol{\alpha}_2,\cdots,\boldsymbol{\alpha}_r$ 得出正交向量组 $\boldsymbol{\beta}_1,\boldsymbol{\beta}_2,\cdots,\boldsymbol{\beta}_r$ 的过程称为**施密特**(Schmidt)**正交化过程**.

(2)单位化，即取

$$\boldsymbol{\varepsilon}_1=\frac{1}{\|\boldsymbol{\beta}_1\|}\boldsymbol{\beta}_1,\boldsymbol{\varepsilon}_2=\frac{1}{\|\boldsymbol{\beta}_2\|}\boldsymbol{\beta}_2,\cdots,\boldsymbol{\varepsilon}_r=\frac{1}{\|\boldsymbol{\beta}_r\|}\boldsymbol{\beta}_r,$$

则 $\boldsymbol{\varepsilon}_1,\boldsymbol{\varepsilon}_2,\cdots,\boldsymbol{\varepsilon}_r$ 是一个标准正交组.

如果 $\boldsymbol{\alpha}_1,\boldsymbol{\alpha}_2,\cdots,\boldsymbol{\alpha}_r$ 是 V 的基，那么 $\boldsymbol{\varepsilon}_1,\boldsymbol{\varepsilon}_2,\cdots,\boldsymbol{\varepsilon}_r$ 就是 V 的一个标准正交基.

例 5.3　用施密特正交化过程把向量组

$$\boldsymbol{\alpha}_1=\begin{pmatrix}1\\1\\1\end{pmatrix},\ \boldsymbol{\alpha}_2=\begin{pmatrix}0\\1\\2\end{pmatrix},\ \boldsymbol{\alpha}_3=\begin{pmatrix}1\\0\\2\end{pmatrix}$$

正交化.

解　取 $\boldsymbol{\beta}_1=\boldsymbol{\alpha}_1$，

$$\boldsymbol{\beta}_2=\boldsymbol{\alpha}_2-\frac{[\boldsymbol{\beta}_1,\boldsymbol{\alpha}_2]}{[\boldsymbol{\beta}_1,\boldsymbol{\beta}_1]}\boldsymbol{\beta}_1=\begin{pmatrix}0\\1\\2\end{pmatrix}-\frac{3}{3}\begin{pmatrix}1\\1\\1\end{pmatrix}=\begin{pmatrix}-1\\0\\1\end{pmatrix},$$

$$\boldsymbol{\beta}_3=\boldsymbol{\alpha}_3-\frac{[\boldsymbol{\beta}_1,\boldsymbol{\alpha}_3]}{[\boldsymbol{\beta}_1,\boldsymbol{\beta}_1]}\boldsymbol{\beta}_1-\frac{[\boldsymbol{\beta}_2,\boldsymbol{\alpha}_3]}{[\boldsymbol{\beta}_2,\boldsymbol{\beta}_2]}\boldsymbol{\beta}_2=\begin{pmatrix}1\\0\\2\end{pmatrix}-\frac{3}{3}\begin{pmatrix}1\\1\\1\end{pmatrix}-\frac{1}{2}\begin{pmatrix}-1\\0\\1\end{pmatrix}=\begin{pmatrix}\frac{1}{2}\\-1\\\frac{1}{2}\end{pmatrix},$$

则$\boldsymbol{\beta}_1,\boldsymbol{\beta}_2,\boldsymbol{\beta}_3$即为所求正交向量组.

例 5.4 设向量$\boldsymbol{\alpha}_1=\begin{pmatrix}1\\1\\1\end{pmatrix}$，求一组非零向量$\boldsymbol{\alpha}_2,\boldsymbol{\alpha}_3$，使$\boldsymbol{\alpha}_1,\boldsymbol{\alpha}_2,\boldsymbol{\alpha}_3$两两正交.

解 由$[\boldsymbol{\alpha}_1,\boldsymbol{\alpha}_2]=0$，$[\boldsymbol{\alpha}_1,\boldsymbol{\alpha}_3]=0$，知$\boldsymbol{\alpha}_2,\boldsymbol{\alpha}_3$应满足方程$\boldsymbol{\alpha}_1^{\mathrm{T}}\boldsymbol{x}=\mathbf{0}$，即

$$x_1+x_2+x_3=0,$$

因$\boldsymbol{\alpha}_1^{\mathrm{T}}\boldsymbol{x}=\mathbf{0}$的基础解系为

$$\boldsymbol{\xi}_1=\begin{pmatrix}1\\0\\-1\end{pmatrix},\ \boldsymbol{\xi}_2=\begin{pmatrix}0\\1\\-1\end{pmatrix}.$$

而$[\boldsymbol{\alpha}_2,\boldsymbol{\alpha}_3]=0$，则把$\boldsymbol{\xi}_1,\boldsymbol{\xi}_2$正交化得

$$\boldsymbol{\alpha}_2=\boldsymbol{\xi}_1=\begin{pmatrix}1\\0\\-1\end{pmatrix},\ \boldsymbol{\alpha}_3=\boldsymbol{\xi}_2-\frac{(\boldsymbol{\xi}_1,\boldsymbol{\xi}_2)}{(\boldsymbol{\xi}_1,\boldsymbol{\xi}_1)}\boldsymbol{\xi}_1=\begin{pmatrix}0\\1\\-1\end{pmatrix}-\frac{1}{2}\begin{pmatrix}1\\0\\-1\end{pmatrix}=\frac{1}{2}\begin{pmatrix}-1\\2\\-1\end{pmatrix}.$$

故$\boldsymbol{\alpha}_1,\boldsymbol{\alpha}_2,\boldsymbol{\alpha}_3$两两正交.

注 5.3 因$\boldsymbol{\eta}_1=\begin{pmatrix}1\\0\\-1\end{pmatrix}$，$\boldsymbol{\eta}_2=\begin{pmatrix}1\\-2\\1\end{pmatrix}$也是$x_1+x_2+x_3=0$的一个基础解系，且$[\boldsymbol{\eta}_1,\boldsymbol{\eta}_2]=0$，故取$\boldsymbol{\alpha}_2=\boldsymbol{\eta}_1$，$\boldsymbol{\alpha}_3=\boldsymbol{\eta}_2$也可. 所以满足例 5.4 条件的$\boldsymbol{\alpha}_2$，$\boldsymbol{\alpha}_3$不唯一.

5.1.4 正交矩阵与正交变换

定义 5.6 如果n阶矩阵满足$\boldsymbol{A}^{\mathrm{T}}\boldsymbol{A}=\boldsymbol{E}$，那么称$\boldsymbol{A}$为正交矩阵，简称正交阵.

例如，矩阵$\boldsymbol{A}=\begin{pmatrix}0&-1\\-1&0\end{pmatrix}$，$\boldsymbol{B}=\begin{pmatrix}\cos\theta&\sin\theta\\\sin\theta&-\cos\theta\end{pmatrix}$都是正交矩阵.

定理 5.3 n阶矩阵$\boldsymbol{A}$为**正交矩阵**的充要条件是$\boldsymbol{A}$的列(行)向量都是单位向量且两两正交.

证明 把矩阵$\boldsymbol{A}$按列分块为$\boldsymbol{A}=(\boldsymbol{\alpha}_1,\boldsymbol{\alpha}_2,\cdots,\boldsymbol{\alpha}_n)$，则

$$\boldsymbol{A}^{\mathrm{T}}\boldsymbol{A}=\begin{pmatrix}\boldsymbol{\alpha}_1^{\mathrm{T}}\\\boldsymbol{\alpha}_2^{\mathrm{T}}\\\vdots\\\boldsymbol{\alpha}_n^{\mathrm{T}}\end{pmatrix}(\boldsymbol{\alpha}_1,\boldsymbol{\alpha}_2,\cdots,\boldsymbol{\alpha}_n)=\begin{pmatrix}\boldsymbol{\alpha}_1^{\mathrm{T}}\boldsymbol{\alpha}_1&\boldsymbol{\alpha}_1^{\mathrm{T}}\boldsymbol{\alpha}_2&\cdots&\boldsymbol{\alpha}_1^{\mathrm{T}}\boldsymbol{\alpha}_n\\\boldsymbol{\alpha}_2^{\mathrm{T}}\boldsymbol{\alpha}_1&\boldsymbol{\alpha}_2^{\mathrm{T}}\boldsymbol{\alpha}_2&\cdots&\boldsymbol{\alpha}_2^{\mathrm{T}}\boldsymbol{\alpha}_n\\\vdots&\vdots&&\vdots\\\boldsymbol{\alpha}_n^{\mathrm{T}}\boldsymbol{\alpha}_1&\boldsymbol{\alpha}_n^{\mathrm{T}}\boldsymbol{\alpha}_2&\cdots&\boldsymbol{\alpha}_n^{\mathrm{T}}\boldsymbol{\alpha}_n\end{pmatrix}$$

于是$\boldsymbol{A}$是正交矩阵，即$\boldsymbol{A}^{\mathrm{T}}\boldsymbol{A}=\boldsymbol{E}$的充要条件是$\boldsymbol{\alpha}_i^{\mathrm{T}}\boldsymbol{\alpha}_j=\begin{cases}1, & 当\ i=j\\0, & 当\ i\neq j\end{cases}(i,j=1,2,\cdots,n)$，这说明方阵$\boldsymbol{A}$为正交矩阵的充要条件是矩阵$\boldsymbol{A}$的列向量都是单位向量且两两正交.

因为$\boldsymbol{A}^{\mathrm{T}}\boldsymbol{A}=\boldsymbol{E}$与$\boldsymbol{A}\boldsymbol{A}^{\mathrm{T}}=\boldsymbol{E}$等价，所以上述结论对矩阵$\boldsymbol{A}$的行向量也成立，即方阵$\boldsymbol{A}$为正交矩阵的充要条件是$\boldsymbol{A}$的行向量都是单位向量且两两正交.

证毕.

由定理 5.3 可见，n阶正交矩阵$\boldsymbol{A}$的n个列(行)向量构成$\mathbf{R}^n$的一个标准正交基.

定义 5.7　若 $\boldsymbol{P}$ 为正交矩阵，则称线性变换 $\boldsymbol{y}=\boldsymbol{P}\boldsymbol{x}(\boldsymbol{x},\boldsymbol{y}\in\mathbf{R}^n)$ 为**正交变换**.

定理 5.4　正交变换保持向量的长度不变.

证明　设 $\boldsymbol{y}=\boldsymbol{P}\boldsymbol{x}$ 为正交变换，则有

$$\|\boldsymbol{y}\|=\sqrt{[\boldsymbol{y},\boldsymbol{y}]}=\sqrt{\boldsymbol{y}^{\mathrm{T}}\boldsymbol{y}}=\sqrt{(\boldsymbol{P}\boldsymbol{x})^{\mathrm{T}}(\boldsymbol{P}\boldsymbol{x})}=\sqrt{\boldsymbol{x}^{\mathrm{T}}(\boldsymbol{P}^{\mathrm{T}}\boldsymbol{P})\boldsymbol{x}}=\sqrt{\boldsymbol{x}^{\mathrm{T}}\boldsymbol{x}}=\sqrt{[\boldsymbol{x},\boldsymbol{x}]}=\|\boldsymbol{x}\|.$$

证毕.

习题 5.1

1. 在 $\mathbf{R}^4$ 中，设向量 $\boldsymbol{\alpha}=\begin{pmatrix}-1\\2\\-2\\4\end{pmatrix},\boldsymbol{\beta}=\begin{pmatrix}0\\-2\\2\\2\end{pmatrix}$，求 $\|\boldsymbol{\alpha}\|$，$\|\boldsymbol{\beta}\|$ 以及 $\boldsymbol{\alpha}$ 与 $\boldsymbol{\beta}$ 的夹角.

2. 求一单位向量，使它与已知向量 $\boldsymbol{\alpha}=\begin{pmatrix}1\\-4\\0\end{pmatrix},\boldsymbol{\beta}=\begin{pmatrix}-1\\2\\2\end{pmatrix}$ 都正交.

3. 如果向量 $\boldsymbol{\xi}$ 与向量组 $\boldsymbol{\alpha}_1,\boldsymbol{\alpha}_2,\cdots,\boldsymbol{\alpha}_s$ 中每一个向量都正交，证明 $\boldsymbol{\xi}$ 与 $\boldsymbol{\alpha}_1,\boldsymbol{\alpha}_2,\cdots,\boldsymbol{\alpha}_s$ 的任意线性组合也正交.

4. 把向量组 $\boldsymbol{\alpha}_1=\begin{pmatrix}1\\1\\1\end{pmatrix},\boldsymbol{\alpha}_2=\begin{pmatrix}0\\1\\2\end{pmatrix},\boldsymbol{\alpha}_3=\begin{pmatrix}2\\0\\3\end{pmatrix}$ 标准正交化.

5. 设矩阵 $\boldsymbol{A}=\begin{pmatrix}a & -\dfrac{3}{7} & \dfrac{2}{7}\\ b & c & d\\ -\dfrac{3}{7} & \dfrac{2}{7} & e\end{pmatrix}$ 是正交矩阵，求 a,b,c,d,e 的值.

6. 证明：(1)若 $\boldsymbol{A}$ 是正交矩阵，则 $\boldsymbol{A}^{\mathrm{T}}$ 也是正交矩阵；(2)若 $\boldsymbol{A},\boldsymbol{B}$ 都是正交矩阵，则 $\boldsymbol{AB}$ 也是正交矩阵.

5.2　矩阵的特征值与特征向量

矩阵的特征值和特征向量在工程技术领域中有广泛的应用，数学领域中的矩阵对角化、微分方程组的解等问题也要用到特征值理论. 本节讨论矩阵的特征值与特征向量的概念、性质与计算方法.

5.2.1　矩阵的特征值与特征向量的概念

定义 5.8　设 $\boldsymbol{A}$ 是 n 阶矩阵，如果存在数 λ 和 n 维非零向量 $\boldsymbol{\alpha}$ 使关系式

$$\boldsymbol{A}\boldsymbol{\alpha}=\lambda\boldsymbol{\alpha}$$

成立，则称数 λ 为方阵 $\boldsymbol{A}$ 的**特征值**，非零向量 $\boldsymbol{\alpha}$ 为矩阵 $\boldsymbol{A}$ 的对应于特征值 λ 的**特征向量**.

显然，$\boldsymbol{\alpha}$ 是矩阵 $\boldsymbol{A}$ 的对应于特征值 λ 的特征向量，则 $k\boldsymbol{\alpha}$(k 是非零数)也是矩阵 $\boldsymbol{A}$ 的对应于 λ 的特征向量，这说明矩阵 $\boldsymbol{A}$ 的对应于同一特征值的特征向量不是唯一的. 一般地，若 $\boldsymbol{\alpha}_1,\boldsymbol{\alpha}_2,\cdots,\boldsymbol{\alpha}_r$ 都是矩阵 $\boldsymbol{A}$ 的对应于特征值 λ 的特征向量，且 $k_1\boldsymbol{\alpha}_1+k_2\boldsymbol{\alpha}_2+\cdots+k_r\boldsymbol{\alpha}_r\neq\boldsymbol{0}$，则 $k_1\boldsymbol{\alpha}_1+k_2\boldsymbol{\alpha}_2+\cdots+k_r\boldsymbol{\alpha}_r$ 也是 $\boldsymbol{A}$ 的对应于特征值 λ 的特征向量.

注 5.4 一个特征向量只能对应于一个特征值. 事实上，若有

$$\boldsymbol{A\alpha}=\lambda\boldsymbol{\alpha},\boldsymbol{A\alpha}=\mu\boldsymbol{\alpha}\quad(\boldsymbol{\alpha}\neq\boldsymbol{0}),$$

则有 $\lambda\boldsymbol{\alpha}=\mu\boldsymbol{\alpha}$，即$(\lambda-\mu)\boldsymbol{\alpha}=\boldsymbol{0}$，由于 $\boldsymbol{\alpha}\neq\boldsymbol{0}$，所以 $\lambda-\mu=0$，即 $\lambda=\mu$.

下面讨论求矩阵 $\boldsymbol{A}=(a_{ij})_{n\times n}$ 的特征值与特征向量的方法.

设 $\boldsymbol{A\alpha}=\lambda\boldsymbol{\alpha}(\lambda\in\mathbf{R},\boldsymbol{\alpha}\neq\boldsymbol{0})$，将 $\boldsymbol{A\alpha}=\lambda\boldsymbol{\alpha}$ 改写成$(\boldsymbol{A}-\lambda\boldsymbol{E})\boldsymbol{\alpha}=\boldsymbol{0}$，可知 $\boldsymbol{\alpha}$ 是 n 个未知量 n 个方程的齐次线性方程组

$$(\boldsymbol{A}-\lambda\boldsymbol{E})\boldsymbol{x}=\boldsymbol{0}$$

的非零解，于是 $|\boldsymbol{A}-\lambda\boldsymbol{E}|=0$，即

$$|\boldsymbol{A}-\lambda\boldsymbol{E}|=\begin{vmatrix}a_{11}-\lambda & a_{12} & \cdots & a_{1n}\\ a_{21} & a_{22}-\lambda & \cdots & a_{2n}\\ \vdots & \vdots & & \vdots\\ a_{n1} & a_{n2} & \cdots & a_{nn}-\lambda\end{vmatrix}=0.$$

反之，如果 $|\boldsymbol{A}-\lambda\boldsymbol{E}|=0$，则齐次线性方程组

$$(\boldsymbol{A}-\lambda\boldsymbol{E})x=\boldsymbol{0}$$

有非零解 $\boldsymbol{\alpha}$，即$(\boldsymbol{A}-\lambda\boldsymbol{E})\boldsymbol{\alpha}=\boldsymbol{0}$，从而 $\boldsymbol{A\alpha}=\lambda\boldsymbol{\alpha}\quad(\boldsymbol{\alpha}\neq\boldsymbol{0})$，所以 λ 是方阵 $\boldsymbol{A}$ 的特征值，非零向量 $\boldsymbol{\alpha}$ 是 $\boldsymbol{A}$ 的对应于特征值 λ 的特征向量.

行列式 $|\boldsymbol{A}-\lambda\boldsymbol{E}|$ 的展开式是关于 λ 的一个 n 次多项式，称为矩阵 $\boldsymbol{A}$ 的**特征多项式**，记为 $f(\lambda)$，而 $|\boldsymbol{A}-\lambda\boldsymbol{E}|=0$ 是一个以 λ 为未知量的一元 n 次方程，称为矩阵 $\boldsymbol{A}$ 的**特征方程**.

显然，矩阵 $\boldsymbol{A}$ 的特征值就是 $\boldsymbol{A}$ 的特征方程的根，而一元 n 次方程在复数范围内有 n 个根(重根按重数计算)，因此 n 阶方阵在复数范围内有 n 个特征值.

由上述分析得到求方阵 A 的特征值与特征向量的方法如下.

(1)求出矩阵 $\boldsymbol{A}$ 的特征方程 $|\boldsymbol{A}-\lambda\boldsymbol{E}|=0$ 的全部根 $\lambda_1,\lambda_2,\cdots,\lambda_n$，这些根即为矩阵 $\boldsymbol{A}$ 的全部特征值;

(2)对矩阵 $\boldsymbol{A}$ 的每个特征值 λ_i，求出齐次线性方程组

$$(\boldsymbol{A}-\lambda_i\boldsymbol{E})\boldsymbol{x}=\boldsymbol{0}$$

的一个基础解系 $\boldsymbol{\alpha}_{i1},\boldsymbol{\alpha}_{i2},\cdots,\boldsymbol{\alpha}_{is_i}$，则 $\boldsymbol{\alpha}_{i1},\boldsymbol{\alpha}_{i2},\cdots,\boldsymbol{\alpha}_{is_i}$ 就是矩阵 $\boldsymbol{A}$ 的对应于特征值 λ_i 的线性无关的特征向量，而 $\boldsymbol{\alpha}_{i1},\boldsymbol{\alpha}_{i2},\cdots,\boldsymbol{\alpha}_{is_i}$ 的非零线性组合

$$\boldsymbol{\alpha}=k_1\boldsymbol{\alpha}_{i1}+k_2\boldsymbol{\alpha}_{i2}+\cdots+k_{s_i}\boldsymbol{\alpha}_{is_i}(k_1,k_2,\cdots,k_{s_i}\text{不全为零})$$

即为矩阵 $\boldsymbol{A}$ 的对应于特征值 λ_i 的全部特征向量.

例 5.5 求矩阵

$$\boldsymbol{A}=\begin{pmatrix}2 & 0 & 0\\ 0 & 3 & -2\\ 0 & -2 & 3\end{pmatrix}$$

的特征值与特征向量.

解　因矩阵 $\boldsymbol{A}$ 的特征多项式为

$$|\boldsymbol{A}-\lambda\boldsymbol{E}|=\begin{vmatrix}2-\lambda & 0 & 0\\ 0 & 3-\lambda & -2\\ 0 & -2 & 3-\lambda\end{vmatrix}=(2-\lambda)(\lambda-1)(\lambda-5),$$

所以矩阵 $\boldsymbol{A}$ 的特征值为 $\lambda_1=1$，$\lambda_2=2$，$\lambda_3=5$.

对于特征值 $\lambda_1=1$，由

$$\boldsymbol{A}-\boldsymbol{E}=\begin{pmatrix}1 & 0 & 0\\ 0 & 2 & -2\\ 0 & -2 & 2\end{pmatrix}\xrightarrow{r}\begin{pmatrix}1 & 0 & 0\\ 0 & 1 & -1\\ 0 & 0 & 0\end{pmatrix}$$

得$(\boldsymbol{A}-\boldsymbol{E})\boldsymbol{x}=\boldsymbol{0}$ 的基础解系为

$$\boldsymbol{\alpha}_1=\begin{pmatrix}0\\1\\1\end{pmatrix},$$

因此矩阵 $\boldsymbol{A}$ 的对应于特征值 1 的全部特征向量为 $k\boldsymbol{\alpha}_1$（k 为任意非零常数).

对于特征值 $\lambda_2=2$，由

$$\boldsymbol{A}-2\boldsymbol{E}=\begin{pmatrix}0 & 0 & 0\\ 0 & 1 & -2\\ 0 & -2 & 1\end{pmatrix}\xrightarrow{r}\begin{pmatrix}0 & 0 & 0\\ 0 & 1 & 0\\ 0 & 0 & 1\end{pmatrix}$$

得$(\boldsymbol{A}-2\boldsymbol{E})\boldsymbol{x}=\boldsymbol{0}$ 的基础解系为

$$\boldsymbol{\alpha}_2=\begin{pmatrix}1\\0\\0\end{pmatrix},$$

于是矩阵 $\boldsymbol{A}$ 的对应于特征值 2 的全部特征向量为 $k\boldsymbol{\alpha}_2$（k 为任意非零常数).

对于特征值 $\lambda_3=5$，由

$$\boldsymbol{A}-5\boldsymbol{E}=\begin{pmatrix}-3 & 0 & 0\\ 0 & -2 & -2\\ 0 & -2 & -2\end{pmatrix}\xrightarrow{r}\begin{pmatrix}1 & 0 & 0\\ 0 & 1 & 1\\ 0 & 0 & 0\end{pmatrix}$$

得$(\boldsymbol{A}-5\boldsymbol{E})\boldsymbol{x}=\boldsymbol{0}$ 的基础解系为

$$\boldsymbol{\alpha}_3=\begin{pmatrix}0\\1\\-1\end{pmatrix},$$

从而矩阵 $\boldsymbol{A}$ 的对应于特征值 5 的全部特征向量为 $k\boldsymbol{\alpha}_3$（k 为任意非零常数).

例 5.6　求矩阵 $\boldsymbol{A}=\begin{pmatrix}-1 & 1 & 0\\ -4 & 3 & 0\\ 1 & 0 & 2\end{pmatrix}$的特征值和特征向量.

解　因矩阵 $\boldsymbol{A}$ 的特征多项式

$$|\boldsymbol{A}-\lambda\boldsymbol{E}|=\begin{vmatrix}-1-\lambda & 1 & 0\\ -4 & 3-\lambda & 0\\ 1 & 0 & 2-\lambda\end{vmatrix}=(\lambda-1)^2(2-\lambda),$$

所以矩阵 $\boldsymbol{A}$ 的特征值是 $\lambda_1=\lambda_2=1$(这说明 1 是矩阵 $\boldsymbol{A}$ 的二重特征值)和 $\lambda_3=2$.

对于 $\lambda_1=\lambda_2=1$，因为$(\boldsymbol{A}-\boldsymbol{E})\boldsymbol{x}=\boldsymbol{0}$ 的基础解系为

$$\boldsymbol{\alpha}_1=\begin{pmatrix}1\\2\\-1\end{pmatrix},$$

所以矩阵 $\boldsymbol{A}$ 的对应于特征值 1 的全部特征向量为 $k\boldsymbol{\alpha}_1$（k 为任意非零常数）.

对于 $\lambda_3=2$，因$(\boldsymbol{A}-2\boldsymbol{E})\boldsymbol{x}=\boldsymbol{0}$ 的基础解系为

$$\boldsymbol{\alpha}_2=\begin{pmatrix}0\\0\\1\end{pmatrix},$$

所以矩阵 $\boldsymbol{A}$ 的对应于特征值 2 的全部特征向量为 $k\boldsymbol{\alpha}_2$（k 为任意非零常数）.

例 5.7 求矩阵

$$\boldsymbol{A}=\begin{pmatrix}-2&1&1\\0&2&0\\-4&1&3\end{pmatrix}$$

的特征值与特征向量.

解 矩阵 $\boldsymbol{A}$ 的特征多项式为

$$|\boldsymbol{A}-\lambda\boldsymbol{E}|=\begin{vmatrix}-2-\lambda&1&1\\0&2-\lambda&0\\-4&1&3-\lambda\end{vmatrix}=-(\lambda+1)(\lambda-2)^2,$$

所以矩阵 $\boldsymbol{A}$ 的特征值为 $\lambda_1=-1$，$\lambda_2=\lambda_3=2$.

对于特征值 $\lambda_1=-1$，因为$(\boldsymbol{A}+\boldsymbol{E})\boldsymbol{x}=\boldsymbol{0}$ 的基础解系为

$$\boldsymbol{\alpha}_1=\begin{pmatrix}1\\0\\1\end{pmatrix},$$

所以矩阵 $\boldsymbol{A}$ 的对应于特征值-1 的全部特征向量为 $k_1\boldsymbol{\alpha}_1$（k_1为任意非零常数）.

对于特征值 $\lambda_2=\lambda_3=2$，因为$(\boldsymbol{A}-2\boldsymbol{E})\boldsymbol{x}=\boldsymbol{0}$ 的基础解系为

$$\boldsymbol{\alpha}_2=\begin{pmatrix}0\\1\\-1\end{pmatrix},\ \boldsymbol{\alpha}_3=\begin{pmatrix}1\\0\\4\end{pmatrix},$$

所以矩阵 $\boldsymbol{A}$ 的对应于特征值 2 的全部特征向量为 $k_2\boldsymbol{\alpha}_2+k_3\boldsymbol{\alpha}_3$（$k_2,k_3$ 是不全为零的任意常数）.

5.2.2 矩阵的特征值与特征向量的性质

若 n 阶矩阵 $\boldsymbol{A}=(a_{ij})$的特征值为 $\lambda_1,\lambda_1,\cdots,\lambda_n$，则它的特征多项式为

$$f(\lambda)=(\lambda_1-\lambda)(\lambda_2-\lambda)\cdots(\lambda_n-\lambda),$$

另外，$f(\lambda)=|\boldsymbol{A}-\lambda\boldsymbol{E}|$. 比较 λ^{n-1}的系数，有

$$(-1)^{n-1}(\lambda_1+\lambda_2+\cdots+\lambda_n)=(-1)^{n-1}(a_{11}+a_{22}+\cdots+a_{nn})$$

比较 λ^0 的系数，有

$$\lambda_1\lambda_2\cdots\lambda_n=|\boldsymbol{A}|$$

即有下面的定理.

定理 5.5　设 n 阶矩阵 $\boldsymbol{A}=(a_{ij})$ 的特征值为 $\lambda_1,\lambda_1,\cdots,\lambda_n$，则

(1) $\lambda_1+\lambda_1+\cdots+\lambda_n=a_{11}+a_{22}+\cdots+a_{nn}\triangleq \mathrm{tr}(A)$；

(2) $\lambda_1\lambda_2\cdots\lambda_n=|\boldsymbol{A}|$.

即矩阵 $\boldsymbol{A}$ 的全部特征值之和等于矩阵 $\boldsymbol{A}$ 的主对角线上的元素之和(称为矩阵 $\boldsymbol{A}$ 的**迹**，记为 $\mathrm{tr}(A)$)，矩阵 $\boldsymbol{A}$ 的全部特征值之积等于矩阵 $\boldsymbol{A}$ 的行列式值.

由定理 5.5 表明，可逆矩阵的特征值都不为零.

定理 5.6　设 λ 是矩阵 $\boldsymbol{A}$ 的特征值，则

(1) λ^k 是 $\boldsymbol{A}^k$ 的特征值(k 是任意整数)；

(2) 当 $\boldsymbol{A}$ 可逆时，$\dfrac{1}{\lambda}$是 $\boldsymbol{A}^{-1}$的特征值，$\dfrac{|\boldsymbol{A}|}{\lambda}$是 $\boldsymbol{A}^*$ 的特征值；

(3) 设 $\varphi(x)=a_0+a_1x+\cdots+a_mx^m$ 是 x 的 m 次多项式，$\varphi(\boldsymbol{A})=a_0\boldsymbol{E}+a_1\boldsymbol{A}+\cdots+a_m\boldsymbol{A}^m$ 是方阵 $\boldsymbol{A}$ 的多项式，则 $\varphi(\lambda)$ 是 $\varphi(\boldsymbol{A})$ 的特征值.

证明　(1) 因 λ 是矩阵 $\boldsymbol{A}$ 的特征值，所以有非零向量 $\boldsymbol{\alpha}$ 使 $\boldsymbol{A\alpha}=\lambda\boldsymbol{\alpha}$. 于是

$$\boldsymbol{A}^2\boldsymbol{\alpha}=\boldsymbol{A}(\boldsymbol{A\alpha})=\boldsymbol{A}(\lambda\boldsymbol{\alpha})=\lambda(\boldsymbol{A\alpha})=\lambda^2\boldsymbol{\alpha}$$

故 λ^2 是 $\boldsymbol{A}^2$ 的特征值. 以此类推可得 λ^k 是 $\boldsymbol{A}^k$ 的特征值.

(2) 因矩阵 $\boldsymbol{A}$ 可逆，则 $\lambda\neq 0$. 由 $\boldsymbol{A\alpha}=\lambda\boldsymbol{\alpha}$ 得 $\boldsymbol{\alpha}=\boldsymbol{A}^{-1}(\lambda\boldsymbol{\alpha})=\lambda(\boldsymbol{A}^{-1}\boldsymbol{\alpha})$，于是

$$\boldsymbol{A}^{-1}\boldsymbol{\alpha}=\frac{1}{\lambda}\boldsymbol{\alpha},$$

故$\dfrac{1}{\lambda}$是 $\boldsymbol{A}^{-1}$的特征值.

又 $\boldsymbol{A}^{-1}=\dfrac{1}{|\boldsymbol{A}|}\boldsymbol{A}^*$，则 $\boldsymbol{A}^*\boldsymbol{\alpha}=|\boldsymbol{A}|\boldsymbol{A}^{-1}\boldsymbol{\alpha}=\dfrac{|\boldsymbol{A}|}{\lambda}\boldsymbol{\alpha}$，即$\dfrac{|\boldsymbol{A}|}{\lambda}$是 $\boldsymbol{A}^*$ 的特征值.

$$\begin{aligned}(3)\ \varphi(\boldsymbol{A})\boldsymbol{\alpha}&=(a_0\boldsymbol{E}+a_1\boldsymbol{A}+\cdots+a_m\boldsymbol{A}^m)\boldsymbol{\alpha}=a_0(\boldsymbol{E\alpha})+a_1(\boldsymbol{A\alpha})+\cdots+a_m(\boldsymbol{A}^m\boldsymbol{\alpha})\\&=a_0\boldsymbol{\alpha}+a_1(\lambda\boldsymbol{\alpha})+\cdots+a_m(\lambda^m\boldsymbol{\alpha})\\&=(a_0+a_1\lambda+\cdots+a_m\lambda^m)\boldsymbol{\alpha}=\varphi(\lambda)\boldsymbol{\alpha},\end{aligned}$$

故 $\varphi(\lambda)$ 是 $\varphi(\boldsymbol{A})$ 的特征值.

证毕.

例 5.8　已知 3 阶矩阵 $\boldsymbol{A}$ 的特征值是 1,2,3，求 $|\boldsymbol{A}^3-2\boldsymbol{A}^2+3\boldsymbol{A}|$.

解　记 $\varphi(\boldsymbol{A})=\boldsymbol{A}^3-2\boldsymbol{A}^2+3\boldsymbol{A}$，则 $\varphi(\lambda)=\lambda^3-2\lambda^2+3\lambda$.

因矩阵 $\boldsymbol{A}$ 的特征值是 1,2,3，所以 $\varphi(\boldsymbol{A})$ 的特征值是 $\varphi(1)=2,\varphi(2)=6,\varphi(3)=18$，于是

$$|\boldsymbol{A}^3-2\boldsymbol{A}^2+3\boldsymbol{A}|=\varphi(1)\varphi(2)\varphi(3)=2\cdot 6\cdot 18=216.$$

定理 5.7　设 $\lambda_1,\lambda_2,\cdots,\lambda_m$ 是方阵 $\boldsymbol{A}$ 的互不相同的特征值，$\boldsymbol{\alpha}_1,\boldsymbol{\alpha}_2,\cdots,\boldsymbol{\alpha}_m$ 依次是方阵 $\boldsymbol{A}$ 的对应于 $\lambda_1,\lambda_2,\cdots,\lambda_m$ 的特征向量，则向量组 $\boldsymbol{\alpha}_1,\boldsymbol{\alpha}_2,\cdots,\boldsymbol{\alpha}_m$ 线性无关.

证明　由已知有 $\boldsymbol{A\alpha}_1=\lambda_1\boldsymbol{\alpha}_1,\boldsymbol{A\alpha}_2=\lambda_2\boldsymbol{\alpha}_2,\cdots,\boldsymbol{A\alpha}_m=\lambda_m\boldsymbol{\alpha}_m$，且 $\lambda_1,\lambda_2,\cdots,\lambda_m$ 互不相等，$\boldsymbol{\alpha}_1,\boldsymbol{\alpha}_2,\cdots,\boldsymbol{\alpha}_m$ 都不是零向量.

用数学归纳法.

当 $m=1$ 时，定理 5.7 成立.

假设对 $m-1$ 个互不相同的特征值，定理 5.7 成立；对 m 个互不相同的特征值，设

$$k_1\boldsymbol{\alpha}_1+k_2\boldsymbol{\alpha}_2+\cdots+k_m\boldsymbol{\alpha}_m=\mathbf{0}, \tag{5.2.1}$$

用矩阵 $\boldsymbol{A}$ 左乘上式，得 $\boldsymbol{A}(k_1\boldsymbol{\alpha}_1+k_2\boldsymbol{\alpha}_2+\cdots+k_m\boldsymbol{\alpha}_m)=\mathbf{0}$，

即

$$\lambda_1(k_1\boldsymbol{\alpha}_1)+\lambda_2(k_2\boldsymbol{\alpha}_2)+\cdots+\lambda_m(k_m\boldsymbol{\alpha}_m)=\mathbf{0} \tag{5.2.2}$$

从上面式(5.2.1)与式(5.2.2)中消去 $\boldsymbol{\alpha}_m$ 得

$$k_1(\lambda_m-\lambda_1)\boldsymbol{\alpha}_1+k_2(\lambda_m-\lambda_2)\boldsymbol{\alpha}_2+\cdots+k_{m-1}(\lambda_m-\lambda_{m-1})\boldsymbol{\alpha}_{m-1}=\mathbf{0}$$

根据归纳假设知道 $\boldsymbol{\alpha}_1,\boldsymbol{\alpha}_2,\cdots,\boldsymbol{\alpha}_{m-1}$ 线性无关，又 $\lambda_m-\lambda_i\neq 0(i=1,2,\cdots,m-1)$，所以 $k_1=k_2=\cdots=k_{m-1}=0$，于是 $k_m=0$，故向量组 $\boldsymbol{\alpha}_1,\boldsymbol{\alpha}_2,\cdots,\boldsymbol{\alpha}_m$ 线性无关.

证毕.

定理 5.7 说明方阵 $\boldsymbol{A}$ 的对应于不同特征值的特征向量构成的向量组线性无关.

推论 5.1 设 $\lambda_1,\lambda_2,\cdots,\lambda_t$ 是方阵 $\boldsymbol{A}$ 的互不相同的特征值，$\boldsymbol{\alpha}_{i1},\boldsymbol{\alpha}_{i2},\cdots,\boldsymbol{\alpha}_{is_i}$ 是 $\boldsymbol{A}$ 的对应于 λ_i 的线性无关的特征向量，$i=1,2,\cdots,t$，则向量组 $\boldsymbol{\alpha}_{11},\boldsymbol{\alpha}_{12},\cdots,\boldsymbol{\alpha}_{1s_1},\cdots,\boldsymbol{\alpha}_{t1},\boldsymbol{\alpha}_{t2},\cdots,\boldsymbol{\alpha}_{ts_t}$ 线性无关.

请读者自己证明.

习题 5.2

1. 求下列矩阵的特征值与特征向量：

(1) $\begin{pmatrix}3&1&1\\-2&0&-1\\-6&-3&-2\end{pmatrix}$；　　(2) $\begin{pmatrix}-1&1&0\\-4&3&0\\1&0&2\end{pmatrix}$.

2. 已知 $\boldsymbol{\alpha}=\begin{pmatrix}1\\1\\-1\end{pmatrix}$ 是矩阵 $\boldsymbol{A}=\begin{pmatrix}2&-1&2\\5&a&3\\-1&b&-2\end{pmatrix}$ 的一个特征向量，求 a,b 以及 $\boldsymbol{\alpha}$ 所对应的特征值.

3. 证明幂等矩阵 $\boldsymbol{A}(\boldsymbol{A}^2=\boldsymbol{A})$ 的特征值只能是 0 或 1.

4. 证明幂零矩阵 $\boldsymbol{A}(\boldsymbol{A}^k=\boldsymbol{O}$，$k$ 为正整数)的特征值只能是 0.

5. 已知 3 阶矩阵 $\boldsymbol{A}$ 的特征值为 $1,2,-3$ 求 $|\boldsymbol{A}^*+3\boldsymbol{A}+2\boldsymbol{E}|$.

6. 设 $\boldsymbol{A}$ 是 n 阶矩阵，证明 $\boldsymbol{A}^{\mathrm{T}}$ 与 $\boldsymbol{A}$ 的特征值相同.

7. 设 λ_1,λ_2 是方阵 $\boldsymbol{A}$ 的不同特征值，$\boldsymbol{\alpha}_1,\boldsymbol{\alpha}_2$ 是分别属于 λ_1,λ_2 的特征向量，证明 $\boldsymbol{\alpha}_1+\boldsymbol{\alpha}_2$ 不是方阵 $\boldsymbol{A}$ 的特征向量.

5.3 相似矩阵

5.3.1 相似矩阵的概念与性质

定义 5.9 设 $\boldsymbol{A},\boldsymbol{B}$ 是 n 阶矩阵，若有 n 阶可逆矩阵 $\boldsymbol{P}$ 使

$$P^{-1}AP=B,$$

则称 B 是 A 的**相似矩阵**，或者说矩阵 A 与 B **相似**，记为 $A\sim B$. 对 A 进行运算 $P^{-1}AP$ 称为对 A 进行相似变换，可逆矩阵 P 称为把 A 变成 B 的相似变换矩阵.

容易证明，矩阵之间的相似关系具有以下性质：

(1)反身性：$A\sim A$；

(2)对称性：如果 $A\sim B$，则 $B\sim A$；

(3)传递性：如果 $A\sim B$，$B\sim C$，则 $A\sim C$.

定理 5.8　若矩阵 A 与 B 相似，则

(1) $|A|=|B|$；

(2)A^k 与 B^k 相似(k 为正整数)；

(3)A 可逆时，A^{-1} 与 B^{-1} 相似；

(4)设 $\varphi(x)=a_0+a_1x+\cdots+a_mx^m$ 是 x 的 m 次多项式，有 $\varphi(A)$ 与 $\varphi(B)$ 相似.

证明　因 A 与 B 相似，即有可逆矩阵 P 使 $P^{-1}AP=B$，所以

(1) $|B|=|P^{-1}AP|=|P^{-1}||A||P|=|A|$；

(2)
$$\begin{aligned}B^k&=(P^{-1}AP)^k=(P^{-1}AP)(P^{-1}AP)\cdots(P^{-1}AP)\\&=P^{-1}A(PP^{-1})A(P\cdots P^{-1})AP=P^{-1}A^kP,\end{aligned}$$

即 A^k 与 B^k 相似；

(3)由(1)知道 A 可逆时，B 也可逆，且

$$B^{-1}=(P^{-1}AP)^{-1}=P^{-1}A^{-1}P,$$

即 A^{-1} 与 B^{-1} 相似.

(4)
$$\begin{aligned}\varphi(B)&=a_0E+a_1B+\cdots+a_mB^m\\&=a_0(P^{-1}EP)+a_1(P^{-1}AP)+\cdots+a_m(P^{-1}AP)^m\\&=a_0(P^{-1}EP)+a_1(P^{-1}AP)+\cdots+a_m(P^{-1}A^mP)\\&=P^{-1}(a_0E+a_1A+\cdots+a_mA^m)P\\&=P^{-1}\varphi(A)P,\end{aligned}$$

即 $\varphi(A)$ 与 $\varphi(B)$ 相似.

证毕.

定理 5.9　若 n 阶矩阵 A 与 B 相似，则 A 与 B 的特征多项式相同，从而 A 与 B 有相同的特征值.

证明　因矩阵 A 与 B 相似，则有可逆矩阵 P，使 $P^{-1}AP=B$，于是

$$\begin{aligned}|B-\lambda E|&=|P^{-1}AP-P^{-1}(\lambda E)P|=|P^{-1}(A-\lambda E)P|\\&=|P^{-1}||A-\lambda E||P|=|A-\lambda E|.\end{aligned}$$

证毕.

推论 5.2　若 n 阶矩阵 A 与对角矩阵 $\Lambda=\mathrm{diag}(\lambda_1,\lambda_2,\cdots,\lambda_n)$ 相似，则 $\lambda_1,\lambda_2,\cdots,\lambda_n$ 为矩阵 A 的特征值.

注 5.5　有相同特征值的两个矩阵可能不相似，即定理 5.9 的逆不成立，例如

$$A=\begin{pmatrix}1&0\\0&1\end{pmatrix},\ B=\begin{pmatrix}1&1\\0&1\end{pmatrix}$$

有

$$|\boldsymbol{A}-\lambda\boldsymbol{E}|=(1-\lambda)^2=|\boldsymbol{B}-\lambda\boldsymbol{E}|,$$

即 $\boldsymbol{A}$ 与 $\boldsymbol{B}$ 有相同的特征多项式，但 $\boldsymbol{A}$ 与 $\boldsymbol{B}$ 不相似，因为 $\boldsymbol{A}$ 是单位矩阵，对任意可逆矩阵 $\boldsymbol{P}$ 有 $\boldsymbol{P}^{-1}\boldsymbol{A}\boldsymbol{P}=\boldsymbol{A}\neq\boldsymbol{B}$，即与单位矩阵相似的矩阵只能是单位矩阵.

5.3.2 矩阵的相似对角化

定义 5.10 若 n 阶矩阵 $\boldsymbol{A}$ 能与对角矩阵相似，则称矩阵 $\boldsymbol{A}$ **能相似对角化**.

下面讨论 n 阶矩阵 $\boldsymbol{A}$ 能相似对角化的条件.

假设矩阵 $\boldsymbol{A}$ 能对角化，即有可逆矩阵 $\boldsymbol{P}$ 使

$$\boldsymbol{P}^{-1}\boldsymbol{A}\boldsymbol{P}=\boldsymbol{\Lambda}=\begin{pmatrix}\lambda_1 & & & \\ & \lambda_2 & & \\ & & \ddots & \\ & & & \lambda_n\end{pmatrix}$$

记 $\boldsymbol{p}_1,\boldsymbol{p}_2,\cdots,\boldsymbol{p}_n$ 为 $\boldsymbol{P}$ 的列向量，即 $\boldsymbol{P}=(\boldsymbol{p}_1,\boldsymbol{p}_2,\cdots,\boldsymbol{p}_n)$，则

$$\begin{aligned}\boldsymbol{A}(\boldsymbol{p}_1,\boldsymbol{p}_2,\cdots,\boldsymbol{p}_n)&=(\boldsymbol{p}_1,\boldsymbol{p}_2,\cdots,\boldsymbol{p}_n)\begin{pmatrix}\lambda_1 & & & \\ & \lambda_2 & & \\ & & \ddots & \\ & & & \lambda_n\end{pmatrix}\\ &=(\lambda_1\boldsymbol{p}_1,\lambda_2\boldsymbol{p}_2,\cdots,\lambda_n\boldsymbol{p}_n),\end{aligned}$$

于是有

$$\boldsymbol{A}\boldsymbol{p}_i=\lambda_i\boldsymbol{p}_i(i=1,2,\cdots,n),$$

因 $\boldsymbol{P}$ 可逆，所以 $\boldsymbol{p}_i\neq\boldsymbol{0}(i=1,2,\cdots,n)$，且 $\boldsymbol{p}_1,\boldsymbol{p}_2,\cdots,\boldsymbol{p}_n$ 线性无关，从而 $\lambda_1,\lambda_2,\cdots,\lambda_n$ 是矩阵 $\boldsymbol{A}$ 的特征值，而 $\boldsymbol{p}_1,\boldsymbol{p}_2,\cdots,\boldsymbol{p}_n$ 依次是矩阵 $\boldsymbol{A}$ 的对应于 $\lambda_1,\lambda_2,\cdots,\lambda_n$ 的 n 个线性无关的特征向量.

反之，若 n 阶矩阵 $\boldsymbol{A}$ 有 n 个线性无关的特征向量 $\boldsymbol{p}_1,\boldsymbol{p}_2,\cdots,\boldsymbol{p}_n$，即有

$$\boldsymbol{A}\boldsymbol{p}_i=\lambda_i\boldsymbol{p}_i(i=1,2,\cdots,n),$$

令 $\boldsymbol{P}=(\boldsymbol{p}_1,\boldsymbol{p}_2,\cdots,\boldsymbol{p}_n)$，则 $\boldsymbol{P}$ 可逆，且

$$\begin{aligned}\boldsymbol{A}\boldsymbol{P}&=(\boldsymbol{A}\boldsymbol{p}_1,\boldsymbol{A}\boldsymbol{p}_2,\cdots,\boldsymbol{A}\boldsymbol{p}_n)=(\lambda_1\boldsymbol{p}_1,\lambda_2\boldsymbol{p}_2,\cdots,\lambda_n\boldsymbol{p}_n)\\ &=(\boldsymbol{p}_1,\boldsymbol{p}_2,\cdots,\boldsymbol{p}_n)\begin{pmatrix}\lambda_1 & & & \\ & \lambda_2 & & \\ & & \ddots & \\ & & & \lambda_n\end{pmatrix}=\boldsymbol{P}\boldsymbol{\Lambda},\end{aligned}$$

所以 $\boldsymbol{P}^{-1}\boldsymbol{A}\boldsymbol{P}=\boldsymbol{\Lambda}$ 为对角阵，故矩阵 $\boldsymbol{A}$ 可对角化.

定理 5.10 n 阶矩阵 $\boldsymbol{A}$ 能相似对角化的充要条件是矩阵 $\boldsymbol{A}$ 有 n 个线性无关的特征向量.

推论 5.3 如果 n 阶矩阵 $\boldsymbol{A}$ 的 n 个特征值互不相等，则矩阵 $\boldsymbol{A}$ 能相似对角化.

注 5.6 如果矩阵 $\boldsymbol{A}$ 的特征多项式有重根即矩阵 $\boldsymbol{A}$ 至少有两个特征值相等时，矩阵 $\boldsymbol{A}$ 不一定有 n 个线性无关的特征向量，从而矩阵 $\boldsymbol{A}$ 不一定能对角化.

注 5.7　如果矩阵 $\boldsymbol{A}$ 能相似对角化，即有可逆矩阵 $\boldsymbol{P}$ 使

$$\boldsymbol{P}^{-1}\boldsymbol{A}\boldsymbol{P}=\boldsymbol{\Lambda}=\begin{pmatrix}\lambda_1 & & & \\ & \lambda_2 & & \\ & & \ddots & \\ & & & \lambda_n\end{pmatrix}$$

则对角矩阵 Λ 中主对角线上的元素就是 $\boldsymbol{A}$ 的特征值，而可逆阵 $\boldsymbol{P}$ 的列向量依次是与对角矩阵 $\boldsymbol{\Lambda}$ 主对角线上的元素 $\lambda_1,\lambda_2,\cdots,\lambda_n$ 对应的 $\boldsymbol{n}$ 个线性无关的特征向量.

注 5.8　由于齐次线性方程组的基础解系不唯一，故矩阵 $\boldsymbol{A}$ 能对角化时，使 $\boldsymbol{P}^{-1}\boldsymbol{A}\boldsymbol{P}=\boldsymbol{\Lambda}$ 成立的可逆矩阵 $\boldsymbol{P}$ 不唯一.

例 5.9　判断下列矩阵 $\boldsymbol{A}$ 能否对角化，如果 $\boldsymbol{A}$ 能对角化，求可逆矩阵 $\boldsymbol{P}$，使 $\boldsymbol{P}^{-1}\boldsymbol{A}\boldsymbol{P}$ 为对角矩阵.

(1) $\boldsymbol{A}=\begin{pmatrix}-2 & 1 & -2\\ -5 & 3 & -3\\ 1 & 0 & 2\end{pmatrix}$；　　(2) $\boldsymbol{A}=\begin{pmatrix}1 & -2 & 2\\ -2 & -2 & 4\\ 2 & 4 & -2\end{pmatrix}$.

解　(1) 因矩阵 $\boldsymbol{A}$ 的特征多项式为

$$|\boldsymbol{A}-\lambda\boldsymbol{E}|=\begin{vmatrix}-2-\lambda & 1 & -2\\ -5 & 3-\lambda & -3\\ 1 & 0 & 2-\lambda\end{vmatrix}=-(\lambda-1)^3.$$

可得矩阵 $\boldsymbol{A}$ 的特征值为 $\lambda_1=\lambda_2=\lambda_3=1$.

对于特征值 $\lambda_1=\lambda_2=\lambda_3=1$，解方程组 $(\boldsymbol{A}-\boldsymbol{E})\boldsymbol{x}=\boldsymbol{0}$，得矩阵 $\boldsymbol{A}$ 的对应于特征值 1 的线性无关的特征向量只有一个 $\boldsymbol{p}=\begin{pmatrix}1\\ 1\\ -1\end{pmatrix}$. 即矩阵 $\boldsymbol{A}$ 没有 3 个线性无关的特征向量，故矩阵 $\boldsymbol{A}$ 不能对角化.

(2) 因矩阵 $\boldsymbol{A}$ 的特征多项式

$$|\boldsymbol{A}-\lambda\boldsymbol{E}|=\begin{vmatrix}1-\lambda & -2 & 2\\ -2 & -2-\lambda & 4\\ 2 & 4 & -2-\lambda\end{vmatrix}=-(\lambda-2)^2(\lambda+7),$$

可得矩阵 $\boldsymbol{A}$ 的特征值为 $\lambda_1=\lambda_2=2$，$\lambda_3=-7$.

对于特征值 $\lambda_1=\lambda_2=2$，解方程组 $(\boldsymbol{A}-2\boldsymbol{E})\boldsymbol{x}=\boldsymbol{0}$，得矩阵 $\boldsymbol{A}$ 的对应于特征值 2 的线性无关的特征向量有两个 $\boldsymbol{p}_1=\begin{pmatrix}2\\ 0\\ 1\end{pmatrix}$，$\boldsymbol{p}_2=\begin{pmatrix}0\\ 1\\ 1\end{pmatrix}$.

对于特征值 $\lambda_1=-7$，解方程组 $(\boldsymbol{A}+7\boldsymbol{E})\boldsymbol{x}=\boldsymbol{0}$，得矩阵 $\boldsymbol{A}$ 的对应于特征值 -7 的线性无关的特征向量有一个 $\boldsymbol{p}_3=\begin{pmatrix}1\\ 2\\ -2\end{pmatrix}$.

上述表明，矩阵 $\boldsymbol{A}$ 有 3 个线性无关的特征向量 $\boldsymbol{p}_1,\boldsymbol{p}_2,\boldsymbol{p}_3$，故矩阵 $\boldsymbol{A}$ 能对角化，且

$$\boldsymbol{P}=(\boldsymbol{p}_1,\boldsymbol{p}_2,\boldsymbol{p}_3)=\begin{pmatrix}2 & 0 & 1\\ 0 & 1 & 2\\ 1 & 1 & -2\end{pmatrix},$$

使

$$P^{-1}AP=\begin{pmatrix}2 & & \\ & 2 & \\ & & -7\end{pmatrix}.$$

定理 5.11 对于 n 阶矩阵 $\boldsymbol{A}$ 的每个 s 重特征值 λ，如果都有 $R(\boldsymbol{A}-\lambda\boldsymbol{E})=n-s$，则矩阵 $\boldsymbol{A}$ 可对角化.

证明 设 $\lambda_1,\lambda_2,\cdots,\lambda_t$ 是 $\boldsymbol{A}$ 的全部不同的特征值，其重数分别是 $r_1,r_2,\cdots,r_t$ $(r_1+r_2+\cdots+r_t=n)$，又对于每个特征值 $\lambda_i(i=1,2\cdots,t)$，因 $R(\boldsymbol{A}-\lambda_i\boldsymbol{E})=n-r_i$，则方程$(\boldsymbol{A}-\lambda_i\boldsymbol{E})\boldsymbol{x}=\boldsymbol{0}$ 的基础解系含有 $n-R(\boldsymbol{A}-\lambda_i\boldsymbol{E})=r_i$ 个解向量，即矩阵 $\boldsymbol{A}$ 的对应于 λ_i 的线性无关的特征向量有 r_i 个. 于是矩阵 $\boldsymbol{A}$ 有 $r_1+r_2+\cdots+r_t=n$ 个线性无关的特征向量，故矩阵 $\boldsymbol{A}$ 可对角化.

证毕.

例 5.10 设矩阵 $A=\begin{pmatrix}0 & 0 & 1\\ 1 & 1 & t\\ 1 & 0 & 0\end{pmatrix}$，问 t 为何值时，矩阵 $\boldsymbol{A}$ 能对角化.

解 由 $|\boldsymbol{A}-\lambda\boldsymbol{E}|=\begin{vmatrix}-\lambda & 0 & 1\\ 1 & 1-\lambda & t\\ 1 & 0 & -\lambda\end{vmatrix}=-(\lambda+1)(\lambda-1)^2=0$

得 $\boldsymbol{A}$ 的特征值为 $\lambda_1=-1$，$\lambda_2=\lambda_3=1$.

若矩阵 $\boldsymbol{A}$ 能对角化，则矩阵 $\boldsymbol{A}$ 的对应二重根 $\lambda_2=\lambda_3=1$ 的线性无关的特征向量有 2 个，即 3 元方程组$(\boldsymbol{A}-\boldsymbol{E})\boldsymbol{x}=\boldsymbol{0}$ 的基础解系中含 2 个解向量，于是 $R(\boldsymbol{A}-\boldsymbol{E})=1$. 而

$$\boldsymbol{A}-\boldsymbol{E}=\begin{pmatrix}-1 & 0 & 1\\ 1 & 0 & t\\ 1 & 0 & -1\end{pmatrix}\xrightarrow{\text{初等行变换}}\begin{pmatrix}1 & 0 & -1\\ 0 & 0 & t+1\\ 0 & 0 & 0\end{pmatrix}$$

因此当 $t=-1$ 时，矩阵 $\boldsymbol{A}$ 能对角化.

例 5.11 设矩阵

$$\boldsymbol{A}=\begin{pmatrix}4 & 6 & 0\\ -3 & -5 & 0\\ -3 & -6 & 1\end{pmatrix}$$

求 $\boldsymbol{A}^{100}$.

解 由 $|\boldsymbol{A}-\lambda\boldsymbol{E}|=\begin{vmatrix}4-\lambda & 6 & 0\\ -3 & -5-\lambda & 0\\ -3 & -6 & 1-\lambda\end{vmatrix}=-(\lambda+2)(\lambda-1)^2=0$，得矩阵 $\boldsymbol{A}$ 的特征值为 $\lambda_1=-2$，$\lambda_2=\lambda_3=1$.

对于特征值 $\lambda_1=-2$，解方程组$(\boldsymbol{A}+2\boldsymbol{E})\boldsymbol{x}=\boldsymbol{0}$，得矩阵 $\boldsymbol{A}$ 的对应于特征值 $\lambda_1=-2$ 的线性无关的特征向量为

$$\boldsymbol{p}_1=\begin{pmatrix}-1\\ 1\\ 1\end{pmatrix}.$$

对于特征值 $\lambda_2=\lambda_3=1$，解方程组$(\boldsymbol{A}-\boldsymbol{E})\boldsymbol{x}=\boldsymbol{0}$，得矩阵 $\boldsymbol{A}$ 的对应于特征值 $\lambda_2=\lambda_3=1$ 的线性无关的特征向量为

$$\boldsymbol{p}_2=\begin{pmatrix}-2\\1\\0\end{pmatrix},\ \boldsymbol{p}_3=\begin{pmatrix}0\\0\\1\end{pmatrix}.$$

令

$$\boldsymbol{P}=(\boldsymbol{p}_1,\boldsymbol{p}_2,\boldsymbol{p}_3)=\begin{pmatrix}-1&-2&0\\1&1&0\\1&0&1\end{pmatrix},$$

则 $\boldsymbol{P}$ 是可逆矩阵，且

$$\boldsymbol{P}^{-1}\boldsymbol{A}\boldsymbol{P}=\begin{pmatrix}-2&&\\&1&\\&&1\end{pmatrix},\ 其中\ \boldsymbol{P}^{-1}=\begin{pmatrix}1&2&0\\-1&-1&0\\-1&-2&1\end{pmatrix}$$

即

$$\boldsymbol{A}=\boldsymbol{P}\begin{pmatrix}-2&&\\&1&\\&&1\end{pmatrix}\boldsymbol{P}^{-1}.$$

所以

$$\begin{aligned}\boldsymbol{A}^{100}&=\boldsymbol{P}\begin{pmatrix}(-2)^{100}&&\\&1&\\&&1\end{pmatrix}\boldsymbol{P}^{-1}=\begin{pmatrix}-1&-2&0\\1&1&0\\1&0&1\end{pmatrix}\begin{pmatrix}(-2)^{100}&&\\&1&\\&&1\end{pmatrix}\begin{pmatrix}1&2&0\\-1&-1&0\\-1&-2&1\end{pmatrix}\\&=\begin{pmatrix}-2^{100}+2&-2^{101}+2&0\\2^{100}-1&2^{101}-1&0\\2^{100}-1&2^{101}-2&1\end{pmatrix}.\end{aligned}$$

* **应用实例**：人口迁移的动态分析.

在某个国家对城乡人口流动做年度调查，发现每年有 2.5%的乡村居民移居城镇，有 1%的城镇居民移居乡村. 已知现有乡村居民数 x_0，城镇居民数 y_0，假设该国总人口数不变，且人口迁移的规律也不变，则 1 年后、2 年后乡村居民数和城镇居民数各为多少？第 n 年后乡村居民数和城镇居民数又各为多少？

解　记 n 年后乡村居民数和城镇居民数分别为 x_n,y_n，则 1 年后

乡村居民数 $x_1=\left(1-\dfrac{2.5}{100}\right)x_0+\dfrac{1}{100}y_0=\dfrac{975}{1000}x_0+\dfrac{1}{100}y_0$，

城镇居民数 $y_1=\dfrac{2.5}{100}x_0+\left(1-\dfrac{1}{100}\right)y_0=\dfrac{25}{1000}x_0+\dfrac{99}{100}y_0$，

用矩阵形式表示为 $\begin{pmatrix}x_1\\y_1\end{pmatrix}=\begin{pmatrix}\dfrac{975}{1000}&\dfrac{1}{100}\\\dfrac{25}{1000}&\dfrac{99}{100}\end{pmatrix}\begin{pmatrix}x_0\\y_0\end{pmatrix}$，

记矩阵

$$\boldsymbol{A}=\begin{pmatrix}\dfrac{975}{1000}&\dfrac{1}{100}\\\dfrac{25}{1000}&\dfrac{99}{100}\end{pmatrix},\ 则\begin{pmatrix}x_1\\y_1\end{pmatrix}=\boldsymbol{A}\begin{pmatrix}x_0\\y_0\end{pmatrix},$$

于是 2 年后乡村居民数和城镇居民数 x_2,y_2 满足 $\begin{pmatrix}x_2\\y_2\end{pmatrix}=A\begin{pmatrix}x_1\\y_1\end{pmatrix}=A^2\begin{pmatrix}x_0\\y_0\end{pmatrix}$，

n 年后乡村居民数和城镇居民数 x_n,y_n 满足 $\begin{pmatrix}x_n\\y_n\end{pmatrix}=A^n\begin{pmatrix}x_0\\y_0\end{pmatrix}$.

将矩阵 A 对角化，得

$$A=\begin{pmatrix}-1&\frac{2}{5}\\1&1\end{pmatrix}\begin{pmatrix}\frac{193}{200}&0\\0&1\end{pmatrix}\begin{pmatrix}-\frac{5}{7}&\frac{2}{7}\\\frac{5}{7}&\frac{5}{7}\end{pmatrix},$$

则

$$\begin{aligned}\begin{pmatrix}x_n\\y_n\end{pmatrix}&=\begin{pmatrix}-1&\frac{2}{5}\\1&1\end{pmatrix}\begin{pmatrix}\left(\frac{193}{200}\right)^n&0\\0&1\end{pmatrix}\begin{pmatrix}-\frac{5}{7}&\frac{2}{7}\\\frac{5}{7}&\frac{5}{7}\end{pmatrix}\begin{pmatrix}x_0\\y_0\end{pmatrix}\\&=\begin{pmatrix}\frac{5}{7}\left(\frac{193}{200}\right)^n+\frac{2}{7}&-\frac{2}{7}\left(\frac{193}{200}\right)^n+\frac{2}{7}\\-\frac{5}{7}\left(\frac{193}{200}\right)^n+\frac{5}{7}&\frac{2}{7}\left(\frac{193}{200}\right)^n+\frac{5}{7}\end{pmatrix}\begin{pmatrix}x_0\\y_0\end{pmatrix}.\end{aligned}$$

显然，$\begin{pmatrix}x_\infty\\y_\infty\end{pmatrix}=\begin{pmatrix}\frac{2}{7}&\frac{2}{7}\\\frac{5}{7}&\frac{5}{7}\end{pmatrix}\begin{pmatrix}x_0\\y_0\end{pmatrix}=\begin{pmatrix}\frac{2}{7}\\\frac{5}{7}\end{pmatrix}(x_0+y_0)$，即经过一个时期后，人口城乡分布达到一个稳定状态，总人口数的$\frac{2}{7}$在乡村，$\frac{5}{7}$在城镇，但人口总数不变，仍为 x_0+y_0.

5.3.3 实对称矩阵的相似对角化

一个 n 阶矩阵 A 能相似对角化的充要条件是矩阵 A 有 n 个线性无关的特征向量. 从前面的例子发现，有的 n 阶矩阵没有 n 个线性无关的特征向量，因而这些矩阵不能对角化. 然而，实对称矩阵是一定能够对角化的.

实对称矩阵的特征值和特征向量有以下性质.

性质 5.1 实对称矩阵的特征值是实数.

证明 设 λ 是实对称矩阵 $A=(a_{ij})$ 的特征值，非零向量 $\boldsymbol{\alpha}$ 是相应的特征向量，即

$$A\boldsymbol{\alpha}=\lambda\boldsymbol{\alpha}\quad(\boldsymbol{\alpha}\neq\boldsymbol{0}),$$

一方面，用 $\bar{\lambda}$ 表示 λ 的共轭复数，$\bar{\boldsymbol{\alpha}}$ 表示 $\boldsymbol{\alpha}$ 的共轭复向量. 因 A 为实对称矩阵，所以 $\bar{A}=(\bar{a}_{ij})=A$，$A^{\mathrm{T}}=A$，故

$$A\bar{\boldsymbol{\alpha}}=\bar{A}\bar{\boldsymbol{\alpha}}=\overline{A\boldsymbol{\alpha}}=\overline{\lambda\boldsymbol{\alpha}}=\bar{\lambda}\bar{\boldsymbol{\alpha}}.$$

则有

$$\bar{\boldsymbol{\alpha}}^{\mathrm{T}}A\boldsymbol{\alpha}=\bar{\boldsymbol{\alpha}}^{\mathrm{T}}(A\boldsymbol{\alpha})=\bar{\boldsymbol{\alpha}}^{\mathrm{T}}\lambda\boldsymbol{\alpha}=\lambda(\bar{\boldsymbol{\alpha}}^{\mathrm{T}}\boldsymbol{\alpha}),$$

另一方面，

$$\overline{\boldsymbol{\alpha}}^{\mathrm{T}}\boldsymbol{A}\boldsymbol{\alpha}=(\overline{\boldsymbol{\alpha}}^{\mathrm{T}}\boldsymbol{A})\boldsymbol{\alpha}=(\overline{\boldsymbol{\alpha}}^{\mathrm{T}}\boldsymbol{A}^{\mathrm{T}})\boldsymbol{\alpha}=(\boldsymbol{A}\overline{\boldsymbol{\alpha}})^{\mathrm{T}}\boldsymbol{\alpha}=(\overline{\boldsymbol{A}\boldsymbol{\alpha}})^{\mathrm{T}}\boldsymbol{\alpha}=(\overline{\lambda\boldsymbol{\alpha}})^{\mathrm{T}}\boldsymbol{\alpha}=\overline{\lambda}(\overline{\boldsymbol{\alpha}}^{\mathrm{T}}\boldsymbol{\alpha}),$$

于是

$$\lambda(\overline{\boldsymbol{\alpha}}^{\mathrm{T}}\boldsymbol{\alpha})=\overline{\lambda}(\overline{\boldsymbol{\alpha}}^{\mathrm{T}}\boldsymbol{\alpha})$$

即

$$(\lambda-\overline{\lambda})(\overline{\boldsymbol{\alpha}}^{\mathrm{T}}\boldsymbol{\alpha})=0$$

但因 $\boldsymbol{\alpha}\neq\mathbf{0}$，所以 $\overline{\boldsymbol{\alpha}}^{\mathrm{T}}\boldsymbol{\alpha}>0$，故 $\lambda-\overline{\lambda}=0$，即 $\lambda=\overline{\lambda}$，从而 λ 是实数.

证毕.

当矩阵 $\boldsymbol{A}$ 的特征值 λ 为实数时，齐次线性方程组

$$(\boldsymbol{A}-\lambda\boldsymbol{E})\boldsymbol{x}=\mathbf{0}$$

是实系数齐次线性方程组，其解为实数解，所以矩阵 $\boldsymbol{A}$ 的对应于特征值 λ 的特征向量是实向量.

性质 5.2　设 λ_1,λ_2 是实对称矩阵 $\boldsymbol{A}$ 的两个不同的特征值，$\boldsymbol{\alpha},\boldsymbol{\beta}$ 是 $\boldsymbol{A}$ 的分别对应于特征值 λ_1,λ_2 的特征向量，则 $\boldsymbol{\alpha}$ 与 $\boldsymbol{\beta}$ 正交.

证明　因 $\boldsymbol{A}$ 是实对称矩阵，所以 $\boldsymbol{A}^{\mathrm{T}}=\boldsymbol{A}$，由已知有

$$\boldsymbol{A}\boldsymbol{\alpha}=\lambda_1\boldsymbol{\alpha},\ \boldsymbol{A}\boldsymbol{\beta}=\lambda_2\boldsymbol{\beta}\quad(\lambda_1\neq\lambda_2),$$

$$\begin{aligned}\lambda_1[\boldsymbol{\alpha},\boldsymbol{\beta}]&=[\lambda_1\boldsymbol{\alpha},\boldsymbol{\beta}]=[\boldsymbol{A}\boldsymbol{\alpha},\boldsymbol{\beta}]=(\boldsymbol{A}\boldsymbol{\alpha})^{\mathrm{T}}\boldsymbol{\beta}\\&=\boldsymbol{\alpha}^{\mathrm{T}}\boldsymbol{A}^{\mathrm{T}}\boldsymbol{\beta}=\boldsymbol{\alpha}^{\mathrm{T}}(\boldsymbol{A}\boldsymbol{\beta})=\boldsymbol{\alpha}^{\mathrm{T}}(\lambda_2\boldsymbol{\beta})\\&=[\boldsymbol{\alpha},\lambda_2\boldsymbol{\beta}]=\lambda_2[\boldsymbol{\alpha},\boldsymbol{\beta}],\end{aligned}$$

即有 $(\lambda_1-\lambda_2)[\boldsymbol{\alpha},\boldsymbol{\beta}]=0$，因 $\lambda_1-\lambda_2\neq0$，故 $[\boldsymbol{\alpha},\boldsymbol{\beta}]=0$，即 $\boldsymbol{\alpha}$ 与 $\boldsymbol{\beta}$ 正交.

证毕.

定理 5.12　设 $\boldsymbol{A}$ 为 n 阶实对称矩阵，则必有正交矩阵 $\boldsymbol{P}$，使得

$$\boldsymbol{P}^{-1}\boldsymbol{A}\boldsymbol{P}=\boldsymbol{P}^{\mathrm{T}}\boldsymbol{A}\boldsymbol{P}=\boldsymbol{\Lambda}=\begin{pmatrix}\lambda_1&&&\\&\lambda_2&&\\&&\ddots&\\&&&\lambda_n\end{pmatrix},$$

其中对角矩阵 $\boldsymbol{\Lambda}$ 的对角元素 $\lambda_1,\lambda_2,\cdots,\lambda_n$ 为矩阵 $\boldsymbol{A}$ 的 n 个特征值，正交矩阵 $\boldsymbol{P}$ 的列依次是矩阵 $\boldsymbol{A}$ 的对应于特征值 $\lambda_1,\lambda_2,\cdots,\lambda_n$ 的两两正交的单位特征向量.

这里证明从略. 有兴趣的读者可参阅参考文献[2].

定理 5.12 表明，实对称矩阵 $\boldsymbol{A}$ 一定能对角化. 求正交矩阵 $\boldsymbol{P}$ 使 $\boldsymbol{P}^{\mathrm{T}}\boldsymbol{A}\boldsymbol{P}$ 为对角矩阵的步骤如下：

(1) 由 $|\boldsymbol{A}-\lambda\boldsymbol{E}|=0$ 求出矩阵 $\boldsymbol{A}$ 的全部互不相等的特征值 $\lambda_1,\lambda_2,\cdots,\lambda_s$，它们的重数依次为 $r_1,r_2,\cdots,r_s$，其中 $r_1+r_2+\cdots+r_s=n$；

(2) 对每个特征值 λ_i，求出方程组 $(\boldsymbol{A}-\lambda_i\boldsymbol{E})\boldsymbol{x}=\mathbf{0}$ 的一个基础解系，得矩阵 $\boldsymbol{A}$ 的对应于特征值 λ_i 的 r_i 个线性无关的特征向量，再利用施密特正交化方法把这 r_i 个线性无关的特征向量正交化，然后单位化，即得矩阵 $\boldsymbol{A}$ 的对应于特征值 λ_i 的两两正交的单位特征向量. 因 $r_1+r_2+\cdots+r_s=n$，故可得矩阵 $\boldsymbol{A}$ 的 n 个两两正交的单位特征向量为 $\boldsymbol{p}_1,\boldsymbol{p}_2,\cdots,\boldsymbol{p}_n$；

(3) 记矩阵 $\boldsymbol{P}=(\boldsymbol{p}_1,\boldsymbol{p}_2,\cdots,\boldsymbol{p}_n)$，则 $\boldsymbol{P}$ 是正交矩阵，且使 $\boldsymbol{P}^{-1}\boldsymbol{A}\boldsymbol{P}=\boldsymbol{P}^{\mathrm{T}}\boldsymbol{A}\boldsymbol{P}=\boldsymbol{\Lambda}$ 为对角矩阵.

例 5.12 设实对称矩阵

$$A=\begin{pmatrix}0&-1&1\\-1&0&1\\1&1&0\end{pmatrix}$$

求正交矩阵 P 使 $P^{-1}AP$ 为对角阵.

解 由

$$|A-\lambda E|=\begin{vmatrix}-\lambda&-1&1\\-1&-\lambda&1\\1&1&-\lambda\end{vmatrix}=-(\lambda-1)^2(\lambda+2)$$

得 A 的特征值 $\lambda_1=\lambda_2=1,\lambda_3=-2$.

对于 $\lambda_1=\lambda_2=1$，解方程组 $(A-E)x=0$，得矩阵 A 的对应于特征值 $\lambda_2=\lambda_3=1$ 的线性无关的特征向量为

$$\alpha_1=\begin{pmatrix}1\\-1\\0\end{pmatrix},\ \alpha_2=\begin{pmatrix}1\\1\\2\end{pmatrix},$$

因 $[\alpha_1,\alpha_2]=0$，则将 α_1,α_2 单位化得 $p_1=\dfrac{1}{\sqrt{2}}\begin{pmatrix}1\\-1\\0\end{pmatrix}$，$p_2=\dfrac{1}{\sqrt{6}}\begin{pmatrix}1\\1\\2\end{pmatrix}$.

对于特征值 $\lambda_3=-2$，解方程组 $(A+2E)x=0$，得矩阵 A 的对应于特征值 $\lambda_3=-2$ 的线性无关的特征向量为

$$\alpha_3=\begin{pmatrix}1\\1\\-1\end{pmatrix},$$

将 α_3 单位化得 $p_3=\dfrac{1}{\sqrt{3}}\begin{pmatrix}1\\1\\-1\end{pmatrix}$.

记矩阵

$$P=(p_1,p_2,p_3),$$

则 P 是正交矩阵，且

$$P^{-1}AP=P^{\mathrm{T}}AP=\begin{pmatrix}1&&\\&1&\\&&-2\end{pmatrix}.$$

习题 5.3

1. 设 A,B 是 n 阶矩阵，且矩阵 A 可逆，证明 AB 与 BA 相似.

2. 判断下列矩阵能否可以对角化，如果可以对角化，求可逆矩阵 P，使 $P^{-1}AP$ 为对角矩阵.

(1) $A=\begin{pmatrix}2&0&-2\\0&3&0\\0&0&3\end{pmatrix}$；　　　(2) $A=\begin{pmatrix}3&1&0\\-4&-1&0\\4&-8&-2\end{pmatrix}$.

3. 已知 $p=\begin{pmatrix}1\\1\\-1\end{pmatrix}$ 是矩阵 $A=\begin{pmatrix}2&-1&2\\5&a&3\\-1&b&-2\end{pmatrix}$ 的一个特征向量.

(1) 求 a,b 以及特征向量 p 所对应的特征值；

(2) 矩阵 A 能否对角化？并说明理由.

4. 设矩阵 $A=\begin{pmatrix}1&4&2\\0&-3&4\\0&4&3\end{pmatrix}$，求 A^{100}.

5. 求一个正交相似变换矩阵 P，将下列对称矩阵化为对角矩阵.

(1) $A=\begin{pmatrix}2&-2&0\\-2&1&-2\\0&-2&0\end{pmatrix}$；　　　(2) $A=\begin{pmatrix}2&2&-2\\2&5&-4\\-2&-4&5\end{pmatrix}$.

6. 设矩阵 $A=\begin{pmatrix}1&-2&-4\\-2&x&-2\\-4&-2&1\end{pmatrix}$ 与 $\Lambda=\begin{pmatrix}5&&\\&-4&\\&&y\end{pmatrix}$ 相似，求 x,y 及一个正交矩阵 P 使 $P^{-1}AP=\Lambda$.

7. 设三阶矩阵 A 的特征值 $\lambda_1=2$，$\lambda_2=-2$，$\lambda_3=1$，对应的特征向量依次为 $p_1=\begin{pmatrix}0\\1\\1\end{pmatrix}$，$p_2=\begin{pmatrix}1\\1\\1\end{pmatrix}$，$p_3=\begin{pmatrix}1\\1\\0\end{pmatrix}$，求矩阵 A.

8. 设 3 阶实对称矩阵 A 的三个特征值分别是 3,3,6，属于特征值 6 的一个特征向量是 $\begin{pmatrix}1\\1\\1\end{pmatrix}$，求矩阵 A.

5.4　二次型

二次型的研究与解析几何中化二次曲面(曲线)的方程为标准方程的问题有密切的联系，其理论与方法在数学和物理中都有广泛的应用. 本节讨论实二次型的标准型与正定性，6.4 节将用二次型理论研究二次曲面的一般方程.

5.4.1　二次型及其标准形

定义 5.11　称含有 n 个变量 $x_1,x_2,\cdots,x_n$ 的二次齐次函数

$$f(x_1,x_2,\cdots,x_n)=a_{11}x_1^2+a_{22}x_2^2+\cdots+a_{nn}x_n^2+2a_{12}x_1x_2+2a_{13}x_1x_3+\cdots+2a_{1n}x_1x_n$$
$$+2a_{23}x_2x_3+\cdots+2a_{2n}x_2x_n+\cdots+2a_{n-1,n}x_{n-1}x_n \tag{5.4.1}$$

为 n 元**二次型**.

二次型 $f(x_1,x_2,\cdots,x_n)$ 有时也简记为 f. 当 a_{ij} 为实数时，f 为实二次型；当 a_{ij} 为复数时，f 为复二次型. 这里仅讨论实二次型.

对于 $j>i$ 时，取 $a_{ji}=a_{ij}$，则 $2a_{ij}x_ix_j=a_{ij}x_ix_j+a_{ji}x_jx_i$，于是二次型(5.4.1)可写成

$$\begin{aligned}f(x_1,x_2,\cdots,x_n)&=a_{11}x_1^2+a_{12}x_1x_2+\cdots+a_{1n}x_1x_n\\&+a_{21}x_2x_1+a_{22}x_2^2+\cdots+a_{2n}x_2x_n\\&\cdots\cdots\\&+a_{n1}x_nx_1+a_{n2}x_nx_2+\cdots+a_{nn}x_n^2\\&=\sum_{i=1}^{n}\sum_{j=1}^{n}a_{ij}x_ix_j=\sum_{i,\ j=1}^{n}a_{ij}x_ix_j,\end{aligned}$$

利用矩阵乘法，二次型 f 还可以表示为

$$f(x_1,x_2,\cdots,x_n)=(x_1\quad x_2\quad\cdots\quad x_n)\begin{pmatrix}a_{11}&a_{12}&\cdots&a_{1n}\\a_{21}&a_{22}&\cdots&a_{2n}\\\vdots&\vdots&&\vdots\\a_{n1}&a_{n2}&\cdots&a_{nn}\end{pmatrix}\begin{pmatrix}x_1\\x_2\\\vdots\\x_n\end{pmatrix}$$

记 $\boldsymbol{A}=\begin{pmatrix}a_{11}&a_{12}&\cdots&a_{1n}\\a_{21}&a_{22}&\cdots&a_{2n}\\\vdots&\vdots&&\vdots\\a_{n1}&a_{n2}&\cdots&a_{nn}\end{pmatrix}$，$\boldsymbol{x}=\begin{pmatrix}x_1\\x_2\\\vdots\\x_n\end{pmatrix}$，则有

$$f(x_1,x_2,\cdots,x_n)=\boldsymbol{x}^{\mathrm{T}}\boldsymbol{A}\boldsymbol{x},$$

这就是二次型 f 的矩阵形式，其中矩阵 $\boldsymbol{A}=(a_{ij})_{n\times n}$ 满足 $a_{ij}=a_{ji}(i,j=1,2,\cdots,n)$，即 $\boldsymbol{A}$ 是对称矩阵，矩阵 $\boldsymbol{A}$ 的主对角线上的元素为二次型 f 中平方项的系数.

任意给一个二次型都可唯一地确定一个对称矩阵；反之，任意给一个对称矩阵也可唯一地确定一个二次型，即二次型 f 与对称矩阵 $\boldsymbol{A}$(f 的系数矩阵)之间存在一一对应关系. 称矩阵 $\boldsymbol{A}$ 为**二次型 f 的矩阵**，也把 f **叫作对称矩阵 $\boldsymbol{A}$ 的二次型**，把 $\boldsymbol{A}$ 的秩叫作**二次型 f 的秩**.

例 5.13 写出二次型 $f(x_1,x_2,x_3)=x_1^2+2x_2^2+5x_3^2+2x_1x_2+2x_1x_3+6x_2x_3$ 的矩阵，并求出该二次型的秩.

解 因二次型

$$f(x_1,x_2,x_3)=(x_1,x_2,x_3)\begin{pmatrix}1&1&1\\1&2&3\\1&3&5\end{pmatrix}\begin{pmatrix}x_1\\x_2\\x_3\end{pmatrix},$$

所以，二次型的矩阵为

$$\boldsymbol{A}=\begin{pmatrix}1&1&1\\1&2&3\\1&3&5\end{pmatrix}.$$

$$因\ \boldsymbol{A}=\begin{pmatrix}1&1&1\\1&2&3\\1&3&5\end{pmatrix}\xrightarrow{初等行变换}\begin{pmatrix}1&1&1\\0&1&2\\0&0&0\end{pmatrix}，即\ R(\boldsymbol{A})=2，$$

所以二次型 f 的秩为 2.

对于二次型，我们讨论的主要问题是寻找可逆的线性变换

$$\begin{cases}x_1=c_{11}y_1+c_{12}y_2+\cdots+c_{1n}y_n,\\x_2=c_{21}y_1+c_{22}y_2+\cdots+c_{2n}y_n,\\\quad\cdots\cdots\\x_n=c_{n1}y_1+c_{n2}y_2+\cdots+c_{nn}y_n,\end{cases}\tag{5.4.2}$$

得到只含平方项的二次型，也就是将式(5.4.2)代入式(5.4.1)，能使

$$f=k_1y_1^2+k_2y_2^2+\cdots+k_ny_n^2,\tag{5.4.3}$$

这种只含平方项的二次型式(5.4.3)，称为二次型 f 的标准形.

如果二次型 f 的标准形式(5.4.3)中的系数 $k_1,k_2,\cdots,k_n$ 只在 $1,-1,0$ 三个数中取值，也就是将式(5.4.2)代入式(5.4.1)，能使

$$f=y_1^2+\cdots+y_p^2-y_{p+1}^2\cdots-y_r^2,\tag{5.4.4}$$

其中 r 为二次型 f 的秩，则称式(5.4.4)为二次型 f 的规范形.

记

$$\boldsymbol{x}=\begin{pmatrix}x_1\\x_2\\\vdots\\x_n\end{pmatrix},\quad \boldsymbol{C}=\begin{pmatrix}c_{11}&c_{12}&\cdots&c_{1n}\\c_{21}&c_{22}&\cdots&c_{2n}\\\vdots&\vdots&&\vdots\\c_{n1}&c_{n2}&\cdots&c_{nn}\end{pmatrix},\quad \boldsymbol{y}=\begin{pmatrix}y_1\\y_2\\\vdots\\y_n\end{pmatrix}$$

则可逆线性变换(5.4.2)写成矩阵形式 $\boldsymbol{x}=\boldsymbol{C}\boldsymbol{y}$，其中 $\boldsymbol{C}$ 为可逆矩阵.

将 $\boldsymbol{x}=\boldsymbol{C}\boldsymbol{y}$ 代入二次型 $f=\boldsymbol{x}^{\mathrm{T}}\boldsymbol{A}\boldsymbol{x}$，得

$$f=\boldsymbol{x}^{\mathrm{T}}\boldsymbol{A}\boldsymbol{x}=(\boldsymbol{C}\boldsymbol{y})^{\mathrm{T}}\boldsymbol{A}(\boldsymbol{C}\boldsymbol{y})=\boldsymbol{y}^{\mathrm{T}}(\boldsymbol{C}^{\mathrm{T}}\boldsymbol{A}\boldsymbol{C})\boldsymbol{y}=\boldsymbol{y}^{\mathrm{T}}\boldsymbol{B}\boldsymbol{y},$$

而

$$\boldsymbol{B}^{\mathrm{T}}=(\boldsymbol{C}^{\mathrm{T}}\boldsymbol{A}\boldsymbol{C})^{\mathrm{T}}=\boldsymbol{C}^{\mathrm{T}}\boldsymbol{A}^{\mathrm{T}}\boldsymbol{C}=\boldsymbol{C}^{\mathrm{T}}\boldsymbol{A}\boldsymbol{C}=\boldsymbol{B},$$

即 $\boldsymbol{A}$ 是对称矩阵时，$\boldsymbol{B}=\boldsymbol{C}^{\mathrm{T}}\boldsymbol{A}\boldsymbol{C}$ 也是对称矩阵，所以线性变换 $\boldsymbol{x}=\boldsymbol{C}\boldsymbol{y}$ 将二次型 $f=\boldsymbol{x}^{\mathrm{T}}\boldsymbol{A}\boldsymbol{x}$ 化为新二次型

$$g(y_1,y_1,\cdots,y_1)=\boldsymbol{y}^{\mathrm{T}}\boldsymbol{B}\boldsymbol{y},$$

这里新二次型的矩阵 $\boldsymbol{B}=\boldsymbol{C}^{\mathrm{T}}\boldsymbol{A}\boldsymbol{C}$.

定义 5.12　设 $\boldsymbol{A},\boldsymbol{B}$ 是 n 阶矩阵，若有可逆矩阵 $\boldsymbol{C}$，使

$$\boldsymbol{B}=\boldsymbol{C}^{\mathrm{T}}\boldsymbol{A}\boldsymbol{C},$$

则称矩阵 $\boldsymbol{A}$ 与 $\boldsymbol{B}$ 合同.

由上面的讨论可知，二次型经过可逆线性变换后得到的新二次型的矩阵与原二次型的矩阵是合同的，且因矩阵 $\boldsymbol{C}$ 可逆时，有 $R(\boldsymbol{B})=R(\boldsymbol{C}^{\mathrm{T}}\boldsymbol{A}\boldsymbol{C})=R(\boldsymbol{A})$，所以二次型 $f=\boldsymbol{x}^{\mathrm{T}}\boldsymbol{A}\boldsymbol{x}$ 经可逆线性变换 $\boldsymbol{x}=\boldsymbol{C}\boldsymbol{y}$ 后，二次型 f 的矩阵由 $\boldsymbol{A}$ 变为与 $\boldsymbol{A}$ 合同的矩阵 $\boldsymbol{C}^{\mathrm{T}}\boldsymbol{A}\boldsymbol{C}$，但二次型 f 的秩不变.

要使二次型 f 经可逆线性变换 $\boldsymbol{x}=\boldsymbol{C}\boldsymbol{y}$ 变成标准形，就是要使

$$f=\boldsymbol{x}^{\mathrm{T}}\boldsymbol{A}\boldsymbol{x}=\boldsymbol{y}^{\mathrm{T}}(\boldsymbol{C}^{\mathrm{T}}\boldsymbol{A}\boldsymbol{C})\boldsymbol{y}=k_1y_1^2+k_2y_2^2+\cdots+k_ny_n^2$$

$$=(y_1,y_2,\cdots,y_n)\begin{pmatrix}k_1 & & & \\ & k_2 & & \\ & & \ddots & \\ & & & k_n\end{pmatrix}\begin{pmatrix}y_1\\ y_2\\ \vdots\\ y_n\end{pmatrix}=\boldsymbol{y}^{\mathrm{T}}\boldsymbol{\Lambda}\boldsymbol{y},$$

即要求可逆矩阵 $\boldsymbol{C}$ 使 $\boldsymbol{C}^{\mathrm{T}}\boldsymbol{A}\boldsymbol{C}=\boldsymbol{\Lambda}$(对角矩阵)，这个问题称为把对称矩阵 $\boldsymbol{A}$ 合同对角化. 常用方法有正交变换法与配方法.

5.4.2 用正交变换将二次型化为标准形

由 5.3 节可知，对任意给定的 n 阶实对称矩阵 $\boldsymbol{A}$，总存在正交矩阵 $\boldsymbol{P}$，使得

$$\boldsymbol{P}^{-1}\boldsymbol{A}\boldsymbol{P}=\boldsymbol{P}^{\mathrm{T}}\boldsymbol{A}\boldsymbol{P}=\boldsymbol{\Lambda}=\begin{pmatrix}\lambda_1 & & & \\ & \lambda_2 & & \\ & & \ddots & \\ & & & \lambda_n\end{pmatrix},$$

其中 $\lambda_1,\lambda_2,\cdots,\lambda_n$ 为矩阵 $\boldsymbol{A}$ 的 n 个特征值. 把此结论应用于二次型有下面的定理:

定理 5.13 对任意实二次型 $f(x)=\boldsymbol{x}^{\mathrm{T}}\boldsymbol{A}\boldsymbol{x}$，总有正交变换 $\boldsymbol{x}=\boldsymbol{P}\boldsymbol{y}$ 使二次型 f 化为标准形，即

$$f(\boldsymbol{P}\boldsymbol{y})=\lambda_1y_1^2+\lambda_2y_2^2+\cdots+\lambda_ny_n^2$$

其中 $\lambda_1,\lambda_2,\cdots,\lambda_n$ 是二次型 f 的矩阵 $\boldsymbol{A}$ 的特征值.

例 5.14 求正交变换 $\boldsymbol{x}=\boldsymbol{P}\boldsymbol{y}$ 把二次型

$$f(x_1,x_2,x_3)=-2x_1x_2+2x_1x_3+2x_2x_3$$

化为标准形.

解 因二次型的矩阵为

$$\boldsymbol{A}=\begin{pmatrix}0 & -1 & 1\\ -1 & 0 & 1\\ 1 & 1 & 0\end{pmatrix},$$

矩阵 $\boldsymbol{A}$ 的特征多项式为

$$|\boldsymbol{A}-\lambda\boldsymbol{E}|=\begin{vmatrix}-\lambda & -1 & 1\\ -1 & -\lambda & 1\\ 1 & 1 & -\lambda\end{vmatrix}=-(\lambda+2)(\lambda-1)^2.$$

则矩阵 $\boldsymbol{A}$ 的特征值为 $\lambda_1=-2$，$\lambda_2=\lambda_3=1$.

对于特征值 $\lambda_1=-2$，方程组 $(\boldsymbol{A}+2\boldsymbol{E})\boldsymbol{x}=\boldsymbol{0}$ 的基础解系为 $\boldsymbol{\alpha}_1=\begin{pmatrix}-1\\ -1\\ 1\end{pmatrix}$，单位化得 $\boldsymbol{p}_1=\dfrac{1}{\sqrt{3}}\begin{pmatrix}-1\\ -1\\ 1\end{pmatrix}$;

对于特征值 $\lambda_2=\lambda_3=1$，方程组 $(\boldsymbol{A}-\boldsymbol{E})\boldsymbol{x}=\boldsymbol{0}$ 的基础解系为 $\boldsymbol{\alpha}_2=\begin{pmatrix}-1\\ 1\\ 0\end{pmatrix}$，$\boldsymbol{\alpha}_3=\begin{pmatrix}1\\ 1\\ 2\end{pmatrix}$,

因 $\boldsymbol{\alpha}_2$ 与 $\boldsymbol{\alpha}_3$ 正交，则将 $\boldsymbol{\alpha}_2$，$\boldsymbol{\alpha}_3$ 单位化得 $\boldsymbol{p}_2=\dfrac{1}{\sqrt{2}}\begin{pmatrix}-1\\1\\0\end{pmatrix}$，$\boldsymbol{p}_3=\dfrac{1}{\sqrt{6}}\begin{pmatrix}1\\1\\2\end{pmatrix}$，

令

$$\boldsymbol{P}=\begin{pmatrix}-\dfrac{1}{\sqrt{3}} & -\dfrac{1}{\sqrt{2}} & \dfrac{1}{\sqrt{6}}\\ -\dfrac{1}{\sqrt{3}} & \dfrac{1}{\sqrt{2}} & \dfrac{1}{\sqrt{6}}\\ \dfrac{1}{\sqrt{3}} & 0 & \dfrac{2}{\sqrt{6}}\end{pmatrix},$$

则 $\boldsymbol{P}$ 是正交矩阵，即有正交变换 $\boldsymbol{x}=\boldsymbol{P}\boldsymbol{y}$ 使 $f(\boldsymbol{P}\boldsymbol{y})=-2y_1^2+y_2^2+y_3^2$.

注 5.9　用正交变换化二次型 f 为标准形，因其标准形的平方项的系数是二次型矩阵 $\boldsymbol{A}$ 的特征值，所以如果不计特征值的排列顺序，f 的标准形就是唯一的.

5.4.3　用配方法将二次型化为标准形

正交变换化二次型为标准形，具有保持几何性质不变的优点，但有时计算量较大. 如果不限于用正交变换，那么还可以有多种方法(对应地有多个可逆的线性变换)把二次型化为标准形. 这里举例说明用拉格朗日配方法将二次型化为标准形的方法.

例 5.15　化二次型 $f(x_1,x_2,x_3)=x_1^2+2x_2^2+x_3^2+2x_1x_2+4x_1x_3+2x_2x_3$
为标准形，并求所用的变换矩阵 $\boldsymbol{C}$.

解　二次型含有平方项 x_1^2，把含有 x_1 的项集中在一起配方得

$$f=(x_1^2+2x_1x_2+4x_1x_3)+2x_2^2+2x_2x_3+x_3^2=(x_1+x_2+2x_3)^2+x_2^2-2x_2x_3-3x_3^2.$$

上式除第一项外，不再含有 x_1，将后三项继续配方得

$$f=(x_1+x_2+2x_3)^2+(x_2-x_3)^2-4x_3^2.$$

令 $\begin{cases}y_1=x_1+x_2+2x_3,\\ y_2=x_2-x_3,\\ y_3=x_3,\end{cases}$

即有可逆线性变换 $\begin{cases}x_1=y_1-y_2-3y_3,\\ x_2=y_2+y_3,\\ x_3=y_3\end{cases}$　把二次型化为标准形

$$f=y_1^2+y_2^2-4y_3^2,$$

所用的变换矩阵为

$$\boldsymbol{C}=\begin{pmatrix}1 & -1 & -3\\ 0 & 1 & 1\\ 0 & 0 & 1\end{pmatrix}.$$

例 5.16　化二次型 $f(x_1,x_2,x_3)=-2x_1x_2+2x_1x_3+2x_2x_3$ 为规范形，并求所用的变换矩阵.

解　二次型不含平方项，可先做一变换，构造出平方项. 由于含有乘积 x_1x_2 项，故令

$$\begin{cases} x_1 = y_1 + y_2, \\ x_2 = y_1 - y_2, \\ x_3 = y_3, \end{cases}$$

则二次型

$$\begin{aligned} f &= -2(y_1+y_2)(y_1-y_2)+2(y_1+y_2)y_3+2(y_1-y_2)y_3 \\ &= -2y_1^2+2y_2^2+4y_1y_3. \end{aligned}$$

对其再配方，得

$$f=-2y_1^2+2y_2^2+4y_1y_3=-2(y_1-y_3)^2+2y_2^2+2y_3^2.$$

令 $\begin{cases} z_1=\sqrt{2}(y_1-y_3), \\ z_2=\sqrt{2}y_2, \\ z_3=\sqrt{2}y_3, \end{cases}$

则线性变换

$$\begin{cases} y_1=\dfrac{1}{\sqrt{2}}(z_1+z_3), \\ y_2=\dfrac{1}{\sqrt{2}}y_2, \\ y_3=\dfrac{1}{\sqrt{2}}z_3 \end{cases}$$

就把二次型化为规范形，即有

$$f(\boldsymbol{C}z)=-z_1^2+z_2^2+z_3^2.$$

所用的变换矩阵为

$$\boldsymbol{C}=\begin{pmatrix} 1 & 1 & 0 \\ 1 & -1 & 0 \\ 0 & 0 & 1 \end{pmatrix}\begin{pmatrix} \frac{1}{\sqrt{2}} & 0 & \frac{1}{\sqrt{2}} \\ 0 & \frac{1}{\sqrt{2}} & 0 \\ 0 & 0 & \frac{1}{\sqrt{2}} \end{pmatrix}=\begin{pmatrix} \frac{1}{\sqrt{2}} & \frac{1}{\sqrt{2}} & \frac{1}{\sqrt{2}} \\ \frac{1}{\sqrt{2}} & -\frac{1}{\sqrt{2}} & \frac{1}{\sqrt{2}} \\ 0 & 0 & \frac{1}{\sqrt{2}} \end{pmatrix}.$$

一般地，任何实二次型都可用上述例题的方法找到可逆线性变换，把二次型化成标准形(或规范形).

实二次型的标准形不是唯一的，但二次型的标准形中所含项数(即二次型的秩)是确定的. 当限定变换为实变换时，标准形中正系数的个数是不变的，即有以下定理.

定理 5.14 设实二次型 $f(x_1,x_2,\cdots,x_n)=\boldsymbol{x}^{\mathrm{T}}\boldsymbol{A}\boldsymbol{x}$ 的秩为 r，若有两个可逆线性变换

$$\boldsymbol{x}=\boldsymbol{C}\boldsymbol{y},\ \boldsymbol{x}=\boldsymbol{P}\boldsymbol{z}$$

使

$$f=k_1y_1^2+k_2y_2^2+\cdots+k_ry_r^2\ (k_i\neq 0)$$

及

$$f=\lambda_1z_1^2+\lambda_2z_2^2+\cdots+\lambda_rz_r^2\ (\lambda_i\neq 0),$$

则 $k_1,k_2,\cdots,k_r$ 中正数的个数与 $\lambda_1,\lambda_2,\cdots,\lambda_r$ 中正数的个数相等.

定理 5.14 称为**惯性定理**. 这里不予证明，有兴趣的读者可以参阅参考文献[2].

在实二次型的标准形中，正系数的个数称为二次型的**正惯性指数**，负系数的个数称为二次型的**负惯性指数**，正惯性指数与负惯性指数之差称为**符号差**.

若二次型 f 的秩为 r，正惯性指数为 p，则 f 的规范形便可写成

$$f=y_1^2+\cdots+y_p^2-y_{p+1}^2-\cdots-y_r^2.$$

科学技术上用得较多的二次型是正惯性指数为 n 或负惯性指数为 n 的 n 元二次型.

5.4.4　正定二次型

定义 5.13　设有实二次型 $f(x_1,x_2,\cdots,x_n)=\boldsymbol{x}^{\mathrm{T}}\boldsymbol{A}\boldsymbol{x}$，如果对任意 $\boldsymbol{x}\neq\boldsymbol{0}(\boldsymbol{x}\in\mathbf{R}^n)$，都有

(1) $f=\boldsymbol{x}^{\mathrm{T}}\boldsymbol{A}\boldsymbol{x}>0(\geqslant 0)$，则称该二次型 f 是**正定的(半正定的)**，并称矩阵 $\boldsymbol{A}$ 是**正定的(半正定的)**；

(2) $f=\boldsymbol{x}^{\mathrm{T}}\boldsymbol{A}\boldsymbol{x}<0(\leqslant 0)$，则称该二次型 f 为**负定的(半负定的)**，并称矩阵 $\boldsymbol{A}$ 为**负定的(半负定的)**.

既不正定也不负定的二次型称为**不定二次型**.

例如，$f(x_1,x_2,x_3)=2x_1^2+x_2^2+6x_3^2$ 是正定的，$f(x_1,x_2,x_3)=x_1^2+2x_2^2$ 是半正定的，$f(x_1,x_2,x_3)=x_1^2-x_2^2+6x_3^2$ 是不定的.

定理 5.15　n 元实二次型 $f=\boldsymbol{x}^{\mathrm{T}}\boldsymbol{A}\boldsymbol{x}$ 正定的充要条件是二次型 f 的标准形中 n 个系数全为正，即 f 的正惯性指数等于 n.

证明　设可逆线性变换 $\boldsymbol{x}=\boldsymbol{C}\boldsymbol{y}$ 使

$$f=\boldsymbol{x}^{\mathrm{T}}\boldsymbol{A}\boldsymbol{x}=\boldsymbol{y}^{\mathrm{T}}(\boldsymbol{C}^{\mathrm{T}}\boldsymbol{A}\boldsymbol{C})\boldsymbol{y}=k_1y_1^2+k_2y_2^2+\cdots+k_ny_n^2.$$

充分性　设 $k_i>0,i=1,2,\cdots,n$，

对任意 $\boldsymbol{x}\neq\boldsymbol{0}(\boldsymbol{x}\in\mathbf{R}^n)$，因矩阵 $\boldsymbol{C}$ 可逆，则有 $\boldsymbol{y}=\boldsymbol{C}^{-1}\boldsymbol{x}\neq\boldsymbol{0}$，于是

$$f=\boldsymbol{x}^{\mathrm{T}}\boldsymbol{A}\boldsymbol{x}=k_1y_1^2+k_2y_2^2+\cdots+k_ny_n^2>0,$$

故 f 为正定二次型.

必要性　设二次型 $f=\boldsymbol{x}^{\mathrm{T}}\boldsymbol{A}\boldsymbol{x}$ 正定，即对任意 $\boldsymbol{x}=\boldsymbol{C}\boldsymbol{y}\neq\boldsymbol{0}$，有 $f=\boldsymbol{x}^{\mathrm{T}}\boldsymbol{A}\boldsymbol{x}>0$，因矩阵 $\boldsymbol{C}$ 可逆，则取 $y_i=1$，$y_j=0(j\neq i)$，有 $\boldsymbol{x}=\boldsymbol{C}\boldsymbol{y}\neq\boldsymbol{0}$，而

$$f=\boldsymbol{x}^{\mathrm{T}}\boldsymbol{A}\boldsymbol{x}=k_10^2+\cdots+k_i1^2+\cdots+k_n0^2=k_i,$$

故有 $k_i>0,i=1,2,\cdots,n$.

证毕.

推论 5.4　实二次型 $f=\boldsymbol{x}^{\mathrm{T}}\boldsymbol{A}\boldsymbol{x}$ 正定的充要条件是矩阵 $\boldsymbol{A}$ 的特征值均为正数.

这是因为二次型 f 经过正交变换 $\boldsymbol{x}=\boldsymbol{P}\boldsymbol{y}$ 化为标准形

$$f=\lambda_1y_1^2+\lambda_2y_2^2+\cdots+\lambda_ny_n^2,$$

其中 $\lambda_1,\lambda_2,\cdots,\lambda_n$ 是矩阵 $\boldsymbol{A}$ 的特征值. 由定理 5.15 知二次型 f 正定的充要条件是 $\lambda_1,\lambda_2,\cdots,\lambda_n$ 全为正.

例 5.17　判别二次型

$$f(x_1,x_2,x_3)=x_1^2+2x_2^2+5x_3^2+2x_1x_2-4x_2x_3$$

的正定性.

解　由于 $f(x_1,x_2,x_3)=x_1^2+2x_2^2+5x_3^2+2x_1x_2-4x_2x_3=(x_1+x_2)^2+(x_2-2x_3)^2+x_3^2$.

令

$$\begin{cases}y_1=x_1+x_2,\\ y_2=x_2-2x_3,\\ y_3=x_3.\end{cases}$$

于是二次型 f 的标准形为

$$f=y_1^2+y_2^2+y_3^2.$$

即 f 的正惯性指数等于 3，则所给二次型是正定的.

定理 5.15 及其推论 5.4 给出了判定实二次型 $f=\boldsymbol{x}^{\mathrm{T}}\boldsymbol{A}\boldsymbol{x}$ 正定的充要条件，类似得到 n 元实二次型 $f=\boldsymbol{x}^{\mathrm{T}}\boldsymbol{A}\boldsymbol{x}$ 负定的充要条件是 f 的负惯性指数为 n.

由定义 5.13 知道，我们还可通过二次型 $f=\boldsymbol{x}^{\mathrm{T}}\boldsymbol{A}\boldsymbol{x}$ 的矩阵 $\boldsymbol{A}$ 的正定性来判定二次型 f 的正定性，首先引入方阵 $\boldsymbol{A}$ 的 k 阶顺序主子式的概念.

定义 5.14 设 n 阶矩阵 $\boldsymbol{A}=(a_{ij})_{n\times n}$，称矩阵 $\boldsymbol{A}$ 的 k 阶子式

$$\begin{vmatrix}a_{11}&a_{12}&\cdots&a_{1k}\\ a_{21}&a_{22}&\cdots&a_{2k}\\ \vdots&\vdots&&\vdots\\ a_{k1}&a_{k2}&\cdots&a_{kk}\end{vmatrix}(k=1,2,\cdots,n)$$

为矩阵 $\boldsymbol{A}$ 的 $\boldsymbol{k}$ **阶顺序主子式**.

显然，n 阶矩阵的顺序主子式有 n 个.

定理 5.16 n 阶实对称矩阵 $\boldsymbol{A}$ 正定的充要条件是 $\boldsymbol{A}$ 的各阶顺序主子式都大于零，即

$$a_{11}>0,\quad \begin{vmatrix}a_{11}&a_{12}\\ a_{21}&a_{22}\end{vmatrix}>0,\ \cdots,\quad \begin{vmatrix}a_{11}&a_{12}&\cdots&a_{1n}\\ a_{21}&a_{22}&\cdots&a_{2n}\\ \vdots&\vdots&&\vdots\\ a_{n1}&a_{n2}&\cdots&a_{nn}\end{vmatrix}>0.$$

n 阶实对称矩阵 $\boldsymbol{A}$ 负定的充要条件是 $\boldsymbol{A}$ 的奇数阶顺序主子式小于零，而偶数阶顺序主子式大于零，即

$$(-1)^k\begin{vmatrix}a_{11}&a_{12}&\cdots&a_{1k}\\ a_{21}&a_{22}&\cdots&a_{2k}\\ \vdots&\vdots&&\vdots\\ a_{k1}&a_{k2}&\cdots&a_{kk}\end{vmatrix}>0(k=1,2,\cdots,n).$$

定理 5.16 称为**霍尔维茨(Hurwitz)定理**，这里不予证明.

例 5.18 判别下列二次型的正定性.

(1) $f(x_1,x_2,x_3)=x_1^2+3x_2^2+4x_3^2+2x_1x_2-2x_1x_3-4x_2x_3$；

(2) $f(x_1,x_2,x_3)=-2x_1^2-3x_2^2-3x_3^2+4x_1x_2-2x_1x_3+4x_2x_3$.

解 (1) 因二次型 f 的矩阵

$$\boldsymbol{A}=\begin{pmatrix}1&1&-1\\ 1&3&-2\\ -1&-2&4\end{pmatrix}$$

的各阶顺序主子式

$$1>0,\quad \begin{vmatrix}1&1\\1&3\end{vmatrix}=2>0,\quad \begin{vmatrix}1&1&-1\\1&3&-2\\-1&-2&4\end{vmatrix}=5>0,$$

所以二次型的矩阵 $\boldsymbol{A}$ 正定，即二次型 f 正定.

(2)因二次型的矩阵为

$$\boldsymbol{A}=\begin{pmatrix}-2&2&-1\\2&-3&2\\-1&2&-3\end{pmatrix},$$

因矩阵 $\boldsymbol{A}$ 的各阶顺序主子式

$$-2<0,\quad \begin{vmatrix}-2&2\\2&-3\end{vmatrix}=2>0,\quad \begin{vmatrix}-2&2&-1\\2&-3&2\\-1&2&-3\end{vmatrix}=-3<0.$$

所以二次型的矩阵 $\boldsymbol{A}$ 负定，即二次型 f 负定.

例 5.19　当 t 取何值时，二次型

$$f(x_1,x_2,x_3)=x_1^2+x_2^2+5x_3^2+2tx_1x_2-2x_1x_3+4x_2x_3$$

是正定二次型.

解　二次型 f 的矩阵为

$$\boldsymbol{A}=\begin{pmatrix}1&t&-1\\t&1&2\\-1&2&5\end{pmatrix},$$

因二次型 f 正定，即二次型的矩阵 $\boldsymbol{A}$ 正定的充要条件是矩阵 $\boldsymbol{A}$ 的各阶顺序主子式

$$1>0,\quad \begin{vmatrix}1&t\\t&1\end{vmatrix}=1-t^2>0,\quad \begin{vmatrix}1&t&-1\\t&1&2\\-1&2&5\end{vmatrix}=-(5t^2+4t)>0.$$

由

$$\begin{cases}1-t^2>0,\\-(5t^2+4t)>0\end{cases}$$

解得 $-\dfrac{4}{5}<t<0$，故当 $-\dfrac{4}{5}<t<0$ 时，二次型 f 是正定二次型.

习题 5.4

1. 写出下列二次型的矩阵，并求出二次型的秩：

(1) $f(x_1,x_2,x_3)=x_1^2+2x_2^2+3x_3^2+2x_1x_2-x_1x_3$；

(2) $f(x_1,x_2,x_3)=x_1x_2+x_1x_3+x_2x_3$；

(3) $f(x_1,x_2,x_3)=(x_1,x_2,x_3)\begin{pmatrix}1&2&3\\4&5&6\\7&8&9\end{pmatrix}\begin{pmatrix}x_1\\x_2\\x_3\end{pmatrix}$.

2. 求一个正交变换把下列二次型化为标准形：

(1) $f(x_1,x_2,x_3)=2x_1^2+3x_2^2+3x_3^2+4x_2x_3$；

(2) $f(x_1,x_2,x_3)=x_1^2+x_3^2+2x_1x_2-2x_2x_3$.

3. 用配方法把下列二次型化为标准形：

(1) $f(x_1,x_2,x_3)=x_1^2+2x_3^2+2x_1x_3+2x_2x_3$；

(2) $f(x_1,x_2,x_3)=2x_1^2+x_2^2+4x_3^2+2x_1x_2-2x_2x_3$；

4. 判别下列二次型的正定性.

(1) $f(x_1,x_2,x_3)=5x_1^2+6x_2^2+4x_3^2-4x_1x_2-4x_2x_3$；

(2) $f(x_1,x_2,x_3)=-2x_1^2-6x_2^2-4x_3^2+2x_1x_2+2x_1x_3$.

5. 设下列二次型是正定二次型，求 t 的取值范围.

(1) $f(x_1,x_2,x_3)=2x_1^2+x_2^2+x_3^2+2x_1x_2+tx_2x_3$；

(2) $f(x_1,x_2,x_3)=t(x_1^2+x_2^2+x_3^2)+2x_1x_2-2x_2x_3$.

6. 设 $\boldsymbol{A},\boldsymbol{B}$ 都是 n 阶正定矩阵，证明 $\boldsymbol{A}+\boldsymbol{B}$ 也是正定矩阵.

*5.5 用 MATLAB 解题

5.5.1 矩阵的特征值与特征向量

矩阵的特征值和特征向量可以由 MATLAB 提供的函数 eig( ) 很容易的求出，该函数的调用格式如下：

格式一：d=eig(A)　　　　%返回由矩阵 $\boldsymbol{A}$ 的特征值组成的向量，并赋给 d

格式二：[V,D]=eig(A)　　%求解特征值和特征向量

这里 $\boldsymbol{D}$ 为一个对角矩阵，其对角线上的元素为矩阵 $\boldsymbol{A}$ 的特征值，而每个特征值在矩阵 $\boldsymbol{V}$ 中对应的列为对应于该特征值的特征向量.

例 5.20 求矩阵 $\boldsymbol{A}=\begin{pmatrix}1 & -1 & 1\\ 2 & 4 & -2\\ -3 & -3 & 5\end{pmatrix}$ 的特征值和特征向量.

用命令[V,D]=eig(A)求解，执行命令和显示结果如下：

```
>>A=[1,-1,1;2,4,-2;-3,-3,5];
>> [V,D]=eig(A)
V=
  -0.8111   -0.2673    0.1109
   0.3244    0.5345    0.6451
  -0.4867   -0.8018    0.7560
D=
   2.0000         0         0
        0    6.0000         0
        0         0    2.0000
```

因此矩阵 $\boldsymbol{A}$ 的特征值为 $\lambda_1=2$，$\lambda_2=6$，$\lambda_3=2$；它们对应的特征向量分别为 $\boldsymbol{\alpha}_1=(-0.8111,0.3244,-0.4867)^{\mathrm{T}}$、$\boldsymbol{\alpha}_2=(-0.2673,0.5345,-0.8018)^{\mathrm{T}}$ 和 $\boldsymbol{\alpha}_3=(0.1109,0.6451,0.7560)^{\mathrm{T}}$.

采取符号计算的方式，利用 eig( ) 函数，理论上可以求解任意高阶矩阵的精确特征根. 例如，对于例 8.6 给定的矩阵 $\boldsymbol{A}$，可以由下面的命令求其特征值和特征向量.

```
>> A=[1,-1,1;2,4,-2;-3,-3,5];[v,d]=eig(sym(A))
```

执行结果如下：

```
v=
[   1/3,-1,1]
[  -2/3,  1,0]
[     1,  0,1]
d=
[ 6,0,0]
[ 0,2,0]
[ 0,0,2]
```

MATLAB 提供了求取矩阵特征多项式系数的函数 c=poly(A)，返回的 c 为行向量，其各个分量为矩阵 $\boldsymbol{A}$ 的降幂排列的特征多项式系数. 如果给定的 $\boldsymbol{A}$ 为向量，则假定该向量是一个矩阵的特征根，由此求出该矩阵的特征多项式系数. 如果向量 $\boldsymbol{A}$ 中含有 Inf 或 NaN 值，则首先剔除它后再计算特征多项式系数. 若已知数值多项式系数构成的向量 $\boldsymbol{p}=[a_1,a_2,\cdots,a_{n+1}]$，则可以通过函数 poly2sym( ) 转换为多项式表示.

例 5.21　求出例 5.20 中的矩阵 $\boldsymbol{A}$ 的特征多项式.

MATLAB 执行步骤和显示结果如下：

```
>> A=[1,-1,1;2,4,-2;-3,-3,5]; p=poly(A),f=poly2sym(p)
p=
    1.0000   -10.0000   28.0000   -24.0000
f=
x^3 - 10 * x^2 + 28 * x - 24
```

因此，矩阵 $\boldsymbol{A}$ 的特征多项式为 $x^3-10x^2+28x-24$.

若已知多项式的符号表达式，则可以用函数 sym2poly( ) 转换为系数向量的形式. 也可以使用符号计算的方式，利用函数 charpoly( ) 求出该矩阵特征多项式的系数. 例如，对于例 5.20 中的矩阵 $\boldsymbol{A}$，执行命令和显示结果如下：

```
>> A=[1,-1,1;2,4,-2;-3,-3,5];p=charpoly(sym(A))
p=
[ 1,-10,28,-24]
```

5.5.2　矩阵的对角化

如果矩阵的特征值互异，则该矩阵一定可以对角化. 这时特征向量矩阵为非奇异矩阵，选择该矩阵可将原矩阵变换成对角阵.

例 5.22 试求出矩阵 $\boldsymbol{A}=\begin{pmatrix}3&2&2&2\\1&2&-2&-2\\-1&-2&0&-2\\0&1&3&5\end{pmatrix}$的对角矩阵及变换矩阵.

解 可以由下面的语句得出该矩阵的特征值为 1,2,3,4. 因为它们互不相同，所以可以直接由下面的语句求解.

```
>>A=[3 2 2 2;1 2 -2 -2;-1 -2 0 -2;0 1 3 5];
>>[v,d]=eig(sym(A)),A1=inv(v)*A*v
v=
[  1,  0,  1/2,  0]
[ -1,  0, -1/2, -1]
[ -1, -1, -1/2,  0]
[  1,  1,    1,  1]
d=
[ 1,0,0,0]
[ 0,2,0,0]
[ 0,0,3,0]
[ 0,0,0,4]
A1=
[ 1,0,0,0]
[ 0,2,0,0]
[ 0,0,3,0]
[ 0,0,0,4]
```

因此，所求的变换矩阵和对角矩阵分别为上面的 $\boldsymbol{v}$ 和 $\boldsymbol{d}$.

5.5.3 正交矩阵、正定矩阵、二次型

MATLAB 提供了求正交矩阵的函数 orth( )，其调用格式为 Q=orth(A). 利用该函数可以把可逆矩阵化为正交矩阵，也可以把 n 维线性空间的基化为标准正交基.

例 5.23 将矩阵 $\boldsymbol{A}-\begin{pmatrix}1&-1&1\\2&4&-2\\-3&-3&5\end{pmatrix}$正交规范化.

MATLAB 执行步骤和显示结果如下：

```
>>A=[1,-1,1;2,4,-2;-3,-3,5];
>> B=orth(A)
B=
    0.1047     0.1961     0.9750
   -0.5798    -0.7845     0.2201
    0.8080    -0.5883     0.0316
```

可以验证所得矩阵 **B** 为正交矩阵.

要判定矩阵是不是正定矩阵，可以使用函数 chol( )，调用格式如下：

```
[D,p]=chol(A).
```

若 $p=0$，则 **A** 为正定矩阵；若 $p>0$，则 **A** 为非正定矩阵，其中矩阵 **D** 为对称矩阵 **A** 的乔列斯基(Cholesky)分解矩阵，若 **A** 为非对称矩阵，也可以调用函数 chol( )，但结果是错误的. 因为非对称矩阵是没有乔列斯基分解的.

例 5.24 判断实对称矩阵 $\boldsymbol{A}=\begin{pmatrix}1&-1&1\\-1&4&-2\\1&-2&5\end{pmatrix}$ 的正定性.

MATLAB 执行步骤和显示结果如下：

```
>>A=[1,-1,1;-1,4,-2;1,-2,5]; [D,p]=chol(A)
D=
    1.0000   -1.0000    1.0000
         0    1.7321   -0.5774
         0         0    1.9149
p=
    0
```

由于 $p=0$，从而可知矩阵 **A** 为正定矩阵.

例 5.25 求一个正交变换 $\boldsymbol{x}=\boldsymbol{P}\boldsymbol{y}$，把二次型

$$f=2x_1x_2+2x_1x_3-2x_1x_4-2x_2x_3+2x_2x_4+2x_3x_4$$

化为标准型.

解 首先写出该二次型对应的对称矩阵

$$\boldsymbol{A}=\begin{pmatrix}0&1&1&-1\\1&0&-1&1\\1&-1&0&1\\-1&1&1&0\end{pmatrix}.$$

MATLAB 执行步骤和显示结果如下：

```
>>A=[0 1 1 -1;1 0 -1 1;1 -1 0 1;-1 1 1 0];
>>C=orth(A)                              %求矩阵 A 的正交矩阵
C=
    0.5000         0    0.8660    0.0000
   -0.5000   -0.0000    0.2887    0.8165
   -0.5000    0.7071    0.2887   -0.4082
    0.5000    0.7071   -0.2887    0.4082
>>C'*A*C                                 %求与二次型矩阵相似的对角矩阵
ans=
   -3.0000         0    0.0000    0.0000
         0    1.0000    0.0000   -0.0000
```

```
     0        0     1.0000   -0.0000
0.0000  -0.0000  -0.0000    1.0000
```

因此该二次型 f 的标准形为 $f=-3y_1^2+y_2^2+y_3^2+y_4^2$.

总习题 5

1. 设方阵 $\boldsymbol{A}=\begin{pmatrix}1 & -1 & 1\\ x & 4 & y\\ -3 & -3 & 5\end{pmatrix}$，已知 $\boldsymbol{A}$ 有三个线性无关的特征向量，$\lambda=2$ 是 $\boldsymbol{A}$ 的 2 重特征值，求 x，y 及可逆矩阵 $\boldsymbol{P}$，使 $\boldsymbol{P}^{-1}\boldsymbol{AP}$ 为对角矩阵.

2. 设 $\boldsymbol{A}$ 是正交矩阵，且 $|\boldsymbol{A}|=-1$. 证明 $\boldsymbol{A}$ 一定有特征值-1.

3. 求正交矩阵 $\boldsymbol{P}$ 使 $\boldsymbol{P}^{-1}\boldsymbol{AP}$ 为对角矩阵.

(1) $\boldsymbol{A}=\begin{pmatrix}1 & 1 & 1 & 1\\ 1 & 1 & 1 & 1\\ 1 & 1 & 1 & 1\\ 1 & 1 & 1 & 1\end{pmatrix}$；　　(2) $\boldsymbol{A}=\begin{pmatrix}0 & 0 & 4 & 1\\ 0 & 0 & 1 & 4\\ 4 & 1 & 0 & 0\\ 1 & 4 & 0 & 0\end{pmatrix}$.

4. 设 $\boldsymbol{A}$ 是一个三阶矩阵，已知

$$\boldsymbol{\alpha}_1=\begin{pmatrix}1\\ 2\\ 1\end{pmatrix},\ \boldsymbol{\alpha}_2=\begin{pmatrix}0\\ -2\\ 1\end{pmatrix},\ \boldsymbol{\alpha}_3=\begin{pmatrix}1\\ 1\\ 2\end{pmatrix}$$

是 $\boldsymbol{A}$ 的分别对应于特征值 $1,-1,0$ 的特征向量，求矩阵 $\boldsymbol{A}$.

5. 设 $\boldsymbol{A}$ 是一个 n 阶实矩阵，如果有正交矩阵 $\boldsymbol{P}$ 使 $\boldsymbol{P}^{-1}\boldsymbol{AP}$ 是对角矩阵，证明 $\boldsymbol{A}$ 是一个对称矩阵.

6. 设 $\boldsymbol{A}$ 与 $\boldsymbol{B}$ 都是 n 阶实对称矩阵，证明存在正交矩阵 $\boldsymbol{P}$ 使 $\boldsymbol{P}^{-1}\boldsymbol{AP}=\boldsymbol{B}$ 的充要条件是 $\boldsymbol{A}$ 与 $\boldsymbol{B}$ 的全部特征值相同.

7. 设矩阵 $\boldsymbol{A}=\begin{pmatrix}1 & 2 & 2\\ 2 & 1 & 2\\ 2 & 2 & 1\end{pmatrix}$，求矩阵 $\boldsymbol{A}$ 的特征值与特征向量，并计算 $\boldsymbol{A}^k$(k 为非负整数).

8. 设矩阵 $\boldsymbol{A}=\begin{pmatrix}1 & a & 1\\ a & 1 & b\\ 1 & b & 1\end{pmatrix}$ 与矩阵 $\boldsymbol{B}=\begin{pmatrix}0 & 0 & 0\\ 0 & 1 & 0\\ 0 & 0 & 2\end{pmatrix}$ 相似.

(1) 求 a,b；

(2) 求一个可逆矩阵 $\boldsymbol{P}$，使 $\boldsymbol{P}^{-1}\boldsymbol{AP}=\boldsymbol{B}$.

9. 设 n 维向量 $\boldsymbol{\alpha}=\begin{pmatrix}1\\ 1\\ \vdots\\ 1\end{pmatrix}$，令 $\boldsymbol{A}=\boldsymbol{\alpha}\boldsymbol{\alpha}^{\mathrm{T}}$，求对角矩阵 $\boldsymbol{\Lambda}$ 和可逆矩阵 $\boldsymbol{P}$ 使 $\boldsymbol{P}^{-1}\boldsymbol{AP}=\boldsymbol{\Lambda}$.

10. 用可逆线性变换把下列实二次型化为标准形，并写出所做的变换.

(1) $f(x_1,x_2,x_3)=x_1^2+2x_2^2+5x_3^2+2x_1x_2+2x_1x_3+8x_2x_3$;

(2) $f(x_1,x_2,x_3)=2x_1x_2+4x_1x_3+2x_2x_3$.

11. 用正交变换法化二次型 $f(x_1,x_2,x_3)=2x_1^2+x_2^2-4x_1x_2-4x_2x_3$ 为标准形，并判断此二次型是否为正定二次型.

12. 设实二次型 $f(\boldsymbol{x})=\boldsymbol{x}^{\mathrm{T}}\boldsymbol{A}\boldsymbol{x}\ (\boldsymbol{x}\in\mathbf{R}^n)$，$\lambda$ 是 $\boldsymbol{A}$ 的特征值. 证明存在非零向量 $\boldsymbol{\alpha}=\begin{pmatrix}k_1\\k_2\\\vdots\\k_n\end{pmatrix}\in\mathbf{R}^n$，使得 $f(\boldsymbol{\alpha})=\lambda(k_1^2+k_2^2+\cdots+k_n^2)$.

13. 设 $\boldsymbol{A},\boldsymbol{B}$ 均为 n 阶矩阵，且 $\boldsymbol{A}$ 与 $\boldsymbol{B}$ 合同，则(　　).

(A) $\boldsymbol{A}$ 与 $\boldsymbol{B}$ 相似　　(B) $|\boldsymbol{A}|=|\boldsymbol{B}|$

(C) $\boldsymbol{A}$ 与 $\boldsymbol{B}$ 有相同的特征值　　(D) $R(\boldsymbol{A})=R(\boldsymbol{B})$

14. 设 $\boldsymbol{A}$ 为 n 阶实对称矩阵，则 $\boldsymbol{A}$ 是正定矩阵的充要条件是(　　).

(A) 二次型 $f(\boldsymbol{x})=\boldsymbol{x}^{\mathrm{T}}\boldsymbol{A}\boldsymbol{x}$ 的负惯性指数为零　　(B) $\boldsymbol{A}$ 的特征值非负

(C) $\boldsymbol{A}$ 没有负特征值　　(D) $\boldsymbol{A}$ 与单位矩阵合同

第 6 章　曲面与空间曲线

平面和直线是空间中最简单的曲面与曲线，第 2 章中以向量为工具研究了平面与直线. 本章将在空间直角坐标系中介绍一般的常见曲面和空间曲线，一方面了解如何利用曲面(曲线)的几何性质建立曲面(曲线)的方程，另一方面熟悉如何利用方程研究曲面的几何性质，同时还介绍二次曲面的一般方程.

6.1　曲面和空间曲线的方程

本节将曲面(曲线)看成满足一定几何条件的动点的几何轨迹，从而得到曲面(曲线)的方程的概念，并建立圆柱螺线、球面、柱面、旋转曲面的方程.

6.1.1　曲面、空间曲线与方程

在空间直角坐标系中，如果一张曲面 S 与一个三元方程 $F(x,y,z)=0$ 之间有以下关系：

(1) 曲面 S 上任一点的坐标都满足方程 $F(x,y,z)=0$；

(2) 不在曲面 S 上的点的坐标都不满足方程 $F(x,y,z)=0$.

那么称方程 $F(x,y,z)=0$ 为曲面 S 的**方程**，曲面 S 为方程 $F(x,y,z)=0$ 的**图形**.

若空间曲线 C 和一个三元方程组

$$\begin{cases} F(x,y,z)=0, \\ G(x,y,z)=0. \end{cases} \tag{6.1.1}$$

之间满足下述关系：

(1) 曲线 C 上任一点的坐标都满足方程组(6.1.1)；

(2) 不在曲线 C 上的点的坐标都不满足方程组(6.1.1).

则称方程组(6.1.1)是空间曲线 C 的**一般式方程**，而曲线 C 为方程组(6.1.1)的**图形**.

通常，两张曲面相交，其交线是一条空间曲线 C，因此若两张曲面方程分别为 $F(x,y,z)=0$ 和 $G(x,y,z)=0$，则作为这两张曲面交线(见图 6-1)的曲线 C 由以下方程组给出：

$$\begin{cases} F(x,y,z)=0, \\ G(x,y,z)=0. \end{cases}$$

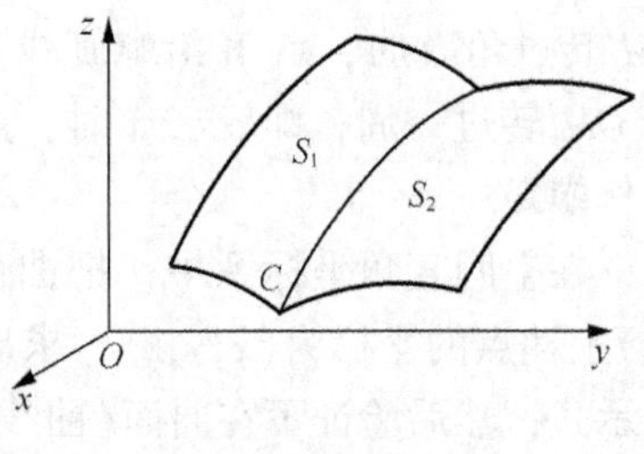

图 6-1

由于通过一条空间曲线 C 的曲面有很多，可以从其中任意选两张曲面，将它们的方程联立起来得到方程组，只要这些方程组同解，那么这些方程组都是空间曲线 C 的方程，因此空间曲线的一般式方程不唯一. 例如

$$\begin{cases} x-2y+4z-3=0, \\ 2x+3y+z+5=0. \end{cases} \text{与} \begin{cases} 3x+y+5z+2=0, \\ x+5y-3z+8=0. \end{cases}$$

都是同一条曲线的一般式方程.

空间曲线 C 的方程除了用一般式方程表示外，还可以用参数形式表示，即将空间曲线 C 上动点的坐标 x、y、z 表示为参数 t 的函数

$$\begin{cases} x=x(t), \\ y=y(t), \\ z=z(t). \end{cases} \tag{6.1.2}$$

给定 $t=t_1$ 就得到 C 上的一个点(x_1, y_1, z_1)，随着 t 的变动便可得曲线 C 上的全部点. 称方程组(6.1.2)为空间曲线 C 的**参数方程**.

例 6.1　设空间一动点 M 在圆柱面 $x^2+y^2=R^2$ 上以角速度 ω 绕 z 轴旋转，同时又以线速度 v 沿平行于 z 轴的正方向上升(其中 ω、v 都是常数)，动点 M 的轨迹叫作**螺旋线**. 试建立螺旋线的参数方程.

解　取动点运动的时间 t 为参数，设 $t=0$ 时，动点位于 x 轴上的点 $A(R,0,0)$处. 经过时间 t，动点由点 A 运动到点 $M(x,y,z)$，如图 6-2 所示.

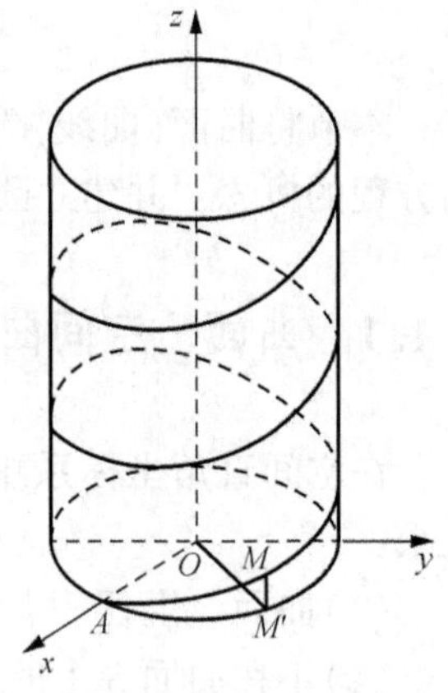

图 6-2

设动点 M 在 xOy 面上的投影为 M'，则 M'的坐标为$(x,y,0)$. 依题意有

$$x=|OM'|\cos\angle AOM'=R\cos\omega t,$$
$$y=|OM'|\sin\angle AOM'=R\sin\omega t,$$
$$z=|M'M|=vt.$$

于是螺旋线的参数方程为

$$\begin{cases} x=R\cos\omega t, \\ y=R\sin\omega t, \quad (t\text{ 为参数}) \\ z=vt. \end{cases}$$

如果令 $\theta=\omega t$，则螺旋线的参数方程也可写为

$$\begin{cases} x=R\cos\theta, \\ y=R\sin\theta, \quad (\theta\text{ 为参数}) \\ z=b\theta. \end{cases} \tag{6.1.3}$$

其中 $b=\dfrac{v}{\omega}$.

螺旋线是实际问题中常见的曲线. 例如，平头螺丝钉的外缘就是螺旋线. 当我们拧紧平头螺丝钉时，它的外缘曲线上的任一点 M，一方面绕螺丝钉的轴旋转，另一方面又沿平行于轴线的方向前进，点 M 就走出一段螺旋线.

螺旋线的一个重要性质是当 θ 从 θ_0 变到 $\theta_0+\alpha$ 时，z 从 $b\theta_0$ 变到 $b\theta_0+b\alpha$，这说明当 OM'转过角 α 时，点 M 沿螺旋线上升了高度 $b\alpha$，即上升的高度与转过的角度成正比. 特别当 OM'转过一周，即 $\alpha=2\pi$ 时，点 M 就上升固定的高度 $h=2\pi b$，这个高度在工程技术上叫作**螺距**.

在空间直角坐标系中，把曲面(曲线)看成满足几何条件的动点的轨迹，设曲面(曲线)上动点的坐标为(x,y,z)，求出动点坐标(x,y,z)满足的方程，即写出几何条件的代数表示式；然后验证不在曲面(曲线)上的点的坐标都不满足所得方程，则所得方程就是给定曲面(曲线)的方程. 这是建立空间曲面(曲线)方程的一般方法，在 2.4 节中我们用这样的

方法建立了平面和空间直线的方程，本节我们还要用这种方法来建立一些常见的曲面的方程.

6.1.2 球面

空间中到一定点距离等于定值的动点的轨迹称为**球面**，定点称为**球心**，定值称为球面**半径**. 下面来建立球心在点 $P_0(x_0, y_0, z_0)$，半径为 R 的球面方程.

空间中点 $P(x, y, z)$ 在球面上当且仅当 $|\boldsymbol{P_0P}| = R$，所以该球面的方程为

$$(x-x_0)^2+(y-y_0)^2+(z-z_0)^2=R^2. \tag{6.1.4}$$

如果球心在坐标原点，如图 6-3 所示，则球面方程为

$$x^2+y^2+z^2=R^2.$$

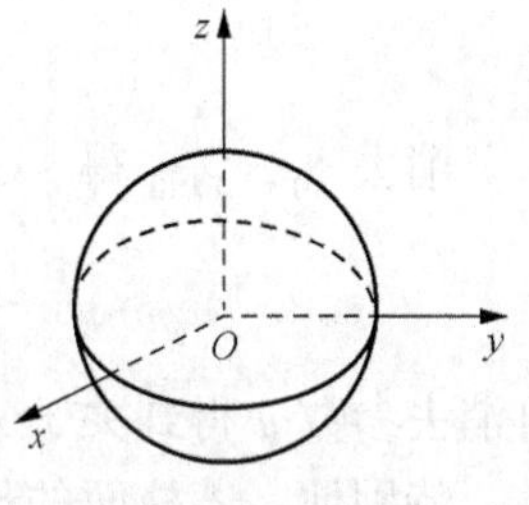

图 6-3

将方程(6.1.4)展开得

$$x^2+y^2+z^2-2x_0x-2y_0y-2z_0z+x_0^2+y_0^2+z_0^2=R^2,$$

这是一个三元二次方程，平方项系数相同且不含变量的交叉乘积 xy, yz, zx 项. 一般地，平方项系数相同且不含变量交叉乘积 xy, yz, zx 项的三元二次方程

$$x^2+y^2+z^2+Dx+Ey+Fz+G=0 \tag{6.1.5}$$

的图形总是一张球面. 事实上，通过配方法可把方程(6.1.5)化为

$$(x-x_0)^2+(y-y_0)^2+(z-z_0)^2=k.$$

当 $k>0$ 时，方程(6.1.5)表示球心在点 $P_0(x_0,\ y_0,\ z_0)$，半径为$\sqrt{k}$的球面方程；当 $k=0$ 时，方程(6.1.5)表示的球面收缩为一点(称为**点球面**)；当 $k<0$ 时，方程(6.1.5)表示的球面无实图形(通常称为**虚球面**).

称方程(6.1.4)为**球面的标准方程**，方程(6.1.5)为**球面的一般式方程**.

例 6.2 求经过三点 $A(a,0,0), B(0,b,0), C(0,0,c)$及原点的球面的方程，并求出该球面的球心和半径.

解 设所求的球面方程为

$$x^2+y^2+z^2+Dx+Ey+Fz+G=0.$$

因为球面经过 $A(a,0,0), B(0,b,0), C(0,0,c)$及 $O(0,0,0)$，所以有

$$D=-a,\ E=-b,\ F=-c,\ G=0,$$

于是所求的球面方程为

$$x^2+y^2+z^2-ax-by-cz=0,$$

将上式配方得球面的标准方程

$$\left(x-\frac{a}{2}\right)^2+\left(y-\frac{b}{2}\right)^2+\left(z-\frac{c}{2}\right)^2=\frac{a^2}{4}+\frac{b^2}{4}+\frac{c^2}{4}.$$

因此所给球面的球心在点$\left(\frac{a}{2},\frac{b}{2},\frac{c}{2}\right)$，半径为$\frac{\sqrt{a^2+b^2+c^2}}{2}$.

6.1.3 柱面

直线 L 沿定曲线 C 平行移动形成的轨迹称为**柱面**. 定曲线 C 叫作柱面的**准线**，动直线

L 叫作柱面的**母线**. 柱面由它的准线和母线方向完全确定.

下面建立母线方向向量为 $\boldsymbol{s}=(l,m,n)$，准线方程为

$$C:\begin{cases}F(x,y,z)=0,\\G(x,y,z)=0.\end{cases}$$

的柱面的方程.

设点 $P(x,y,z)$ 为柱面上任意一点，则准线 C 上一定有点 $P_0(x_0,y_0,z_0)$ 使 $\boldsymbol{P_0P}\parallel\boldsymbol{s}$，于是得方程组

$$\begin{cases}\dfrac{x-x_0}{l}=\dfrac{y-y_0}{m}=\dfrac{z-z_0}{n},\\F(x_0,y_0,z_0)=0,\\G(x_0,y_0,z_0)=0.\end{cases}\tag{6.1.6}$$

消去 x_0,y_0,z_0 得

$$\begin{cases}F(x-lu,y-mu,z-nu)=0,\\G(x-lu,y-mu,z-nu)=0.\end{cases}$$

再消去参数 u 得到关于 x,y,z 的一个方程，这个方程就是要建立的柱面的方程.

特别地，若柱面的母线与 z 轴平行，即 $\boldsymbol{s}=(0,0,1)$，则此柱面与 xOy 面一定有交线，如图 6-4 所示，于是这个柱面的准线可取为 xOy 面上的一条曲线

$$\begin{cases}F(x,y)=0,\\z=0.\end{cases}$$

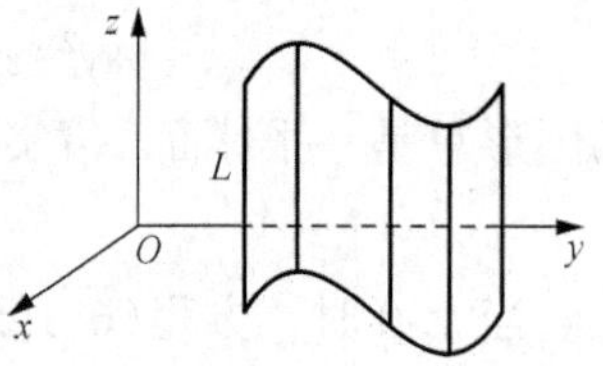

图 6-4

由式(6.1.6)可得柱面的方程为

$$F(x,y)=0.$$

类似地，若柱面的母线与 y 轴平行，即 $\boldsymbol{s}=(0,1,0)$，准线为 zOx 面上的曲线

$$\begin{cases}G(x,z)=0,\\y=0.\end{cases}$$

则该柱面的方程为 $G(x,z)=0$.

若柱面的母线与 x 轴平行，即 $\boldsymbol{s}=(1,0,0)$，准线为 yOz 面上的曲线

$$\begin{cases}H(y,z)=0,\\x=0.\end{cases}$$

则该柱面的方程为 $H(y,z)=0$.

上述结果说明，以坐标面上的一条曲线为准线，母线与坐标面垂直的柱面方程是一个二元方程，且柱面的方程与坐标面上作为柱面准线的曲线的方程相同.

一般地，在空间直角坐标系中，一个二元方程表示的图形是柱面，且柱面的母线与方程中所缺变量的同名坐标轴平行，这个二元方程所表示的相应的坐标面上的曲线为该柱面的一条准线，即在空间直角坐标系中，只含 x,y 而缺 z 的方程 $F(x,y)=0$ 表示母线平行于 z 轴的柱面；只含 x,z 而缺 y 的方程 $G(x,z)=0$ 表示母线平行于 y 轴的柱面；只含 y,z 而缺 x 的方程 $H(y,z)=0$ 表示母线平行于 x 轴的柱面.

例 6.3　在空间直角坐标系中，

方程 $\dfrac{x^2}{a^2}+\dfrac{y^2}{b^2}=1$ 表示母线平行于 z 轴的椭圆柱面，如图 6-5 所示；

方程$\frac{x^2}{a^2}-\frac{y^2}{b^2}=1$表示母线平行于$z$轴的双曲柱面，如图 6-6 所示；

方程$x^2-ay=0(a\neq0)$表示母线平行于z轴的抛物柱面，如图 6-7 所示.

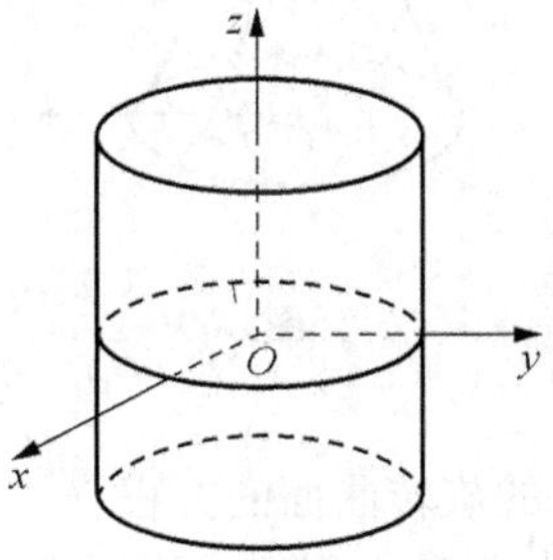

图 6-5

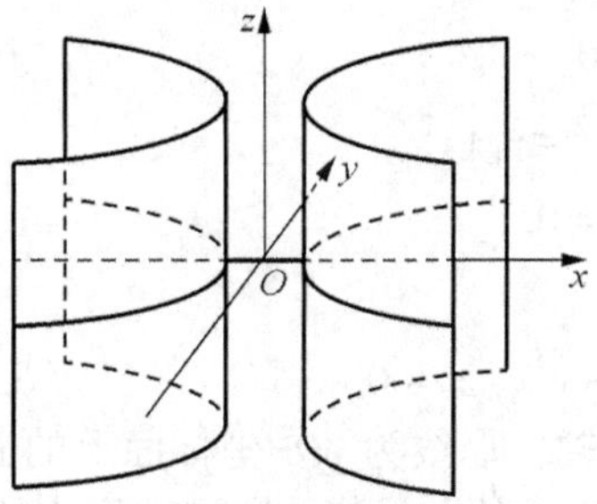

图 6-6

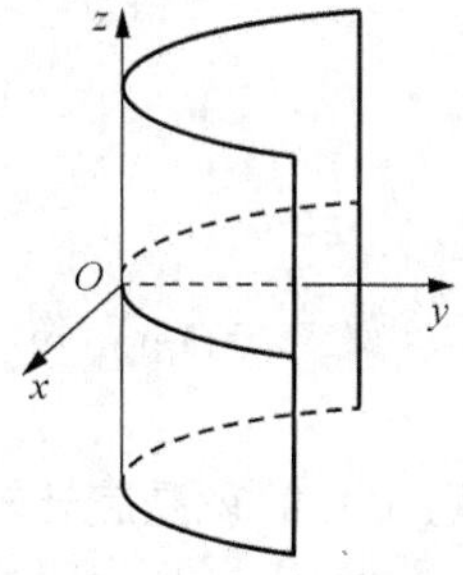

图 6-7

6.1.4 旋转曲面

平面曲线C绕定直线L旋转形成的曲面叫**旋转曲面**，定直线L叫作旋转曲面的**轴**，曲线C叫作旋转曲面的**母线**.

在旋转曲面中，过轴的半平面与旋转曲面的交线叫**经线**，显然，所有的经线形状完全相同，它们的旋转轨迹能彼此重合. 与轴垂直的平面和旋转曲面的交线是一个圆，称之为**纬线**或**纬圆**，它是由母线上的一点绕轴旋转形成的.

下面我们来求以曲线

$$C:\begin{cases}F(x,y,z)=0,\\G(x,y,z)=0.\end{cases}$$

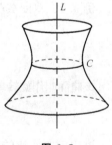

为母线，直线L：$\frac{x-x_0}{l}=\frac{y-y_0}{m}=\frac{z-z_0}{n}$为旋转轴的旋转曲面(见图 6-8)的方程.

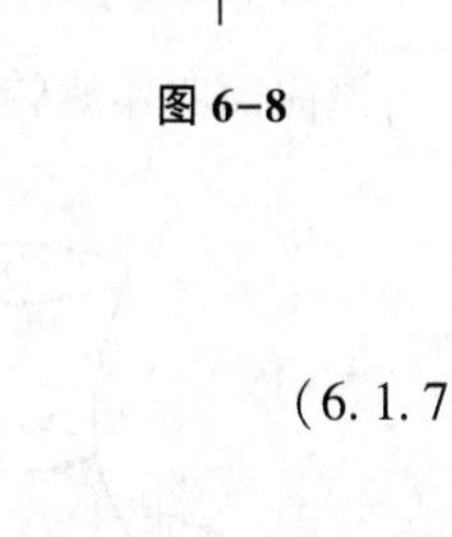

图 6-8

记$\boldsymbol{s}=(l,m,n)$，点$M_0(x_0,y_0,z_0)$. 点$P(x,y,z)$在旋转曲面上的充要条件是点P在经过母线C上某一点$P_1(x_1,y_1,z_1)$的纬圆上，即母线C上一定有点P_1使得P和P_1到轴L的距离相等，并且$\boldsymbol{P_1P}\perp L$. 因此有

$$\begin{cases}F(x_1,y_1,z_1)=0,\\G(x_1,y_1,z_1)=0,\\|\boldsymbol{PM}_0\times\boldsymbol{s}|=|\boldsymbol{P}_1\boldsymbol{M}_0\times\boldsymbol{s}|,\\l(x-x_1)+m(y-y_1)+n(z-z_1)=0.\end{cases}\tag{6.1.7}$$

从式(6.1.7)中消去参数x_1,y_1,z_1，就得到x,y,z满足的方程，它就是所求的旋转曲面的方程.

特别地，旋转轴为z轴，即取$\boldsymbol{s}=(0,0,1)$，点$M_0(0,0,0)$，母线为yOz坐标面上的曲线，如图 6-9 所示，其方程为

$$C:\begin{cases}f(y,\ z)=0,\\ x=0.\end{cases}$$

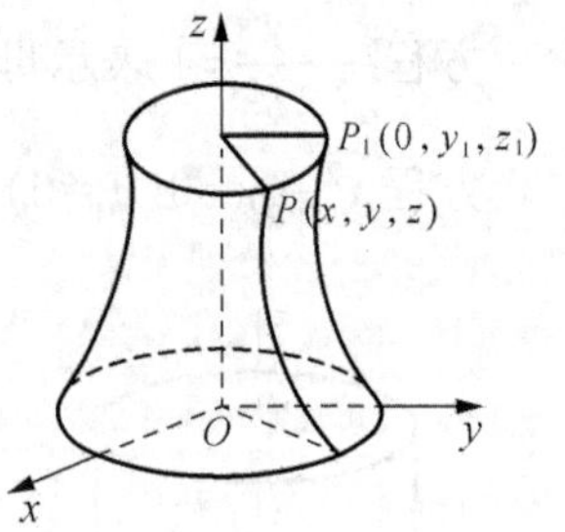

图 6-9

则点 $P(x,y,z)$ 在旋转曲面上的充要条件为

$$\begin{cases}f(y_1,z_1)=0,\\ x_1=0,\\ x^2+y^2=x_1^2+y_1^2,\\ z-z_1=0.\end{cases}$$

消去参数 x_1,y_1,z_1，得

$$f(\pm\sqrt{x^2+y^2},\ z)=0, \qquad (6.1.8)$$

方程(6.1.8)就是旋转轴为 z 轴，母线为 yOz 坐标面上的曲线 C 的旋转曲面的方程.

方程(6.1.8)表明，yOz 面上的曲线绕 z 轴旋转形成的旋转曲面的方程由 yOz 面上的曲线方程 $f(y,z)=0$ 中 z 不变，将 y 改成$\pm\sqrt{x^2+y^2}$得到. 事实上，我们有以下结论：

坐标平面上的曲线绕该坐标面的坐标轴旋转形成的旋转曲面的方程由坐标面上的曲线的方程中与旋转轴同名的变量不变，而把另一个变量换成与旋转轴不同名的另两个变量的平方和的平方根得到.

例如，

曲线$\begin{cases}f(y,z)=0,\\ x=0\end{cases}$绕 y 轴旋转形成的旋转曲面的方程为 $f(y,\pm\sqrt{x^2+z^2})=0$；

曲线$\begin{cases}f(x,z)=0,\\ y=0\end{cases}$绕 z 轴旋转形成的旋转曲面的方程为 $f(\pm\sqrt{x^2+y^2},z)=0$；

曲线$\begin{cases}f(x,y)=0,\\ z=0\end{cases}$绕 x 轴旋转形成的旋转曲面的方程为 $f(x,\pm\sqrt{y^2+z^2})=0$.

例 6.4　双曲线$\begin{cases}\dfrac{y^2}{b^2}-\dfrac{z^2}{c^2}=1,\\ x=0\end{cases}$绕 z 轴旋转一周形成的旋转曲面的方程为

$$\frac{x^2+y^2}{b^2}-\frac{z^2}{c^2}=1,$$

该曲面叫作**旋转单叶双曲面**，如图 6-10 所示；绕 y 轴旋转一周形成的旋转曲面的方程为

$$\frac{y^2}{b^2}-\frac{x^2+z^2}{c^2}=1,$$

该曲面叫作**旋转双叶双曲面**，如图 6-11 所示.

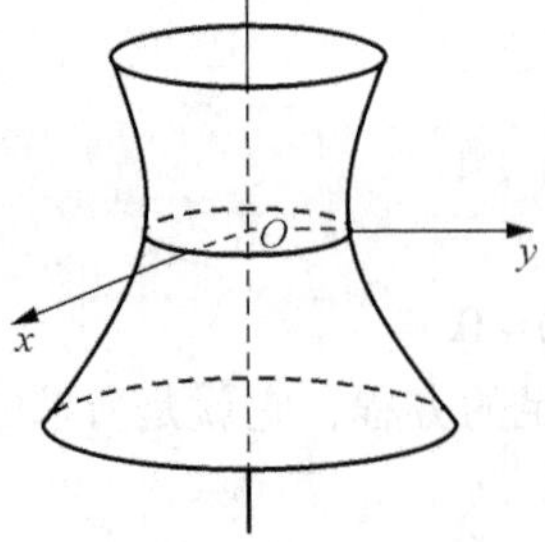

图 6-10

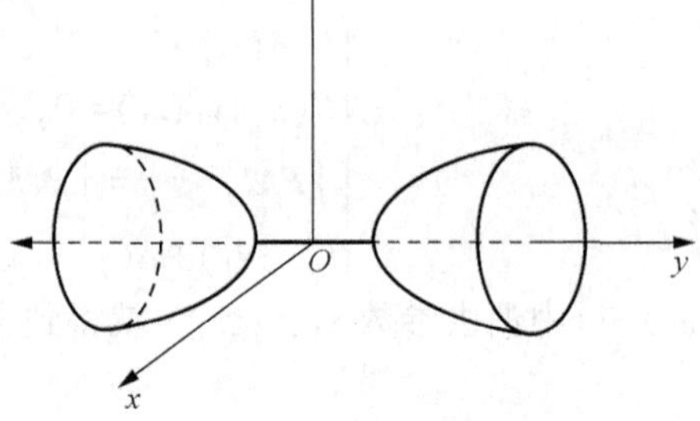

图 6-11

抛物线 $\begin{cases} y^2=2pz, \\ x=0 \end{cases}$ 绕其对称轴(z 轴)旋转形成的旋转曲面叫作**旋转抛物面**，其方程为

$$x^2+y^2=2pz.$$

当 $p>0$ 时，旋转抛物面的形状如图 6-12 所示．

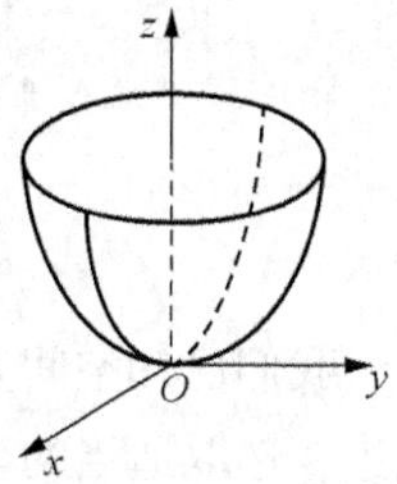

图 6-12

例 6.5 设直线 L 与直线 L_1 相交但不垂直，则称直线 L 绕直线 L_1 旋转一周形成的旋转曲面叫作**圆锥面**，两直线的交点叫作圆锥面的**顶点**，两直线的夹角 $\alpha\left(0<\alpha<\dfrac{\pi}{2}\right)$ 是圆锥面的**半顶角**. 试建立顶点在坐标原点 O，旋转轴为 z 轴，半顶角为 α 的圆锥面(见图 6-13)的方程.

解 因所给圆锥面可看成 yOz 坐标面上与 z 轴夹角为 α 的直线 L 绕 z 轴旋转形成的，又 yOz 坐标面与 z 轴夹角为 α 的直线 L 的方程为

$$z=y\cot\alpha,$$

由于旋转轴为 z 轴，所以只要将直线 L 的方程中的 y 改成 $\pm\sqrt{x^2+y^2}$ 便得所求的圆锥面的方程为

$$z=\pm\sqrt{x^2+y^2}\cot\alpha,$$

即

$$z^2=a^2(x^2+y^2),$$

其中 $a=\cot\alpha$.

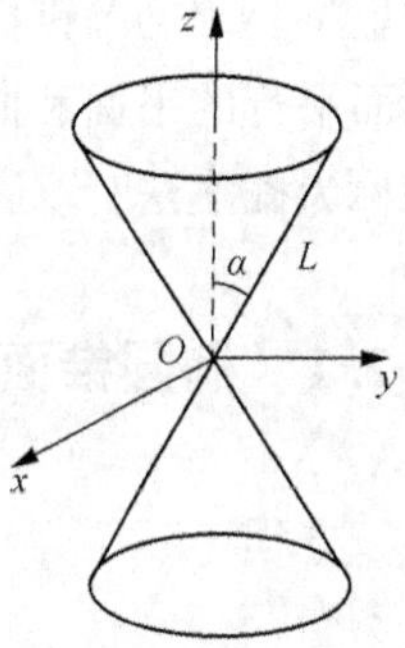

图 6-13

习题 6.1

1. 求出一直径的两端点为 $P_1(2,-3,5)$ 和 $P_2(4,1,-3)$ 的球面方程.

2. 求到坐标原点 O 的距离与到点 $P(2,3,4)$ 的距离之比为 1:2 的动点的轨迹方程，并指出该方程表示的是怎样的曲面?

3. 将 xOy 坐标面上的双曲线 $\dfrac{x^2}{9}-\dfrac{y^2}{4}=1$ 分别绕 x 轴及 y 轴旋转一周，求所生成的旋转曲面的方程.

4. 指出下列方程在平面解析几何中和空间解析几何中分别表示什么图形:

(1) $x=2$;　(2) $y=x+1$;　(3) $x^2+y^2=4$;　(4) $x^2-y^2=1$.

5. 指出下列方程所表示的曲面中，哪些是旋转曲面，它们是怎样形成的?

(1) $\dfrac{x^2}{4}-\dfrac{y^2}{9}+\dfrac{z^2}{4}=0$;　(2) $x^2+y^2=2z-1$;

(3) $\dfrac{x^2}{4}+\dfrac{y^2}{9}-\dfrac{z^2}{4}=1$;　(4) $x^2+\dfrac{y^2}{4}+\dfrac{z^2}{9}=1$.

6.2　二次曲面

我们已知空间直角坐标系中，曲面的方程是三元方程. 在前面，我们把曲面看作点的轨迹，选取适当的坐标系，利用曲面的几何性质建立了一些曲面如平面、球面、柱面、旋转曲面的方程. 与平面解析几何中规定二元二次方程表示的曲线为二次曲线类似，在空间直角坐标系中，我们把三元二次方程 $F(x,y,z)=0$ 所表示的曲面称为**二次曲面**.

二次曲面共有 9 种(不含退化情形)，分为 5 类：柱面、椭圆锥面、椭球面、双曲面和抛物面，选取适当的直角坐标系可得它们的标准方程.

二次柱面有 3 种：椭圆柱面、双曲柱面和抛物柱面，它们的标准方程及图形见例 6.3. 这里将介绍椭圆锥面、椭球面、双曲面和抛物面的标准方程，并通过综合坐标面以及与坐标面平行的平面和曲面的交线(该交线称为**截痕**)的变化来概括出曲面形状的全貌(这种方法称为**截痕法**).

6.2.1　椭圆锥面

方程

$$\frac{x^2}{a^2}+\frac{y^2}{b^2}=z^2$$

所表示的曲面叫作**椭圆锥面**.

显然，椭圆锥面关于坐标面、坐标轴和原点都对称.

椭圆锥面和与 xOy 面平行的平面 $z=t$ 的交线为

$$\begin{cases}\dfrac{x^2}{a^2}+\dfrac{y^2}{b^2}=t^2,\\ z=t.\end{cases}$$

当 $t=0$ 时得一点$(0,0,0)$；当 $t\neq0$ 时，得平面 $z=t$ 上的椭圆

$$\begin{cases}\dfrac{x^2}{(at)^2}+\dfrac{y^2}{(bt)^2}=1,\\ z=t.\end{cases}\tag{6.2.1}$$

其顶点为$(\pm at,0,t)$，$(0,\pm bt,t)$. 当 t 变化时，式(6.2.1)表示一族长短轴比例不变的椭圆，当 $|t|$ 从大到小并趋于 0 时，这族椭圆从大到小并缩为一点.

椭圆锥面与 yOz 面和 zOx 面的交线都是直线，分别为 $\begin{cases}y=\pm bt,\\ x=0\end{cases}$ 和 $\begin{cases}x=\pm at,\\ y=0.\end{cases}$ 容易判定，椭圆(6.2.1)的顶点在椭圆锥面与 yOz 面或 zOx 面的交线上. 综上所述，可得椭圆锥面的形状如图 6-14所示.

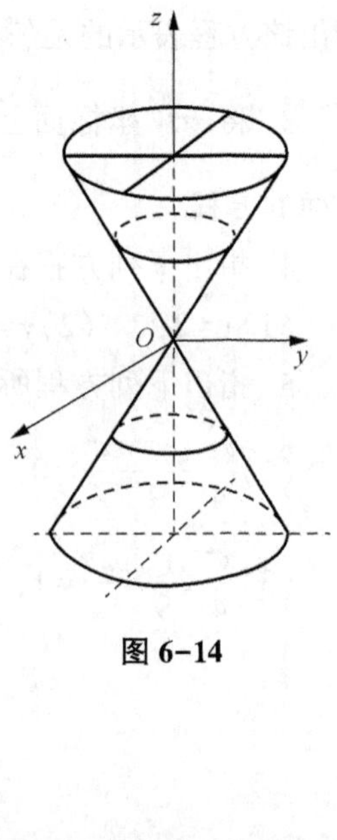

图 6-14

6.2.2 椭球面

方程

$$\frac{x^2}{a^2}+\frac{y^2}{b^2}+\frac{z^2}{c^2}=1$$

所表示的曲面叫作**椭球面**.

从该方程可见，点(x,y,z)在椭球面上，则

$$|x|\leqslant a,\ |y|\leqslant b,\ |z|\leqslant c.$$

即椭球面是有界的，且椭球面关于坐标面、坐标轴及原点也是对称的.

用 xOy 坐标面$(z=0)$去截椭球面，截痕为椭圆

$$\begin{cases}\dfrac{x^2}{a^2}+\dfrac{y^2}{b^2}=1,\\ z=0.\end{cases}$$

如果用平行于 xOy 面的平面 $z=z_1$（$|z_1|<c$）去截椭球面，截痕为平面 $z=z_1$ 上的椭圆

$$\begin{cases}\dfrac{x^2}{a^2\left(1-\dfrac{z_1^2}{c^2}\right)}+\dfrac{y^2}{b^2\left(1-\dfrac{z_1^2}{c^2}\right)}=1,\\ z=z_1.\end{cases}\tag{6.2.2}$$

其顶点为$\left(\pm a\sqrt{1-\dfrac{z_1^2}{c^2}},0,z_1\right)$，$\left(0,\pm b\sqrt{1-\dfrac{z_1^2}{c^2}},z_1\right)$，当 z_1 变动时，这族椭圆的中心都在 z 轴上，当$|z_1|$由 0 逐渐增大到 c，椭圆由大到小，当$|z_1|=c$ 时，截痕最后缩成一点$(0,0,\pm c)$.

用坐标面 $y=0$ 或 $x=0$ 去截椭球面，截痕都是椭圆，分别为

$$\begin{cases}\dfrac{x^2}{a^2}+\dfrac{z^2}{c^2}=1,\\ y=0\end{cases} \text{与} \begin{cases}\dfrac{y^2}{b^2}+\dfrac{z^2}{c^2}=1,\\ x=0.\end{cases}$$

显然，椭圆(6.2.2)的顶点在坐标面 $y=0$ 或 $x=0$ 与椭球面的交线上. 综上所述，可得椭球面的形状如图 6-15 所示.

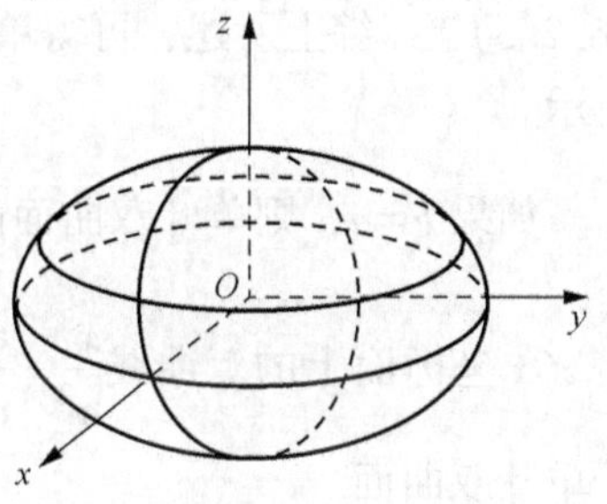

图 6-15

如果 $a=b\neq c$，则椭球面的方程为

$$\frac{x^2+y^2}{b^2}+\frac{z^2}{c^2}=1,$$

这是 yOz 坐标面上的椭圆$\dfrac{y^2}{b^2}+\dfrac{z^2}{c^2}=1$ 绕 z 轴旋转所成的旋转椭球面的方程. 如果 $a=b=c$，则椭球面是球心在原点，半径为 a 的球面 $x^2+y^2+z^2=a^2$.

6.2.3 双曲面

双曲面有单叶双曲面和双叶双曲面两种.

1. 单叶双曲面

方程

$$\frac{x^2}{a^2}+\frac{y^2}{b^2}-\frac{z^2}{c^2}=1$$

所表示的曲面叫作**单叶双曲面**.

单叶双曲面关于坐标面、坐标轴和原点都是对称的. 用平面 $z=z_1$ 去截曲面，截痕为 $z=z_1$ 平面上的椭圆

$$\begin{cases}\dfrac{x^2}{a^2\left(1+\dfrac{z_1^2}{c^2}\right)}+\dfrac{y^2}{b^2\left(1+\dfrac{z_1^2}{c^2}\right)}=1,\\ z=z_1.\end{cases}\tag{6.2.3}$$

用平面 $y=y_1$ 去截曲面，截痕为 $y=y_1$ 平面上的双曲线

$$\begin{cases}\dfrac{x^2}{a^2\left(1-\dfrac{y_1^2}{b^2}\right)}-\dfrac{z^2}{c^2\left(1-\dfrac{y_1^2}{b^2}\right)}=1,\\ y=y_1.\end{cases}\tag{6.2.4}$$

用平面 $x=x_1$ 去截曲面，截痕为 $x=x_1$ 平面上的双曲线

$$\begin{cases}\dfrac{y^2}{b^2\left(1-\dfrac{x_1^2}{a^2}\right)}-\dfrac{z^2}{c^2\left(1-\dfrac{x_1^2}{a^2}\right)}=1,\\ x=x_1.\end{cases}\tag{6.2.5}$$

显然，椭圆(6.2.3)的顶点在双曲线(6.2.4)或(6.2.5)上. 综上所述，可得单叶双曲面的形状如图6-16所示.

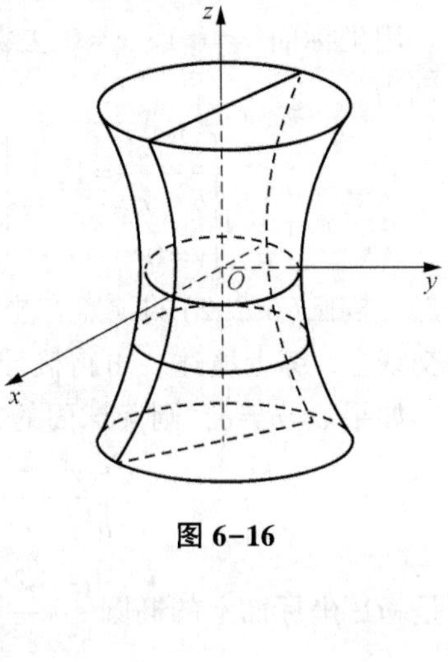

图 6-16

如果 $b=a$，则单叶双曲面的方程为$\frac{x^2+y^2}{a^2}-\frac{z^2}{c^2}=1$，这是 zOx 坐标面上的双曲线$\frac{x^2}{a^2}-\frac{z^2}{c^2}=1$ 绕 z 轴旋转所成的旋转单叶双曲面.

2. 双叶双曲面

方程

$$\frac{x^2}{a^2}-\frac{y^2}{b^2}-\frac{z^2}{c^2}=1$$

所表示的曲面叫作**双叶双曲面**.

双叶双曲面关于坐标面、坐标轴和原点都是对称的. 用平面 $z=z_1$ 去截曲面，截痕是双曲线

$$\begin{cases}\dfrac{x^2}{a^2\left(1+\dfrac{z_1^2}{c^2}\right)}-\dfrac{y^2}{b^2\left(1+\dfrac{z_1^2}{c^2}\right)}=1,\\ z=z_1.\end{cases}\tag{6.2.6}$$

用平面 $y=y_1$ 去截曲面，截痕是双曲线

$$\begin{cases}\dfrac{x^2}{a^2\left(1+\dfrac{y_1^2}{b^2}\right)}-\dfrac{z^2}{c^2\left(1+\dfrac{y_1^2}{b^2}\right)}=1,\\ y=y_1.\end{cases}\tag{6.2.7}$$

用平面 $x=x_1(|x_1|>a)$ 去截曲面，截痕是椭圆

$$\begin{cases}\dfrac{y^2}{b^2\left(\dfrac{x_1^2}{a^2}-1\right)}+\dfrac{z^2}{c^2\left(\dfrac{x_1^2}{a^2}-1\right)}=1,\\ x=x_1.\end{cases}\tag{6.2.8}$$

显然，椭圆(6.2.8)的顶点在双曲线(6.2.6)或双曲线(6.2.7)上. 综上所述，可得双叶双曲面的形状如图 6-17 所示.

如果 $b=c$，则双叶双曲面的方程为$\dfrac{x^2}{a^2}-\dfrac{y^2+z^2}{c^2}=1$，这是 zOx 坐标面上的双曲线$\dfrac{x^2}{a^2}-\dfrac{z^2}{c^2}=1$ 绕 x 轴旋转所成的旋转双叶双曲面.

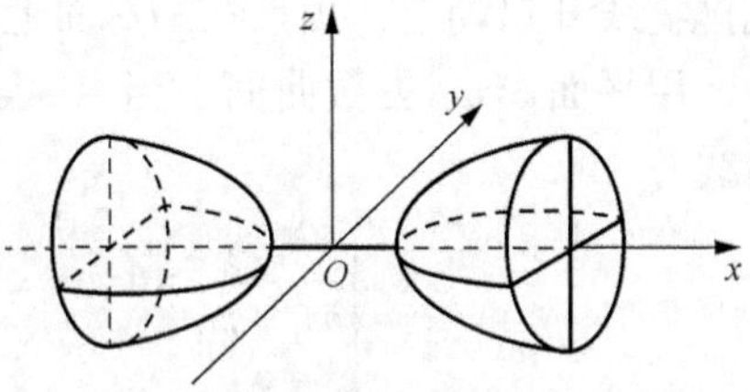

图 6-17

6.2.4 抛物面

抛物面有椭圆抛物面和双曲抛物面.

1. 椭圆抛物面

方程

$$\frac{x^2}{p}+\frac{y^2}{q}=z(p,q\ 同号)$$

所表示的曲面叫作**椭圆抛物面**.

椭圆抛物面关于 xOz 坐标面、yOz 坐标面和 z 轴都是对称的. 平行于 xOz 面和 yOz 面的平面与曲面的交线都是抛物线. 当 $p>0$，$q>0$ 时，用平面 $z=z_1(z_1>0)$ 去截曲面，截痕是椭圆

$$\begin{cases}\dfrac{x^2}{pz_1}+\dfrac{y^2}{qz_1}=1,\\ z=z_1.\end{cases}$$

综合截痕的变化得到 $p>0$，$q>0$ 时椭圆抛物面的形状如图 6-18 所示.

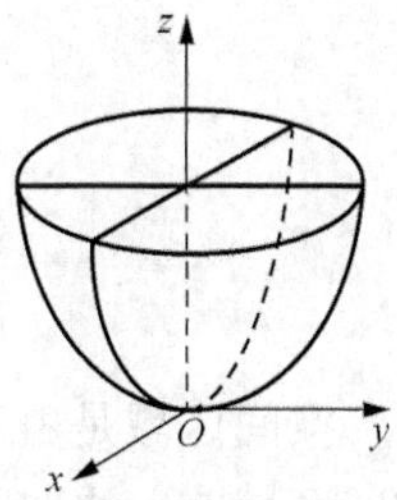

图 6-18

2. 双曲抛物面

方程

$$\frac{x^2}{p}-\frac{y^2}{q}=z(p,q\ 同号)$$

所表示的曲面叫作**双曲抛物面**，双曲抛物面又叫**马鞍面**.

当 $p>0,q>0$ 时，用平面 $x=x_1$ 去截曲面，截痕是抛物线

$$\begin{cases} z=-\dfrac{y^2}{q}+\dfrac{x_1^2}{p}, \\ x=x_1. \end{cases}$$

此抛物线开口朝下，顶点在 zOx 面上.

用平面 $y=y_1$ 去截曲面，截痕是抛物线

$$\begin{cases} z=\dfrac{x^2}{p}-\dfrac{y_1^2}{q}, \\ y=y_1. \end{cases}$$

此抛物线开口朝上，顶点在 yOz 面上.

用平面 $z=z_1$ 去截曲面，当 $z_1\neq 0$ 时，截痕是双曲线

$$\begin{cases} \dfrac{x^2}{pz_1}-\dfrac{y^2}{qz_1}=1, \\ z=z_1. \end{cases}$$

当 $z_1=0$ 时，截痕是两条相交直线

$$\begin{cases} \dfrac{x}{a}+\dfrac{y}{b}=0, \\ z=0 \end{cases} \text{和} \begin{cases} \dfrac{x}{a}-\dfrac{y}{b}=0, \\ z=0. \end{cases}$$

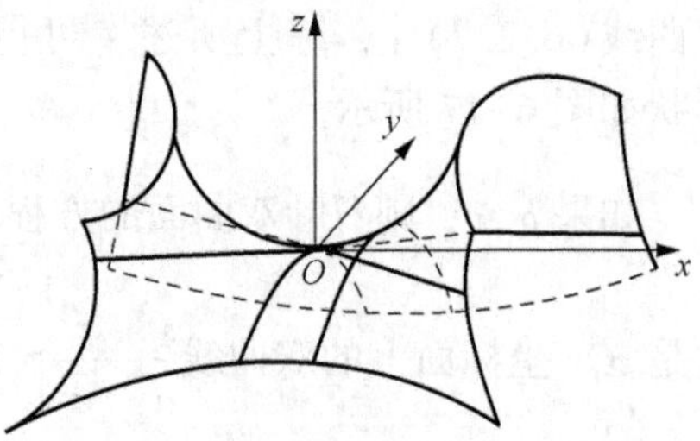

图 6-19

综合截痕的变化得到 $p>0,q>0$ 时双曲抛物面的形状如图 6-19 所示.

习题 6.2

1. 当 k 取异于 a,b,c 的各种实数值时，方程

$$\frac{x^2}{a-k}+\frac{y^2}{b-k}+\frac{z^2}{c-k}=1\,(a>b>c>0)$$

表示的是怎样的曲面？

2. 画出下列方程所表曲面的图形：

(1) $4x^2+y^2-z^2=4$；　(2) $x^2-y^2-4z^2=4$；　(3) $\dfrac{z}{3}=\dfrac{x^2}{4}+\dfrac{y^2}{9}$.

6.3　空间区域在坐标面上的投影

空间区域是由若干张曲面围成的. 在重积分和曲面积分的计算中，往往需要确定一个空间区域或一块曲面在坐标面上的投影. 解决这类问题，需要画出曲面交线在坐标面上的投影以及曲面所围成的空间区域的图形.

6.3.1 空间曲线在坐标面上的投影

空间曲线 C 上各点向坐标面上作垂线，所有垂足组成的曲线 C' 为曲线 C 在坐标面上的**投影曲线**(简称**投影**)，所有垂线组成的曲面叫曲线 C 关于坐标面的**投影柱面**.

显然，曲线 C 关于坐标面的投影柱面是母线平行于坐标轴的柱面，曲线 C 在坐标面上的**投影曲线** C' 是坐标面和曲线 C 关于坐标面的投影柱面的交线. 由于在空间直角坐标系中，母线平行于坐标轴的柱面方程至多含两个变量，不含与母线平行的坐标轴同名的变量，因此，若空间曲线 C 的一般式方程为

$$\begin{cases}F(x,y,z)=0,\\G(x,y,z)=0.\end{cases} \tag{6.3.1}$$

则从方程(6.3.1)消去变量 z 后得方程

$$H(x,y)=0. \tag{6.3.2}$$

方程(6.3.2)表示母线平行于 z 轴的柱面. 由于 $H(x,y)=0$ 是由曲线 C 的方程消去 z 得到的，于是 C 上的点的坐标 (x,y,z) 必定满足方程 $H(x,y)=0$，这说明曲线 C 上的所有点都在柱面 $H(x,y)=0$ 上，柱面 $H(x,y)=0$ 包含曲线 C. 所以，曲线 C 关于 xOy 面的**投影柱面**的方程为 $H(x,y)=0$，曲线 C 在 xOy 面上的**投影曲线**方程为

$$\begin{cases}H(x,y)=0,\\z=0.\end{cases}$$

同理，从方程(6.3.1)消去变量 x，得曲线 C 关于 yOz 面的投影柱面 $R(y,z)=0$，方程组

$$\begin{cases}R(y,\ z)=0,\\x=0\end{cases}$$

就是空间曲线 C 在 yOz 面上的投影曲线的方程.

从方程(6.3.1)消去变量 y，得曲线 C 关于 zOx 面的投影柱面 $T(x,z)=0$，方程组

$$\begin{cases}T(x,z)=0,\\y=0\end{cases}$$

就是空间曲线 C 在 xOz 面上的投影曲线的方程.

例 6.6 求球面 $x^2+y^2+z^2=4$ 与平面 $x+z=2$ 的交线 C 在 xOy 面上的投影的方程.

解 所给球面与平面的交线方程为

$$\begin{cases}x^2+y^2+z^2=4,\\x+z=2.\end{cases}$$

由 $x+z=2$ 可得 $z=2-x$，代入 $x^2+y^2+z^2=4$ 得交线 C 关于 xOy 面的投影柱面的方程为

$$2x^2-4x+y^2=0,$$

于是所给球面与平面的交线 C 在 xOy 面上的投影曲线方程是

$$\begin{cases}2x^2-4x+y^2=0,\\z=0.\end{cases}$$

将方程 $2x^2-4x+y^2=0$ 配方得 $2(x-1)^2+y^2=2$，因此所给曲线在 xOy 面上的投影曲线为 xOy 面上的椭圆，如图6-20所示.

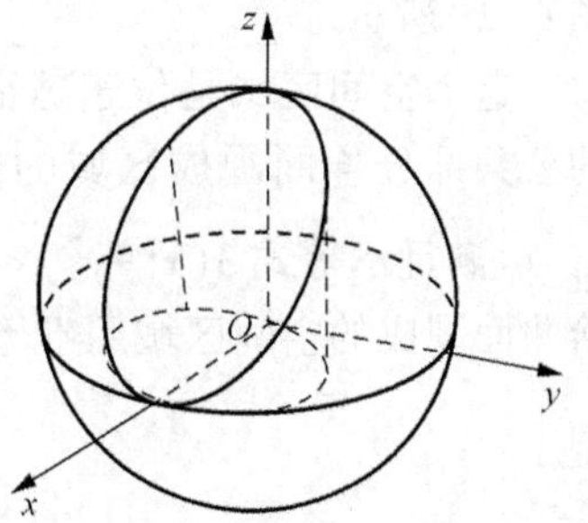

图 6-20

6.3.2　空间区域图形的画法

空间区域是由若干张曲面(或平面)围成，要画出空间区域的图形，首先要确定曲面(或平面)的交线 C，其次要画出交线 C 及曲面的图形. 常见曲面图形的画法前面已有介绍，因此，画空间区域图形的关键就是画出曲面的交线 C.

已知给定空间中一点 M，容易画出点 M 在三个坐标面上的投影点 M_1,M_2,M_3，事实上知道 M,M_1,M_2,M_3 这 4 个点中任意两个点，就可以画出另外两个点. 例如，已知点 $M(x_1,y_1,z_1)$ 在 xOy 面上和 yOz 面上的投影点为 $M_1(x_1,y_1,0)$ 和 $M_2(0,y_1,z_1)$，则过 M_1 与 z 轴的平行线和过 M_2 与 x 轴的平行线的交点即为点 M. 于是只要画出曲线 C 在某两个坐标面上的投影便容易得到曲线 C 的图形.

几张曲面所围成的空间区域可以用几个不等式联立起来表示. 因为一张曲面 $F(x,y,z)=0$ 把空间分为三个部分，分别用 $F(x,y,z)>0$，$F(x,y,z)=0$ 和 $F(x,y,z)<0$ 来表示. 由于在曲面同一侧的点满足相同的不等式，因此要判断曲面的某一侧用哪个不等号来表示，只需在该侧取一个点(通常取坐标原点或坐标轴上的点)，将点的坐标代入 $F(x,y,z)$，看它适合哪个不等式就行了.

例 6.7　画出由曲面 $3(x^2+y^2)=16z$ 和 $z=\sqrt{25-x^2-y^2}$ 围成的空间区域的图形，并用不等式组表示出这个空间区域.

解　因方程 $3(x^2+y^2)=16z$ 表示顶点在原点，开口向上，以 z 轴为旋转轴的旋转抛物面；方程 $z=\sqrt{25-x^2-y^2}$ 表示以原点为球心，半径为 5 的上半球面. 要画出这两张曲面围成的空间区域，就需要画出它们的交线

$$C:\begin{cases}3(x^2+y^2)=16z,\\ z=\sqrt{25-x^2-y^2}.\end{cases}$$

所给的两张曲面的交线 C 的方程可写成

$$\begin{cases}x^2+y^2=16,\\ z=3.\end{cases}$$

即两张曲面的交线 C 是在平面 $z=3$ 上，圆心在点 $(0,0,3)$，半径为 4 的一个圆.

画出上述圆，再加上由它割下来的部分半球面及部分抛物面，就得到所给曲面围成的空间区域的图形，如图 6-21 所示.

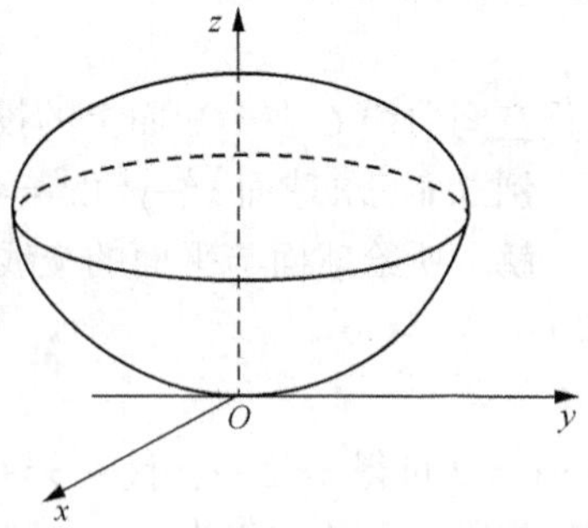

图 6-21

这个空间区域是位于球面下方且在旋转抛物面内部的公共部分连同围成区域的曲面，又区域内部的点 $(0,0,1)$ 满足不等式 $3(x^2+y^2)<16z$ 和 $z<\sqrt{25-x^2-y^2}$，故所给曲面围成的空间区域用不等式组

$$\begin{cases}3(x^2+y^2)\leqslant 16z,\\ \sqrt{25-x^2-y^2}\geqslant z\end{cases}$$

表示.

例 6.8 画出由下列不等式组表示的空间区域的图形：

$$x\geqslant 0, y\geqslant 0, z\geqslant 0, x+y\leqslant 1, x^2+y^2-z\geqslant 0.$$

解 $x\geqslant 0, y\geqslant 0, z\geqslant 0$ 表示第一卦限；$x+y\leqslant 1$ 表示平面及其包含原点的一侧；$x^2+y^2-z\geqslant 0$ 表示椭圆抛物面及其外部.

画出椭圆抛物面 $x^2+y^2-z=0$ 分别与坐标面 $x=0$，$y=0$ 及平面 $x+y=1$ 的交线，平面 $x+y=1$ 及该平面与三坐标面的交线，上述 6 条线割出的一块椭圆抛物面和一块平面，再加上它们和两段坐标轴围成的三块坐标面，共同围成的部分就是所做的空间区域的图形，如图 6-22 所示.

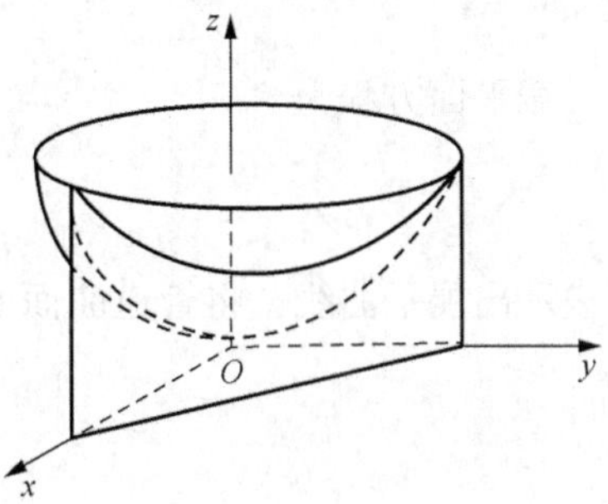

图 6-22

6.3.3 曲面或空间区域在坐标面上的投影

曲面上或空间区域内各点向坐标面作垂线，所有垂足的集合为曲面或空间区域在坐标面上的**投影**. 只要作出曲面或空间区域的图形，便可得到曲面或空间区域在坐标面上的投影.

若干张曲面围成的空间区域可看成某个立体所占的区域，因此常把曲面围成的空间区域说成曲面围成的立体.

例 6.9 求由上半球面 $z=\sqrt{a^2-x^2-y^2}$ 和锥面 $z=\sqrt{x^2+y^2}$ 所围成的立体在 xOy 面上的投影.

解 因上半球面与锥面的交线

$$\begin{cases} z=\sqrt{a^2-x^2-y^2}, \\ z=\sqrt{x^2+y^2} \end{cases}$$

在 xOy 面上的投影曲线为

$$\begin{cases} x^2+y^2=\dfrac{a^2}{2}, \\ z=0. \end{cases}$$

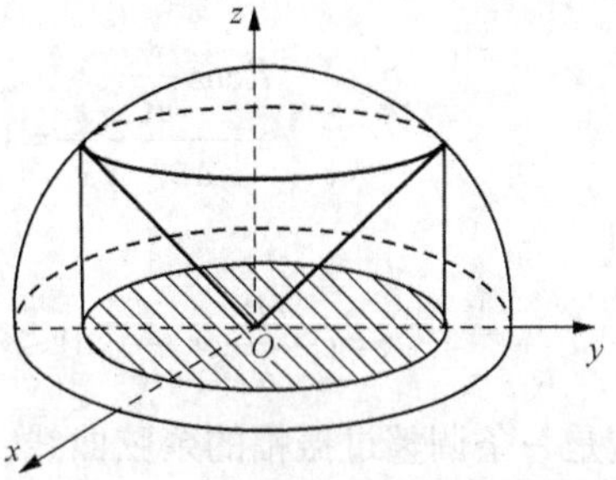

图 6-23

作出所给的上半球面和锥面围成的立体的图形以及它们的交线在 xOy 面上的投影，如图 6-23 所示，于是所给立体在 xOy 面上的投影是图 6-23 所示的图形中的阴影部分，用不等式表示为

$$x^2+y^2\leqslant\frac{a^2}{2}.$$

* **应用实例**：钣金零件的展开图.

图 6-24 所示的是我们常见的二通管道变形接头的示意图. 制造这类零件，先按照零件展开图的度量尺寸(展平曲线)在薄板(铁皮或铝板等)上下料，然后弯曲成型，并将各部分焊接在一起.

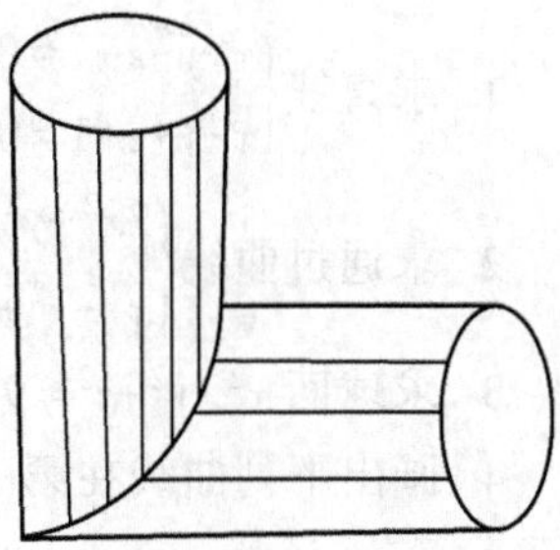
图 6-24

解 为了获得零件展开图的展平曲线，必须求出截平面与圆柱管道面的截交线的方程.

设圆柱管道曲面的方程为

$$x^2+y^2=R^2,$$

截平面方程为

$$\frac{x}{a}+\frac{y}{b}+\frac{z}{c}=1,$$

为表示出展平曲线，将管道曲面的方程改写成参数形式

$$\begin{cases}x=R\cos\theta,\\ y=R\sin\theta,\ (0\leqslant\theta\leqslant 2\pi),\\ z=z.\end{cases}$$

将上式代入截平面的方程中得

$$\frac{R\cos\theta}{a}+\frac{R\sin\theta}{b}+\frac{z}{c}=1.$$

圆柱的底圆展平时有弧长 $s=R\theta$，即 $\theta=\frac{s}{R}$，因此

$$\frac{R\cos\frac{s}{R}}{a}+\frac{R\sin\frac{s}{R}}{b}+\frac{z}{c}=1$$

为截交线(截平面与圆柱管道面的交线)的展平曲线的方程.

如果截平面是正垂面(与 y 轴平行)，其方程为$\frac{x}{a}+\frac{z}{c}=1$，则截交线的展平曲线的方程为

$$\frac{R\cos\frac{s}{R}}{a}+\frac{z}{c}=1,$$

即

$$z=c-\frac{cR}{a}\cos\frac{s}{R},\ 0\leqslant s\leqslant 2\pi R.$$

这是一条调整过振幅的余弦曲线，如图 6-25 所示.

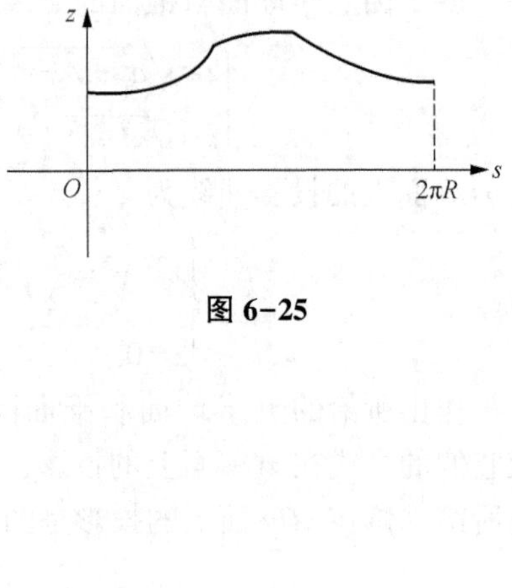

图 6-25

习题 6.3

1. 求直线$\begin{cases}x+y-z-1=0,\\ x-y+z+1=0\end{cases}$在平面 $x+y+z=0$ 上的投影直线的方程.

2. 求通过曲线$\begin{cases}2x^2+y^2+z^2=9,\\ x^2-y^2+z^2=0\end{cases}$且母线平行于 x 轴的柱面的方程.

3. 求球面 $x^2+y^2+z^2=9$ 与平面 $x+z=1$ 的交线在 xOy 面上的投影曲线的方程.

4. 画出下列曲线在第一卦限内的图形：

(1)$\begin{cases}x=1,\\ y=2\end{cases}$；　(2)$\begin{cases}z=\sqrt{4-x^2-y^2},\\ x-y=0\end{cases}$；　(3)$\begin{cases}x^2+y^2=a^2,\\ x^2+z^2=a^2\end{cases}$.

5. 画出旋转抛物面 $z=x^2+y^2$ 与平面 $z=4$ 所围空间区域的图形，并用不等式组表示这个空间区域.

6. 求上半球 $0\leqslant z\leqslant\sqrt{a^2-x^2-y^2}$ 与圆柱体 $x^2+y^2\leqslant ax\,(a>0)$ 的公共部分在 xOy 面和 xOz 面上的投影.

7. 求旋转抛物面 $z=x^2+y^2\,(z\leqslant4)$ 在三坐标面上的投影区域.

*6.4 二次曲面的一般方程

在6.1节和6.2节介绍了柱面、椭圆锥面、椭球面、双曲面、抛物面等二次曲面的标准方程，并通过方程分析了它们的几何特征. 而同一张曲面在不同坐标系下的方程一般是不同的；二次曲面的几何特征并不依赖于坐标系的选择. 本节将讨论一般三元二次方程

$$a_{11}x^2+a_{22}y^2+a_{33}z^2+2a_{12}xy+2a_{13}xz+2a_{23}yz+b_1x+b_2y+b_3z+c=0 \tag{6.4.1}$$

在空间直角坐标系下所表示的二次曲面的类型及几何特征，其中 $a_{11},a_{22},a_{33},a_{12},a_{13},a_{23}$ 不全为零.

一般情况下，并不容易判定三元二次方程(6.4.1)所表示的曲面的几何特征，如何通过适当的变换，使曲面的方程化为标准方程且曲面几何特征保持不变，这是本节要研究的主要问题.

利用矩阵运算，方程(6.4.1)可改写成

$$f(x,y,z)=\boldsymbol{x}^{\mathrm{T}}\boldsymbol{A}\boldsymbol{x}+\boldsymbol{b}^{\mathrm{T}}\boldsymbol{x}+c=0, \tag{6.4.2}$$

其中

$$\boldsymbol{A}=\begin{pmatrix}a_{11}&a_{12}&a_{13}\\a_{12}&a_{22}&a_{23}\\a_{13}&a_{23}&a_{33}\end{pmatrix},\quad \boldsymbol{b}=\begin{pmatrix}b_1\\b_2\\b_3\end{pmatrix},\quad \boldsymbol{x}=\begin{pmatrix}x\\y\\z\end{pmatrix}.$$

为了研究方程(6.4.1)所表示的二次曲面的性态，需要将方程(6.4.1)化为标准方程. 先利用正交变换 $\boldsymbol{x}=\boldsymbol{P}\boldsymbol{y}$ 将方程(6.4.2)中的二次项部分 $\boldsymbol{x}^{\mathrm{T}}\boldsymbol{A}\boldsymbol{x}$ 化为标准形

$$\boldsymbol{x}^{\mathrm{T}}\boldsymbol{A}\boldsymbol{x}=\lambda_1x_1^2+\lambda_2y_1^2+\lambda_3z_1^2,$$

其中 $\lambda_1,\lambda_2,\lambda_3$ 为 $\boldsymbol{A}$ 的特征值，$\boldsymbol{y}=(x_1,y_1,z_1)^{\mathrm{T}}$，相应地有

$$\boldsymbol{b}^{\mathrm{T}}\boldsymbol{x}=\boldsymbol{b}^{\mathrm{T}}\boldsymbol{P}\boldsymbol{y}=(\boldsymbol{b}^{\mathrm{T}}\boldsymbol{P})y=k_1x_1+k_2y_1+k_3z_1,$$

于是方程(6.4.2)可化为

$$\lambda_1x_1^2+\lambda_2y_1^2+\lambda_3z_1^2+k_1x_1+k_2y_1+k_3z_1+c=0. \tag{6.4.3}$$

再做坐标平移变换，就可将方程(6.4.3)化为标准形.

情形1. 当 $\lambda_1\lambda_2\lambda_3\neq0$ 时，用配方法可将方程(6.4.3)化为标准方程

$$\lambda_1\tilde{x}^2+\lambda_2\tilde{y}^2+\lambda_3\tilde{z}^2=d. \tag{6.4.4}$$

(1) 当 $d\neq0$ 时

①若 $\lambda_1,\lambda_2,\lambda_3,d$ 同号，则方程(6.4.4)可化为

$$\frac{\tilde{x}^2}{a^2}+\frac{\tilde{y}^2}{b^2}+\frac{\tilde{z}^2}{c^2}=1\text{（椭球面）}.$$

②若 $\lambda_1,\lambda_2,\lambda_3$ 同号，d 与 λ_1 异号，则方程(6.4.4)可化为

$$\frac{\tilde{x}^2}{a^2}+\frac{\tilde{y}^2}{b^2}+\frac{\tilde{z}^2}{c^2}=-1\text{(虚椭球面)}.$$

③若 $\lambda_1,\lambda_2,\lambda_3$ 有两个与 d 同号，另一个与 d 异号，例如，λ_1,λ_2 与 d 同号，λ_3 与 d 异号，则方程(6.4.4)可化为

$$\frac{\tilde{x}^2}{a^2}+\frac{\tilde{y}^2}{b^2}-\frac{\tilde{z}^2}{c^2}=1\text{(单叶双曲面)}.$$

④若 $\lambda_1,\lambda_2,\lambda_3$ 有一个与 d 同号，另两个与 d 异号，例如，λ_3 与 d 同号，λ_1，λ_2 与 d 异号，则方程(6.4.4)可化为

$$\frac{\tilde{x}^2}{a^2}+\frac{\tilde{y}^2}{b^2}-\frac{\tilde{z}^2}{c^2}=-1\text{(双叶双曲面)}.$$

(2)当 $d=0$ 时

①若 $\lambda_1,\lambda_2,\lambda_3$ 有两个同号，例如，λ_1,λ_2 都大于零，λ_3 小于零，则方程(6.4.4)可化为

$$\frac{\tilde{x}^2}{a^2}+\frac{\tilde{y}^2}{b^2}-\frac{\tilde{z}^2}{c^2}=0\text{(二次锥面)}.$$

②若 $\lambda_1,\lambda_2,\lambda_3$ 同号，则方程(6.4.4)可化为

$$\frac{\tilde{x}^2}{a^2}+\frac{\tilde{y}^2}{b^2}+\frac{\tilde{z}^2}{c^2}=0\text{(点)}.$$

情形 2. 当 $\lambda_1,\lambda_2,\lambda_3$ 有一个为零时，例如，$\lambda_1\neq 0,\lambda_2\neq 0,\lambda_3=0$，用配方法可将方程(6.4.3)化为下面两种情形之一：

$$\lambda_1\tilde{x}^2+\lambda_2\tilde{y}^2=k_3\tilde{z};\tag{6.4.5}$$

$$\lambda_1\tilde{x}^2+\lambda_2\tilde{y}^2=\mu.\tag{6.4.6}$$

(1)对于方程(6.4.5)

①如果 λ_1,λ_2 同号，则方程可化为

$$\frac{x^2}{a^2}+\frac{y^2}{b^2}=\pm z\text{(椭圆抛物面)}.$$

②如果 λ_1,λ_2 异号，则方程可化为

$$\frac{x^2}{a^2}-\frac{y^2}{b^2}=\pm z\text{(双曲抛物面)}.$$

(2)对于方程(6.4.6)

①如果 λ_1,λ_2,μ 同号，则方程可化为

$$\frac{x^2}{a^2}+\frac{y^2}{b^2}=1\text{(椭圆柱面)}.$$

②如果 λ_1,λ_2 同号，μ 与 λ_1 异号，则方程可化为

$$\frac{x^2}{a^2}+\frac{y^2}{b^2}=-1\text{(虚椭圆柱面)}.$$

③如果 λ_1,λ_2 异号，$\mu\neq0$，则方程可化为

$$\frac{x^2}{a^2}-\frac{y^2}{b^2}=\pm1\text{(双曲柱面)}.$$

④如果 λ_1,λ_2 同号，$\mu=0$，则方程可化为

$$\frac{x^2}{a^2}+\frac{y^2}{b^2}=0\text{(直线)}.$$

⑤如果 λ_1,λ_2 异号，$\mu=0$，则方程可化为

$$\frac{x^2}{a^2}-\frac{y^2}{b^2}=0\text{(一对相交平面)}.$$

情形 3. 当 $\lambda_1,\lambda_2,\lambda_3$ 有两个为零时，例如，$\lambda_1\neq0,\lambda_2=0,\lambda_3=0$，用配方法可将方程(6.4.3)化为下面四种情形之一：

$$\lambda_1\tilde{x}^2+p\tilde{y}+q\tilde{z}=0(p\neq0,q\neq0);\tag{6.4.7}$$

$$\lambda_1\tilde{x}^2+p\tilde{y}=0(p\neq0);\tag{6.4.8}$$

$$\lambda_1\tilde{x}^2+q\tilde{z}=0(q\neq0);\tag{6.4.9}$$

$$\lambda_1\tilde{x}^2+d=0.\tag{6.4.10}$$

(1)对于方程(6.4.7)，作绕 x 轴的坐标旋转变换可化为方程(6.4.8)或方程(6.4.9)，例如，令

$$\bar{x}=\tilde{x},\ \bar{y}=\frac{p\tilde{y}+q\tilde{z}}{\sqrt{p^2+q^2}},\ \bar{z}=\frac{q\tilde{y}-p\tilde{z}}{\sqrt{p^2+q^2}}$$

则方程可化为

$$\lambda_1\bar{x}^2+\sqrt{p^2+q^2}\,\bar{y}=0\text{(抛物柱面)}.$$

方程 $\lambda_1\tilde{x}^2+p\tilde{y}=0(p\neq0)$ 和方程 $\lambda_1\tilde{x}^2+q\tilde{z}=0(q\neq0)$ 都表示抛物柱面.

(2)对于方程(6.4.10)，若 λ_1,d 异号，则表示一对平行平面；若 λ_1,d 同号，则表示一对虚平行平面；若 $d=0$，则表示一对重合平面.

例 6.10　将二次曲面方程 $2x^2+y^2-4xy-4yz+x+2y-4z+4=0$ 化为标准形，并说明它是什么曲面.

解　将曲面方程写成矩阵形式为

$$\boldsymbol{x}^{\mathrm{T}}\boldsymbol{A}\boldsymbol{x}+\boldsymbol{b}^{\mathrm{T}}\boldsymbol{x}+4=0,$$

其中

$$\boldsymbol{A}=\begin{pmatrix}2&-2&0\\-2&1&-2\\0&-2&0\end{pmatrix},\boldsymbol{b}=\begin{pmatrix}1\\2\\-4\end{pmatrix},\boldsymbol{x}=\begin{pmatrix}x\\y\\z\end{pmatrix}.$$

$\boldsymbol{A}$ 的特征多项式

$$|\boldsymbol{A}-\lambda\boldsymbol{E}|=\begin{vmatrix}2-\lambda&-2&0\\-2&1-\lambda&-2\\0&-2&-\lambda\end{vmatrix}=-(\lambda-1)(\lambda-4)(\lambda+2).$$

$\boldsymbol{A}$ 的特征值为 $\lambda_1=1,\lambda_2=4,\lambda_3=-2$，对应于它们的特征向量依次为

$$\boldsymbol{\alpha}_1=\begin{pmatrix}2\\1\\-2\end{pmatrix},\boldsymbol{\alpha}_2=\begin{pmatrix}2\\-2\\1\end{pmatrix},\boldsymbol{\alpha}_3=\begin{pmatrix}1\\2\\2\end{pmatrix},$$

将 $\boldsymbol{\alpha}_1,\boldsymbol{\alpha}_2,\boldsymbol{\alpha}_3$ 标准化得

$$\boldsymbol{p}_1=\begin{pmatrix}\frac{2}{3}\\\frac{1}{3}\\-\frac{2}{3}\end{pmatrix},\boldsymbol{p}_2=\begin{pmatrix}\frac{2}{3}\\-\frac{2}{3}\\\frac{1}{3}\end{pmatrix},\boldsymbol{p}_3=\begin{pmatrix}\frac{1}{3}\\\frac{2}{3}\\\frac{2}{3}\end{pmatrix}.$$

记矩阵 $\boldsymbol{P}=(\boldsymbol{p}_1,\boldsymbol{p}_2,\boldsymbol{p}_3)$，则 $\boldsymbol{P}$ 是正交矩阵，有

$$\boldsymbol{P}^{\mathrm{T}}\boldsymbol{A}\boldsymbol{P}=\begin{pmatrix}1&0&0\\0&4&0\\0&0&-2\end{pmatrix}.$$

作正交变换 $\boldsymbol{x}=\boldsymbol{P}\boldsymbol{y}$，其中 $y=(\tilde{x},\tilde{y},\tilde{z})^{\mathrm{T}}$，则有

$$\boldsymbol{x}^{\mathrm{T}}\boldsymbol{A}\boldsymbol{x}=\tilde{x}^2+4\tilde{y}^2-2\tilde{z}^2,\ \boldsymbol{b}^{\mathrm{T}}\boldsymbol{x}=4\tilde{x}-2\tilde{y}-\tilde{z}.$$

于是原方程化为

$$\tilde{x}^2+4\tilde{y}^2-2\tilde{z}^2+4\tilde{x}-2\tilde{y}-\tilde{z}+4=0,$$

配方得

$$(\tilde{x}+2)^2+4\left(\tilde{y}-\frac{1}{4}\right)^2-2\left(\tilde{z}+\frac{1}{4}\right)^2=\frac{1}{8}.$$

令

$$\bar{x}=\tilde{x}+2,\ \bar{y}=\tilde{y}-\frac{1}{4},\ \bar{z}=\tilde{z}+\frac{1}{4},$$

则二次曲面方程化为标准方程

$$\bar{x}^2+4\bar{y}^2-2\bar{z}^2=\frac{1}{8},$$

故所给方程表示的曲面是单叶双曲面.

习题 6.4

将下列二次曲面的方程化为标准形，并说明所给方程表示的是什么曲面.

1. $2x^2+3y^2+3z^2+4yz-1=0$;
2. $3x^2+5y^2+5z^2+4xy-4xz-10yz-1=0$;
3. $2x^2+3y^2+4z^2+4xy+4yz+2x-y+6z+8=0$;
4. $z=xy$.

*6.5 用 MATLAB 绘制图形

6.5.1 三维图形的绘制

1. 三维曲线的绘制

在 MATLAB 中，函数 plot3( )可以绘制三维曲线，该函数的调用格式如下：

plot3(x,y,z)

plot3($x1,y1,z1,x2,y2,z2,\cdots,xn,yn,zn$)

注 6.1 x，y 和 z 可以是向量或矩阵，其尺寸必须相同. 当 x,y 和 z 是尺寸相同的向量时，函数 plot3(x,y,z)将绘制一条分别以向量 x,y 和 z 为 x,y 和 z 轴坐标值的空间曲线；当 x,y 和 z 均是 $m*n$ 的矩阵时，函数 plot3(x,y,z)将绘制 m 条曲线，其第 i 条曲线分别以 x，y 和 z 矩阵的第 i 列分量为 x 轴、y 轴和 z 轴坐标值的空间曲线.

例 6.11 试绘制参数方程 $x(t)=t^3\sin(3t)e^{-t}$，$y(t)=t^3\cos(3t)e^{-t}$，$z(t)=t^2$ 表示的三维曲线.

MATLAB 执行步骤如下：

```
>>t=0:0.1:2*pi;                    %构造 t 的向量,注意下面的点运算
    x=t.^3.*sin(3*t).*exp(-t); y=t.^3.*cos(3*t).*exp(-t);z=t.^2;
plot3(x,y,z),grid                  %绘制三维曲线
```

执行结果如图 6-26(a)所示.

例 6.12 绘制三维线图“四元组”调用格式.

MATLAB 执行步骤如下：

```
>>t=(0:0.02:2)*pi;                                          %独立变化的自变量
>>x=sin(t);y=cos(t);z=cos(2*t);plot3(x,y,z,'b-',x,y,z,'bd')  %以 t 为参量的三个坐标的因变量
>> view([-82,58])                                           %控制视角
>> box on                                                   %封闭坐标框
>> legend('链','宝石','Location','Best')                     %自动选择图例位置
```

执行结果如图 6-26(b)所示.

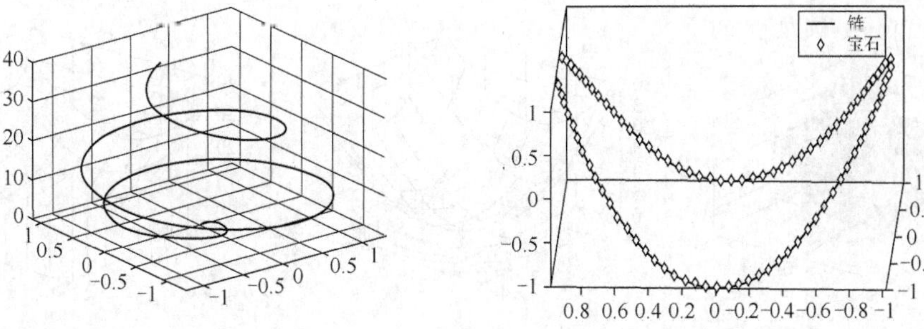

(a)　　(b)

图 6-26

2. 三维曲面的绘制

在 MATLAB 中，通常利用 mesh( )、surf( )等函数绘制三维曲面. 其中，mesh( )是最常用的绘制网线图的函数，surf( )是最常用的绘制曲面图的函数. 它们基本调用格式如下：

```
mesh(X,Y,Z)
surf(X,Y,Z)
```

这里 X,Y 是描写自变量取值矩形域的“格点”坐标数组；Z 是格点上的函数数组. X,Y 具有固定格式，最简便途径如下：

定义自变量的一维分格数组：$X=x1$：dx：$x2$；$Y=y1$：dy：$y2$；

借助指令[X，Y]=meshgrid(x,y)生成矩形域格点坐标数组 X 和 Y.

例 6.13　画出函数 $z=x^2+y^2$ 的图形.

MATLAB 执行步骤如下：

```
x=-4:4;                        %生成 x 轴分格数组
y=x;                           %生成 y 轴分格数组,y 的长度可以与 x 的长度不同
[X,Y]=meshgrid(x,y);           %生成 xOy 平面上的自变量取值矩形域格点数组
Z=X.^2+Y.^2;                   %计算格点上的函数值
surf(X,Y,Z)                    %绘制曲面图
xlabel('x'),ylabel('y'),zlabel('z')
axis([-5,5,-5,5,0,inf])        %设置坐标范围
```

执行结果如图 6-27(a)所示.

注 6.2　MATLAB 还提供了两个与函数 mesh( )类似的函数，即函数 meshc( )和函数 meshz( )，他们的具体用法如下.

```
meshc(x,y,z)：在绘制网格图的同时在 xOy 平面上绘制函数的等值线.
meshz(x,y,z)：在图形底部以及外侧绘制平行于 z 轴的边框线.
```

在例 6.13 中，若将函数 surf(X,Y,Z)替换为 meshc(X,Y,Z)，其余不变，此时绘制的图形如图 6-27(b)所示. 若将函数 surf(X,Y,Z)替换为 meshz(X,Y,Z)，其余不变，此时绘制的图形如图 6-27(c)所示.

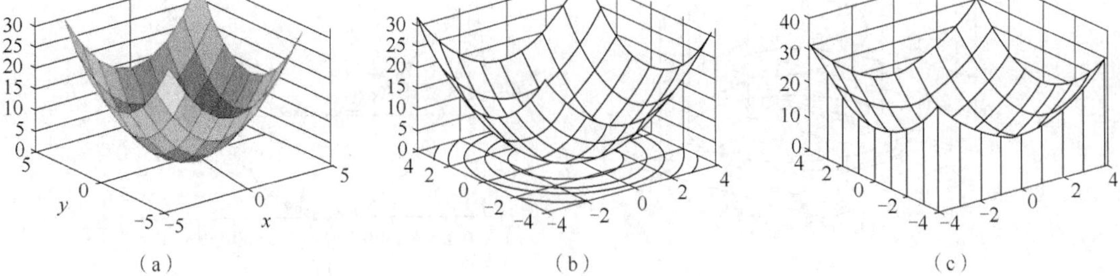

图 6-27

6.5.2 常见几何图形的绘制

1. 球面的绘制

在 MATLAB 中，函数 sphere( )用来绘制球面，其调用格式主要有以下三种：

(1) sphere(n);

(2) [X, Y, Z] = sphere(n);

(3) [X, Y, Z] = sphere.

调用格式(1)直接绘制一个球心在原点、半径为 1 的单位球面，不返回任何值. 参数 n 确定球面绘制的精度，n 值越大，则数据点越多，绘制的球面就越精确. 反之，n 值越小，精度越低. n 的默认值是 20. 调用格式 2 产生 3 个 $n+1$ 阶的矩阵 $\boldsymbol{X}$、$\boldsymbol{Y}$、$\boldsymbol{Z}$，它们分别表示单位球面上的一系列数据点，这些矩阵数据，可再由函数 mesh( )或函数 surf( )来绘制球面图. 调用格式(3)即为格式(2)中的 n 取 20. 例如，输入下列程序

```
>>[a,b,c] = sphere(30);
surf(a,b,c);
axis('equal'),axis('square')      %将坐标轴的刻度控制为相同
```

即可绘制图 6-28 所示的球面.

2. 旋转曲面的绘制

在 MATLAB 中，绘制旋转曲面的函数是 cylinder( )，该函数的调用格式如下：

(1) cylinder(R,n);

(2) [x,y,z] = cylinder(R,n).

调用格式(1)将直接绘制旋转曲面图，格式(2)只是返回柱面图的 x、y 和 z 的数据矩阵. 其中 $\boldsymbol{R}$ 是存放旋转面母线上的向量，默认值 $\boldsymbol{R}=[1;\ 1]$ 可绘制圆柱面；n 是确定旋转曲面绘制精度的参数，默认值也是 20. 例如，执行下列 MATLAB 命令可以绘制图 6-29(a)所示的柱面图.

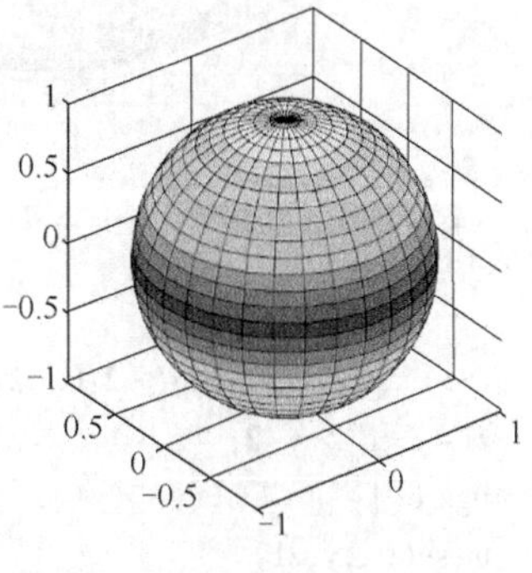

图 6-28

```
>>t = linspace(pi/2,3.5*pi,50);      %返回包含 0.5π 和 3.5π 之间的 50 个等间距点的行向量
R = cos(t)+2;
cylinder(R,50)
```

通过调用函数 cylinder( )，可以绘制锥面图或圆台侧面. 如果执行下列 MATLAB 命令，将绘制图 6-29(b)所示的三维锥面图和图 6-29(c)所示的圆台面图.

```
>>R = [0,8]; cylinder(R,50)          %绘制圆锥面图
>>R = [8,3];cylinder(R,30)           %绘制圆台面图
```

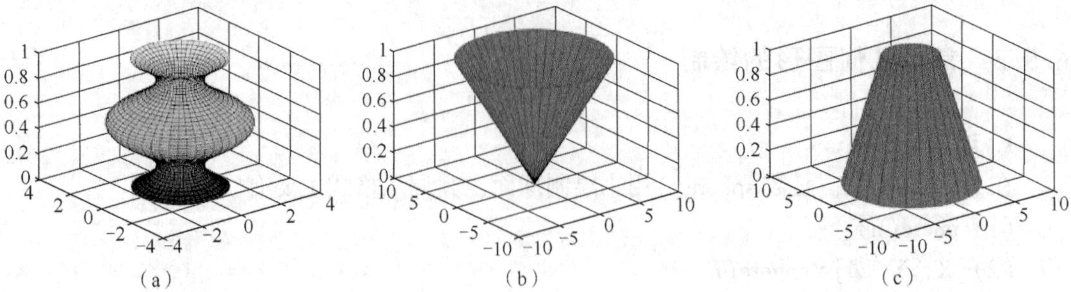

图 6-29

例 6.14　画出由旋转抛物面 $z=8-x^2-y^2$，圆柱 $x^2+y^2=4$ 和 $z=0$ 所围成的空间闭区域及其在 xOy 面上的投影.

在 MATLAB 中，执行下列命令，运行结果如图 6-30(a)所示.

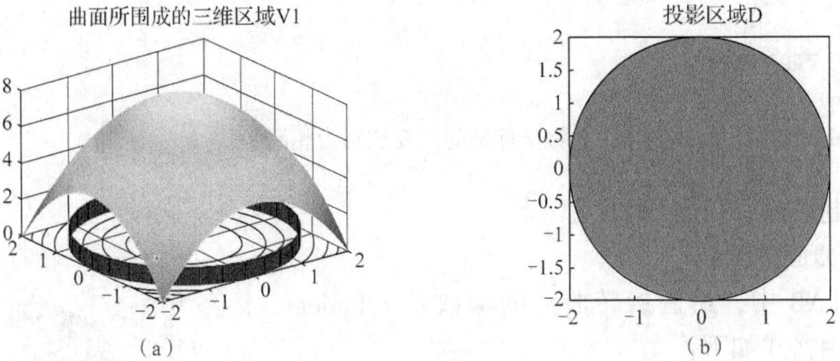

图 6-30

```
>>[x,y]=meshgrid(-2:0.02:2);%生成 xOy 平面上的自变量取值矩形域格点数组
z1=8-x.^2-y.^2;
figure(1)                          %创建图形窗口
meshc(x,y,z1)                      %在绘制抛物面的同时在 xOy 平面上绘制函数的等值线
hold on
x=-2:0.02:2;
r=[2:2];
[x,y,z]=cylinder(r,50)
surf(x,y,z)                        %绘制柱面
hold off
title('曲面所围成的三维区域 V1')
figure(2)                          %创建新的图形窗口
contour(x,y,z,20,'k')              %绘制投影区域边界曲线
hold on
p1=-2:0.1:2;p2=2:-0.1:-2;pp=[p1,p2];
q1=-sqrt(4-p1.^2);q2=sqrt(4-p2.^2);qq=[q1,q2];
fill(pp,qq,'b')                    %填充投影区域
axis equal
hold off
title('投影区域 D')
```

例 6.15 画出球面 $x^2+y^2+z^2=16$ 与柱面 $(x-1)^2+y^2=1$ 的交线.

在 MATLAB 中，执行下列命令，运行结果如图 6-31(a)所示.

```
>>t=0:0.1:pi;r=0:0.1:2*pi;[r,t]=meshgrid(r,t);
x=4*sin(t).*cos(r);y=4*sin(t).*sin(r);z=4*cos(t);
surf(x,y,z)
hold on
u=-pi/2:0.1:pi/2;v=-5:0.1:5;
[u,v]=meshgrid(u,v);
x1=2*cos(u).^2;y1=sin(2*u);z1=v;
surf(x1,y1,z1)
hold off
title('球面与柱面的交线')
```

例 6.16 画出马鞍面 $z=x^2-2y^2$ 和平面 $z=2x-3y$ 的交线.

在 MATLAB 中，执行下列命令，运行结果如图 6-31(b)所示.

```
>>[x,y]=meshgrid(-60:2:60);
z1=x.^2-2*y.^2;
mesh(x,y,z1)
hold on
z2=2*x-3*y;
mesh(x,y,z2)
hold off
title('马鞍面与平面的交线')
```

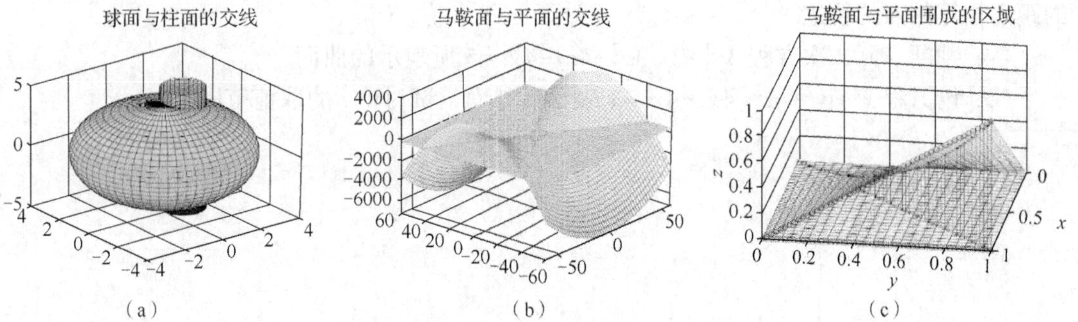

图 6-31

例 6.17 画出由 $x=1$，$y=x$，$z=xy$ 及 $x=0$ 所围成的闭区域.

在 MATLAB 中，执行下列命令，运行结果如图 6-31(c)所示.

```
>>[x,y]=meshgrid(0:0.04:1);          %确定计算和绘制的定义域网格
z1=x.*y;z2=zeros(size(z1));          %马鞍面和坐标面
mesh(x,y,z1);                        %绘制马鞍面
hold on
mesh(x,y,z2);                        %绘制坐标面
```

```
x1=[0:0.02:1];y1=x1;
zd=[zeros(1,length(x1));x1.*y1];
line([x1;x1],[y1;y1],zd);                          %画出平行线轴
plot3([x1;x1],[y1;y1],zd,'*')                      %端点画*
plot3(ones(2,length(x1)),[y1;y1],[zeros(1,length(x1));y1],'ro');  %画出平面 x=1 的交线
xlabel('x'),ylabel('y'),zlabel('z'),
hold off
title('马鞍面与平面围成的区域')
```

总习题 6

1. 求圆$\begin{cases}x^2+y^2+z^2=10y,\\x+2y+2z-19=0\end{cases}$的圆心和半径.

2. 画出下列曲面或平面所围成的立体的图形，并用不等式组表示这个空间区域.

(1) $x^2+y^2=16$，$z=x+4$，$z=0$；

(2) $x=0$，$y=0$，$z=0$，$x^2+y^2=1$，$y^2+z^2=1$(第一卦限内部分)；

(3) $z=\sqrt{5-x^2-y^2}$，$x^2+y^2=4z$；

(4) $z=\sqrt{x^2+y^2}$，$z=2-x^2-y^2$.

3. 适当选取坐标系，求下列轨迹的方程.

(1) 到两定点距离之比等于常数的点的轨迹；

(2) 到两定点距离之差等于常数的点的轨迹；

(3) 设有一个固定平面 π 和垂直于平面 π 的一条直线 L，求到定平面 π 与到定直线 L 的距离相等的点的轨迹.

*4. 判断三元二次方程 $3x^2+2y^2+z^2-4xy-4yz=5$ 所表示的曲面.

*5. 设方程 $x^2+ty^2+4z^2-4xy+4yz=1$ 表示椭球面，试讨论 t 的取值范围.

* 第 7 章　线性空间与线性变换

线性空间又称向量空间，是线性代数的中心内容和基本概念之一. 线性变换是线性代数的重要内容，线性代数的很多应用都是通过线性变换来实现的. 本章对线性空间与线性变换做初步的介绍.

7.1　线性空间的定义和性质

有些数学对象如向量、矩阵之间，可定义加法和数量乘积，它们都满足相同的运算性质，将其一般化，抽象出来得到线性空间的定义.

7.1.1　线性空间的定义

定义 7.1　设 V 是一个非空集合，$\mathbf{R}$ 为实数域. 若在 V 中定义了两种运算，一种运算称为**加法**：即对于 V 中任意两个元素 $\boldsymbol{\alpha},\boldsymbol{\beta}$，在 V 中都有唯一的元素 $\boldsymbol{\xi}$ 与它们相对应，称 $\boldsymbol{\xi}$ 为 $\boldsymbol{\alpha}$ 与 $\boldsymbol{\beta}$ 的和，记为 $\boldsymbol{\xi}=\boldsymbol{\alpha}+\boldsymbol{\beta}$；另一种运算称为**数乘**：即对于 V 中任意元素 $\boldsymbol{\alpha}$ 与 $\mathbf{R}$ 中任意数 k，在 V 中有唯一的元素 $\boldsymbol{\eta}$ 与它们对应，称 $\boldsymbol{\eta}$ 为 k 与 $\boldsymbol{\alpha}$ 的数乘，记为 $\boldsymbol{\eta}=k\boldsymbol{\alpha}$，并且这两种运算满足以下 8 条运算律(设 $\boldsymbol{\alpha},\boldsymbol{\beta},\boldsymbol{\gamma}\in V$，$k$，$l\in\mathbf{R}$)：

(1) $\boldsymbol{\alpha}+\boldsymbol{\beta}=\boldsymbol{\beta}+\boldsymbol{\alpha}$；

(2) $(\boldsymbol{\alpha}+\boldsymbol{\beta})+\boldsymbol{\gamma}=\boldsymbol{\alpha}+(\boldsymbol{\beta}+\boldsymbol{\gamma})$；

(3) V 中存在零元素 $\mathbf{0}$，使得对于任意 $\boldsymbol{\alpha}\in V$，都有 $\boldsymbol{\alpha}+\mathbf{0}=\boldsymbol{\alpha}$；

(4) 对于任意 $\boldsymbol{\alpha}\in V$，都有 $\boldsymbol{\alpha}$ 的负元素 $\boldsymbol{\beta}\in V$，使得 $\boldsymbol{\alpha}+\boldsymbol{\beta}=\mathbf{0}$；

(5) $1\boldsymbol{\alpha}=\boldsymbol{\alpha}$；

(6) $k(l\boldsymbol{\alpha})=(kl)\boldsymbol{\alpha}$；

(7) $(k+l)\boldsymbol{\alpha}=k\boldsymbol{\alpha}+l\boldsymbol{\alpha}$；

(8) $k(\boldsymbol{\alpha}+\boldsymbol{\beta})=k\boldsymbol{\alpha}+k\boldsymbol{\beta}$.

那么称 V 是实数域 $\mathbf{R}$ 上的一个**线性空间**.

简言之，凡满足上述 8 条运算律的加法及数乘两种运算，就称为**线性运算**；凡定义了线性运算的集合就称为**线性空间**.

定义 7.1 表明，这里的线性空间的研究方法与以前的方法不同，我们抽象地看待线性空间的元素，即不考虑线性空间的元素的具体属性，是矩阵还是 n 维向量，还是其他什么，只考虑元素间的代数运算.

线性空间又称为**向量空间**，线性空间 V 中的元素不论其本来的性质如何，统称为**向量**.

在第 4 章中，我们把有序数组称为向量，并对它定义了加法和数乘运算，容易验证这些运算满足上述 8 条运算律，并把对加法和数乘运算封闭的有序数组的集合 $\mathbf{R}^n$ 称为向量空间. 显然，第 4 章中向量空间的定义只是定义 7.1 的特殊情形. 比较起来，现在的定义有了很大的推广.

(1)线性空间中的向量不一定是有序数组；

(2)线性空间中定义的运算只要求满足上述 8 条运算律，这里的运算当然有可能不是通常意义的加法及数乘运算.

例 7.1　实数域 $\mathbf{R}$ 上次数不超过 n 的全体实系数多项式及零多项式构成的集合记作 $P[x]_n$，即

$$P[x]_n=\{p=a_nx^n+a_{n-1}x^{n-1}+\cdots+a_1x+a_0 \mid a_i\in\mathbf{R},\ i=0,1,2,\cdots,n\} \tag{7.1.1}$$

对通常的多项式加法、数与多项式的乘法构成实数域 $\mathbf{R}$ 上的线性空间.

因为

$$(a_nx^n+\cdots+a_1x+a_0)+(b_nx^n+\cdots+b_1x+b_0)=(a_n+b_n)x^n+\cdots+(a_1+b_1)x+(a_0+b_0)\in P[x]_n,$$

对于 $\lambda\in\mathbf{R}$，有 $\lambda(a_nx^n+\cdots+a_1x+a_0)=(\lambda a_n)x^n+\cdots+(\lambda a_1)x+(\lambda a_0)\in P[x]_n$，即 $P[x]_n$ 对两种运算封闭.

又因通常的多项式加法、数乘多项式的乘法两种运算满足线性运算规律，所以 $P[x]_n$ 对通常的多项式加法、数乘多项式的乘法构成实数域 $\mathbf{R}$ 上的线性空间.

例 7.2　实数域 $\mathbf{R}$ 上 n 次多项式的全体

$$Q[x]_n=\{p=a_nx^n+a_{n-1}x^{n-1}+\cdots+a_1x+a_0 \mid a_i\in\mathbf{R},\ i=0,1,2,\cdots,n,\ \text{且}\ a_n\neq 0\}$$

对通常的多项式加法、数乘多项式的乘法不构成实数域 $\mathbf{R}$ 上的线性空间. 因为

$$0p=0x^n+0x^{n-1}+\cdots+0x+0=0\notin Q[x]_n,$$

即 $Q[x]_n$ 对数乘运算不封闭.

例 7.3　实数域 $\mathbf{R}$ 上的所有 $m\times n$ 矩阵，对矩阵加法和数与矩阵的乘法运算，构成实数域 $\mathbf{R}$ 上的线性空间，通常用 $\mathbf{R}^{m\times n}$ 表示.

因为矩阵 $\boldsymbol{A},\boldsymbol{B}\in\mathbf{R}^{m\times n}$，数 $\lambda\in\mathbf{R}$，有 $\boldsymbol{A}+\boldsymbol{B}\in\mathbf{R}^{m\times n}$，$\lambda\boldsymbol{A}\in\mathbf{R}^{m\times n}$，又对矩阵加法和数与矩阵的乘法两种运算满足线性运算规律，所以 $\mathbf{R}^{m\times n}$ 对矩阵加法和数与矩阵的乘法，构成实数域 $\mathbf{R}$ 上的线性空间，称此线性空间为 $m\times n$ 矩阵空间.

注 7.1　检验一个集合是否构成线性空间，当然不能只像例 7.1、例 7.2、例 7.3 那样检验对运算的封闭性. 若所定义的加法和数乘运算不是通常的实数的加、乘运算，则应检验是否满足 8 条线性运算规律.

例 7.4　正实数的全体记作 $\mathbf{R}^+$，在 $\mathbf{R}^+$ 定义加法及数乘运算为

$$a\oplus b=ab\ (a,b\in\mathbf{R}^+),\quad \lambda\circ a=a^\lambda\ (\lambda\in\mathbf{R},\ a\in\mathbf{R}^+),$$

验证 $\mathbf{R}^+$ 对上述定义的加法与数乘运算构成线性空间.

证明　因为 $a,b\in\mathbf{R}^+$，$\lambda\in\mathbf{R}$，有 $a\oplus b=ab\in\mathbf{R}^+$，$\lambda\circ a=a^\lambda\in\mathbf{R}^+$，即 $\mathbf{R}^+$ 对上述定义的加法与数乘运算封闭；又因 $a,b,c\in\mathbf{R}^+$，$\lambda,\mu\in\mathbf{R}$ 时，有以下运算规律：

(1) $a\oplus b=ab=ba=b\oplus a$；

(2) $(a\oplus b)\oplus c=(ab)\oplus c=(ab)c=a(bc)=a\oplus(b\oplus c)$；

(3) $\mathbf{R}^+$ 中有零元素 1，对 $a\in\mathbf{R}^+$ 有 $a\oplus 1=a\cdot 1=a$；

(4) 对 $a\in\mathbf{R}^+$，有 a 的负元 $a^{-1}\in\mathbf{R}^+$ 使 $a\oplus a^{-1}=a\cdot a^{-1}=1$；

(5) $1\circ a=a$；

(6) $\lambda\circ(\mu\circ a)=\lambda\circ a^\mu=(a^\mu)^\lambda=a^{\lambda\mu}=(\lambda\mu)\circ a$；

(7) $(\lambda+\mu)\circ a=a^{\lambda+\mu}=a^{\lambda}\cdot a^{\mu}=a^{\lambda}\oplus a^{\mu}=\lambda\circ a\oplus\mu\circ a$;

(8) $\lambda\circ(a\oplus b)=\lambda\circ(ab)=(ab)^{\lambda}=a^{\lambda}\cdot b^{\lambda}=a^{\lambda}\oplus b^{\lambda}=\lambda\circ a\oplus\lambda\circ b$,

所以 $\mathbf{R}^{+}$ 对上述定义的加法与数乘运算构成线性空间.

证毕.

例 7.5 n 元有序实数组的全体

$$V=\{x=(x_1,x_2,\cdots,x_n)^{\mathrm{T}}\mid x_i\in\mathbf{R},\ i=1,2,\cdots,n\}$$

对于通常的有序数组的加法及以下定义的数乘

$$\lambda\circ(x_1,x_2,\cdots,x_n)^{\mathrm{T}}=(0,0,\cdots,0)^{\mathrm{T}}$$

不构成线性空间.

虽然 n 元有序实数组的全体 V 对于通常的有序数组的加法和所定义的乘法运算封闭，但因 $x\in V$ 且 $x\neq 0$ 时，$1\circ x\neq x$，即所定义的数乘运算不满足线性运算律第(5)条，故 V 对于通常的有序数组的加法和所定义的数乘运算不构成线性空间.

比较 $\mathbf{R}^n$ 与集合 V，作为集合它们是一样的，但由于在它们中所定义的运算不同，以致 $\mathbf{R}^n$ 构成线性空间，而 V 不构成线性空间. 由此可见，线性空间的概念是集合与运算的结合. 一般来说，同一个集合，定义两种不同的线性运算就构成不同的线性空间；定义的运算不是线性运算就不能构成线性空间，而集合中的元素是什么并不重要.

7.1.2 线性空间的性质

由定义 7.1 可以得到线性空间的一些简单性质.

定理 7.1 在一个线性空间 V 里，零向量是唯一的；V 中每一向量 $\boldsymbol{\alpha}$ 的负向量也是唯一的.

证明 先证明零向量的唯一性. 设 $\mathbf{0}_1,\mathbf{0}_2$ 都是 V 的零向量，于是 $\mathbf{0}_1+\mathbf{0}_2=\mathbf{0}_1$，$\mathbf{0}_2+\mathbf{0}_1=\mathbf{0}_2$，又有 $\mathbf{0}_1+\mathbf{0}_2=\mathbf{0}_2+\mathbf{0}_1$，则 $\mathbf{0}_1=\mathbf{0}_2$.

再证明 V 中每一向量 $\boldsymbol{\alpha}$ 的负向量也是唯一的.

设 $\boldsymbol{\beta},\boldsymbol{\gamma}$ 都是 $\boldsymbol{\alpha}$ 的负向量，则有 $\boldsymbol{\alpha}+\boldsymbol{\beta}=\mathbf{0}$，$\boldsymbol{\alpha}+\boldsymbol{\gamma}=\mathbf{0}$，于是有

$$\boldsymbol{\beta}=\boldsymbol{\beta}+\mathbf{0}=\boldsymbol{\beta}+(\boldsymbol{\alpha}+\boldsymbol{\gamma})=(\boldsymbol{\beta}+\boldsymbol{\alpha})+\boldsymbol{\gamma}=(\boldsymbol{\alpha}+\boldsymbol{\beta})+\boldsymbol{\gamma}=\mathbf{0}+\boldsymbol{\gamma}=\boldsymbol{\gamma}+\mathbf{0}=\boldsymbol{\gamma}.$$

证毕.

由于负向量的唯一性，我们把向量 $\boldsymbol{\alpha}$ 的负向量记作 $-\boldsymbol{\alpha}$. 这样对于线性空间 V 中任意向量 $\boldsymbol{\alpha}$，都有

$$\boldsymbol{\alpha}+(-\boldsymbol{\alpha})=(-\boldsymbol{\alpha})+\boldsymbol{\alpha}=\mathbf{0}.$$

定理 7.2 对于线性空间 V 中任意向量 $\boldsymbol{\alpha}$ 和实数域 $\mathbf{R}$ 中任意数 k，有

(1) $0\boldsymbol{\alpha}=\mathbf{0}$，$(-1)\boldsymbol{\alpha}=-\boldsymbol{\alpha}$，$k\mathbf{0}=\mathbf{0}$；

(2) 如果 $k\boldsymbol{\alpha}=\mathbf{0}$，则 $k=0$ 或 $\boldsymbol{\alpha}=\mathbf{0}$.

证明 (1) 因 $\boldsymbol{\alpha}+0\boldsymbol{\alpha}=1\boldsymbol{\alpha}+0\boldsymbol{\alpha}=(1+0)\boldsymbol{\alpha}=1\boldsymbol{\alpha}=\boldsymbol{\alpha}$，所以 $0\boldsymbol{\alpha}=0$.

又因为

$$\boldsymbol{\alpha}+(-1)\boldsymbol{\alpha}=1\boldsymbol{\alpha}+(-1)\boldsymbol{\alpha}=(1-1)\boldsymbol{\alpha}=0\boldsymbol{\alpha}=\mathbf{0},$$

由负元素的唯一性，得 $(-1)\boldsymbol{\alpha}=-\boldsymbol{\alpha}$.

$$k\mathbf{0}=k[\boldsymbol{\alpha}+(-1)\boldsymbol{\alpha}]=k\boldsymbol{\alpha}+(-k)\boldsymbol{\alpha}=[k+(-k)]\boldsymbol{\alpha}=0\boldsymbol{\alpha}=\mathbf{0}.$$

(2) 如果 $k\boldsymbol{\alpha}=\mathbf{0}$，而 $k\neq 0$，则

$$\boldsymbol{\alpha}=1\boldsymbol{\alpha}=\left(\frac{1}{k}k\right)\boldsymbol{\alpha}=\frac{1}{k}(k\boldsymbol{\alpha})=\frac{1}{k}\mathbf{0}=\mathbf{0}.$$

证毕.

7.1.3　子空间

定义 7.2　设 W 是实数域 $\mathbf{R}$ 上线性空间 V 的一个非空子集，如果 W 对于 V 中所定义的加法和数乘两种运算也构成实数域 $\mathbf{R}$ 上的线性空间，则称 W 是 V 的一个**子空间**.

线性空间 V 的一个非空子集 W 满足什么条件才是 V 的子空间？因 W 是线性空间 V 的非空子集，所以对 V 中的线性运算，W 中的元素满足线性空间定义中线性运算规律(1)、(2)、(5)、(6)、(7)、(8)，因此只要 W 对于 V 的两种运算封闭且满足线性运算规律中(3)与(4)，那么 W 对于 V 中所定义的加法和数乘两种运算也构成数域 $\mathbf{R}$ 上的线性空间，即 W 是 V 的子空间. 又由线性空间的性质可知，只要 W 对于 V 的两种运算封闭，线性运算规律中的(3)和(4)自然成立，于是我们有以下定理：

定理 7.3　线性空间 V 的一个非空子集 W 是 V 的子空间的充要条件是 W 对于 V 的两种运算封闭，即对任意 $\boldsymbol{\alpha},\boldsymbol{\beta}\in W$，$k\in\mathbf{R}$，有 $\boldsymbol{\alpha}+\boldsymbol{\beta}\in W$，$k\boldsymbol{\alpha}\in W$.

例 7.6　在线性空间 V 中，由单个零向量所组成的子集合是 V 的子空间，叫作 V 的**零子空间**，V 本身也是 V 的子空间. 这两个子空间叫作 V 的**平凡子空间**. 而 V 的其他子空间(如果还有的话)叫作 V 的**非平凡子空间**.

例 7.7　实数域 $\mathbf{R}$ 上全体 n 阶对称矩阵组成的集合是 $n\times n$ 矩阵空间 $\mathbf{R}^{n\times n}$ 的子空间. 实数域 $\mathbf{R}$ 上全体 n 阶反对称矩阵组成的集合也是 $\mathbf{R}^{n\times n}$ 的子空间.

在线性子空间中，十分重要的一个特例是生成子空间. 设 $\boldsymbol{\alpha}_1,\boldsymbol{\alpha}_2,\cdots,\boldsymbol{\alpha}_s$ 是线性空间 V 中一组向量，则集合

$$L(\boldsymbol{\alpha}_1,\boldsymbol{\alpha}_2,\cdots,\boldsymbol{\alpha}_s)=\{k_1\boldsymbol{\alpha}_1+k_2\boldsymbol{\alpha}_2+\cdots+k_s\boldsymbol{\alpha}_s \mid k_i\in\mathbf{R},\ i=1,2,\cdots,s\} \tag{7.1.2}$$

是 V 的非空子集.

定理 7.4　$L(\boldsymbol{\alpha}_1,\boldsymbol{\alpha}_2,\cdots,\boldsymbol{\alpha}_s)$ 是 V 的线性子空间.

证明　$\forall\boldsymbol{\xi},\boldsymbol{\eta}\in L(\boldsymbol{\alpha}_1,\boldsymbol{\alpha}_2,\cdots,\boldsymbol{\alpha}_s)$，$k\in\mathbf{R}$，$\exists k_i$，$\lambda_i\in\mathbf{R}(i=1,2,\cdots,s)$，使得

$$\boldsymbol{\xi}=k_1\boldsymbol{\alpha}_1+k_2\boldsymbol{\alpha}_2+\cdots+k_s\boldsymbol{\alpha}_s,\ \boldsymbol{\eta}=\lambda_1\boldsymbol{\alpha}_1+\lambda_2\boldsymbol{\alpha}_2+\cdots+\lambda_s\boldsymbol{\alpha}_s.$$

于是

$$\begin{aligned}\boldsymbol{\xi}+\boldsymbol{\eta}&=(k_1\boldsymbol{\alpha}_1+k_2\boldsymbol{\alpha}_2+\cdots+k_s\boldsymbol{\alpha}_s)+(\lambda_1\boldsymbol{\alpha}_1+\lambda_2\boldsymbol{\alpha}_2+\cdots+\lambda_s\boldsymbol{\alpha}_s)\\&=(k_1+\lambda_1)\boldsymbol{\alpha}_1+(k_2+\lambda_2)\boldsymbol{\alpha}_2+\cdots+(k_s+\lambda_s)\boldsymbol{\alpha}_s\in L(\boldsymbol{\alpha}_1,\boldsymbol{\alpha}_2,\cdots,\boldsymbol{\alpha}_s),\\k\boldsymbol{\xi}&=k(k_1\boldsymbol{\alpha}_1+k_2\boldsymbol{\alpha}_2+\cdots+k_s\boldsymbol{\alpha}_s)=(kk_1)\boldsymbol{\alpha}_1+(kk_2)\boldsymbol{\alpha}_2+\cdots+(kk_s)\boldsymbol{\alpha}_s\in L(\boldsymbol{\alpha}_1,\boldsymbol{\alpha}_2,\cdots,\boldsymbol{\alpha}_s),\end{aligned}$$

因此，$L(\boldsymbol{\alpha}_1,\boldsymbol{\alpha}_2,\cdots,\boldsymbol{\alpha}_s)$ 是 V 的线性子空间.

证毕.

定义 7.3　称非空子集 $L(\boldsymbol{\alpha}_1,\boldsymbol{\alpha}_2,\cdots,\boldsymbol{\alpha}_s)$ 是由 $\boldsymbol{\alpha}_1,\boldsymbol{\alpha}_2,\cdots,\boldsymbol{\alpha}_s$ **生成的子空间**，$\boldsymbol{\alpha}_1,\boldsymbol{\alpha}_2,\cdots,\boldsymbol{\alpha}_s$ 称为该生成子空间的**一组生成元**.

习题 7.1

1. 验证下列集合对于矩阵的加法和数乘运算构成实数域上的线性空间：

(1)2 阶矩阵的全体 S_1；

(2)主对角线上的元素之和等于零的二阶矩阵的全体 S_2；

(3)二阶对称矩阵的全体 S_3.

2. 设 $V=\{(a,b)\mid a,b\in\mathbf{R}\}$，加法为通常有序数组的加法，数量乘法定义为：

$$k\circ(a,b)=(a,kb).$$

证明：V 对于上述运算不构成实数域 $\mathbf{R}$ 上的线性空间.

3. 设 V_1 与 V_2 都是数域 P 上线性空间 V 的子空间，证明 V_1 与 V_2 的交 $V_1\cap V_2=\{\boldsymbol{\alpha}\mid\boldsymbol{\alpha}\in V_1$ 且 $\boldsymbol{\alpha}\in V_2\}$ 也是 V 的子空间.

7.2 基、维数与坐标

在第 4 章中，我们用线性运算讨论 $\mathbf{R}^n$ 中向量之间的关系，介绍了一些重要概念，如线性组合、线性相关、线性无关等，这些概念及有关性质只涉及线性运算，因此对一般线性空间中的向量仍然适用，以后我们将直接引用这些概念和性质.

例如，实数域 $\mathbf{R}$ 上的线性空间 $P[x]_n$ 中，向量 $a_0 1+a_1x+\cdots+a_{n-1}x^{n-1}+a_nx^n$ 是向量组 $1,x,\cdots,x^{n-1},x^n$ 的一个线性组合；向量组 $1,x,\cdots,x^{n-1},x^n$ 是线性无关的.

7.2.1 基与维数

在第 4 章中向量空间的基与维数的概念也适用于一般的线性空间，基与维数是线性空间的主要特性，特再叙述如下.

定义 7.4 在线性空间 V 中，如果存在 n 个向量 $\boldsymbol{\alpha}_1,\boldsymbol{\alpha}_2,\cdots,\boldsymbol{\alpha}_n$ 满足：

(1)向量组 $\boldsymbol{\alpha}_1,\boldsymbol{\alpha}_2,\cdots,\boldsymbol{\alpha}_n$ 线性无关；

(2)V 中任一向量 $\boldsymbol{\alpha}$ 都可由向量组 $\boldsymbol{\alpha}_1,\boldsymbol{\alpha}_2,\cdots,\boldsymbol{\alpha}_n$ 线性表示，

则称向量组 $\boldsymbol{\alpha}_1,\boldsymbol{\alpha}_2,\cdots,\boldsymbol{\alpha}_n$ 为线性空间 V 的一个基，n 为线性空间 V 的维数.

线性空间 V 的维数可记为 $\dim V$. 维数是 n 的线性空间 V 就称为 n 维线性空间，记作 V_n. 只含一个零向量的线性空间没有基，规定它的维数是零. 特别指出，线性空间的维数可以是无穷的，即在线性空间 V 中可以找到任意多个向量线性无关. 本书只讨论有限维线性空间，不讨论**无穷维**线性空间.

例 7.8 向量组 $p_1=1,p_2=x,p_3=x^2,p_4=x^3,p_5=x^4$ 是实数域上线性空间 $P[x]_4$ 的一个基，$P[x]_4$ 是 5 维线性空间.

例 7.9 求 2×3 矩阵空间 $\mathbf{R}^{2\times3}$ 的一组基及维数.

解 在 2×3 矩阵空间 $\mathbf{R}^{2\times3}$ 中取

$$\boldsymbol{E}_{11}=\begin{pmatrix}1&0&0\\0&0&0\end{pmatrix},\ \boldsymbol{E}_{12}=\begin{pmatrix}0&1&0\\0&0&0\end{pmatrix},\ \boldsymbol{E}_{13}=\begin{pmatrix}0&0&1\\0&0&0\end{pmatrix},$$

$$\boldsymbol{E}_{21}=\begin{pmatrix}0&0&0\\1&0&0\end{pmatrix},\ \boldsymbol{E}_{22}=\begin{pmatrix}0&0&0\\0&1&0\end{pmatrix},\ \boldsymbol{E}_{23}=\begin{pmatrix}0&0&0\\0&0&1\end{pmatrix},$$

由 $\lambda_1\boldsymbol{E}_{11}+\lambda_2\boldsymbol{E}_{12}+\lambda_3\boldsymbol{E}_{13}+\lambda_4\boldsymbol{E}_{21}+\lambda_5\boldsymbol{E}_{22}+\lambda_6\boldsymbol{E}_{23}=0$ 得 $\lambda_i=0$，$i=1,2,\cdots,6$. 于是向量组 $\boldsymbol{E}_{11}$，

$\boldsymbol{E}_{12},\boldsymbol{E}_{13},\boldsymbol{E}_{21},\boldsymbol{E}_{22},\boldsymbol{E}_{23}$线性无关，又对 $\mathbf{R}^{2\times 3}$中任一向量

$$\boldsymbol{A}=\begin{pmatrix} a_{11} & a_{12} & a_{13} \\ a_{21} & a_{22} & a_{23} \end{pmatrix}$$

都有

$$\boldsymbol{A}=a_{11}\boldsymbol{E}_{11}+a_{12}\boldsymbol{E}_{12}+a_{13}\boldsymbol{E}_{13}+a_{21}\boldsymbol{E}_{21}+a_{22}\boldsymbol{E}_{22}+a_{23}\boldsymbol{E}_{23},$$

故 $\boldsymbol{E}_{11},\boldsymbol{E}_{12},\boldsymbol{E}_{13},\boldsymbol{E}_{21},\boldsymbol{E}_{22},\boldsymbol{E}_{23}$是 $\mathbf{R}^{2\times 3}$的一个基，$\mathbf{R}^{2\times 3}$的维数是 6.

定义 7.4 表明，一个 n 维线性空间 V_n 中存在 n 个线性无关的向量，V_n 中任意 $n+1$ 个向量必线性相关. 于是对于实数域 $\mathbf{R}$ 上的 n 维线性空间 V_n，若知道 $\boldsymbol{\alpha}_1,\boldsymbol{\alpha}_2,\cdots,\boldsymbol{\alpha}_n$ 是 V_n 的基，则

$$\begin{aligned} V_n &= \{\boldsymbol{\alpha}=k_1\boldsymbol{\alpha}_1+k_2\boldsymbol{\alpha}_2+\cdots+k_n\boldsymbol{\alpha}_n \mid k_1,k_2,\cdots,k_n\in\mathbf{R}\} \\ &= L(\boldsymbol{\alpha}_1,\boldsymbol{\alpha}_2,\cdots,\boldsymbol{\alpha}_n), \end{aligned}$$

即 V_n 是由 V_n 的基生成的线性空间，这就较清楚地显示出 V_n 的结构.

7.2.2 坐标

在解析几何中，我们知道坐标是研究向量的有力工具，在线性空间中，同样可以利用坐标来研究向量.

设 $\boldsymbol{\alpha}_1,\boldsymbol{\alpha}_2,\cdots,\boldsymbol{\alpha}_n$ 是实数域 $\mathbf{R}$ 上线性空间 V_n 的一个基，那么对 V_n 中任意向量 $\boldsymbol{\alpha}$，向量组 $\boldsymbol{\alpha}_1,\boldsymbol{\alpha}_2,\cdots,\boldsymbol{\alpha}_n$，$\boldsymbol{\alpha}$ 线性相关，于是存在唯一的一组数 $x_1,x_2,\cdots,x_n$ 使

$$\boldsymbol{\alpha}=x_1\boldsymbol{\alpha}_1+x_2\boldsymbol{\alpha}_2+\cdots+x_n\boldsymbol{\alpha}_n.$$

反之，任给一组数 $x_1,x_2,\cdots,x_n$，V_n 中总有唯一的元素 $\boldsymbol{\alpha}=x_1\boldsymbol{\alpha}_1+x_2\boldsymbol{\alpha}_2+\cdots+x_n\boldsymbol{\alpha}_n$.

上述讨论表明，实数域 $\mathbf{R}$ 上 n 维线性空间 V 中的向量 $\boldsymbol{\alpha}$ 与有序数组 $x_1,x_2,\cdots,x_n$ 之间存在一一对应关系，因此可用有序数组 $x_1,x_2,\cdots,x_n$ 来表示 V_n 中向量 $\boldsymbol{\alpha}$. 即有以下定义.

定义 7.5　设 $\boldsymbol{\alpha}_1,\boldsymbol{\alpha}_2,\cdots,\boldsymbol{\alpha}_n$ 是 n 维线性空间 V 的一个基，对 V_n 中任意向量 $\boldsymbol{\alpha}$，总有且仅有一组有序数 $x_1,x_2,\cdots,x_n$ 使

$$\boldsymbol{\alpha}=x_1\boldsymbol{\alpha}_1+x_2\boldsymbol{\alpha}_2+\cdots+x_n\boldsymbol{\alpha}_n,$$

称有序数组 $x_1,x_2,\cdots,x_n$ 为向量 $\boldsymbol{\alpha}$ 在基 $\boldsymbol{\alpha}_1,\boldsymbol{\alpha}_2,\cdots,\boldsymbol{\alpha}_n$ 下的**坐标**，记为 $\boldsymbol{\alpha}=(x_1,x_2,\cdots,x_n)$.

例 7.10　在线性空间 $P[x]_n$ 中，$1,x,x^2,\cdots,x^n$ 是 $n+1$ 个线性无关的向量，而每一个次数不超过 n 的多项式以及零多项式都可以用它们线性表出，所以线性空间 $P[x]_n$ 是 $n+1$ 维的，$1,x,x^2,\cdots,x^n$ 就是 $P[x]_n$ 的一个基，多项式 $f(x)=a_0+a_1x+\cdots+a_nx^n$ 在基 $1,x,x^2,\cdots,x^n$ 下的坐标就是$(a_0,a_1,\cdots,a_n)$.

建立了坐标以后，就把 V_n 中抽象的向量 $\boldsymbol{\alpha}$ 与具体的有序数组向量$(x_1,x_2,\cdots,x_n)$联系起来了，并且还可把 V_n 中抽象的线性运算与 $\mathbf{R}^n$ 中数组向量的线性运算联系起来.

设 $\boldsymbol{\alpha}_1,\boldsymbol{\alpha}_2,\cdots,\boldsymbol{\alpha}_n$ 是 V_n 的一个基，$\boldsymbol{\alpha},\boldsymbol{\beta}\in V_n$，且

$$\boldsymbol{\alpha}=x_1\boldsymbol{\alpha}_1+x_2\boldsymbol{\alpha}_2+\cdots+x_n\boldsymbol{\alpha}_n,\ \boldsymbol{\beta}=y_1\boldsymbol{\alpha}_1+y_2\boldsymbol{\alpha}_2+\cdots+y_n\boldsymbol{\alpha}_n,$$

于是

$$\begin{aligned} \boldsymbol{\alpha}+\boldsymbol{\beta} &= (x_1+y_1)\boldsymbol{\alpha}_1+(x_2+y_2)\boldsymbol{\alpha}_2+\cdots+(x_n+y_n)\boldsymbol{\alpha}_n, \\ \lambda\boldsymbol{\alpha} &= (\lambda x_1)\boldsymbol{\alpha}_1+(\lambda x_2)\boldsymbol{\alpha}_2+\cdots+(\lambda x_n)\boldsymbol{\alpha}_n, \end{aligned}$$

即在 V_n 的基 $\boldsymbol{\alpha}_1,\boldsymbol{\alpha}_2,\cdots,\boldsymbol{\alpha}_n$ 下，$\boldsymbol{\alpha}+\boldsymbol{\beta}$ 的坐标是

$$(x_1+y_1,x_2+y_2,\cdots,x_n+y_n)=(x_1,x_2,\cdots,x_n)+(y_1,y_2,\cdots,y_n),$$

$\boldsymbol{\lambda\alpha}$ 的坐标是

$$(\lambda x_1,\lambda x_2,\cdots,\lambda x_n)=\lambda(x_1,x_2,\cdots,x_n).$$

总之，在 V_n 中取定一个基后，V_n 中的向量 $\boldsymbol{\alpha}$ 与 n 维数组向量空间 $\mathbf{R}^n$ 中的向量 $(x_1,x_2,\cdots,x_n)^{\mathrm{T}}$ 之间有一一对应关系，且这个对应关系保持线性组合的对应，即

设 $\boldsymbol{\alpha}\leftrightarrow(x_1,x_2,\cdots,x_n)^{\mathrm{T}},\boldsymbol{\beta}\leftrightarrow(y_1,y_2,\cdots,y_n)^{\mathrm{T}}$，则

$$\boldsymbol{\alpha}+\boldsymbol{\beta}\leftrightarrow(x_1,x_2,\cdots,x_n)^{\mathrm{T}}+(y_1,y_2,\cdots,y_n)^{\mathrm{T}};\ \lambda\boldsymbol{\alpha}\leftrightarrow\lambda\ (x_1,x_2,\cdots,x_n)^{\mathrm{T}}.$$

因此，我们说 V_n 与 $\mathbf{R}^n$ 有相同的结构，称 V_n 与 $\mathbf{R}^n$ 同构.

一般地，如果两个线性空间 V 与 U 的向量之间有一一对应关系，且这个对应关系保持线性组合的对应，那么就说线性空间 V 与 U **同构**.

显然，实数域上任何 n 维线性空间都与 $\mathbf{R}^n$ 同构，即维数相等的线性空间都同构，因此，线性空间的结构完全由它的维数决定.

同构的概念除向量一一对应外，主要是保持线性运算的对应关系，从而 V_n 中的抽象的线性运算就可转化为 $\mathbf{R}^n$ 中的线性运算，并且 $\mathbf{R}^n$ 中凡是只涉及线性运算的性质都适用于 V_n，但 $\mathbf{R}^n$ 中超出线性运算的性质(如内积概念)在 V_n 中就不一定有意义.

习题 7.2

1. 求线性空间 $S=\{(x_1,x_2,\cdots,x_n)\mid x_1+x_2+\cdots+x_n=0\}$ 的维数与一个基.

2. 在 $\mathbf{R}^4$ 中，求向量 $\boldsymbol{\alpha}$ 在基 $\boldsymbol{\alpha}_1,\boldsymbol{\alpha}_2,\boldsymbol{\alpha}_3$，$\boldsymbol{\alpha}_4$ 下的坐标，设

(1) $\boldsymbol{\alpha}_1=(1,1,1,1)^{\mathrm{T}}$，$\boldsymbol{\alpha}_2=(1,1,-1,-1)^{\mathrm{T}}$，$\boldsymbol{\alpha}_3=(1,-1,1,-1)^{\mathrm{T}}$，$\boldsymbol{\alpha}_4=(1,-1,-1,1)^{\mathrm{T}}$，$\boldsymbol{\alpha}=(1,2,1,1)^{\mathrm{T}}$；

(2) $\boldsymbol{\alpha}_1=(1,1,0,1)^{\mathrm{T}}$，$\boldsymbol{\alpha}_2=(2,1,3,1)^{\mathrm{T}}$，$\boldsymbol{\alpha}_3=(1,1,0,0)^{\mathrm{T}}$，$\boldsymbol{\alpha}_4=(0,1,-1,-1)^{\mathrm{T}}$，$\boldsymbol{\alpha}=(0,0,0,1)^{\mathrm{T}}$.

7.3 基变换与坐标变换

在 n 维线性空间 V_n 中，任意 n 个线性无关的向量都可以作为 V_n 的基，即 V_n 的基不唯一. 而 V_n 中向量在 V_n 的不同基下的坐标一般是不同的. 那么，V_n 中同一向量在 V_n 的不同基下的坐标之间有怎样的关系呢？

设 $\boldsymbol{\alpha}_1,\boldsymbol{\alpha}_2,\cdots,\boldsymbol{\alpha}_n$ 与 $\boldsymbol{\beta}_1,\boldsymbol{\beta}_2,\cdots,\boldsymbol{\beta}_n$ 是 n 维线性空间 V 的两个基，则按基的定义，$\boldsymbol{\beta}_1,\boldsymbol{\beta}_2,\cdots,\boldsymbol{\beta}_n$ 可以由 $\boldsymbol{\alpha}_1,\boldsymbol{\alpha}_2,\cdots,\boldsymbol{\alpha}_n$ 线性表示，即有

$$\begin{cases}\boldsymbol{\beta}_1=a_{11}\boldsymbol{\alpha}_1+a_{21}\boldsymbol{\alpha}_2+\cdots a_{n1}\boldsymbol{\alpha}_n,\\ \boldsymbol{\beta}_2=a_{12}\boldsymbol{\alpha}_1+a_{22}\boldsymbol{\alpha}_2+\cdots a_{n2}\boldsymbol{\alpha}_n,\\ \cdots\cdots\\ \boldsymbol{\beta}_n=a_{1n}\boldsymbol{\alpha}_1+a_{2n}\boldsymbol{\alpha}_2+\cdots a_{nn}\boldsymbol{\alpha}_n.\end{cases}\tag{7.3.1}$$

把 n 个有序向量 $\boldsymbol{\alpha}_1,\boldsymbol{\alpha}_2,\cdots,\boldsymbol{\alpha}_n$ 记作$(\boldsymbol{\alpha}_1,\boldsymbol{\alpha}_2,\cdots,\boldsymbol{\alpha}_n)$，并令矩阵

$$\boldsymbol{P}=\begin{pmatrix} a_{11} & a_{12} & \cdots & a_{1n} \\ a_{21} & a_{22} & \cdots & a_{2n} \\ \vdots & \vdots & & \vdots \\ a_{n1} & a_{n2} & \cdots & a_{nn} \end{pmatrix},$$

于是表达式(7.3.1)可表示为

$$(\boldsymbol{\beta}_1,\boldsymbol{\beta}_2,\cdots,\boldsymbol{\beta}_n)=(\boldsymbol{\alpha}_1,\boldsymbol{\alpha}_2,\cdots,\boldsymbol{\alpha}_n)\boldsymbol{P}. \tag{7.3.2}$$

定义 7.6　称式(7.3.1)或式(7.3.2)为基变换公式，n 阶矩阵 $\boldsymbol{P}$ 称为由基 $\boldsymbol{\alpha}_1,\boldsymbol{\alpha}_2,\cdots,\boldsymbol{\alpha}_n$ 到基 $\boldsymbol{\beta}_1,\boldsymbol{\beta}_2,\cdots,\boldsymbol{\beta}_n$ 的**过渡矩阵**.

由于 $\boldsymbol{\beta}_1,\boldsymbol{\beta}_2,\cdots,\boldsymbol{\beta}_n$ 线性无关，故过渡矩阵 $\boldsymbol{P}$ 可逆.

显然，矩阵 $\boldsymbol{P}$ 的第 j 列就是 $\boldsymbol{\beta}_j$ 在基 $\boldsymbol{\alpha}_1,\boldsymbol{\alpha}_2,\cdots,\boldsymbol{\alpha}_n$ 下的坐标.

例 7.11　在线性空间 $P[x]_3$ 中，因 $1,x,x^2,x^3$ 与 $1,1+x,(1+x)^2,(1+x)^3$ 是 $P[x]_3$ 的两个基，又有

$$\begin{cases} 1=1+0\cdot x+0\cdot x^2+0\cdot x^3, \\ 1+x=1+1\cdot x+0\cdot x^2+0\cdot x^3, \\ (1+x)^2=1+2\cdot x+1\cdot x^2+0\cdot x^3, \\ (1+x)^3=1+3\cdot x+3\cdot x^2+1\cdot x^3. \end{cases}$$

则由基 $1,x,x^2,x^3$ 到基 $1,1+x,(1+x)^2,(1+x)^3$ 的过渡矩阵是

$$\boldsymbol{P}=\begin{pmatrix} 1 & 1 & 1 & 1 \\ 0 & 1 & 2 & 3 \\ 0 & 0 & 1 & 3 \\ 0 & 0 & 0 & 1 \end{pmatrix}.$$

定理 7.5　设 $\boldsymbol{\alpha}_1,\boldsymbol{\alpha}_2,\cdots,\boldsymbol{\alpha}_n$ 与 $\boldsymbol{\beta}_1,\boldsymbol{\beta}_2,\cdots,\boldsymbol{\beta}_n$ 是 n 维线性空间 V 的两个基，由基 $\boldsymbol{\alpha}_1,\boldsymbol{\alpha}_2,\cdots,\boldsymbol{\alpha}_n$ 到基 $\boldsymbol{\beta}_1,\boldsymbol{\beta}_2,\cdots,\boldsymbol{\beta}_n$ 的过渡矩阵是 $\boldsymbol{P}$，V_n 中向量 $\boldsymbol{\alpha}$ 在基 $\boldsymbol{\alpha}_1,\boldsymbol{\alpha}_2,\cdots,\boldsymbol{\alpha}_n$ 下的坐标是 $(x_1,x_2,\cdots,x_n)$，$\boldsymbol{\alpha}$ 在基 $\boldsymbol{\beta}_1,\boldsymbol{\beta}_2,\cdots,\boldsymbol{\beta}_n$ 下的坐标是 $(y_1,y_2,\cdots,y_n)$，则有坐标变换公式

$$\begin{pmatrix} x_1 \\ x_2 \\ \vdots \\ x_n \end{pmatrix}=\boldsymbol{P}\begin{pmatrix} y_1 \\ y_2 \\ \vdots \\ y_n \end{pmatrix} \text{或} \begin{pmatrix} y_1 \\ y_2 \\ \vdots \\ y_n \end{pmatrix}=\boldsymbol{P}^{-1}\begin{pmatrix} x_1 \\ x_2 \\ \vdots \\ x_n \end{pmatrix}. \tag{7.3.3}$$

证明　因 $(\boldsymbol{\beta}_1,\boldsymbol{\beta}_2,\cdots,\boldsymbol{\beta}_n)=(\boldsymbol{\alpha}_1,\boldsymbol{\alpha}_2,\cdots,\boldsymbol{\alpha}_n)\boldsymbol{P}$,

$$\boldsymbol{\alpha}=(\boldsymbol{\alpha}_1,\boldsymbol{\alpha}_2,\cdots,\boldsymbol{\alpha}_n)\begin{pmatrix} x_1 \\ x_2 \\ \vdots \\ x_n \end{pmatrix}=(\boldsymbol{\beta}_1,\boldsymbol{\beta}_2,\cdots,\boldsymbol{\beta}_n)\begin{pmatrix} y_1 \\ y_2 \\ \vdots \\ y_n \end{pmatrix},$$

于是

$$\boldsymbol{\alpha}=(\boldsymbol{\beta}_1,\boldsymbol{\beta}_2,\cdots,\boldsymbol{\beta}_n)\begin{pmatrix} y_1 \\ y_2 \\ \vdots \\ y_n \end{pmatrix}=((\boldsymbol{\alpha}_1,\boldsymbol{\alpha}_2,\cdots,\boldsymbol{\alpha}_n)\boldsymbol{P})\begin{pmatrix} y_1 \\ y_2 \\ \vdots \\ y_n \end{pmatrix}=(\boldsymbol{\alpha}_1,\boldsymbol{\alpha}_2,\cdots,\boldsymbol{\alpha}_n)\left[\boldsymbol{P}\begin{pmatrix} y_1 \\ y_2 \\ \vdots \\ y_n \end{pmatrix}\right], \tag{7.3.4}$$

式(7.3.4)表明 $\boldsymbol{\alpha}$ 在基 $\boldsymbol{\alpha}_1,\boldsymbol{\alpha}_2,\cdots,\boldsymbol{\alpha}_n$ 下的坐标是

$$\boldsymbol{P}\begin{pmatrix} y_1 \\ y_2 \\ \vdots \\ y_n \end{pmatrix}.$$

然而，向量 $\boldsymbol{\alpha}$ 在基 $\boldsymbol{\alpha}_1,\boldsymbol{\alpha}_2,\cdots,\boldsymbol{\alpha}_n$ 下的坐标是唯一的，所以

$$\begin{pmatrix} x_1 \\ x_2 \\ \vdots \\ x_n \end{pmatrix}=\boldsymbol{P}\begin{pmatrix} y_1 \\ y_2 \\ \vdots \\ y_n \end{pmatrix}.$$

证毕.

例 7.12 在线性空间 $P[x]_2$ 中取两个基 $\boldsymbol{\alpha}_1=2x^2-x$，$\boldsymbol{\alpha}_2=-x^2+x+1$，$\boldsymbol{\alpha}_3=2x^2+x+1$ 及 $\boldsymbol{\beta}_1=x^2+1$，$\boldsymbol{\beta}_2=x^2+2x+2$，$\boldsymbol{\beta}_3=x^2+x+2$，求坐标变换公式.

解 设 $P[x]_2$ 中向量 $\boldsymbol{\alpha}$ 在基 $\boldsymbol{\alpha}_1,\boldsymbol{\alpha}_2,\boldsymbol{\alpha}_3$ 下的坐标为 (x_1,x_2,x_3)，在基 $\boldsymbol{\beta}_1,\boldsymbol{\beta}_2,\boldsymbol{\beta}_3$ 下的坐标为 (y_1,y_2,y_3).

由题中条件，要将 $\boldsymbol{\beta}_1,\boldsymbol{\beta}_2,\boldsymbol{\beta}_3$ 用基 $\boldsymbol{\alpha}_1,\boldsymbol{\alpha}_2,\boldsymbol{\alpha}_3$ 表示出来，并不容易，但我们知道 x^2，x，1 也是 $P[x]_2$ 的一个基，因此现将两组基 $\boldsymbol{\alpha}_1,\boldsymbol{\alpha}_2,\boldsymbol{\alpha}_3$ 和 $\boldsymbol{\beta}_1,\boldsymbol{\beta}_2,\boldsymbol{\beta}_3$ 都用基 $x^2,x,1$ 表示，即有

$$(\boldsymbol{\alpha}_1,\boldsymbol{\alpha}_2,\boldsymbol{\alpha}_3)=(x^2,x,1)\begin{pmatrix} 2 & -1 & 2 \\ -1 & 1 & 1 \\ 0 & 1 & 1 \end{pmatrix},\quad (\boldsymbol{\beta}_1,\boldsymbol{\beta}_2,\boldsymbol{\beta}_3)=(x^2,x,1)\begin{pmatrix} 1 & 1 & 1 \\ 0 & 2 & 1 \\ 1 & 2 & 2 \end{pmatrix},$$

记

$$\boldsymbol{A}=\begin{pmatrix} 2 & -1 & 2 \\ -1 & 1 & 1 \\ 0 & 1 & 1 \end{pmatrix},\quad \boldsymbol{B}=\begin{pmatrix} 1 & 1 & 1 \\ 0 & 2 & 1 \\ 1 & 2 & 2 \end{pmatrix},$$

于是

$$(\boldsymbol{\beta}_1,\boldsymbol{\beta}_2,\boldsymbol{\beta}_3)=(\boldsymbol{\alpha}_1,\boldsymbol{\alpha}_2,\boldsymbol{\alpha}_3)\boldsymbol{A}^{-1}\boldsymbol{B},$$

从而有坐标变换公式

$$\begin{pmatrix} x_1 \\ x_2 \\ x_3 \end{pmatrix}=\boldsymbol{A}^{-1}\boldsymbol{B}\begin{pmatrix} y_1 \\ y_2 \\ y_3 \end{pmatrix}.$$

因为

$$(\boldsymbol{A}\vdots\boldsymbol{B})=\begin{pmatrix} 2 & -1 & 2 & 1 & 1 & 1 \\ -1 & 1 & 1 & 0 & 2 & 1 \\ 0 & 1 & 1 & 1 & 2 & 2 \end{pmatrix}\xrightarrow{\text{初等行变换}}\begin{pmatrix} 1 & 0 & 0 & 1 & 0 & 1 \\ 0 & 1 & 0 & 1 & 1 & \frac{5}{3} \\ 0 & 0 & 1 & 0 & 1 & \frac{1}{3} \end{pmatrix},$$

所以

$$\begin{pmatrix}x_1\\x_2\\x_3\end{pmatrix}=\begin{pmatrix}1&0&1\\1&1&\frac{5}{3}\\0&1&\frac{1}{3}\end{pmatrix}\begin{pmatrix}y_1\\y_2\\y_3\end{pmatrix}\text{或}\begin{pmatrix}y_1\\y_2\\y_3\end{pmatrix}=\begin{pmatrix}4&-3&3\\1&-1&2\\-3&3&-3\end{pmatrix}\begin{pmatrix}x_1\\x_2\\x_3\end{pmatrix}.$$

习题 7.3

1. 设 $\boldsymbol{\alpha}_1,\boldsymbol{\alpha}_2,\cdots,\boldsymbol{\alpha}_n$ 是 n 维线性空间 V 的一个基，求由基 $\boldsymbol{\alpha}_1,\boldsymbol{\alpha}_2,\cdots,\boldsymbol{\alpha}_n$ 到基 $\boldsymbol{\alpha}_2$，$\boldsymbol{\alpha}_3$，$\cdots$，$\boldsymbol{\alpha}_n$，$\boldsymbol{\alpha}_1$ 的过渡矩阵.

2. 在线性空间 $\mathbf{R}^4$ 中取两个基

$$\boldsymbol{e}_1=\begin{pmatrix}1\\0\\0\\0\end{pmatrix},\boldsymbol{e}_2=\begin{pmatrix}0\\1\\0\\0\end{pmatrix},\boldsymbol{e}_3=\begin{pmatrix}0\\0\\1\\0\end{pmatrix},\boldsymbol{e}_4=\begin{pmatrix}0\\0\\0\\1\end{pmatrix}\text{与}\boldsymbol{\alpha}_1=\begin{pmatrix}2\\1\\-1\\1\end{pmatrix},\boldsymbol{\alpha}_2=\begin{pmatrix}0\\3\\1\\0\end{pmatrix},\boldsymbol{\alpha}_3=\begin{pmatrix}5\\3\\2\\1\end{pmatrix},\boldsymbol{\alpha}_4=\begin{pmatrix}6\\6\\1\\3\end{pmatrix}.$$

(1) 求基 $\boldsymbol{e}_1,\boldsymbol{e}_2,\boldsymbol{e}_3,\boldsymbol{e}_4$ 到基 $\boldsymbol{\alpha}_1,\boldsymbol{\alpha}_2,\boldsymbol{\alpha}_3$，$\boldsymbol{\alpha}_4$ 的过渡矩阵；

(2) 求向量 $\boldsymbol{\alpha}=\begin{pmatrix}x_1\\x_2\\x_3\\x_4\end{pmatrix}$ 在基 $\boldsymbol{\alpha}_1,\boldsymbol{\alpha}_2,\boldsymbol{\alpha}_3$，$\boldsymbol{\alpha}_4$ 下的坐标；

(3) 求在两个基下有相同坐标的向量.

7.4　线性变换

线性空间 V 的元素之间的联系可以用 V 到自身的映射来表现. 线性空间 V 到自身的映射称为**变换**，即如果实数域 $\mathbf{R}$ 上的线性空间 V 中任一向量 $\boldsymbol{\alpha}$ 都按照一定的法则 σ 与 V 中的唯一的向量 $\boldsymbol{\alpha}'$ 对应，我们就将这个对应法则 σ 称为线性空间 V 上的一个**变换**，记为 $\boldsymbol{\alpha}'=\sigma(\boldsymbol{\alpha})$. 也称变换 σ 把向量 $\boldsymbol{\alpha}$ 变为 $\boldsymbol{\alpha}'$，并将 $\boldsymbol{\alpha}'$ 称为向量 $\boldsymbol{\alpha}$ 在变换 σ 下的**像**，$\boldsymbol{\alpha}$ 称为向量 $\boldsymbol{\alpha}'$ 在变换 σ 下的**原像**.

线性变换是线性空间中最简单也是最基本的一种变换.

7.4.1　线性变换的定义与性质

定义 7.7　设 V 是实数域 $\mathbf{R}$ 上的线性空间，σ 是 V 的一个变换，如果对任意 $\boldsymbol{\alpha},\boldsymbol{\beta}\in V$，$\lambda\in\mathbf{R}$，都有

(1) $\sigma(\boldsymbol{\alpha}+\boldsymbol{\beta})=\sigma(\boldsymbol{\alpha})+\sigma(\boldsymbol{\beta})$；

(2) $\sigma(\lambda\boldsymbol{\alpha})=\lambda\sigma(\boldsymbol{\alpha})$.

则称 σ 是线性空间 V 的一个**线性变换**.

例 7.13 设变换 D：$P[x]_3 \to P[x]_3$ 由下式确定

$$D(f(x))=\frac{\mathrm{d}}{\mathrm{d}x}f(x),\ \forall f(x)\in P[x]_3,$$

则 D 是线性空间 $P[x]_3$ 中的一个线性变换，即微商运算是一种线性变换.

事实上，因为线性空间 $P[x]_3$ 中任意 $\boldsymbol{\alpha}=a_0+a_1x+a_2x^2+a_3x^3$，$\boldsymbol{\beta}=b_0+b_1x+b_2x^2+b_3x^3$，$\lambda\in\mathbf{R}$ 有

$$D\boldsymbol{\alpha}=a_1x+2a_2x+3a_3x^2,\ D\boldsymbol{\beta}=b_1+2b_2x+3b_3x^2,$$

从而有

$$\begin{aligned}D(\boldsymbol{\alpha}+\boldsymbol{\beta})&=D[(a_0+b_0)+(a_1+b_1)x+(a_2+b_2)x^2+(a_3+b_3)x^3]\\&=(a_1+b_1)+2(a_2+b_2)x+3(a_3+b_3)x^2\\&=(a_1x+2a_2x+3a_3x^2)+(b_1x+2b_2x+3b_3x^2)\\&=D\boldsymbol{\alpha}+D\boldsymbol{\beta},\\D(\lambda\boldsymbol{\alpha})&=D(\lambda a_0+\lambda a_1x+\lambda a_2x^2+\lambda a_3x^3)\\&=\lambda a_1x+2\lambda a_2x+3\lambda a_3x^2=\lambda D\boldsymbol{\alpha},\end{aligned}$$

所以 D 是 $P[x]_3$ 的一个线性变换.

例 7.14 设 V 是实数域 $\mathbf{R}$ 上的线性空间，k 是 $\mathbf{R}$ 中某个数，定义

$$\sigma(\boldsymbol{\alpha})=k\boldsymbol{\alpha},\ \boldsymbol{\alpha}\in V.$$

则 σ 是 V 的线性变换. 这个变换称为由数 k 决定的**数乘变换**. 特别地，当 $k=1$，σ 为恒等变换；当 $k=0$ 时，σ 为零变换，记为 0.

设 V 是实数域 $\mathbf{R}$ 上的线性空间，σ 是 V 的线性变换，则有以下性质：

性质 7.1 线性变换把零向量变成零向量，即 $\sigma(\mathbf{0})=\mathbf{0}$.

事实上，$\sigma(\mathbf{0})=\sigma(0\boldsymbol{\alpha})=0\sigma(\boldsymbol{\alpha})=\mathbf{0}$.

性质 7.2 线性变换保持向量的线性运算关系式不变.

事实上，若

$$\boldsymbol{\beta}=k_1\boldsymbol{\alpha}_1+k_2\boldsymbol{\alpha}_2+\cdots+k_r\boldsymbol{\alpha}_r,$$

则

$$\sigma(\boldsymbol{\beta})=k_1\sigma(\boldsymbol{\alpha}_1)+k_2\sigma(\boldsymbol{\alpha}_2)+\cdots+k_r\sigma(\boldsymbol{\alpha}_r).$$

性质 7.3 线性变换把线性相关的向量组变成线性相关的向量组.

即若向量组 $\boldsymbol{\alpha}_1,\boldsymbol{\alpha}_2,\cdots,\boldsymbol{\alpha}_m$ 线性相关，则 $\sigma(\boldsymbol{\alpha}_1),\sigma(\boldsymbol{\alpha}_2),\cdots,\sigma(\boldsymbol{\alpha}_m)$ 也线性相关.

注 7.2 性质 7.3 的逆命题不成立，即线性变换可以把线性无关的向量组变成线性相关的向量组.

性质 7.4 线性空间 V 的全部向量经过线性变换后所得的像的集合 $\sigma(V)$ 是 V 的一个子空间. 称 $\sigma(V)$ 为线性变换 σ 的**像空间**.

证明 $\sigma(V)=\{\sigma(\boldsymbol{\alpha})\mid\boldsymbol{\alpha}\in V\}\subseteq V$. 若设 $\boldsymbol{\alpha}',\boldsymbol{\beta}'\in\sigma(V)$，则有 $\boldsymbol{\alpha},\boldsymbol{\beta}\in V$，使得 $\boldsymbol{\alpha}'=\sigma(\boldsymbol{\alpha})$，$\boldsymbol{\beta}'=\sigma(\boldsymbol{\beta})$. 因 $\boldsymbol{\alpha}+\boldsymbol{\beta}\in V$，$\lambda\boldsymbol{\alpha}\in V$，$\lambda\in\mathbf{R}$，所以有

$$\boldsymbol{\alpha}'+\boldsymbol{\beta}'=\sigma(\boldsymbol{\alpha})+\sigma(\boldsymbol{\beta})=\sigma(\boldsymbol{\alpha}+\boldsymbol{\beta})\in\sigma(V),$$

$$\lambda\boldsymbol{\alpha}'=\lambda\sigma(\boldsymbol{\alpha})=\sigma(\lambda\boldsymbol{\alpha})\in\sigma(V),$$

即 $\sigma(V)$ 对于 V 的两种运算封闭，从而 $\sigma(V)$ 是一个线性空间，故 $\sigma(V)$ 是 V 的一个子空间.

证毕.

性质 7.5　使 $\sigma(\boldsymbol{\alpha})=0$ 的 $\boldsymbol{\alpha}$ 的全体 $\ker\sigma=\{\boldsymbol{\alpha}\mid\sigma(\boldsymbol{\alpha})=0,\ \boldsymbol{\alpha}\in V\}$ 也是 V 的一个子空间. 称 $\ker\sigma$ 为线性变换 σ 的核.

证明　$\ker\sigma=\{\boldsymbol{\alpha}\mid\sigma(\boldsymbol{\alpha})=0,\ \boldsymbol{\alpha}\in V\}\subseteq V$. 若 $\boldsymbol{\alpha},\boldsymbol{\beta}\in\ker\sigma$，$k\in\mathbf{R}$，即有 $\sigma(\boldsymbol{\alpha})=0$，$\sigma(\boldsymbol{\beta})=0$，则

$$\sigma(\boldsymbol{\alpha}+\boldsymbol{\beta})=\sigma(\boldsymbol{\alpha})+\sigma(\boldsymbol{\beta})=0,\ \sigma(\lambda\boldsymbol{\alpha})=\lambda\sigma(\boldsymbol{\alpha})=0,$$

于是 $\boldsymbol{\alpha}+\boldsymbol{\beta}\in\ker\sigma$，$\lambda\boldsymbol{\alpha}\in\ker\sigma$，即 $\ker\sigma$ 对于 V 的两种运算封闭，故 $\ker\sigma$ 是 V 的一个子空间.

证毕.

7.4.2　线性变换的运算

定义 7.8　设 σ，τ 是实数域 $\mathbf{R}$ 上的线性空间 V 的线性变换，$k\in\mathbf{R}$，定义

(1) $(\sigma+\tau)\boldsymbol{\alpha}=\sigma(\boldsymbol{\alpha})+\tau(\boldsymbol{\alpha})$；

(2) $(k\sigma)\boldsymbol{\alpha}=k\sigma(\boldsymbol{\alpha})$；

(3) $(\sigma\tau)\boldsymbol{\alpha}=\sigma(\tau(\boldsymbol{\alpha}))$.

线性变换的运算满足以下运算法则：

设 σ,τ,φ 是实数域 $\mathbf{R}$ 上的线性空间 V 的线性变换，k，$l\in\mathbf{R}$，则

(1) $\sigma+\tau=\tau+\sigma$；　(2) $(\sigma+\tau)+\varphi=\sigma+(\tau+\varphi)$；　(3) $\sigma+0=\sigma$；

(4) $\sigma+(-\sigma)=0$，$-\sigma$ 表示 σ 的负变换，$-\sigma=(-1)\sigma$；　(5) $1\sigma=\sigma$；

(6) $k(l\sigma)=(kl)\sigma$；　(7) $k(\sigma+\tau)=k\sigma+k\tau$；　(8) $(k+l)\sigma=k\sigma+l\sigma$；

(9) $(\sigma\tau)\varphi=\sigma(\tau\varphi)$；(10)　$\sigma(\tau+\varphi)=\sigma\tau+\sigma\varphi$；　(11) $(\sigma+\tau)\varphi=\sigma\varphi+\tau\varphi$.

一般地，$\sigma\sigma$ 记为 σ^2，$\sigma\tau\neq\tau\sigma$.

7.4.3　线性变换的矩阵

定义 7.9　设 $\boldsymbol{\alpha}_1,\boldsymbol{\alpha}_2,\cdots,\boldsymbol{\alpha}_n$ 是实数域 $\mathbf{R}$ 上 n 维线性空间 V 的一个基，σ 是 V_n 的一个线性变换，即 $\sigma(\boldsymbol{\alpha}_1)$，$\sigma(\boldsymbol{\alpha}_2)$，$\cdots$，$\sigma(\boldsymbol{\alpha}_n)\in V$，如果

$$\begin{cases}\sigma(\boldsymbol{\alpha}_1)=a_{11}\boldsymbol{\alpha}_1+a_{21}\boldsymbol{\alpha}_2+\cdots+a_{n1}\boldsymbol{\alpha}_n,\\ \sigma(\boldsymbol{\alpha}_2)=a_{12}\boldsymbol{\alpha}_1+a_{22}\boldsymbol{\alpha}_2+\cdots+a_{n2}\boldsymbol{\alpha}_n,\\ \quad\cdots\cdots\\ \sigma(\boldsymbol{\alpha}_n)=a_{1n}\boldsymbol{\alpha}_1+a_{2n}\boldsymbol{\alpha}_2+\cdots+a_{nn}\boldsymbol{\alpha}_n.\end{cases}\tag{7.4.1}$$

记有序向量组 $\boldsymbol{\alpha}_1,\boldsymbol{\alpha}_2,\cdots,\boldsymbol{\alpha}_n$ 为 $(\boldsymbol{\alpha}_1,\boldsymbol{\alpha}_2,\cdots,\boldsymbol{\alpha}_n)$，$(\sigma(\boldsymbol{\alpha}_1),\ \sigma(\boldsymbol{\alpha}_2),\ \cdots,\ \sigma(\boldsymbol{\alpha}_n))=\sigma(\boldsymbol{\alpha}_1,\boldsymbol{\alpha}_2,\cdots,\boldsymbol{\alpha}_n)$，于是

$$\begin{aligned}(\sigma(\boldsymbol{\alpha}_1),\sigma(\boldsymbol{\alpha}_2),\cdots,\sigma(\boldsymbol{\alpha}_n))&=\sigma(\boldsymbol{\alpha}_1,\boldsymbol{\alpha}_2,\cdots,\boldsymbol{\alpha}_n)\\&=(\boldsymbol{\alpha}_1,\boldsymbol{\alpha}_2,\cdots,\boldsymbol{\alpha}_n)\begin{pmatrix}a_{11}&a_{12}&\cdots&a_{1n}\\a_{21}&a_{22}&\cdots&a_{2n}\\\vdots&\vdots&&\vdots\\a_{n1}&a_{n2}&\cdots&a_{nn}\end{pmatrix}=(\boldsymbol{\alpha}_1,\boldsymbol{\alpha}_2,\cdots,\boldsymbol{\alpha}_n)\boldsymbol{A},\end{aligned}\tag{7.4.2}$$

称

$$A=\begin{pmatrix} a_{11} & a_{12} & \cdots & a_{1n} \\ a_{21} & a_{22} & \cdots & a_{2n} \\ \vdots & \vdots & & \vdots \\ a_{n1} & a_{n2} & \cdots & a_{nn} \end{pmatrix}$$

是线性变换 σ 在基 $\boldsymbol{\alpha}_1,\boldsymbol{\alpha}_2,\cdots,\boldsymbol{\alpha}_n$ 下的矩阵.

由于 $\boldsymbol{\alpha}_1,\boldsymbol{\alpha}_2,\cdots,\boldsymbol{\alpha}_n$ 是线性空间 V 的基，所以矩阵 A 的各个列向量作为 $\sigma(\boldsymbol{\alpha}_1),\sigma(\boldsymbol{\alpha}_2),\cdots,\sigma(\boldsymbol{\alpha}_n)$ 在基 $\boldsymbol{\alpha}_1,\boldsymbol{\alpha}_2,\cdots,\boldsymbol{\alpha}_n$ 下的坐标是唯一确定的. 这就是说，线性变换在确定的基下对应唯一的矩阵 $\boldsymbol{A}$. 反之，有以下定理.

定理 7.6 对于给定的 n 阶矩阵 $\boldsymbol{A}=(a_{ij})$ 和线性空间 V_n 的基 $\boldsymbol{\alpha}_1,\boldsymbol{\alpha}_2,\cdots,\boldsymbol{\alpha}_n$，则存在唯一的线性变换 σ，它在基 $\boldsymbol{\alpha}_1,\boldsymbol{\alpha}_2,\cdots,\boldsymbol{\alpha}_n$ 下的矩阵为 $\boldsymbol{A}$.

证明 因 V_n 中任一向量，都有

$$\boldsymbol{\alpha}=(\boldsymbol{\alpha}_1,\boldsymbol{\alpha}_2,\cdots,\boldsymbol{\alpha}_n)\begin{pmatrix} x_1 \\ x_2 \\ \vdots \\ x_n \end{pmatrix},$$

取

$$\boldsymbol{\beta}=(\boldsymbol{\alpha}_1,\boldsymbol{\alpha}_2,\cdots,\boldsymbol{\alpha}_n)\boldsymbol{A}\begin{pmatrix} x_1 \\ x_2 \\ \vdots \\ x_n \end{pmatrix}\in V_n,$$

令变换 σ：$V_n\to V_n$，$\sigma(\boldsymbol{\alpha})=\boldsymbol{\beta}$. 容易验证 σ 是 V_n 上的线性变换. 事实上，

$$\begin{aligned}\sigma(\boldsymbol{\alpha}+\boldsymbol{\alpha}')&=(\boldsymbol{\alpha}_1,\boldsymbol{\alpha}_2,\cdots,\boldsymbol{\alpha}_n)\boldsymbol{A}\begin{pmatrix} x_1+x_1' \\ x_2+x_2' \\ \vdots \\ x_n+x_n' \end{pmatrix}\\ &=(\boldsymbol{\alpha}_1,\boldsymbol{\alpha}_2,\cdots,\boldsymbol{\alpha}_n)\boldsymbol{A}\begin{pmatrix} x_1 \\ x_2 \\ \vdots \\ x_n \end{pmatrix}+(\boldsymbol{\alpha}_1,\boldsymbol{\alpha}_2,\cdots,\boldsymbol{\alpha}_n)\boldsymbol{A}\begin{pmatrix} x_1' \\ x_2' \\ \vdots \\ x_n' \end{pmatrix}\\ &=\sigma(\boldsymbol{\alpha})+\sigma(\boldsymbol{\alpha}'),\end{aligned}$$

$$\begin{aligned}\sigma(\lambda\boldsymbol{\alpha})&=(\boldsymbol{\alpha}_1,\boldsymbol{\alpha}_2,\cdots,\boldsymbol{\alpha}_n)\boldsymbol{A}\begin{pmatrix} \lambda x_1 \\ \lambda x_2 \\ \vdots \\ \lambda x_n \end{pmatrix}\\ &=\lambda(\boldsymbol{\alpha}_1,\boldsymbol{\alpha}_2,\cdots,\boldsymbol{\alpha}_n)\boldsymbol{A}\begin{pmatrix} x_1 \\ x_2 \\ \vdots \\ x_n \end{pmatrix}=\lambda\sigma(\boldsymbol{\alpha}),\end{aligned}$$

因此，σ 是 V_n 上的线性变换.

又因为

$$\boldsymbol{\alpha}_1=(\boldsymbol{\alpha}_1,\boldsymbol{\alpha}_2,\cdots,\boldsymbol{\alpha}_n)\begin{pmatrix}1\\0\\\vdots\\0\end{pmatrix},\ \boldsymbol{\alpha}_2=(\boldsymbol{\alpha}_1,\boldsymbol{\alpha}_2,\cdots,\boldsymbol{\alpha}_n)\begin{pmatrix}0\\1\\\vdots\\0\end{pmatrix},\ \cdots,\ \boldsymbol{\alpha}_n=(\boldsymbol{\alpha}_1,\boldsymbol{\alpha}_2,\cdots,\boldsymbol{\alpha}_n)\begin{pmatrix}0\\0\\\vdots\\1\end{pmatrix},$$

于是

$$\begin{aligned}\sigma(\boldsymbol{\alpha}_1,\boldsymbol{\alpha}_2,\cdots,\boldsymbol{\alpha}_n)&=(\sigma(\boldsymbol{\alpha}_1),\ \sigma(\boldsymbol{\alpha}_2),\cdots,\sigma(\boldsymbol{\alpha}_n))\\&=(\boldsymbol{\alpha}_1,\boldsymbol{\alpha}_2,\cdots,\boldsymbol{\alpha}_n)\boldsymbol{A}\begin{pmatrix}1&0&\cdots&0\\0&1&\cdots&0\\\vdots&\vdots&&\vdots\\0&0&\cdots&1\end{pmatrix}\\&=(\boldsymbol{\alpha}_1,\boldsymbol{\alpha}_2,\cdots,\boldsymbol{\alpha}_n)\boldsymbol{A},\end{aligned}$$

即线性变换 σ 在基 $\boldsymbol{\alpha}_1,\boldsymbol{\alpha}_2,\cdots,\boldsymbol{\alpha}_n$ 下的矩阵为 $\boldsymbol{A}$.

最后证明唯一性. 若还有 σ_1：$V_n\to V_n$，且

$$\sigma_1(\boldsymbol{\alpha}_1,\boldsymbol{\alpha}_2,\cdots,\boldsymbol{\alpha}_n)=(\boldsymbol{\alpha}_1,\boldsymbol{\alpha}_2,\cdots,\boldsymbol{\alpha}_n)\boldsymbol{A},$$

于是

$$\sigma(\boldsymbol{\alpha}_1,\boldsymbol{\alpha}_2,\cdots,\boldsymbol{\alpha}_n)=\sigma_1(\boldsymbol{\alpha}_1,\boldsymbol{\alpha}_2,\cdots,\boldsymbol{\alpha}_n),$$

因此，$\forall\boldsymbol{\alpha}_i(i=1,2,\cdots,n)$，都有

$$\sigma(\boldsymbol{\alpha}_i)=\sigma_1(\boldsymbol{\alpha}_i)$$

因为 $\forall\boldsymbol{\alpha}\in V_n$，有

$$\begin{aligned}\sigma(\boldsymbol{\alpha})&=x_1\sigma(\boldsymbol{\alpha}_1)+x_2\sigma(\boldsymbol{\alpha}_2)+\cdots+x_n\sigma(\boldsymbol{\alpha}_n)\\&=(\sigma(\boldsymbol{\alpha}_1),\sigma(\boldsymbol{\alpha}_2),\cdots,\sigma(\boldsymbol{\alpha}_n))\begin{pmatrix}x_1\\x_2\\\vdots\\x_n\end{pmatrix}\\&=(\sigma_1(\boldsymbol{\alpha}_1),\sigma_1(\boldsymbol{\alpha}_2),\cdots,\sigma_1(\boldsymbol{\alpha}_n))\begin{pmatrix}x_1\\x_2\\\vdots\\x_n\end{pmatrix}\\&=\sigma_1(\boldsymbol{\alpha}),\end{aligned}$$

所以，$\sigma=\sigma_1$.

综上所述，在给定基后，存在唯一的线性变换 σ，它在基 $\boldsymbol{\alpha}_1,\boldsymbol{\alpha}_2,\cdots,\boldsymbol{\alpha}_n$ 下的矩阵为 $\boldsymbol{A}$.

证毕.

综合上述讨论可见，在 V_n 中取定一组基后，由一个线性变换 σ 可以唯一地确定一个矩阵 $\boldsymbol{A}$，由一个矩阵 $\boldsymbol{A}$ 也可以唯一地确定一个线性变换 σ. 因此，线性变换与矩阵之间有一一对应关系.

若设 $\boldsymbol{\alpha}$ 与 $\sigma(\boldsymbol{\alpha})$ 在基 $\boldsymbol{\alpha}_1,\boldsymbol{\alpha}_2,\cdots,\boldsymbol{\alpha}_n$ 下的坐标分别为 $(x_1,x_2,\cdots,x_n)$ 与 $(y_1,y_2,\cdots,y_n)$，即

$$\boldsymbol{\alpha}=(\boldsymbol{\alpha}_1,\boldsymbol{\alpha}_2,\cdots,\boldsymbol{\alpha}_n)\begin{pmatrix}x_1\\x_2\\\vdots\\x_n\end{pmatrix},\ \sigma(\boldsymbol{\alpha})=(\boldsymbol{\alpha}_1,\boldsymbol{\alpha}_2,\cdots,\boldsymbol{\alpha}_n)\begin{pmatrix}y_1\\y_2\\\vdots\\y_n\end{pmatrix}$$

另外，

$$\sigma(\boldsymbol{\alpha})=\sigma(\boldsymbol{\alpha}_1,\boldsymbol{\alpha}_2,\cdots,\boldsymbol{\alpha}_n)\begin{pmatrix}x_1\\x_2\\\vdots\\x_n\end{pmatrix}=(\boldsymbol{\alpha}_1,\boldsymbol{\alpha}_2,\cdots,\boldsymbol{\alpha}_n)\boldsymbol{A}\begin{pmatrix}x_1\\x_2\\\vdots\\x_n\end{pmatrix},$$

利用坐标的唯一性，即可得 $\boldsymbol{\alpha}$ 与 $\sigma(\boldsymbol{\alpha})$ 在基 $\boldsymbol{\alpha}_1,\boldsymbol{\alpha}_2,\cdots,\boldsymbol{\alpha}_n$ 下的坐标变换公式为

$$\begin{pmatrix}y_1\\y_2\\\vdots\\y_n\end{pmatrix}=\boldsymbol{A}\begin{pmatrix}x_1\\x_2\\\vdots\\x_n\end{pmatrix},\tag{7.4.3}$$

关系式(7.4.3)表明了 V_n 中向量 $\boldsymbol{\alpha}$ 与 $\sigma(\boldsymbol{\alpha})$ 在基 $\boldsymbol{\alpha}_1,\boldsymbol{\alpha}_2,\cdots,\boldsymbol{\alpha}_n$ 下的坐标之间的关系. 需要求 $\sigma(\boldsymbol{\alpha})$ 在基 $\boldsymbol{\alpha}_1,\boldsymbol{\alpha}_2,\cdots,\boldsymbol{\alpha}_n$ 下的坐标，只要知道 $\boldsymbol{\alpha}$ 在基 $\boldsymbol{\alpha}_1,\boldsymbol{\alpha}_2,\cdots,\boldsymbol{\alpha}_n$ 下的坐标和线性变换 σ 在基 $\boldsymbol{\alpha}_1,\boldsymbol{\alpha}_2,\cdots,\boldsymbol{\alpha}_n$ 下的矩阵 $\boldsymbol{A}$ 即可.

例 7.15 在线性空间 $P[x]_3$ 中，

(1)取基 $\boldsymbol{\alpha}_1=x^3,\boldsymbol{\alpha}_2=x^2,\boldsymbol{\alpha}_3=x,\boldsymbol{\alpha}_4=1$，求微商运算 D 的矩阵；

(2)取基 $\boldsymbol{\beta}_1=1,\boldsymbol{\beta}_2=x,\boldsymbol{\beta}_3=\frac{1}{2!}x^2,\boldsymbol{\beta}_4=\frac{1}{3!}x^3$，求微商运算 D 的矩阵.

解 (1)因 $D\boldsymbol{\alpha}_1=3x^2=0\cdot\boldsymbol{\alpha}_1+3\boldsymbol{\alpha}_2+0\cdot\boldsymbol{\alpha}_3+0\cdot\boldsymbol{\alpha}_4$，$D\boldsymbol{\alpha}_2=2x=0\cdot\boldsymbol{\alpha}_1+0\cdot\boldsymbol{\alpha}_2+2\boldsymbol{\alpha}_3+0\cdot\boldsymbol{\alpha}_4$，$D\boldsymbol{\alpha}_3=1=0\cdot\boldsymbol{\alpha}_1+0\cdot\boldsymbol{\alpha}_2+0\cdot\boldsymbol{\alpha}_3+\boldsymbol{\alpha}_4$，$D\boldsymbol{\alpha}_4=0=0\cdot\boldsymbol{\alpha}_1+0\cdot\boldsymbol{\alpha}_2+0\cdot\boldsymbol{\alpha}_3+0\cdot\boldsymbol{\alpha}_4$.
所以 D 在基 $\boldsymbol{\alpha}_1,\boldsymbol{\alpha}_2,\boldsymbol{\alpha}_3$，$\boldsymbol{\alpha}_4$ 下的矩阵为

$$\boldsymbol{A}=\begin{pmatrix}0&0&0&0\\3&0&0&0\\0&2&0&0\\0&0&1&0\end{pmatrix}.$$

(2)因 $D\boldsymbol{\beta}_1=0=0\cdot\boldsymbol{\beta}_1+0\boldsymbol{\beta}_2+0\boldsymbol{\beta}_3+0\boldsymbol{\beta}_4$，$D\boldsymbol{\beta}_2=1=1\cdot\boldsymbol{\beta}_1+0\cdot\boldsymbol{\beta}_2+0\boldsymbol{\beta}_3+0\boldsymbol{\beta}_4$，$D\boldsymbol{\beta}_3=x=0\cdot\boldsymbol{\beta}_1+1\cdot\boldsymbol{\beta}_2+0\cdot\boldsymbol{\beta}_3+0\cdot\boldsymbol{\beta}_4$，$D\boldsymbol{\beta}_4=\frac{1}{2!}x^2=0\cdot\boldsymbol{\beta}_1+0\cdot\boldsymbol{\beta}_2+1\cdot\boldsymbol{\beta}_3+0\cdot\boldsymbol{\beta}_4$，
所以 D 在基 $\boldsymbol{\beta}_1,\boldsymbol{\beta}_2,\boldsymbol{\beta}_3,\boldsymbol{\beta}_4$ 下的矩阵为

$$\boldsymbol{B}=\begin{pmatrix}0&1&0&0\\0&0&1&0\\0&0&0&1\\0&0&0&0\end{pmatrix}.$$

定理 7.7 设 σ，τ 是 n 维线性空间 V_n 的线性变换，$\boldsymbol{\alpha}_1,\boldsymbol{\alpha}_2,\cdots,\boldsymbol{\alpha}_n$ 是 V_n 的一个基，σ，τ 在基 $\boldsymbol{\alpha}_1,\boldsymbol{\alpha}_2,\cdots,\boldsymbol{\alpha}_n$ 下的矩阵分别是 $\boldsymbol{A},\boldsymbol{B}$，则在基 $\boldsymbol{\alpha}_1,\boldsymbol{\alpha}_2,\cdots,\boldsymbol{\alpha}_n$ 下，

(1)$\sigma+\tau$ 的矩阵是 $\boldsymbol{A}+\boldsymbol{B}$；　(2)$k\sigma$ 的矩阵是 $k\boldsymbol{A}$；　(3)$\sigma\tau$ 的矩阵是 $\boldsymbol{AB}$.

定理 7.8　设 $\boldsymbol{\alpha}_1,\boldsymbol{\alpha}_2,\cdots,\boldsymbol{\alpha}_n$ 与 $\boldsymbol{\beta}_1,\boldsymbol{\beta}_2,\cdots,\boldsymbol{\beta}_n$ 是线性空间 V_n 的两组基，基 $\boldsymbol{\alpha}_1,\boldsymbol{\alpha}_2,\cdots,\boldsymbol{\alpha}_n$ 到基 $\boldsymbol{\beta}_1,\boldsymbol{\beta}_2,\cdots,\boldsymbol{\beta}_n$ 的过渡矩阵为 $\boldsymbol{P}$，V_n 中的线性变换 σ 在基 $\boldsymbol{\alpha}_1,\boldsymbol{\alpha}_2,\cdots,\boldsymbol{\alpha}_n$ 和 $\boldsymbol{\beta}_1,\boldsymbol{\beta}_2,\cdots,\boldsymbol{\beta}_n$ 下的矩阵依次为 $\boldsymbol{A}$ 和 $\boldsymbol{B}$，那么 $\boldsymbol{B}=\boldsymbol{P}^{-1}\boldsymbol{A}\boldsymbol{P}$.

证明　因 $(\boldsymbol{\beta}_1,\boldsymbol{\beta}_2,\cdots,\boldsymbol{\beta}_n)=(\boldsymbol{\alpha}_1,\boldsymbol{\alpha}_2,\cdots,\boldsymbol{\alpha}_n)\boldsymbol{P}$，且 $\boldsymbol{P}$ 可逆，

$\sigma(\boldsymbol{\alpha}_1,\boldsymbol{\alpha}_2,\cdots,\boldsymbol{\alpha}_n)=(\boldsymbol{\alpha}_1,\boldsymbol{\alpha}_2,\cdots,\boldsymbol{\alpha}_n)\boldsymbol{A}$，$\sigma(\boldsymbol{\beta}_1,\boldsymbol{\beta}_2,\cdots,\boldsymbol{\beta}_n)=(\boldsymbol{\beta}_1,\boldsymbol{\beta}_2,\cdots,\boldsymbol{\beta}_n)\boldsymbol{B}$，

则

$$\begin{aligned}(\boldsymbol{\beta}_1,\boldsymbol{\beta}_2,\cdots,\boldsymbol{\beta}_n)\boldsymbol{B}&=\sigma[(\boldsymbol{\alpha}_1,\boldsymbol{\alpha}_2,\cdots,\boldsymbol{\alpha}_n)\boldsymbol{P}]=\sigma(\boldsymbol{\alpha}_1,\boldsymbol{\alpha}_2,\cdots,\boldsymbol{\alpha}_n)\boldsymbol{P}\\&=(\boldsymbol{\alpha}_1,\boldsymbol{\alpha}_2,\cdots,\boldsymbol{\alpha}_n)\boldsymbol{A}\boldsymbol{P}=(\boldsymbol{\beta}_1,\boldsymbol{\beta}_2,\cdots,\boldsymbol{\beta}_n)\boldsymbol{P}^{-1}\boldsymbol{A}\boldsymbol{P},\end{aligned}$$

又因 $\boldsymbol{\beta}_1,\boldsymbol{\beta}_2,\cdots,\boldsymbol{\beta}_n$ 线性无关，所以

$$\boldsymbol{B}=\boldsymbol{P}^{-1}\boldsymbol{A}\boldsymbol{P}.$$

证毕.

例 7.16　设 $\boldsymbol{\alpha}_1,\boldsymbol{\alpha}_2$ 是线性空间 V_2 的一组基，V_2 中的线性变换 σ 在基 $\boldsymbol{\alpha}_1,\boldsymbol{\alpha}_2$ 下的矩阵 $\boldsymbol{A}=\begin{pmatrix}a_{11}&a_{12}\\a_{21}&a_{22}\end{pmatrix}$，求线性变换 σ 在基 $\boldsymbol{\alpha}_2,\boldsymbol{\alpha}_1$ 下的矩阵 $\boldsymbol{B}$.

解　因 $(\boldsymbol{\alpha}_2,\boldsymbol{\alpha}_1)=(\boldsymbol{\alpha}_1,\boldsymbol{\alpha}_2)\begin{pmatrix}0&1\\1&0\end{pmatrix}$，

则基 $\boldsymbol{\alpha}_1,\boldsymbol{\alpha}_2$ 到 $\boldsymbol{\alpha}_2,\boldsymbol{\alpha}_1$ 的过渡矩阵为

$$\boldsymbol{P}=\begin{pmatrix}0&1\\1&0\end{pmatrix}，且 \boldsymbol{P}^{-1}=\begin{pmatrix}0&1\\1&0\end{pmatrix},$$

所以线性变换 σ 在基 $\boldsymbol{\alpha}_2,\boldsymbol{\alpha}_1$ 下的矩阵

$$\boldsymbol{B}=\boldsymbol{P}^{-1}\boldsymbol{A}\boldsymbol{P}=\begin{pmatrix}0&1\\1&0\end{pmatrix}\begin{pmatrix}a_{11}&a_{12}\\a_{21}&a_{22}\end{pmatrix}\begin{pmatrix}0&1\\1&0\end{pmatrix}=\begin{pmatrix}a_{22}&a_{21}\\a_{12}&a_{11}\end{pmatrix}.$$

定理 7.8 说明了 V_n 的同一个线性变换在 V_n 的不同基下的矩阵是相似的. 反之，如果两个矩阵相似，则它们可以看作同一线性变换 σ 在 V_n 的两个基下的矩阵. 由此，我们可以给 V_n 选择适当的基，使得 σ 在该基下的矩阵具有较简单的形式，如对角矩阵或其他形式简单的矩阵，这在实际应用中是很有意义的.

最后指出，一个线性变换在不同基下的矩阵一般是不同的，但是，有一些特殊的线性变换在任意基下的矩阵都相同. 例如，零变换在任意基下的矩阵都是零矩阵；单位变换在任意基下的矩阵都是单位矩阵 $\boldsymbol{E}$.

习题 7.4

1. 判别下面所定义的变换，哪些是线性变换，哪些不是.

(1) 在 $\mathbf{R}^3$ 中，$\sigma(x_1,x_2,x_3)=(2x_1-x_2,\ x_2+x_3,\ x_1)^{\mathrm{T}}$；

(2) 在 $\mathbf{R}^3$ 中，$\sigma(x_1,x_2,x_3)=(x_1^2,\ x_2^2,\ x_3^2)^{\mathrm{T}}$；

(3) 在 $\mathbf{R}^3$ 中，$\sigma(x_1,x_2,x_3)=(\cos x_1,\ \sin x_2,\ 0)^{\mathrm{T}}$.

2. 取定 $\boldsymbol{A}\in P^{n\times n}$，对任意 $\boldsymbol{X}\in P^{n\times n}$，定义

$$\sigma(\boldsymbol{X})=\boldsymbol{A}\boldsymbol{X}-\boldsymbol{X}\boldsymbol{A}.$$

(1) 证明 σ 是 $P^{n\times n}$ 的线性变换；

(2) 证明对任意 $\boldsymbol{X},\boldsymbol{Y}\in P^{n\times n}$，有 $\sigma(\boldsymbol{XY})=\sigma(\boldsymbol{X})\boldsymbol{Y}+\boldsymbol{X}\sigma(\boldsymbol{Y})$.

3. 在 P^3 中，令线性变换

$$\boldsymbol{\sigma}(x_1,x_2,x_3)=(2x_1-x_3,x_1+4x_3,x_1-x_2)^{\mathrm{T}},$$

求 σ 在基 $\boldsymbol{\varepsilon}_1=(1,0,0)^{\mathrm{T}}$，$\boldsymbol{\varepsilon}_2=(0,1,0)^{\mathrm{T}}$，$\boldsymbol{\varepsilon}_3=(0,0,1)^{\mathrm{T}}$ 下的矩阵.

4. 在 $P^{2\times 2}$ 中定义线性变换

$$\sigma(\boldsymbol{X})=\begin{pmatrix}2&1\\-1&0\end{pmatrix}\boldsymbol{X},$$

求 σ 在基

$$\boldsymbol{E}_{11}=\begin{pmatrix}1&0\\0&0\end{pmatrix},\ \boldsymbol{E}_{12}=\begin{pmatrix}0&1\\0&0\end{pmatrix},\ \boldsymbol{E}_{21}=\begin{pmatrix}0&0\\1&0\end{pmatrix},\ \boldsymbol{E}_{22}=\begin{pmatrix}0&0\\0&1\end{pmatrix}$$

下的矩阵.

总习题 7

1. 在线性空间 $P[x]_3$ 中，判断下面的向量组是否为 $P[x]_3$ 的一个基?

(1) $1+x,x+x^2,1+x^3,2+2x+x^2+x^3$；

(2) $-1+x,1-x^2,-2+2x+x^2,x^3$.

2. 设 σ 是 R^3 的一个变换，$\sigma(x,y,z)=(x+y+z,2x-y+z,y-z)^{\mathrm{T}}$.

(1) 证明 σ 是 R^3 的线性变换；

(2) 求出 σ 在基 $\boldsymbol{e}_1=(1,0,0)^{\mathrm{T}}$，$\boldsymbol{e}_2=(0,1,0)^{\mathrm{T}}$，$\boldsymbol{e}_3=(0,0,1)^{\mathrm{T}}$ 下的矩阵；

(3) 求出 σ 在基 $\boldsymbol{\alpha}_1=(1,1,1)^{\mathrm{T}}$，$\boldsymbol{\alpha}_2=(1,-1,2)^{\mathrm{T}}$，$\boldsymbol{\alpha}_3=(0,1,1)^{\mathrm{T}}$ 下的矩阵；

(4) 求出从基 $\boldsymbol{\alpha}_1,\boldsymbol{\alpha}_2,\boldsymbol{\alpha}_3$ 到基 $\boldsymbol{e}_1$，$\boldsymbol{e}_2$，$\boldsymbol{e}_3$ 的过渡矩阵.

3. 设数域 P 上三维线性空间的线性变换 σ 在基 $\boldsymbol{\alpha}_1,\boldsymbol{\alpha}_2,\boldsymbol{\alpha}_3$ 下的矩阵是

$$\begin{pmatrix}0&3&-1\\1&-2&2\\4&1&-1\end{pmatrix},$$

设 $\boldsymbol{\xi}=2\boldsymbol{\alpha}_1-\boldsymbol{\alpha}_2+5\boldsymbol{\alpha}_3$，求 $\sigma(\boldsymbol{\xi})$ 在基 $\boldsymbol{\alpha}_1,\boldsymbol{\alpha}_2,\boldsymbol{\alpha}_3$ 下的坐标.

4. 说明 xOy 平面上的变换 $\sigma\begin{pmatrix}x\\y\end{pmatrix}=\boldsymbol{A}\begin{pmatrix}x\\y\end{pmatrix}$ 的几何意义，其中

(1) $\boldsymbol{A}=\begin{pmatrix}-1&0\\0&1\end{pmatrix}$；　(2) $\boldsymbol{A}=\begin{pmatrix}0&0\\0&1\end{pmatrix}$；　(3) $\boldsymbol{A}=\begin{pmatrix}0&1\\1&0\end{pmatrix}$；　(4) $\boldsymbol{A}=\begin{pmatrix}0&1\\-1&0\end{pmatrix}$.

5. 二阶对称矩阵的全体

$$V_3=\left\{\boldsymbol{A}=\begin{pmatrix}x_1&x_2\\x_2&x_3\end{pmatrix}\middle|\,x_1,x_2,x_3\in\mathbf{R}\right\}$$

对于矩阵的线性运算构成三维线性空间，在 V_3 中取一组基

$$\boldsymbol{A}_1=\begin{pmatrix}1&0\\0&0\end{pmatrix},\ \boldsymbol{A}_2=\begin{pmatrix}0&1\\1&0\end{pmatrix},\ \boldsymbol{A}_3=\begin{pmatrix}0&0\\0&1\end{pmatrix},$$

并在 V_3 中定义合同变换 $\sigma(\boldsymbol{A})=\begin{pmatrix}1&0\\1&1\end{pmatrix}\boldsymbol{A}\begin{pmatrix}1&1\\0&1\end{pmatrix}$，求 σ 在基 $\boldsymbol{A}_1,\boldsymbol{A}_2,\boldsymbol{A}_3$ 下的矩阵.

附录 A　MATLAB 系统的基本使用方法

MATLAB 是美国 MathWorks 公司出品的商业数学软件，用于算法开发、数据可视化、数据分析以及数值计算的高级技术计算语言和交互式环境，主要包括 MATLAB 和 Simulink 两大部分.

MATLAB 是 Matrix 和 Laboratory 两个词的组合，意为矩阵实验室. 它将数值分析、矩阵计算、数据可视化以及非线性动态系统的建模和仿真等诸多强大的功能集成在一个易于使用的视窗环境中，为科学研究、工程设计以及数值计算的众多科学领域提供了一种全面的解决方案，并在很大程度上摆脱了传统非交互式程序设计语言(如 C 语言)的编辑模式，它代表了当今科学计算软件的国际先进水平.

MATLAB 与 Mathematica 和 Maple 并称为三大数学软件. MATLAB 在数学类应用软件中数值计算方面首屈一指. 它可以进行矩阵运算、绘制函数和数据、实现算法、创建用户界面、连接其他编程语言的程序等，主要应用于工程计算、控制设计、信号处理与通信、图像处理、信号检测、金融建模设计与分析等领域.

MATLAB 的基本数据单位是矩阵，它的指令表达式与数学、工程中常用的形式十分相似，故用 MATLAB 来解算问题要比用 C、FORTRAN 等语言完成相同的事情简捷得多，并且 MATLAB 也吸收了像 Maple 等软件的优点，使之成为一个强大的数学软件.

1. MATLAB 系统的基本操作

(1)启动 MATLAB

安装(并激活)MATLAB 后，执行 MATLAB 应用文件就进入了 MATLAB 视窗环境，如图 A-1 所示，它是用户以后工作的基本环境，用户在这里键入指令，MATLAB 也将计算的结果在此显示.

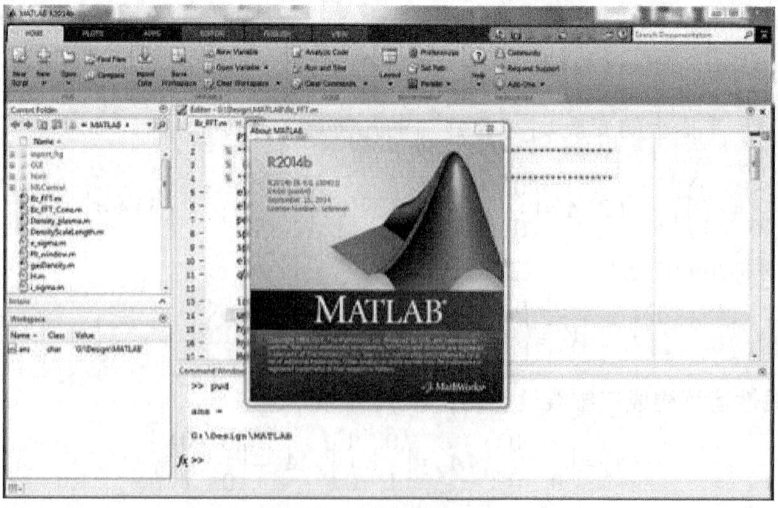

图 A-1　MATLAB 集成视窗环境

(2) MATLAB 集成视窗环境

MATLAB 集成视窗环境是一个集成窗口、菜单、工具栏、指令编辑及管理等功能为一体的系统，通过该集成环境，用户可以观察和控制整个开发过程．在当前默认设置情况下，MATLAB 集成视窗环境主要包括 5 个区：主窗口区、命令窗口区、当前目录区、工作空间区和命令历史区．

①主窗口区

主窗口区包含了标题栏、菜单栏和工具栏等栏目．主窗口区最上面显示"MATLAB"字样的一栏为标题栏，标题栏的右边依次为窗口最小化按钮、窗口缩放按钮和关闭窗口按钮．标题栏下面的主菜单栏包含 File、Edit、Debug、Parallel、Desktop、Window、Help 等菜单项，分别对应一个下拉菜单．菜单栏下面的工具栏显示了几个常用的工具按钮．一般来说，工具栏中的命令按钮在菜单中均有对应的选项，但工具栏使用更方便，只要单击其中相应的图标即可调用相应的功能．

②命令窗口区

命令窗口区(Command Window)用于输入和显示计算结果．在 MATLAB 启动后，将显示提示符号">>"．用户在提示符后面键入命令，按下回车键后，系统会自动解释执行所输入的命令，并给出计算结果．当然，如果在输入命令行尾使用分号，则不在屏幕上显示结果．另外，如果在一行中想输入的数据太多，以至于无法输完，可以在行尾加上 3 个句号"…"来表示续行．

在进行 MATLAB 命令行编辑时，可以使用很多键盘上的控制键和方向键．例如，〈Ctrl+C〉组合键(即先按〈Ctrl〉键，再按〈C〉键)用来中止正在执行中的 MATLAB 的工作，利用〈↑〉和〈↓〉两个箭头键可以将所用过的指令调回来重复使用．其他的键，如〈→〉、〈←〉、〈Home〉、〈End〉、〈Delete〉、〈Insert〉键等，其功能一用即知．

③当前目录区

当前目录区(Current Directory)可显示或改变当前工作目录，还可以显示当前目录下的文件，包括文件名、文件类型、最后修改时间等信息．

④工作空间区

工作空间区(Workspace)和当前目录区通过点击左侧工具栏下端的标签进行切换，在该区域中显示所有当前保存在内存中的 MATLAB 变量名、值、类型等信息，可帮助用户了解当前变量使用情况．

⑤命令历史区

命令历史区(Command History)显示用户近期输入过的命令及其对应的时间．如果在某一行命令上双击，会在命令窗口区中重新执行该条命令．

⑥结束 MATLAB

有以下 3 种方法可以结束 MATLAB 系统：

a. 在命令窗口键入"exit"．

b. 在命令窗口键入"quit"．

c. 直接单击 MATLAB 集成视窗的"关闭"按钮．

(3) 在线帮助

在使用 MATLAB 解决问题时，常常会发现有某些函数或命令的用法不甚了解，除了查找参考书外，还可利用 MATLAB 系统本身提供的帮助文档，这些文档内容极其丰富，可以帮助用户解决遇到的大多数问题.

有很多方法可获得帮助文档：帮助命令、lookfor 命令、帮助窗口或直接通过网络链接到 MathWorks 公司等. 下面分别介绍其使用方法.

①帮助命令

帮助命令“help”是查询函数相关信息的最基本方式，信息会直接显示在命令窗口中. 如果已知要找的主题(topic)，可直接键入命令“help　< topic>”. 例如，键入以下命令：

```
>>help sin
```

会显示以下解释：

```
SIN     Sine.
     SIN(X)is the sine of the elements of X
Overloaded methods
help sym/sin.m
```

② lookfor 命令

lookfor 命令可以根据用户键入的关键字(即使这个关键字并不是 MATLAB 的指令)列出所有相关的题材. 和帮助命令比起来，lookfor 命令所能覆盖的范围更宽，可查找到包含在某个主题中的所有词组或短语. 例如，对函数 sin()使用 lookfor 命令，会得到更详细的搜索结果.

```
>>lookfor sin
SUBSINDEX Subscript index.
ISINF      True for infinite elements
ACOS       Inverse cosine.
ACOSH      Inverse hyperbolic cosine.
ASIN       Inverse sine
ASINH      Inverse hyperbolic sine
COS        Cosine
……
```

③帮助窗口

帮助窗口(Help Window)是最有效和最全面的提供帮助文档的方法. 窗口式的帮助界面在使用时更为方便直接，是 Windows 应用程序常用的方式. 有以下几种方法进入帮助窗口.

a. 选取帮助菜单里的“Product Help”菜单项.

b. 按下〈F1〉键.

c. 双击菜单栏上的“问号”按钮.

d. 键入 helpwin 命令.

2. MATLAB 的基本命令

启动 MATLAB 后，命令窗口会出现提示符“>>”. 在提示符之后输入数学运算式，按回车键 MATLAB 会将运算结果直接存入一变量 ans 中，并在屏上显示计算结果. 例如：

```
>>(5 * 3+1.4-2.7) * 96/80
ans =
    164.4000
```

注 A. 1 若不想让 MATLAB 每次都显示运算结果，只需在运算式最后加上分号“;”即可. MATLAB 识别常用的数学运算符号：加“+”、减“-”、乘“ * ”、除“/”，以及幂次运算“^”. MATLAB 将所有变量均存为 double 的形式. MATLAB 的数值采用十进制表示，可以带小数点或负号.

MATLAB 语言除包含后面各节中将介绍的函数外，还提供了若干直接在命令窗口中执行的控制命令. 常用命令及其功能如表 A-1 所示.

表 A-1 常用命令及其功能

常用命令	功能
who 和 whos	显示当前工作环境的变量情况，可以在命令后给出需要显示的变量名称. 如果只给出 whos 命令，则将显示工作空间中全部变量及内存占用情况. who 命令给出的结果非常简单
clear	删除工作空间中的变量，可以指定需要删除的变量. 若未指定具体需要删除的变量，则删除工作环境中的所有变量
help	用来查询已知命令的用法
disp	显示变量或文字内容
clf	清除图形窗口中显示内容
clc	清除命令窗口中显示的内容
close	关闭图形窗口

在命令窗口给出 MATLAB 的各种语法命令和函数调取指令，可以使用〈↑〉键重新调用以前输入的命令.〈↓〉键用来向后查命令.〈←〉键和〈→〉键可以在一个命令中向前或向后移动编辑插入点. 用 format 命令来控制数据显示格式，常见格式及输出形式如表 A-2 所示.

表 A-2 format 命令的常用格式及输出形式

格式命令	含义	举例
format 或 format short	小数部分用 4 位数字表示	1. 2 被显示为 1. 2000 1. 12367 被显示为 1. 1237
format short e	5 位科学记数表示	123. 123 被显示为 1. 2312e+02
format long	小数部分用 15 位数字表示	1. 1 被显示为 1. 100000000000000
format long e	15 位科学记数表示	123. 123 被显示为 1. 23123000000000e+02
format +	显示大矩阵用，正数、负数和零分别用+、-、空格表示	

退出 MATLAB 的命令是“quit”或“exit”. 退出 MATLAB 会使工作环境中的全部变量丢失，若要保存此环境，可在退出前使用 save 命令，可将工作环境内的全部变量存入文件 matlab. mat 中，下次再次进入 MATLAB 时，只要执行 load 命名便可恢复上次保存的工作环境. 当然，在使用 save 和 load 命令时，可以指定其文件名，也可指定保存工作环境中的一部分变量. 例如，save temp x y 可在 temp. mat 文件中存入变量 x 和 y.

3. MATLAB 的变量名

MATLAB 的变量名的第一个字符必须是字母，最多可以是 63 个字符，但不得包含空格、标点、运算符. 注意变量名中的字母区分大小写. 在自定义变量名时，注意不要与系统的控制命令、函数重名.

MATLAB 为一些数学常数预定义了变量名，如表 A-3 所示. 当 MATLAB 启动时，这些变量会自动产生.

表 A-3　MATLAB 为数学常数预定义的变量名

预定义变量	含义	预定义变量	含义
Eps	浮点数相对精度 2^{-52}	Inf 或 inf	无穷大，如 1/0
i 或 j	虚数单位 $i=j=\sqrt{-1}$	pi	圆周率 π

4. 矩阵的 MATLAB 表示

(1)简单矩阵

MATLAB 以 $m\times n$ 的形式保存矩阵，其中 m 是行数，n 是列数. 一个 1×1 矩阵是一个标量；$1\times n$ 矩阵是一个行向量，$m\times 1$ 矩阵是一个列向量. 矩阵的全部元素可以是实数，也可以是复数. 方括号“[ ]”表示一个矩阵，空格或逗号把相邻列元素分开，分号把相邻行分开. 例如，为了得到以下矩阵：

$$\boldsymbol{A}=\begin{bmatrix}1&2&3\\4&5&6\\7&8&9\end{bmatrix},$$

可以在 MATLAB 的命令窗口中输入以下命令：

```
>>A=[1,2,3;4,5,6;7,8,9]
```

则显示

```
A=
  1  2  3
  4  5  6
  7  8  9
```

输入的命令中方括号内的数据就是矩阵元素，每行的各个元素之间用空格或逗号分隔，各行之间用分号分隔. 大矩阵可用多行语句输入，用回车符代替分号来区分矩阵的行. 例如，在命令窗口中输入以下命令：

```
>>B=[1 2 3
    4 5 6
    7 8 9]
```

则在命令窗口中相应显示：

```
B=
  1  2  3
  4  5  6
  7  8  9
```

若输入命令“A1=[1 2 3 4 5]”，则在命令窗口中显示：

```
A1=
  1 2 3 4 5
```

若输入命令“B1=[1;2;3;4;5]”，则在命令窗口中显示：

```
B1=
  1
  2
  3
  4
  5
```

可以利用已定义的变量来生成新的变量. 例如，输入命令“C=[A;[1 3 5]]”，表示在原矩阵 $\boldsymbol{A}$ 的下面再增加一个行向量[1 3 5]，这时将在命令窗口中显示：

```
C=
  1  2  3
  4  5  6
  7  8  9
  1  3  5
```

注 A.2 附加向量的元素个数应与原矩阵的元素个数匹配，否则将会出现错误信息.

行向量可以用“:”命令生成. 例如，输入命令“y=[0:0.5:2]”，表示以增量 0.5 生成一个从 0 到 2 的向量 $\boldsymbol{y}$，这时将在命令窗口中显示：

```
y=
  0    0.5000    1.0000    1.5000    2.0000
```

冒号是 MATLAB 中的一个重要字符，其基本使用格式为 $s1$：$s2$：$s3$，其中，$s1$ 为起始值，$s2$ 为步长，$s3$ 为终止值. 若 $s2$ 的值为负数，则要求 $s1$ 大于 $s3$，否则结果为空向量；若 $s2$ 不写，则取默认值 1. 在提取子矩阵时，若只写冒号，则表示去掉所有的行或列. 例如，矩阵 $\boldsymbol{C}$ 的第 1 列和第 3 列构成的子矩阵可由命令“A(:,[1,3])”得到；若给出命令

"C(:)"，则得到的结果为把原 3 行 3 列矩阵 **A** 转化为列矩阵. 再例如，执行命令"A=A(1:3,:)"就把当前矩阵 **A** 中的前 3 行的所有元素提出来，再赋值给原来的矩阵 **A**，执行结果如下：

```
A=
  1  2  3
  4  5  6
  7  8  9
```

命令"A([1 3],[1 2])"表示取出矩阵 **A** 的第 1,3 行中的第 1,2 列元素，结果如下：

```
ans=
  1    2
  7    8
```

对二维数组的子数组进行标识和寻访的最常见格式如表 A-4 所示.

表 A-4　子数组寻访和赋值格式表

	格式	使用说明
全下标法	A(r,c)	它由 **A** 的"*r* 指定行和 *c* 指定列"的元素组成
	A(r,:)	它由 **A** 的"*r* 指定行"和"全部列"上的元素组成
	A(:,c)	它由 **A** 的"全部行"和"*c* 指定列"上的元素组成
单下标法	A(:)	"单下标全元素"寻访由 *A* 的各列按自左到右的次序，首位相接的一维长列数组
	A(s)	单下标寻访，生成 *s* 指定的一维数组.

MATLAB 中矩阵元素不仅可以是数值，而且可以是任意的表达式，例如，输入命令"z=[-1.3,sqrt(3),(1+2+3)*2/3]"，则显示以下结果：

```
z=
   -1.3000      1.7321      4.0000
```

单个的矩阵元素可以用下标变量的形式来引用. 下标除常数外还可以是表达式或向量. 对表达式下标，将其求值并舍入取整. 借用上面的例子，再执行命令"z(5)=abs(z(1))"，则会产生以下结果：

```
z=
   -1.3000      1.7321      4.0000      0      1.3000
```

注 A.3　z 的行列数自动增加，以容纳新赋值的元素，并且新增的未赋值元素被自动置零.

(2)特殊矩阵的生成

用一组函数来生成线性代数中的特殊矩阵，这些函数如表 A-5 所示.

表 A-5　生成特殊矩阵的函数

函数名	含义	函数名	含义
diag(B)	生成由方阵 $\boldsymbol{B}$ 的对角元素组成的一维数组	magic(n)	返回由 1 到 n^2 的整数构成的 n 阶魔方矩阵. n 必须为大于或等于 3 的标量
hadamard(n)	返回 n 阶哈达玛(Hadamard)矩阵	vander(v)	返回范德蒙(Vandermonde)矩阵，以使其列是向量 $\boldsymbol{v}$ 的幂
hilb(n)	返回 n 阶希尔伯特(Hilbert)矩阵. 希尔伯特矩阵的元素由 $h(i,j)=1/(i+j-1)$ 确定	inhilb(n)	生成 n 阶希尔伯特矩阵的逆矩阵
zero(m,n)	生成 $m\times n$ 阶零矩阵	eye(n)	创建 n 阶单位矩阵
ones(m,n)	创建 $m\times n$ 阶全 1 矩阵	rand(m,n)	返回 m 行 n 列的矩阵，每个元素是在区间(0,1)内均匀分布的随机数

(3)矩阵元素的数据变换

对于由小数构成的矩阵 $\boldsymbol{A}$，若想对它取整数，则有以下 4 种方法：

①floor(A)：将 $\boldsymbol{A}$ 中元素按 $-\infty$ 方向取整；

②ceil(A)：将 $\boldsymbol{A}$ 中元素按 $+\infty$ 方向取整；

③round(A)：将 $\boldsymbol{A}$ 中元素按最近的整数取整；

④fix(A)：将 $\boldsymbol{A}$ 中元素按离 0 近的方向取整.

此外，MATLAB 还提供了一系列函数，用来逐个处理矩阵元素，如表 A-6 所示．例如：

```
>>A=[1 2 3;4 5 6],B=fix(pi*A),C=cos(pi*B)
A=
     1     2     3
     4     5     6
B=
     3     6     9
    12    15    18
C=
    -1     1    -1
     1    -1     1
```

表 A-6　基本数学函数

函数	含义	函数	含义
abs(x)	数 x 的绝对值或复数的模	sign(x)	实数 x 的符号函数值

续表

函数	含义	函数	含义
sqrt(x)	数 x 的平方根	rem(x,y)	返回用 y 除以 x 后的余数，其中 x 是被除数，y 是除数
real(x)	复数 x 的实部	exp(x)	指数函数 e^x
imag(x)	复数 x 的虚部	log(x)	e 为底的对数 $\ln(x)$
conj(x)	复数 x 的共轭复数	log10(x)	10 为底的对数 $\lg(x)$

注 A.4　MATLAB 可同时执行数条命令，只要以逗号或分号将命令隔开即可. 其中以分号分隔的命令不显示执行结果. 若一个数学运算式太长，可用三个句号“…”将其延伸到下一行.

附录 B 解析几何产生的背景及其基本思想

解析几何学(Analytic Geometry)是借助坐标系，用代数方法研究几何对象之间的关系和性质的一门几何分支，亦叫作坐标几何，是几何学的一个分支，它包括平面解析几何和立体解析几何两部分. 前者的研究对象主要是直线、圆锥曲线、摆线、星型线等各种一般平面曲线. 后者的研究对象主要是空间平面、直线、柱面、锥面、椭球面、双曲面、抛物面、旋转曲面等. 解析几何的基本思想是用代数的方法来研究几何问题，基本方法是坐标法. 即通过坐标把几何问题表示成代数形式，然后通过代数方程来表示和研究曲线.

1. 解析几何发展的起源与背景

公元前 2000 年，巴比伦人用数字表示从一点到另一固定点、线或物体的距离，已体现出原始坐标的思想. 公元前 4 世纪，中国战国时期的天文学家石申夫绘制恒星方位表时实质上就利用了坐标的方法. 同时期的古希腊数学家门奈赫莫斯(Mennahemus)发现了圆锥曲线，并对这些曲线的性质做了研究. 公元前 200 年左右，阿波罗尼奥斯(Apollonius)用类似于直角坐标系的轴线研究圆锥曲线. 此外，埃及人和罗马人在测量地形时，希腊人在绘制地图时都使用了类似于坐标的概念. 这些工作进一步促进了解析几何的萌芽.

大约 1350 年，法国数学家奥雷姆(Uresme)提出用经度和纬度来确定平面上点的位置，用经纬两个坐标将物体运动情况在图上表示出来. 这实际上是从天文、地理坐标向坐标几何学的过渡. 1591 年法国数学家韦达(Vieta)(见图 B-1)第一个在代数中有意识地、系统地使用了字母，他不仅用字母表示未知数，而且也用它来表示已知数. 代数的符号化，使坐标概念的引进成为可能，从而可建立一般的曲线方程，发挥其具有普遍性方法的作用.

图 B-1 韦达(1540—1603)

图 B-2 开普勒(1571—1630)

17 世纪初，科学技术的发展也对数学提出新的要求. 德国天文学家、数学家开普勒(Kepler)(见图 B-2)在 1609 年建立行星椭圆轨道理论，总结出两条规律：(1)行星运行的轨道是一个椭圆，太阳位于其中一个焦点上；(2)在相等的时间内，行星与太阳的连线所扫过的面积相等. 1619 年，他又提出第三条定律：行星公转周期的平方与轨道半长轴的立方成正比. 这三大定律都是用数学语言叙述的，也要求数学提供更有效的手段研究行星运动. 与开普勒同时代的意大利科学家伽利略(Galileo Galilei)研究抛射体运动的轨迹，指出在理想状态下，它是一条抛物线. 这要求数学从运动变化的观点研究和解决问题. 这些工作成为解析几何建立的外部动力.

17 世纪，法国的笛卡儿(René Descartes)(见图 B-3)大学毕业后子承父业，先当了一名律师，之后又去从军. 他一直喜爱数学和哲学，随着笛卡儿对数学的研究越来越深入，他开始察觉到代数总是受法则和公式的限制而缺乏活力. 他总是在想，能不能有个办法使几何与代数之间产生联系，甚至可以相互转化，只要空下来，他就会默默思考这个问题. 有一天，笛卡儿躺在床上抬头望着天花板，一只小小的蜘蛛从墙角慢慢地爬过来，吐丝结网，忙个不停，从东爬到西，从南爬到北，按这样的节奏去结一张网，小蜘蛛要走很多路. 此时笛卡儿突然感觉脑中灵光一现，立即起身拿纸和笔，他假设先把蜘蛛看成一个点，这个点离墙角多远？离墙的两边多远？他不断地思考着，不断地计算着，除了睡觉就是思考这个问题. 功夫不负有心人，笛卡儿在不断地摸索中找到一种新的思想：在互相垂直的两条直线下，一个点可以用到这两条直线的距离，也就是两个数来表示，这个点的位置就被确定. 通过这个方法就可以用数形结合的方式将代数与几何联系起来. 1637 年，笛卡儿发表了著作《方法论》. 该著作附有三篇附录，分别是《折光学》《流星学》和《几何学》. 后世的许多数学家和数学史学家都把笛卡儿的《几何学》作为解析几何的起点.

从笛卡儿的《几何学》中可以看出，笛卡儿的中心思想是建立起一种“普遍”的数学，把算术、代数、几何统一起来. 他设想，把任何数学问题化为一个代数问题，再把任何代数问题归结到去解一个方程式. 为了实现这个设想，笛卡儿从天文和地理的经纬度出发，指出平面上的点和实数对(x, y)的对应关系，这样就可以用解析的方法研究曲线的性质. 笛卡儿的《几何学》，作为一本解析几何的书来看，是不完整的，但重要的是引入了新的思想，为开辟数学新园地做出了贡献. 为了纪念笛卡儿为数学发展所做的贡献，我们也把直角坐标系称为笛卡儿坐标系，把直角坐标系所表示的平面称为笛卡儿平面.

在数学史上，一般认为和笛卡儿同时代的法国数学家费尔马(Pierrede Fermat)(见图 B-4)也是解析几何的创建者之一，应该分享这门学科创建的荣誉. 费尔马是律师，也是一位业余数学家. 之所以称之为业余，是由于他具有律师的全职工作. 著名的数学史学家贝尔(E. T. Bell)称费尔马为“业余数学家之王”，费尔马比同时代的大多数专业数学家更有成就，是 17 世纪数学家中最多产的明星. 费尔马在牛顿(I. Newton)和莱布尼茨(G. W. Leibniz)之前，为微积分的创立做了大量的准备工作，取得了十分出色的成果. 他和帕斯卡(Blaise Pascal)一起分享了创立概率论的荣誉，在解析几何上也是名副其实的发明者. 1630 年，费尔马研究阿波罗尼奥斯关于轨迹的问题时，写下了《平面与立体轨迹引论》的文章，阐述了通过坐标系，把代数用于几何的思想. 他所用的坐标相当于现代的斜坐标，但 y 轴没有明确出现，而且不能用负数. 其中出现了一般直线和圆的方程，以及双曲线、椭圆、抛物线的讨论. 费尔马在研究轨迹的过程中，不仅考虑了一维、二维的情形，还讨论了三维空间的问题. 他指出：一元方程确定一个点，二元方程确定一条曲线(包括直线)，三元方程确定一个曲面(包括平面、球面、椭球面、抛物面和双曲面). 此外，费尔马当时已经知道坐标的平移和旋转. 由于时代的局限性，费尔马在研究轨迹时不考虑负坐标，曲线一般只在第一象限. 他也不考虑曲线或曲面的相交问题. 费尔马的上述结果当时没有公开发表，直到他去世后的 1679 年才公之于世. 相比之下，笛卡儿的解析思想更为深刻，创立的解析几何也更为成熟.

解析几何的建立第一次真正实现了几何与代数方法的结合，使形与数统一起来，这是数学发展史上的一次重大突破. 同时解析几何的建立对于微积分的诞生有着不可估量的作用，对物理学、天文学、航海学、光学等学科的发展也起了重要的推动作用.

图 B-3　笛卡儿(1596—1650)

图 B-4　费尔马(1601—1665)

2. 解析几何的基本思想

笛卡儿从解决几何作图问题出发，运用算术术语，巧妙地引入了变量思想和坐标观念，并用代数方程表示曲线，然后通过对方程的讨论来给出曲线的性质. 其要旨是把几何学的问题归结为代数形式的问题，用代数学的方法进行计算、证明，从而达到解决几何问题的目的，即几何代数化的方法.

笛卡儿发明的解析几何的基本思想有两个要点：第一，在平面上建立坐标系，一个点的坐标与一个二元有序实数组相对应；第二，在平面上建立了坐标系后，平面上的一条曲线可由一个二元代数方程来表示. 也就是说，解析几何运用坐标法可以解决两类基本问题：一类是满足给定条件的点的轨迹，通过坐标系建立它的方程；另一类是通过方程的讨论，研究方程所表示的曲线的性质.

从这里我们就可以看到，平面解析几何的基本思想是借助坐标法，把反映同一运动规律的空间图形(点、线、面)同数量关系(坐标和它们所满足的方程)统一起来，从而把几何问题归结为代数问题来处理. 运用坐标法不仅可以把几何问题通过代数的方法来解决，而且还把变量、函数以及数和形等重要概念密切地联系了起来，从而可以研究比直线和圆复杂得多的曲线，而且使曲线第一次被看成动点的轨迹.

3. 解析几何的进一步发展

解析几何的创立使数学(当时主要是代数和几何)研究有了行之有效的方法. 几何的概念可以用代数表示，几何的目标可以通过代数去达到. 反过来，给代数语言以几何解释，可以直观地掌握代数语言的意义，又可以得到启发去提出新的结论. 18 世纪著名数学家拉格朗日这样评价解析几何：“只要代数同几何分道扬镳，它们的进展就缓慢，它们的应用就狭窄. 但是当这两门科学结合成伴侣时，它们就互相吸取新鲜的活力. 从那以后，就以快速的步伐走向完善”.

自笛卡儿、费尔马之后，英国数学家、物理学家牛顿(Newton)(见图 B-5)对二次和三次曲线理论进行了系统的研究，特别是，得到了关于“直径”的一般理论. 瑞士数学家欧拉(Euler)(见图 B-6)讨论了坐标轴的平移和旋转，对平面曲线做了分类. 法国数学家、物理学家拉格朗日(Lagrange)(见图 B-7)把力、速度、加速度“算术化”，发展成“向量”的概念，成为解析几何的重要工具.

18 世纪的前半期，克雷洛(Clairant)和拉盖尔(Laguerre)将平面解析几何推广到空间，建立了空间解析几何. 由于有平面解析几何研究图形与方程的思想基础，所以在克雷洛和拉盖尔建立了空间直角坐标系后，空间解析几何的传统内容很快就完成了. 19 世纪后期，向量代数理论逐渐成熟. 20 世纪初期，向量代数完全进入空间解析几何而变成了它的组成部分，使空间图形的研究得到了很大的发展，这是空间解析几何的一次大改革.

目前，解析几何已经发展得相当完备，但这并不意味着解析几何的活力已结束. 经典的解析几何在向近代数学的多个方向延伸. 例如，n 维空间的解析几何学，无穷维空间的解析几何(希尔伯特(Hilbert)空间几何学)；20 世纪以来迅速发展起来的两个新的宽广的数学分支——泛函分析和代数几何，也都是古典解析几何的直接延续；微分几何的内容在很大程度上也吸收了解析几何的成果.

图 B-5　牛顿(1643—1727)

图 B-6　欧拉(1707—1783)

图 B-7　拉格朗日(1736—1813)

附录 C 线性代数发展简史

代数(Algebra)一词最初来源于公元 9 世纪阿拉伯数学家、天文学家阿尔·花剌子米(Al-Khwarizmi，约 780—850)写的一本书名，该书名直译为《还原与对消的计算概要》. 1859 年，我国数学家李善兰(见图 C-1)首次把 Algebra 译成代数. 代数是巴比伦人、希腊人、阿拉伯人、中国人、印度人和西欧人一棒接一棒而完成的伟大数学成就. 现在，我们可以笼统地把代数学解释为关于字母计算的学说，但字母的含义是在不断地拓广的. 在初等数学中，字母表示数. 而在高等代数和抽象代数中，字母则表示向量(或 n 元有序数组)、矩阵、张量、旋量、超复数等各种形式的量. 发展至今，代数学主要包含算术、初等代数、高等代数和抽象代数等.

线性代数是高等代数的一大分支. 我们知道一次方程叫线性方程，讨论线性方程及线性运算的代数就叫作线性代数. 在线性代数中最重要的内容就是行列式和矩阵. 线性代数是伴随着线性方程系数的研究而引入和发展起来的. 另外，近现代数学分析与几何学等数学分支的要求也促使了线性代数的进一步发展.

线性代数主要包含行列式、向量(组)、矩阵、线性方程组、二次型、从解方程到群论等内容.

1. 行列式

行列式出现于线性方程组的求解，它最早是一种速记的表达式，现在已经是数学中一种非常有用的工具. 在西方，德国数学家莱布尼茨(Leibniz)(见图 C-2)于 1693 年在给其朋友法国数学家洛必达(L'Hospital)(见图 C-3)的一封信中讨论联立一次方程所用的符号就是行列式的意思，但并未公开发表. 1750 年，瑞士数学家克拉默(Cramer)(见图 C-4)在其著作《线性代数分析导言》中，对行列式的定义和展开法则给出了比较完整、明确的阐述，并给出了现在我们所称的解线性方程组的克拉默法则. 英国数学家马克劳林(Maclaurin)(见图 C-5)用行列式的方法来求解线性方程组. 在东方，公元 1 世纪左右，中国古代张苍、耿寿昌(见图 C-6)所撰写的《九章算术》中阐述了线性方程组的求解方法，在求解过程中所表现出来的步骤类似于行列式的简化. 受中国数学思想的启发，日本数学家关孝和(见图 C-7)写于 1683 年的著作《解伏题之法》中就提出了行列式的概念及算法. 从时间上推算，日本关于行列式的研究要早于欧洲. 一般认为，行列式的发明应归功于莱布尼茨和关孝和两位数学家.

在很长一段时间内，行列式只是作为解线性方程组的一种工具使用，并没有人意识到它可以独立于线性方程组之外，单独形成一门理论加以研究. 在行列式的发展史上，第一个对行列式理论做出连贯逻辑的阐述，即把行列式理论与线性方程组求解相分离的人是法国数学家范德蒙(Vandermonde)(见图 C-8)，他还给出了用二阶子式和它们的余子式来展开行列式的法则. 范德蒙自幼在父亲的指导下学习音乐，但对数学有浓厚的兴趣，后来终于成为法兰西科学院院士. 1764 年，法国数学家贝祖(Bezout，1703—1783)(见图 C-9)将确定行列式每一项符号的方法进行了系统化，利用系数行列式的概念指出了如何判断一个含 n 个未知量 n 个方程的齐次线性方程组有非零解的方法，就是系数行列式等于零是这方程组有非零解的条件. 1772 年, 法国数学家、物理学家拉普拉斯(Laplace)(见图 C-10)在一篇论文中证明了范德蒙提出的一些规则, 推广了他的展开行列式的方法.

图 C-1 李善兰 (1811—1882)

图 C-2 莱布尼茨 (1646—1716)

图 C-3 洛必达 (1661—1704)

图 C-4 克拉默 (1704—1752)

图 C-5 马克劳林 (1698—1746)

图 C-6 耿寿昌

图 C-7 关孝和 (约 1642—1708)

图 C-8 范德蒙 (1735—1796)

图 C-9 贝祖 (1703—1783)

图 C-10 拉普拉斯 (1749—1827)

继范德蒙之后, 在行列式的理论方面, 又一位做出突出贡献的就是另一位法国大数学家柯西(Cauchy)(见图 C-11). 1815 年, 柯西在一篇论文中给出了行列式的第一个系统的、几乎是近代的处理. 其中主要结果之一是行列式的乘法定理. 另外, 他第一个把行列式的元素排成方阵，采用双足标记法；引进了行列式特征方程的术语；改进了拉普拉斯的行列式展开定理并给出了一个证明等.

继柯西之后，在行列式理论方面最多产的人就是德国数学家雅可比(Jacobi)(见图 C-12)，他引进了函数行列式，即“雅可比行列式”，指出函数行列式在多重积分的变量替换中的作用，给出了函数行列式的导数公式. 雅可比的著名论文《论行列式的形成和性质》标志着行列式系统理论的建成.

19 世纪的半个多世纪中，对行列式理论研究始终不渝的学者之一是詹姆士·西尔维斯特(Sylvester)(见图 C-13). 他出生在伦敦的一个犹太人家庭，在剑桥大学学习了几年，由于宗教的原因，他没有在那里获得学位. 西尔维斯特是一个活泼、敏感、兴奋、热情，甚至是一个容易激动的人，他用火一般的热情介绍他的学术思想，并且在代数学方面取得了重要的成果. 西尔维斯特曾经在伍尔里奇的皇家军事学院做了 15 年的数学教授，还在巴尔迪摩新成立的约翰斯霍普金斯大学担任过数学系主任，他在那里创建了《美国数学杂志》，并帮助开创了美国的研究生数学教育.

行列式在数学分析、几何学、线性方程组理论、二次型理论等多方面得到广泛应用，促进了行列式理论自身的发展.

图 C-11　柯西
(1789—1857)

图 C-12　雅可比
(1804—1851)

图 C-13　西尔维斯特
(1814—1894)

2. 向量

“向量”一词来自力学、解析几何中的有向线段. 很多物理量如力、速度、位移以及电场强度、磁感应强度等都是向量. 在物理学和工程学中，向量常被称为矢量. 与向量对应的量叫作数量(物理学中称为标量)，即只有大小而没有方向的量，例如，质量、温度、能量等. 最先使用有向线段表示向量的是英国大科学家牛顿.

大约公元前 350 年前，古希腊著名学者亚里士多德(Aristotle)(见图 C-14)就知道了力可以表示成向量，两个力的组合作用可用著名的平行四边形法则来得到. 从数学发展史来看，历史上很长一段时间，空间的向量结构并未被数学家们所认识，直到 19 世纪末 20 世纪初，人们才把空间的性质与向量运算联系起来. 例如，1827 年，德国数学家莫比乌斯(Mobius，1790—1868)在他出版的一部著作中首次介绍了用英文字母表示有向线段. 他在重心和射影几何的学习中，发展出了有向线段的运算，然而，他当时没有注意到这些计算的重要性.

向量能够进入数学并得到发展，首先应从复数的几何表示谈起. 18 世纪末期，挪威测量学家威塞尔(Lasper Wessel)首次利用坐标平面上的点来表示复数 $a+bi$(a,b 为有理数，且不同时等于 0)，并利用具有几何意义的复数运算来定义向量的运算. 把坐标平面上的点用向量来表示，并把向量的这种几何表示用于研究几何问题与三角问题. 数学家高斯(Gauss)(见图 C-15)等人也将复数想象成分布在二维平面中的点，也就是二维向量. 后来，包括高斯等许多数学家和科学家以不同的方式应用这些新的复数，比如高斯利用复数来证明基础代数理论. 人们逐步接受了复数，也学会了利用复数来表示和研究平面中的向量，向量就这样平静地进入了数学中.

19 世纪中期，英国数学家哈密尔顿(Hamilton)(见图 C-16)发明了用四元数表示空间向量，他的工作为向量代数和向量分析的建立奠定了基础. 德国数学家格拉斯曼(Grassmann)(见图 C-17)将人们熟知的二维和三维的向量概念扩展到任意维度 n. 英国物理学家麦克斯韦(Maxwell)(见图 C-18)，首次明确地将物理量分成标量和矢量两类. 英国数学家克利福德(Clifford)(见图 C-19)首次给出了数量积和向量积的运算.

图 C-14　亚里士多德
(公元前 384—前 322)

图 C-15　高斯
(1777—1855)

图 C-16　哈密尔顿
(1805—1865)

图 C-17　格拉斯曼
(1809—1877)

图 C-18　麦克斯韦
(1832—1879)

图 C-19　克利福德
(1845—1879)

美国物理化学家、数学物理学家吉布斯(Gibbs)(见图 C-20)在为他的学生所做的一系列著名的笔记中最早讨论了向量代数和向量分析的相关内容，后来这些笔记被广泛地分发给了美国和欧洲的学者，受到数学家和物理学家的高度关注. 19 世纪 80 年代，英国的居伯斯和海维塞德各自独立开创了三维向量分析. 他们引进了向量的数量积和向量积，并把向量代数推广到向量微积分.

后来，向量方法也先后被引进了意大利(1887 年)，俄罗斯(1907 年)和荷兰(1903 年). 从此，向量的方法被引进到分析和解析几何中来，并逐步完善，成为一套优良的数学工具.

现代向量空间的定义是由意大利数学家皮亚诺(Peano)(见图 C-21)于 1888 年提出的. 向量空间的概念，已成了数学中最基本的概念和线性代数的中心内容，它的理论和方法在自然科学的各领域中得到了广泛的应用. 向量空间中的元素称为向量. 格拉斯曼最早提出多维欧几里得空间的系统理论，他与柯西(Cauchy)在 1844 年至 1862 年间分别提出了脱离一切空间的、直观的、抽象的 n 维空间的，创建了高维线性空间理论. 德国数学家特普利茨(Toeplitz，1881—1940)将线性代数的主要定理推广到任意域上的一般的线性空间中.

图 C-20 吉布斯(1839—1903)

图 C-21 皮亚诺(1858—1932)

3. 矩阵

矩阵是数学中的一个重要的基本概念，是代数学的一个主要研究对象，也是数学研究和应用的一个重要工具. 1850 年，西尔维斯特指出："矩阵是表示由 m 行 n 列元素组成的矩形排列". 矩阵这个术语之后由西尔维斯特的朋友英国数学家凯莱(Cayley)(见图 C-22)在论文中首次使用. 矩阵的许多基本性质都是在行列式的发展中建立起来的. 在逻辑上，矩阵的概念应先于行列式的概念，然而在历史上次序正好相反.

凯莱一般被公认为是矩阵论的创立者，他出生于一个古老而有才能的英国家庭，在剑桥大学三一学院毕业后留校讲授数学，三年后他转从律师职业，工作卓有成效，并利用业余时间研究数学，发表了大量的数学论文. 凯莱于 1855 年引入定义矩阵乘法等运算. 凯莱同研究线性变换下的不变量相结合，首先引进矩阵以简化记号. 1858 年，他发表了关于这一课题的第一篇论文《矩阵论的研究报告》，系统地阐述了关于矩阵的理论. 文中他定义了矩阵的相等、矩阵的运算法则、矩阵的转置以及矩阵的逆等一系列基本概念，在该论文中他首次把矩阵方程与只含有一个变量的简单一元方程做类比，把线性方程组的解用系数矩阵的逆和右端项的乘积来表示，他还指出了矩阵加法的可交换性与可结合性，并发现矩阵的相乘顺序是不可交换的. 他用单一的字母 $\boldsymbol{A}$ 来表示矩阵对矩阵代数的发展至关重要，其公式 $\det(\boldsymbol{AB})=\det(\boldsymbol{A})\det(\boldsymbol{B})$ 为矩阵代数和行列式之间提供了一种联系. 凯莱首先给出了 3 阶矩阵的逆的公式，他指出："当矩阵对应的行列式变成 0 的时候，其逆矩阵就没有了，这种矩阵就是不定的，零矩阵是不定的".

方阵的特征方程的概念最早隐含地出现在瑞士数学家欧拉(Euler，1707—1783)的著作中. 法国物理学家、数学家和天文学家达朗贝尔(d'Alembert)(见图 C-23)对常系数的线性微分方程组的解的研究最早引起对矩阵的特征值问题的研究. 法国数学家、物理学家拉格朗日(Lagrange, 1736—1813)在其关于线性微分方程组的著作中也明确地给出了这个概念. 而柯西是通过对二次曲面、二次型的研究，证明了所有对角矩阵的特征向量都是实的，证明了对称矩阵可以通过正交变换实现对角化，给出了相似矩阵的概念，并证明了相似矩阵有相同的特征值. 另外，凯莱还给出了方阵的特征方程和特征根以及有关的一些基本结果. 1855 年，法国数学家埃尔米特(Hermite)(见图 C-24)证明了一些矩阵类特征根的特殊性质，如现在称为埃尔米特矩阵的特征根性质等. 后来，德国数学家克莱伯施(Clebsch, 1831—1872)、布克海姆(A. Buchheim)等证明了对称矩阵的特征根性质. 泰伯(H. Taber)引入矩阵的迹的概念并给出了一些有关的结论.

图 C-22　凯莱
(1821—1895)

图 C-23　达朗贝尔
(1717—1783)

图 C-24　埃尔米特
(1822—1901)

在矩阵论的发展史上，弗罗伯纽斯(Frobenius)(见图 C-25)的贡献是不可磨灭的. 他讨论了最小多项式问题，引进了矩阵的秩、不变因子、初等因子、正交矩阵、矩阵的相似变换、合同矩阵等概念，以合乎逻辑的形式整理了不变因子和初等因子的理论，并讨论了正交矩阵与合同矩阵的一些重要性质. 1854 年，法国数学家约当(Jordan)(见图 C-26)研究了矩阵化为标准型的问题. 约当通过约当标准型把矩阵进行了基本分类. 约当的分类不是基于矩阵的形式，而是特征值(也称谱)理论. 在历史上，特征值的概念是独立于矩阵理论自身，从不同思想的研究发展起来的. 1892 年，梅茨勒(H. Metzler)引进了矩阵的超越函数的概念并将其写成矩阵的幂级数的形式. 傅里叶(Fourier)(见图 C-27)和庞加莱(Poincare)(见图 C-28)的著作中还讨论了无限阶矩阵问题，这主要是适用方程发展的需要而开始的.

图 C-25　弗罗伯纽斯(1849—1917)

图 C-26　约当(1838—1922)

图 C-27　傅里叶(1768—1830)

图 C-28　庞加莱(1854—1912)

矩阵本身所具有的性质依赖于元素的性质，矩阵由最初作为一种工具经过两个多世纪的发展，现在已成为独立的一门数学分支——矩阵论. 而矩阵论又可分为矩阵方程论、矩阵分解论和广义逆矩阵论等矩阵的现代理论. 矩阵及其理论现已广泛地应用于现代科技的各个领域. 二次世界大战后随着现代数字计算机的发展，矩阵又有了新的含义，特别是在矩阵的数值分析等方面. 由于计算机的飞速发展和广泛应用，许多实际问题可以通过离散化的数值计算得到定量的解决. 于是作为处理离散问题的线性代数，已成为从事科学研究和工程设计的科技人员必备的数学基础.

4. 线性方程组

大量的科学技术问题，最终往往归结为解线性方程组. 线性方程组的解法，早在中国古代的数学著作《九章算术》“方程”章中出现了解释如何使用消去变元的方法求解带有三个未知量的三个方程组，其中所述方法实质上相当于现代的对方程组的增广矩阵施行初等行变换从而消去未知量的方法，即高斯消元法. 在西方，线性方程组的研究是在 17 世纪后期由莱布尼茨开创的，他曾研究由含两个未知量的三个线性方程组组成的方程组. 苏格兰数学家麦克劳林(Maclaurin)在 18 世纪上半叶研究了具有二、三、四个未知量的线性方程组，得到了现在称为克拉默法则的结果，克拉默不久也发表了这个法则. 18 世纪下半叶，法国数学家贝祖对线性方程组理论进行了一系列研究，证明了 n 元齐次线性方程组有非零解的条件是系数行列式等于零.

19 世纪，英国数学家史密斯(Smith)(见图 C-29)和道奇森(Dodgson)(见图 C-30)继续研究线性方程组理论. 史密斯是牛津大学的一位几何学教授，是对线性方程组理论做出重要贡献的科学家之一. 他引进了方程组的增广矩阵和非增广矩阵的概念. 在 1861 年的论文中，史密斯发展了齐次线性方程组的通解的概念，建立了齐次线性方程组的完全解集合的概念，证明了任何解都是独立解的线性组合，并进一步指出，要解决非齐次线性方程组，只需找到一个特解，任何解都可以表示成该特解和对应的齐次线性方程组通解和的形式. 然而，史密斯并没有考虑独立方程的个数比实际方程的个数小的情况，这是由道奇森解决的，他在 1867 年发表的《行列式初论》一书中不仅讨论了方程 $\boldsymbol{AX}=\boldsymbol{B}$ 的 $m\times n$ 矩阵 $\boldsymbol{A}$，还讨论了该方程的增广矩阵$(\boldsymbol{A}\mid\boldsymbol{B})$，从增广矩阵来研究方程是不是相容的，证明了定理 n 个未知量 m 个方程组相容的充要条件是系数矩阵和增广矩阵的秩相同. 这正是现代线性方程组理论中的重要结果之一. 该定理实际上已经隐含了矩阵的秩的思想，但道奇森并没有抽象出来矩阵的秩的概念.

图 C-29　史密斯(1826—1883)

图 C-30　道奇森(1832—1898)

1879 年，德国数学家弗罗贝尼乌斯(Frobenius，1849—1917)从前辈的研究中给出了矩阵的秩和线性无关性这两个在线性代数中重要的概念. 早于 1879 年，弗罗贝尼乌斯研究出史密斯提出的“真正独立的方程”的意义，把这种性质定义为方程和表示方程组的 n 元组(即向量组)的线性无关性. 尽管弗罗贝尼乌斯已经完成了线性方程组的解的性质和各种特殊类型的矩阵的性质的研究. 但是直到 20 世纪初期，才开始用矩阵术语来组织材料的教科书，并且直到 20 世纪 40 年代，人们才认识到矩阵和向量空间的线性变换之间的关系，因此，才把向量空间抽象地提出来，形成了今天的线性代数教学内容体系.

在线性方程组的解的结构等理论得到发展的同时，线性方程组的解的数值解法等工作也取得了令人满意的进展. 现在，线性方程组的解的数值解法在计算数学中占有重要地位.

5. 二次型

数域 P 上的 n 元二次齐次多项式称为数域 P 上的 n 元二次型. 二次型是线性代数的重要内容. 二次型的系统研究是从 18 世纪开始的，它起源于对二次曲线和二次曲面的分类问题的讨论.

1748 年，欧拉讨论了三元二次型的化简问题.

1801 年，高斯在《算术研究》中引进了二次型的正定、负定、半正定和半负定等术语.

1826 年，数学家柯西开始研究化三元二次型为标准型的问题，他利用特征根的概念，解决了 n 元二次型的化简问题. 并且证明了两个 n 元二次型可以同时化为标准型的问题. 柯西在其著作中给出结论：当方程是标准型时，二次曲面可用二次项的符号来进行分类. 然而，那时并不太清楚，在化简为标准型时，为何总是得到同样数目的正项和负项.

1852 年，西尔维斯特给出了 n 个未知量的二次型的惯性定律，但没有证明. 这个定律后来被德国数学家雅可比重新发现和证明. 二次型化简的进一步研究涉及行列式的特征方程的概念. 三个未知量的二次型的特征值的实性则是由法国数学家阿歇特(Hachette)(见图 C-31)、蒙日(Monge)(见图 C-32)和泊松(Poisson)(见图 C-33)建立的.

1858 年，德国数学家魏尔斯特拉斯(Weierstrass)(见图 C-34)对同时化两个二次型成平方和给出了一个一般的方法，并证明，如果二次型之一是正定的，那么即使某些特征根相等，这个化简也是可能的. 魏尔斯特拉斯比较系统地完成了二次型的理论并将其推广到双线性型.

图 C-31　阿歇特(1769—1834)

图 C-32　蒙日(1746—1818)

图 C-33　泊松(1781—1840)

图 C-34　魏尔斯特拉斯(1815—1897)

6. 从解方程到群论

求根问题是方程理论的一个中心课题. 16 世纪，数学家们解决了三、四次方程的求根公式，对于更高次方程的求根公式是否存在，成为当时的数学家们探讨的又一个问题. 这个问题花费了不少数学家们大量的时间和精力. 经历了屡次失败，但总是摆脱不了困境.

到了 18 世纪下半叶，拉格朗日认真总结并分析了前人失败的经验，深入研究了高次方程的根与置换之间的关系，提出了预解式的概念，并预见到预解式和各根在排列置换下的形式不变性有关. 但他最终没能解决高次方程问题. 拉格朗日的学生鲁菲尼(Ruffini, 1765—1862)也做了许多努力，但都以失败告终. 高次方程的根式解的讨论，在挪威杰出数学家阿贝尔(Abel)(见图 C-35)那里取得了很大进展. 阿贝尔只活了 27 岁，他一生贫病交加，但却留下了许多创造性工作. 1824 年，阿贝尔证明了次数大于四次的一般代数方程不可能有根式解. 但问题仍没有彻底解决，因为有些特殊方程可以用根式求解. 因此，高于四次的代数方程何时没有根式解，是需要进一步解决的问题. 这一问题由法国数学家伽罗瓦(Galois)(见图 C-36)全面透彻地给予解决.

被誉为天才数学家的伽罗瓦是近世代数的创始人之一. 他出身于巴黎附近一个富裕的家庭，幼时受到良好的家庭教育，只可惜，这位天才的数学家英年早逝. 伽罗瓦群论被公认为是 19 世纪最杰出的数学成就之一. 他给方程可解性问题提供了全面而透彻的解答，解决了困扰数学家们长达百年之久的问题. 伽罗瓦群论还给出了判断几何图形能否用直尺和圆规作图的一般判别法，圆满地解决了三等分任意角或倍立方体的问题都是不可解的. 最重要的是，群论开辟了全新的研究领域，以结构研究代替计算，把从偏重计算研究的思维方式转变为用结构观念研究的思维方式，并把数学运算归类，使群论迅速发展成为一门崭新的数学分支，对近世代数的形成和发展产生了巨大的影响. 同时这种理论对物理学、化学的发展，甚至对于 20 世纪结构主义哲学的产生和发展都产生了巨大的影响.

伽罗瓦仔细研究了拉格朗日和阿贝尔的著作，建立了方程的根的“容许”置换，提出了置换群的概念，得到了代数方程可以用根式求解的充要条件是置换群的自同构群可解. 从这种意义上，我们说伽罗瓦是群论的创立者. 置换群的概念和结论是最终产生抽象群的第一个主要来源. 抽象群产生的第二个主要来源则是德国数学家戴德金(Dedekind)(见图 C-37)和克罗内克(L. Kronecker)(见图 C-38)的有限群及有限交换群的抽象定义以及凯莱(Arthur Carley，1821—1895)关于有限抽象群的研究工作. 另外，德国数学家克莱因(Clein)(见图 C-39)和庞加莱(Poincare，1854—1912)给出了无限变换群和其他类型的无限群，19 世纪 70 年代，挪威数学家李(M. S. Lie)(见图 C-40)开始研究连续变换群，并建立了连续群的一般理论，这些工作构成抽象群论的三个主要来源. 1882—1883 年，德国迪克(Dyck)(见图 C-41)的论文把上述三个主要来源的工作纳入抽象群的概念之中，建立了(抽象)群的定义.

图 C-35　阿贝尔(1802—1829)

图 C-36　伽罗瓦(1811—1832)

图 C-37　戴德金(1831—1916)

图 C-38　克罗内克(1823—1891)

1870 年，克罗内克给出了有限阿贝尔群(Abelian Group)的抽象定义，19 世纪 80 年代，数学家们终于成功地概括出抽象群论的公理体系.

1910 年，戴德金和克罗内克创立了环论；施坦尼茨(Steinltz)总结了包括群、代数、域等在内的代数体系的研究，开创了抽象代数学.

图 C-39　克莱因(1849—1925)

图 C-40　李(1842—1899)

图 C-41　迪克(1856—1934)

图 C-42　诺特(1882—1935)

德国数学家诺特(Noether)(见图 C-42)是被公认的抽象代数的奠基人之一，被誉为代数女皇. 她生于德国埃尔朗根(Erlangen)，1900 年入埃朗根大学，1907 年在数学家哥尔丹(Gordan)的指导下获博士学位. 1920—1927 年，她主要研究交换代数与“交换算术”. 1916 年之后，她的研究开始由古典代数学向抽象代数学过渡. 1920 年，她已引入“左模”“右模”的概念. 1921 年，她写的《整环的理想理论》是交换代数发展史上的里程碑. 她建立了交换诺特环理论，证明了准素分解定理. 1926 年，她发表的《代数数域及代数函数域的理想理论的抽象构造》，给戴德金环一个公理刻画，指出素理想因子唯一分解定理的充要条件. 诺特的这套理论也就是现代数学中的“环”和“理想”的系统理论，一般认为抽象代数形成的时间就是 1926 年，从此代数学研究对象从研究代数的方程根的计算与分布，进入研究数字、文字和更一般元素的代数运算规律和各种代数结构，完成了古典代数到抽象代数的本质的转变.

1927—1935 年，诺特研究非变换代数与“非变换算术”. 她把表示理论、理想理论及模理论在所谓“超复系”即代数的基础上，又引进交叉积的概念并用决定有限维伽罗瓦扩张的布饶尔群(Brauer Group). 最后得到代数的主定理的证明，代数数域上的中心可除代数是循环代数. 诺特的思想通过她的学生范·德·瓦尔登(Vander Waerden)的名著《近世代数学》得到广泛的传播. 她的主要论文收在《诺特全集》(1982 年)中.

1930 年，美国数学家伯克霍夫(George David Birkhoff)建立了格论，它源于 1847 年的布尔代数；1955 年，法国数学家亨利·嘉当(Henri Cartan，1869—1951)、法国数学家格洛辛狄克(A. Grothendieck)和美国数学家艾伦伯格(S. Eilenberg)建立了同调代数理论. 到现在为止，数学家们已经研究过 200 多种这样的代数结构. 这些工作的绝大部分属于 20 世纪，它们使一般化和抽象化的思想在现代数学中得到了充分的反映.

20 世纪 80 年代，群的概念已经普遍地被认为是数学及其许多应用中最基本的概念之一. 它不但渗透到诸如几何学、代数拓扑学、函数论、泛函分析及其他许多数学分支中而起着重要的作用，还形成了一些新学科如拓扑群、李群、代数群等，它们还具有与群结构相联系的其他结构，如拓扑、解析流形、代数簇等，并在结晶学、理论物理、量子化学以及编码学、自动机理论等方面，都有着重要的作用.

部分习题提示与参考答案

习题 1.1

1. (1) -4;　(2) -14;　(3) $(b-a)(c-a)(c-b)$;　(4) $2(x+y)(xy-x^2-y^2)$.

2. (1) $\begin{cases} x_1=-\dfrac{1}{2}, \\ x_2=0, \\ x_3=\dfrac{5}{4}. \end{cases}$　(2) $\begin{cases} x_1=2, \\ x_2=-\dfrac{1}{2}, \\ x_3=\dfrac{1}{2}. \end{cases}$

3. $n-k$.

4. (1) 7;　(2) 10;　(3) $\dfrac{n(n-1)}{2}$;　(4) $n(n-1)$.

5. (1) $i=8, j=3$;　(2) $i=6, j=8$.

6. (1) 不是;　(2) 是，负号.

7. $-a_{14}a_{23}a_{31}a_{42}$.

8. (1) $D_n=(-1)^{n-1}n!$;　(2) $D_n=(-1)^{\frac{(n-1)(n-2)}{2}}n!$.

习题 1.2

1. (1) $4abcdef$;　(2) -96;　(3) 48;　(4) $(af-be)(ch-dg)$.

2. $8m$.

4. (1) 2^{n-1};　(2) $\left(1+\sum\limits_{k=1}^{n}\dfrac{1}{a_k}\right)a_1a_2\cdots a_{n-1}a_n$;　(3) $x^n+(-1)^{n-1}y^n$.

5. $A_{21}+A_{22}+2A_{23}+A_{24}=\begin{vmatrix} 3 & 1 & -1 & 2 \\ 1 & 1 & 2 & 1 \\ 2 & -1 & 1 & -1 \\ 1 & -5 & 3 & -3 \end{vmatrix}=51$.

$M_{12}+M_{22}+M_{32}+M_{42}=\begin{vmatrix} 3 & -1 & -1 & 2 \\ -5 & 1 & 3 & -4 \\ 2 & -1 & 1 & -1 \\ 1 & 1 & 3 & 3 \end{vmatrix}=-14$.

6. (1) 方程的解为 $a_1+\cdots+a_n, 0$;

(2) 利用范德蒙行列式，方程的解为 $a_1, \cdots, a_{n-2}, a_{n-1}$，其中 $a_1, a_2, \cdots, a_{n-1}$ 互不相同.

习题 1.3

1. $\begin{cases} x_1=1, \\ x_2=2, \\ x_3=-1, \\ x_4=-2. \end{cases}$

2. $\lambda=1$ 或 $\lambda=-2$.

3. $a=1$，$b=-3$，$c=2$.

总习题 1

1. (1)(C)；　(2)(C).

2. (1)0；　(2)$-2(a^3+b^3)$；　(3)$-3a^2$；　(4)-120；　(5)$-2(n-2)!$；

(6)$\dfrac{(-1)^{n-1}(n+1)!}{2}$；　(7)$D_n=0$；　(8)$D_n=(x-a_1-a_2-a_3-\cdots-a_n)x^{n-1}$.

3. $A_{41}+A_{42}+A_{43}=-9$，$A_{44}+A_{45}=18$.

4. $x_1=a$，$x_2=b$，$x_3=c$.

5. $\begin{vmatrix} x_1 & y_1 & 1 \\ x_2 & y_2 & 1 \\ x_3 & y_3 & 1 \end{vmatrix}=0$.

6. 证明下列等式.

(1)左边$=\begin{vmatrix} ax & ay+bz & az+bx \\ ay & az+bx & ax+by \\ az & ax+by & ay+bz \end{vmatrix}+\begin{vmatrix} by & ay+bz & az+bx \\ bz & az+bx & ax+by \\ bx & ax+by & ay+bz \end{vmatrix}$

$$=a\begin{vmatrix} x & ay+bz & az+bx \\ y & az+bx & ax+by \\ z & ax+by & ay+bz \end{vmatrix}+b\begin{vmatrix} y & ay+bz & az+bx \\ z & az+bx & ax+by \\ x & ax+by & ay+bz \end{vmatrix}$$

$$=a\begin{vmatrix} x & ay+bz & az \\ y & az+bx & ax \\ z & ax+by & ay \end{vmatrix}+b\begin{vmatrix} y & bz & az+bx \\ z & bx & ax+by \\ x & by & ay+bz \end{vmatrix}=a^2\begin{vmatrix} x & ay & z \\ y & az & x \\ z & ax & y \end{vmatrix}+b^2\begin{vmatrix} y & z & bx \\ z & x & by \\ x & y & bz \end{vmatrix}$$

$$=(a^3+b^3)\begin{vmatrix} x & y & z \\ y & z & x \\ z & x & y \end{vmatrix}.$$

(2)左边$=\begin{vmatrix} 1 & 1 & 1 & 1 \\ 0 & b-a & c-a & d-a \\ 0 & b^2-ba & c^2-ca & d^2-da \\ 0 & b^2(b^2-a^2) & c^2(c^2-a^2) & d^2(d^2-a^2) \end{vmatrix}$

$$=(b-a)(c-a)(d-a)\begin{vmatrix} 1 & 1 & 1 \\ b & c & d \\ b^2(b+a) & c^2(c+a) & d^2(d+a) \end{vmatrix}$$

$$=(a-b)(a-c)(a-d)(b-c)(b-d)(c-d)(a+b+c+d).$$

(3)$D_{2n}=\begin{vmatrix} a_n & b_n & & & & & & \\ c_n & d_n & & & & & & \\ & & a_{n-1} & & & & & b_{n-1} \\ & & & \ddots & & & \iddots & \\ & & & & a_1 & b_1 & & \\ & & & & c_1 & d_1 & & \\ & & & \iddots & & & \ddots & \\ & & c_{n-1} & & & & & d_{n-1} \end{vmatrix}$

$$=(a_nd_n-b_nc_n)\begin{vmatrix} a_{n-1} & & & & & b_{n-1} \\ & \ddots & & & \iddots & \\ & & a_1 & b_1 & & \\ & & c_1 & d_1 & & \\ & \iddots & & & \ddots & \\ c_{n-1} & & & & & d_{n-1} \end{vmatrix}$$

$$=(a_nd_n-b_nc_n)D_{2(n-1)}=\prod_{i=1}^{n}(a_id_i-b_ic_i).$$

习题 2.1

2. $\boldsymbol{EF}=3\boldsymbol{\alpha}+3\boldsymbol{\beta}-5\boldsymbol{\gamma}$.

习题 2.2

1. 点(x_0,y_0,z_0)关于 xOy 面，yOz 面，zOx 面的对称点依次为$(x_0,y_0,-z_0)$，$(-x_0,y_0,z_0)$，$(x_0,-y_0,z_0)$；关于 x 轴、y 轴、z 轴的对称点依次为$(x_0,-y_0,-z_0)$，$(-x_0,y_0,-z_0)$，$(-x_0,-y_0,z_0)$；关于坐标原点的对称点为$(-x_0,-y_0,-z_0)$.

2. $\lambda=-1$，$\mu=4$.

3. 向量在 x 轴上的投影为 13，在 y 轴上的分向量为 $7\boldsymbol{j}$.

4. 向量$\boldsymbol{AB}$在 x 轴上的投影为-3，在 z 轴上的投影向量为 $2\boldsymbol{k}$.

习题 2.3

1. $\boldsymbol{e}=\pm\frac{1}{11}(6,7,-6)$.

3. (1) $\boldsymbol{\alpha}$ 的方向余弦为$\frac{1}{\sqrt{3}},\frac{1}{\sqrt{3}},\frac{1}{\sqrt{3}}$；　(2) $\boldsymbol{\alpha}$ 的坐标为$\left(\frac{1}{\sqrt{3}},\frac{1}{\sqrt{3}},\frac{1}{\sqrt{3}}\right)$.

4. (1) 向量$\boldsymbol{AB}$的模为 $\sqrt{77}$；　(2) 向量$\boldsymbol{AB}$的方向余弦为$-\frac{3}{\sqrt{77}},\frac{8}{\sqrt{77}},\frac{2}{\sqrt{77}}$；

   (3) 向量$\boldsymbol{AB}$方向上的单位向量为 $\boldsymbol{e}=\left(-\frac{3}{\sqrt{77}},\frac{8}{\sqrt{77}},\frac{2}{\sqrt{77}}\right)$.

5. $\boldsymbol{\alpha}\cdot\boldsymbol{\beta}+\boldsymbol{\beta}\cdot\boldsymbol{\gamma}+\boldsymbol{\gamma}\cdot\boldsymbol{\alpha}=-\frac{3}{2}$.

6. (1) 向量与 x 轴垂直，与 yOz 面平行；　(2) 向量与 y 轴同方向，与 zOx 面垂直；

   (3) 向量与 z 轴平行，与 xOy 面垂直.

7. 四边形 $ABCD$ 的面积为 15.

8. $k=3$ 或 $k=-3$.

10. (1) $(6,-4,-8)$；　(2) 14.

11. $\pm\frac{1}{\sqrt{29}}(2,3,4)$.

14. $\frac{59}{6}$.

习题 2.4

1. (1) yOz 面；　(2) 过点$\left(0,\frac{1}{3},0\right)$且与 zOx 面平行；

(3)过点 $A(3,0,0)$，点 $B(0,-6,0)$且与 z 轴平行；　(4)过点 $A(3,1,0)$及 z 轴.

2. (1)$2x+9y-6z-121=0$；　(2)$x+y-3z-4=0$；　(3)$x-2=0$；　(4)$2x-3z=0$；
(5)$9y-z-2=0$.

3. $\frac{x-3}{-4}=\frac{y+2}{2}=\frac{z-1}{1}$.

4. $\frac{x-3}{-2}=\frac{y}{1}=\frac{z+2}{3}$，$\begin{cases}x=-2t+3,\\y=t,\\z=3t-2.\end{cases}$

5. $\frac{x}{-2}=\frac{y-2}{3}=\frac{z-4}{1}$.

6. 平面方程为 $8x-9y-22z-59=0$.

7. 方向余弦为$\frac{3}{5\sqrt{2}},\frac{1}{\sqrt{2}},-\frac{4}{5\sqrt{2}}$.

8. 夹角为 0.

9. 与 xOy 面, yOz 面, zOx 面夹角的余弦依次为$\frac{1}{3},\frac{2}{3},\frac{2}{3}$.

10. 距离为 1.

11. 距离为$\frac{3}{\sqrt{2}}$.

12. 交点为$(5,5,-6)$.

13. 直线的方程为$\begin{cases}7x-5y+2z-32=0,\\15x-17y-46z-12=0.\end{cases}$

14. (1)$\frac{\pi}{2}$；　*(3)$\frac{14}{\sqrt{26}}$；　*(4)$\begin{cases}2x-y+2z-8=0,\\3x+4y-z+5=0.\end{cases}$

总习题 2

1. $\boldsymbol{AD}=\frac{\boldsymbol{\gamma}-\boldsymbol{\beta}}{2}$，$\boldsymbol{BE}=\frac{\boldsymbol{\alpha}-\boldsymbol{\gamma}}{2}$，$\boldsymbol{CF}=\frac{\boldsymbol{\beta}-\boldsymbol{\alpha}}{2}$.

2. $\boldsymbol{\alpha}$ 与 $\boldsymbol{\beta}$ 的夹角为$\frac{\pi}{3}$.

3. 36.

4. $(\boldsymbol{\alpha},\boldsymbol{\beta},\boldsymbol{\gamma})=36$，$\boldsymbol{\alpha},\boldsymbol{\beta},\boldsymbol{\gamma}$ 不共面.

5. 点 C 为$\left(0,0,\frac{1}{5}\right)$，面积为$\frac{\sqrt{30}}{5}$.

6. 平面的方程为 $x+2y-3z-6=0$.

7. 直线的方程为$\frac{x+1}{8}=\frac{y}{9}=\frac{z-4}{12}$.

8. 距离为$\sqrt{3}$.

9. 交点为$(1,2,2)$.

10. 距离为$\frac{\sqrt{6}}{2}$.

11. 直线的方程为$\frac{x-2}{2}=\frac{y-1}{-1}=\frac{z-3}{4}$.

12. 直线的方程为$\frac{x+3}{4}=\frac{y-2}{3}=\frac{z-5}{1}$.

*13. 二直线 L_1 与 L_2 是异面的，距离 $d=1$，公垂线的方程$\begin{cases}x+y+4z+3=0,\\x-2y-2z+3=0.\end{cases}$

习题 3.2

1. $\boldsymbol{X}=\begin{pmatrix}1&3&4\\5&5&1\\4&4&5\end{pmatrix}$.

2. (1)$\begin{pmatrix}0&0&0\\0&0&0\\0&0&0\end{pmatrix}$； (2)$\begin{pmatrix}-1&7&9\\7&8&33\end{pmatrix}$； (3)$\begin{pmatrix}a_1b_1&a_1b_2&\cdots&a_1b_n\\a_2b_1&a_2b_2&\cdots&a_2b_n\\\vdots&\vdots&&\vdots\\a_nb_1&a_nb_2&\cdots&a_nb_n\end{pmatrix}$；

(4)$a_{11}x_1^2+a_{22}x_2^2+a_{33}x_3^2+2a_{12}x_1x_2+2a_{13}x_1x_3+2a_{23}x_2x_3$.

3. $\boldsymbol{AB}=\begin{pmatrix}5&2&8\\-1&-1&-1\\8&3&13\end{pmatrix}$，$(\boldsymbol{AB})\boldsymbol{C}=\begin{pmatrix}40&1&-2\\-5&1&-2\\65&2&-4\end{pmatrix}$，

$\boldsymbol{BC}=\begin{pmatrix}15&0&0\\10&1&-2\end{pmatrix}$，$\boldsymbol{A}(\boldsymbol{BC})=\begin{pmatrix}40&1&-2\\-5&1&-2\\65&2&-4\end{pmatrix}$.

4. 证明

(1)$(\boldsymbol{A}+\boldsymbol{B})^2=\boldsymbol{A}^2+2\boldsymbol{AB}+\boldsymbol{B}^2\Leftrightarrow(\boldsymbol{A}+\boldsymbol{B})(\boldsymbol{A}+\boldsymbol{B})=\boldsymbol{A}^2+2\boldsymbol{AB}+\boldsymbol{B}^2$

$\Leftrightarrow\boldsymbol{A}^2+\boldsymbol{B}^2+\boldsymbol{AB}+\boldsymbol{BA}=\boldsymbol{A}^2+2\boldsymbol{AB}+\boldsymbol{B}^2\Leftrightarrow\boldsymbol{BA}=\boldsymbol{AB}$；

(2)$\boldsymbol{A}^2-\boldsymbol{B}^2=(\boldsymbol{A}+\boldsymbol{B})(\boldsymbol{A}-\boldsymbol{B})\Leftrightarrow\boldsymbol{A}^2-\boldsymbol{B}^2=\boldsymbol{A}^2+\boldsymbol{BA}-\boldsymbol{AB}-\boldsymbol{B}^2\Leftrightarrow\boldsymbol{BA}=\boldsymbol{AB}$.

5. (1)$\boldsymbol{A}=\begin{pmatrix}0&1\\0&0\end{pmatrix}$； (2)$\boldsymbol{A}=\begin{pmatrix}1&0\\0&0\end{pmatrix}$； (3)$\boldsymbol{A}=\begin{pmatrix}1&0\\0&-1\end{pmatrix}$；

(4)$\boldsymbol{A}=\begin{pmatrix}2&4\\-3&-6\end{pmatrix}$，$\boldsymbol{X}=\begin{pmatrix}-1&4\\2&-1\end{pmatrix}$，$\boldsymbol{Y}=\begin{pmatrix}1&0\\1&1\end{pmatrix}$.

6. $(\boldsymbol{AB})^{\mathrm{T}}=\begin{pmatrix}2&16&28\\1&11&19\end{pmatrix}=\boldsymbol{B}^{\mathrm{T}}\boldsymbol{A}^{\mathrm{T}}$.

7. (1)$\boldsymbol{A}^2=\begin{pmatrix}6&6&6\\12&12&12\\18&18&18\end{pmatrix}=6\boldsymbol{A}$，$\boldsymbol{A}^{100}=6^{99}\boldsymbol{A}$.

(2)$\boldsymbol{A}=\boldsymbol{\alpha}\boldsymbol{\beta}^{\mathrm{T}}=\begin{pmatrix}2&4&8\\1&2&4\\-3&-6&-12\end{pmatrix}$，$\boldsymbol{\beta}^{\mathrm{T}}\boldsymbol{\alpha}=-8$，$\boldsymbol{A}^2=\boldsymbol{\alpha}(\boldsymbol{\beta}^{\mathrm{T}}\boldsymbol{\alpha})\boldsymbol{\beta}^{\mathrm{T}}=-8\boldsymbol{A}$，$\boldsymbol{A}^n=(-8)^{n-1}\boldsymbol{A}$.

8. 因$\boldsymbol{A}^2=\frac{1}{2}(\boldsymbol{B}+\boldsymbol{E})\cdot\frac{1}{2}(\boldsymbol{B}+\boldsymbol{E})=\frac{1}{4}(\boldsymbol{B}^2+2\boldsymbol{B}+\boldsymbol{E})$，

所以$\boldsymbol{A}^2=\boldsymbol{A}\Leftrightarrow\frac{1}{4}(\boldsymbol{B}^2+2\boldsymbol{B}+\boldsymbol{E})=\frac{1}{2}(\boldsymbol{B}+\boldsymbol{E})\Leftrightarrow\boldsymbol{B}^2=\boldsymbol{E}$.

9. 因 $\boldsymbol{A}$ 是实对称矩阵，

所以设 $\boldsymbol{A}=\begin{pmatrix} a_{11} & a_{12} & \cdots & a_{1n} \\ a_{12} & a_{22} & \cdots & a_{2n} \\ \vdots & \vdots & & \vdots \\ a_{1n} & a_{2n} & \cdots & a_{nn} \end{pmatrix}$，$a_{ij}\in\mathbf{R}$，$i,j=1,2,\cdots,n$

有

$$\boldsymbol{A}^2=\begin{pmatrix} a_{11}^2+a_{12}^2+\cdots+a_{1n}^2 & a_{11}a_{12}+a_{12}a_{22}+\cdots+a_{1n}a_{2n} & \cdots & a_{11}a_{1n}+a_{12}a_{2n}+\cdots+a_{1n}a_{nn} \\ a_{11}a_{12}+a_{12}a_{22}+\cdots+a_{1n}a_{2n} & a_{12}^2+a_{22}^2+\cdots+a_{2n}^2 & \cdots & a_{12}a_{1n}+a_{22}a_{n2}+\cdots+a_{2n}a_{nn} \\ \vdots & \vdots & & \vdots \\ a_{11}a_{1n}+a_{12}a_{2n}+\cdots+a_{1n}a_{nn} & a_{12}a_{1n}+a_{22}a_{n2}+\cdots+a_{2n}a_{nn} & \cdots & a_{1n}^2+a_{2n}^2+\cdots+a_{nn}^2 \end{pmatrix}$$

又 $\boldsymbol{A}^2=\boldsymbol{O}$，故 $a_{i1}^2+a_{i2}^2+\cdots+a_{in}^2=0$，$i=1,2,\cdots,n$，即 $a_{ij}=0$，$i,j=1,2,\cdots,n$，因此 $\boldsymbol{A}=\boldsymbol{O}$.

10. 构造 n 阶对称矩阵 $\boldsymbol{B}=\dfrac{\boldsymbol{A}+\boldsymbol{A}^{\mathrm{T}}}{2}$，反对称矩阵 $\boldsymbol{C}=\dfrac{\boldsymbol{A}-\boldsymbol{A}^{\mathrm{T}}}{2}$，有 $\boldsymbol{A}=\boldsymbol{B}+\boldsymbol{C}$.

11. 因 $\boldsymbol{A}^{\mathrm{T}}=\boldsymbol{A}$，$\boldsymbol{B}^{\mathrm{T}}=\boldsymbol{B}$，
所以 $\boldsymbol{AB}$ 是对称矩阵$\Leftrightarrow(\boldsymbol{AB})^{\mathrm{T}}=\boldsymbol{AB}\Leftrightarrow\boldsymbol{B}^{\mathrm{T}}\boldsymbol{A}^{\mathrm{T}}=\boldsymbol{AB}\Leftrightarrow\boldsymbol{BA}=\boldsymbol{AB}$.

习题 3.3

1. (1) $\begin{pmatrix} -2 & 1 & 0 \\ -13 & 6 & -1 \\ -29 & 13 & -2 \end{pmatrix}$；　(2) $\begin{pmatrix} \cos\theta & \sin\theta \\ -\sin\theta & \cos\theta \end{pmatrix}$；

(3) $\begin{pmatrix} -2 & 1 & 0 \\ -\dfrac{13}{2} & 3 & -\dfrac{1}{2} \\ -16 & 7 & -1 \end{pmatrix}$；　(4) $\begin{pmatrix} \dfrac{1}{a_1} & & & \\ & \dfrac{1}{a_2} & & \\ & & \ddots & \\ & & & \dfrac{1}{a_n} \end{pmatrix}$.

2. 因 $\boldsymbol{A}^2+\boldsymbol{A}=4\boldsymbol{E}$，则$(\boldsymbol{A}-\boldsymbol{E})(\boldsymbol{A}+2\boldsymbol{E})=2\boldsymbol{E}$，故 $\boldsymbol{A}-\boldsymbol{E}$ 可逆，且$(\boldsymbol{A}-\boldsymbol{E})^{-1}=\dfrac{\boldsymbol{A}+2\boldsymbol{E}}{2}$.

3. 因存在正整数 m 使得 $\boldsymbol{A}^m=\boldsymbol{O}$，则

$$(\boldsymbol{E}-\boldsymbol{A})(\boldsymbol{E}+\boldsymbol{A}+\cdots+\boldsymbol{A}^{m-1})=\boldsymbol{E}-\boldsymbol{A}+\boldsymbol{A}-\boldsymbol{A}^2+\cdots-\boldsymbol{A}^{m-1}+\boldsymbol{A}^{m-1}-\boldsymbol{A}^m=\boldsymbol{E}.$$

故 $\boldsymbol{E}-\boldsymbol{A}$ 可逆，且$(\boldsymbol{E}-\boldsymbol{A})^{-1}=\boldsymbol{E}+\boldsymbol{A}+\cdots+\boldsymbol{A}^{m-1}$.

4. (1) $\boldsymbol{X}=\begin{pmatrix} 10 & 2 \\ -15 & -3 \\ 12 & 4 \end{pmatrix}$；　(2) $\begin{pmatrix} 2 & -1 & -1 \\ -4 & 7 & 4 \end{pmatrix}$；　(3) $\dfrac{1}{3}\begin{pmatrix} 23 & -7 & -13 \\ -22 & 5 & 14 \end{pmatrix}$.

5. $\boldsymbol{X}=\begin{pmatrix} 0 & 1 & -1 \\ -1 & 0 & 1 \\ 1 & -1 & 0 \end{pmatrix}$.

6. 因矩阵 $\boldsymbol{A}$ 可逆，即$(\boldsymbol{A}^{\mathrm{T}})^{-1}=(\boldsymbol{A}^{-1})^{\mathrm{T}}$，则 $\boldsymbol{A}^{\mathrm{T}}=\boldsymbol{A}$ 时，$(\boldsymbol{A}^{-1})^{\mathrm{T}}=\boldsymbol{A}^{-1}$，即 $\boldsymbol{A}^{-1}$ 是对称矩阵；

$\boldsymbol{A}^{\mathrm{T}}=-\boldsymbol{A}$ 时，$(\boldsymbol{A}^{-1})^{\mathrm{T}}=(-\boldsymbol{A})^{-1}=-\boldsymbol{A}^{-1}$，即 $\boldsymbol{A}^{-1}$ 是反对称矩阵.

7. $\left|\left(\frac{1}{7}A\right)^{-1}-12A^*\right|=81.$

8. (1) A^* 为 $n(n>1)$ 阶矩阵 A 的伴随矩阵，
故 $AA^*=|A|E$. 若 $|A|=0$，则 $AA^*=O$，
假设 $|A^*|\neq 0$，即 A^* 可逆，$A^*(A^*)^{-1}=E$，
则 $A=AE=AA^*(A^*)^{-1}=O$，从而 A 的所有 $n-1$ 阶子式都为 0，即 $A^*=O$，这与 $|A^*|\neq 0$ 矛盾，因此 $|A|=0$ 时 $|A^*|=0$.

(2) 如 $|A|=0$，由 (1) 知 $|A^*|=0$，则 $|A^*|=|A|^{n-1}$；
如 $|A|\neq 0$，由 $AA^*=|A|E$ 有 $|A|\cdot|A^*|=|A|^n$，故 $|A^*|=|A|^{n-1}$.

9. 克拉默法则：对于线性方程组

$$\begin{cases}a_{11}x_1+a_{12}x_2+\cdots+a_{1n}x_n=b_1,\\ a_{21}x_1+a_{22}x_2+\cdots+a_{2n}x_n=b_2,\\ \qquad\cdots\cdots\\ a_{n1}x_1+a_{n2}x_2+\cdots+a_{nn}x_n=b_n,\end{cases}$$

记 $A=\begin{pmatrix}a_{11}&a_{12}&\cdots&a_{1n}\\ a_{21}&a_{22}&\cdots&a_{2n}\\ \vdots&\vdots&&\vdots\\ a_{n1}&a_{n2}&\cdots&a_{nn}\end{pmatrix}$，$x=\begin{pmatrix}x_1\\ x_2\\ \vdots\\ x_n\end{pmatrix}$，$b=\begin{pmatrix}b_1\\ b_2\\ \vdots\\ b_n\end{pmatrix}$，

$$A_j=\begin{pmatrix}a_{11}&\cdots&a_{1,j-1}&b_1&a_{1,j+1}&\cdots&a_{1n}\\ a_{21}&\cdots&a_{2,j-1}&b_2&a_{2,j+1}&\cdots&a_{2n}\\ \vdots&&\vdots&\vdots&\vdots&&\vdots\\ a_{n1}&\cdots&a_{n,j-1}&b_n&a_{n,j+1}&\cdots&a_{nn}\end{pmatrix},j=1,2,\cdots,n,$$

则 $|A|\neq 0$ 时，方程组 $Ax=b$ 有唯一解 $x_j=\frac{|A_j|}{|A|},j=1,2,\cdots,n.$

因 $|A|\neq 0$ 时，A 可逆且 A 的逆矩阵 A^{-1} 唯一，所以 $Ax=b$ 有唯一解 $x=A^{-1}b$，

而 $A^{-1}=\frac{1}{|A|}A^*=\frac{1}{|A|}\begin{pmatrix}A_{11}&A_{21}&\cdots&A_{n1}\\ A_{12}&A_{22}&\cdots&A_{n2}\\ \vdots&\vdots&&\vdots\\ A_{1n}&A_{2n}&\cdots&A_{nn}\end{pmatrix}$，$A_{ij}$ 为 $|A|$ 中元素 a_{ij} 的代数余子式，

$|A_j|=b_1A_{1j}+b_2A_{2j}+\cdots+b_nA_{nj}$，

所以 $x_j=\frac{|A_j|}{|A|},j=1,2,\cdots,n.$

习题 3.4

1. $|A^8|=10^{16}$，$A^4=\begin{pmatrix}5^4&0&0&0\\ 0&5^4&0&0\\ 0&0&2^4&0\\ 0&0&2^6&2^4\end{pmatrix}$.

2. $A^{-1}=\begin{pmatrix}2&-1&0&0\\-3&2&0&0\\-34&30&-5&-3\\15&-13&2&1\end{pmatrix}$.

3. $X^{-1}=\begin{pmatrix}O&C^{-1}\\B^{-1}&O\end{pmatrix}$.

4. $A^{-1}=\begin{pmatrix}0&0&0&\cdots&0&\frac{1}{a_n}\\\frac{1}{a_1}&0&0&\cdots&0&0\\0&\frac{1}{a_2}&0&\cdots&0&0\\\vdots&\vdots&\vdots&&\vdots&\vdots\\0&0&0&\cdots&\frac{1}{a_{n-1}}&0\end{pmatrix}$.

5. 设实矩阵 $A=\begin{pmatrix}a_{11}&a_{12}&\cdots&a_{1n}\\a_{21}&a_{22}&\cdots&a_{2n}\\\vdots&\vdots&&\vdots\\a_{n1}&a_{n2}&\cdots&a_{nn}\end{pmatrix}$，记 $\alpha_j=\begin{pmatrix}a_{1j}\\a_{2j}\\\vdots\\a_{nj}\end{pmatrix},j=1,2,\cdots,n$,

则 $A=(\alpha_1\quad\alpha_2\quad\cdots\quad\alpha_n)$,

于是 $A^{\mathrm{T}}A=\begin{pmatrix}\alpha_1^{\mathrm{T}}\\\alpha_2^{\mathrm{T}}\\\vdots\\\alpha_n^{\mathrm{T}}\end{pmatrix}(\alpha_1\quad\alpha_2\quad\cdots\quad\alpha_n)=\begin{pmatrix}\alpha_1^{\mathrm{T}}\alpha_1&\alpha_1^{\mathrm{T}}\alpha_2&\cdots&\alpha_1^{\mathrm{T}}\alpha_n\\\alpha_2^{\mathrm{T}}\alpha_1&\alpha_2^{\mathrm{T}}\alpha_2&\cdots&\alpha_2^{\mathrm{T}}\alpha_n\\\vdots&\vdots&&\vdots\\\alpha_n^{\mathrm{T}}\alpha_1&\alpha_n^{\mathrm{T}}\alpha_2&\cdots&\alpha_n^{\mathrm{T}}\alpha_n\end{pmatrix}$,

所以 n 阶实对称矩阵 $A=O\Leftrightarrow a_{ij}=0,\ i,j=1,2,\cdots,n\Leftrightarrow a_{1j}^2+a_{2j}^2+\cdots+a_{nj}^2=0\Leftrightarrow\alpha_j^{\mathrm{T}}\alpha_j=0\Leftrightarrow A^{\mathrm{T}}A=O$.

习题 3.5

1. (1) $\begin{pmatrix}1&0&0&5\\0&1&0&1\\0&0&1&-3\end{pmatrix}$;　　(2) $\begin{pmatrix}1&0&0\\0&1&0\\0&0&1\end{pmatrix}$;

(3) $\begin{pmatrix}1&\frac{1}{2}&0&0\\0&0&1&0\\0&0&0&1\\0&0&0&0\end{pmatrix}$;　　(4) $\begin{pmatrix}0&1&0&5\\0&0&1&3\\0&0&0&0\end{pmatrix}$.

2. (1) $P=\begin{pmatrix}1&3\\2&5\end{pmatrix}$，$PA=\begin{pmatrix}1&0&4\\0&1&7\end{pmatrix}$;　　(2) $Q=\begin{pmatrix}1&2&0\\3&5&0\\-4&-7&1\end{pmatrix}$，$QA^{\mathrm{T}}=\begin{pmatrix}1&0\\0&1\\0&0\end{pmatrix}$.

3. (1)$\boldsymbol{A}$ 可逆，$\boldsymbol{A}^{-1}=\begin{pmatrix}1 & -4 & -3\\ 1 & -5 & -3\\ -1 & 6 & 4\end{pmatrix}$；　(2)$\boldsymbol{A}$ 可逆，$\boldsymbol{A}^{-1}=\begin{pmatrix}1 & -3 & 11 & -20\\ 0 & 1 & -2 & 1\\ 0 & 0 & 1 & -2\\ 0 & 0 & 0 & 1\end{pmatrix}$；

(3)$\boldsymbol{A}$ 不可逆；　(4)$\boldsymbol{A}$ 不可逆.

4. $\boldsymbol{X}=\begin{pmatrix}9\\ -14\\ -6\end{pmatrix}$.

习题 3.6

1. (1)$R(\boldsymbol{A})=2$；　(2)$R(\boldsymbol{A})=2$；　(3)$R(\boldsymbol{A})=3$；　(4)$R(\boldsymbol{A})=3$.

2. (1)$k=1$；　(2)$k=-2$；　(3)$k\neq1$ 且 $k\neq-2$.

3. $\boldsymbol{A}$ 是 n 阶矩阵. 若 $R(\boldsymbol{A})=1$，则存在 n 阶可逆矩阵 $\boldsymbol{P},\boldsymbol{Q}$ 使

$$\boldsymbol{A}=\boldsymbol{P}\begin{pmatrix}1 & 0 & \cdots & 0\\ 0 & 0 & \cdots & 0\\ \vdots & \vdots & & \vdots\\ 0 & 0 & \cdots & 0\end{pmatrix}\boldsymbol{Q},$$

记 $\boldsymbol{P}=(\boldsymbol{\alpha}_1\quad\boldsymbol{\alpha}_2\quad\cdots\quad\boldsymbol{\alpha}_n)$，$\boldsymbol{Q}=\begin{pmatrix}\boldsymbol{\beta}_1\\ \boldsymbol{\beta}_2\\ \vdots\\ \boldsymbol{\beta}_n\end{pmatrix}$，即有 $\boldsymbol{A}=\boldsymbol{\alpha}_1\boldsymbol{\beta}_1$，

由 $\boldsymbol{P},\boldsymbol{Q}$ 可逆知道，$\boldsymbol{\alpha}_1$ 为一个 $n\times1$ 非零矩阵，$\boldsymbol{\beta}_1$ 为一个 $1\times n$ 非零矩阵，
故 $\boldsymbol{A}$ 可以表示为一个 $n\times1$ 非零矩阵 $\boldsymbol{\alpha}$ 和一个 $1\times n$ 非零矩阵 $\boldsymbol{\beta}$ 的乘积.

反之，$\boldsymbol{A}$ 可以表示为一个 $n\times1$ 非零矩阵 $\boldsymbol{\alpha}$ 和一个 $1\times n$ 非零矩阵 $\boldsymbol{\beta}$ 的乘积，即 $\boldsymbol{A}=\boldsymbol{\alpha}\boldsymbol{\beta}$，则 $R(\boldsymbol{A})\leqslant\min\{R(\boldsymbol{\alpha}),\ R(\boldsymbol{\beta})\}\leqslant1$，

又记 $\boldsymbol{\alpha}=\begin{pmatrix}a_1\\ a_2\\ \vdots\\ a_n\end{pmatrix}$，$\boldsymbol{\beta}=(b_1\quad b_2\quad\cdots\quad b_n)$，其中 $a_1,a_2,\cdots,a_n$ 不全为零，$b_1,b_2,\cdots,b_n$ 不全为零，

于是

$$\boldsymbol{A}=\boldsymbol{\alpha}\boldsymbol{\beta}=\begin{pmatrix}a_1b_1 & a_1b_2 & \cdots & a_1b_n\\ a_2b_1 & a_2b_2 & \cdots & a_2b_n\\ \vdots & \vdots & & \vdots\\ a_nb_1 & a_nb_2 & \cdots & a_nb_n\end{pmatrix}\neq\boldsymbol{O}，\text{即 } R(\boldsymbol{A})\geqslant1,$$

故 $R(\boldsymbol{A})=1$.

总习题 3

1. (1)(B)；　(2)(D)；　(3)(B)；　(4)(C)；　(5)(D).

2. $|\boldsymbol{A}|=1+a^2+b^2+c^2\neq0$，故根据定理 3.7 可知矩阵 $\boldsymbol{A}$ 可逆.

$$\boldsymbol{A}^{-1}=\frac{1}{1+a^2+b^2+c^2}\begin{pmatrix}1+c^2 & a+bc & ac-b\\ -a+bc & 1+b^2 & c+ab\\ ac+b & -c+ab & 1+a^2\end{pmatrix}$$

3. $x=0$，$y=2$.

4. $A^n=(-2)^{n-1}A=(-2)^{n-1}\begin{pmatrix}1 & -2 & \frac{1}{3}\\ 2 & -4 & \frac{2}{3}\\ 3 & -6 & 1\end{pmatrix}$（$n$ 为正整数）.

5. $A=\begin{pmatrix}-2 & 0 & 0\\ 0 & 1 & 0\\ 0 & 0 & 1\end{pmatrix}$，$A^k=\begin{pmatrix}(-2)^k & 0 & 0\\ 0 & 1 & 0\\ 0 & 0 & 1\end{pmatrix}$.

6. $A^n=3^{n-1}a^n\begin{pmatrix}1 & 1 & 1\\ 1 & 1 & 1\\ 1 & 1 & 1\end{pmatrix}$.

7. $A^n=\begin{pmatrix}2^{2n-1} & 2^{2n} & 0 & 0\\ 4^{n-1} & 2^{2n-1} & 0 & 0\\ 0 & 0 & 2^n & 0\\ 0 & 0 & 2^{n+1}n & 2^n\end{pmatrix}$.

8. 因 A 是 n 阶正交矩阵，所以 $AA^{\mathrm{T}}=E$，即 $|A|=\pm1$，又 $|A|<0$，则 $|A|=-1$，于是 $|A+E|=|A+AA^{\mathrm{T}}|=|A||E+A^{\mathrm{T}}|=-|E+A|$，即 $|A+E|=0$，因此 $A+E$ 不可逆.

9. 因矩阵 A 满足 $A^2=E$，则 $(A+E)(A-E)=0$，即 $|A+E||A-E|=0$，故 $A+E$ 与 $A-E$ 中至少有一个不可逆.

10. 证明：因 $(E-AB)A=A-ABA=A(E-BA)$，且 $E-AB$ 可逆，则 $A=(E-AB)^{-1}A(E-BA)$，又 $E=E-BA+BA=(E-BA)+B(E-AB)^{-1}A(E-BA)=[E+B(E-AB)^{-1}A](E-BA)$，所以 $E-BA$ 可逆，且 $(E-BA)^{-1}=E+B(E-AB)^{-1}A$.

习题 4.1

1. (1) $\begin{pmatrix}x_1\\x_2\\x_3\\x_4\end{pmatrix}=\begin{pmatrix}4\\-9\\4\\3\end{pmatrix}c$，$c\in\mathbf{R}$.　　(2) $\begin{pmatrix}x_1\\x_2\\x_3\\x_4\end{pmatrix}=\begin{pmatrix}-6\\1\\0\\0\end{pmatrix}k_1+\begin{pmatrix}1\\0\\-3\\1\end{pmatrix}k_2$，$k_1$，$k_2\in\mathbf{R}$.

(3) 无解.　　(4) $\begin{pmatrix}x\\y\\z\\w\end{pmatrix}=\begin{pmatrix}0\\1\\0\\0\end{pmatrix}+\begin{pmatrix}1\\-2\\0\\0\end{pmatrix}k_1+\begin{pmatrix}0\\1\\1\\0\end{pmatrix}k_2$.

2. (1) $\lambda\neq1$ 且 $\lambda\neq-2$ 时方程组有唯一解 $x_1=\frac{-\lambda-1}{\lambda+2},x_2=\frac{1}{\lambda+2},x_3=\frac{(\lambda+1)^2}{\lambda+2}$；$\lambda=-2$时方程组无解；$\lambda=1$ 时方程组有无穷多解 $x_1=1-k_1-k_2$，$x_2=k_1$，$x_3=k_2$，k_1，$k_2\in\mathbf{R}$.

(2) $\lambda\neq1$ 且 $\mu\neq0$ 时方程组有唯一解 $x_1=\frac{2\mu-1}{(\lambda-1)\mu},x_2=\frac{1}{\mu},x_3=\frac{1-4\mu+2\lambda\mu}{(\lambda-1)\mu}$；$\mu=0$ 或 $\lambda=1$ 且 $\mu\neq\frac{1}{2}$时方程组无解；$\lambda=1$ 且 $\mu=\frac{1}{2}$时方程组有无穷多解 $x_1=2-k,x_2=2,x_3=k$，$k\in\mathbf{R}$.

习题 4.2

1. $\boldsymbol{\alpha}_1+2\boldsymbol{\alpha}_2-\boldsymbol{\alpha}_3=(0,6,-11,2)$.

2. $\boldsymbol{\alpha}=\left(0,-\frac{11}{5},1,\frac{1}{5}\right)$.

3. V_1 是向量空间；V_2 不是向量空间.

习题 4.3

2. (1) $a\neq -4$；　(2) $a=-4$，$b\neq 0$；　(3) $a=-4$，$b=0$，$\boldsymbol{\beta}=\boldsymbol{\alpha}_1-(2c+1)\boldsymbol{\alpha}_2+c\boldsymbol{\alpha}_3$.

3. (1)线性相关；　(2)线性无关.

4. $k=-1$ 或 $k=2$.

5. $\boldsymbol{\beta}=(c-1)\boldsymbol{\alpha}_1-c\boldsymbol{\alpha}_2$.

6. (1)错误. 如 $\boldsymbol{\alpha}_3=\begin{pmatrix}0\\1\end{pmatrix}$不能由 $\boldsymbol{\alpha}_1=\begin{pmatrix}1\\0\end{pmatrix}$，$\boldsymbol{\alpha}_2=\begin{pmatrix}2\\0\end{pmatrix}$线性表示，但向量组 $\boldsymbol{\alpha}_1,\boldsymbol{\alpha}_2,\boldsymbol{\alpha}_3$ 线性相关.

(2)错误.

(3)正确. 因 $\boldsymbol{\alpha}_1,\boldsymbol{\alpha}_2,\cdots,\boldsymbol{\alpha}_s$ 线性相关，即有不全为零的数 $k_1,k_2,\cdots,k_{s-1},k_s$ 使 $k_1\boldsymbol{\alpha}_1+k_2\boldsymbol{\alpha}_2+\cdots+k_{s-1}\boldsymbol{\alpha}_{s-1}+k_s\boldsymbol{\alpha}_s=0$，又因 $\boldsymbol{\alpha}_s$ 不能由 $\boldsymbol{\alpha}_1,\boldsymbol{\alpha}_2,\cdots,\boldsymbol{\alpha}_{s-1}$ 线性表示，所以 $k_s=0$，于是 $k_1\boldsymbol{\alpha}_1+k_2\boldsymbol{\alpha}_2+\cdots+k_{s-1}\boldsymbol{\alpha}_{s-1}=0$ 且 $k_1,k_2,\cdots,k_{s-1}$不全为零，故 $\boldsymbol{\alpha}_1,\boldsymbol{\alpha}_2,\cdots,\boldsymbol{\alpha}_{s-1}$线性相关.

(4)正确. 令 $k_1\boldsymbol{\alpha}_1+k_2\boldsymbol{\alpha}_2+\cdots+k_{s-1}\boldsymbol{\alpha}_{s-1}+k_s\boldsymbol{\alpha}_s=0$，因 $\boldsymbol{\alpha}_s$ 不能由 $\boldsymbol{\alpha}_1,\boldsymbol{\alpha}_2,\cdots,\boldsymbol{\alpha}_{s-1}$线性表示，所以 $k_s=0$，于是 $k_1\boldsymbol{\alpha}_1+k_2\boldsymbol{\alpha}_2+\cdots+k_{s-1}\boldsymbol{\alpha}_{s-1}=0$，又因 $\boldsymbol{\alpha}_1,\boldsymbol{\alpha}_2,\cdots,\boldsymbol{\alpha}_{s-1}$线性无关，则 $k_1=k_2=\cdots=k_{s-1}=0$，故 $\boldsymbol{\alpha}_1,\boldsymbol{\alpha}_2,\cdots,\boldsymbol{\alpha}_{s-1},\boldsymbol{\alpha}_s$ 线性无关.

7. 充分性：向量组 $\boldsymbol{\alpha}_1,\boldsymbol{\alpha}_2,\cdots,\boldsymbol{\alpha}_s$ 中至少有一个 $\boldsymbol{\alpha}_k(1<k\leqslant s)$可被 $\boldsymbol{\alpha}_1,\boldsymbol{\alpha}_2,\cdots,\boldsymbol{\alpha}_{k-1}$线性表出，即有数 $\lambda_1,\lambda_2,\cdots,\lambda_{k-1}$使 $\boldsymbol{\alpha}_k=\lambda_1\boldsymbol{\alpha}_1+\lambda_2\boldsymbol{\alpha}_2+\cdots+\lambda_{k-1}\boldsymbol{\alpha}_{k-1}$，则 $\boldsymbol{\alpha}_1,\boldsymbol{\alpha}_2,\cdots,\boldsymbol{\alpha}_{k-1}$，$\boldsymbol{\alpha}_k$ 线性相关，故向量组 $\boldsymbol{\alpha}_1,\boldsymbol{\alpha}_2,\cdots,\boldsymbol{\alpha}_s$ 线性相关.

必要性：因向量组 $\boldsymbol{\alpha}_1,\boldsymbol{\alpha}_2,\cdots,\boldsymbol{\alpha}_s$(其中 $\boldsymbol{\alpha}_1\neq 0$)线性相关，即有不全为零的数 $\lambda_1,\lambda_2,\cdots,\lambda_{s-1},\lambda_s$ 使 $\lambda_1\boldsymbol{\alpha}_1+\lambda_2\boldsymbol{\alpha}_2+\cdots+\lambda_{s-1}\boldsymbol{\alpha}_{s-1}+\lambda_s\boldsymbol{\alpha}_s=0$，又因 $\boldsymbol{\alpha}_1\neq 0$，则 $\lambda_2,\cdots,\lambda_{s-1},\lambda_s$ 不全为零，即 $\lambda_2,\cdots,\lambda_{s-1},\lambda_s$ 中存在 $\lambda_k\neq 0(1<k\leqslant s)$，且 $k<s$ 时 $\lambda_{k+1}=\lambda_{k+2}=\cdots=\lambda_s=0$，于是 $\lambda_1\boldsymbol{\alpha}_1+\lambda_2\boldsymbol{\alpha}_2+\cdots+\lambda_{k-1}\boldsymbol{\alpha}_{k-1}+\lambda_k\boldsymbol{\alpha}_k=0$ 且 $\lambda_k\neq 0$，所以向量组 $\boldsymbol{\alpha}_1,\boldsymbol{\alpha}_2,\cdots,\boldsymbol{\alpha}_s$ 中至少有一个向量 $\boldsymbol{\alpha}_k(1<k\leqslant s)$可被 $\boldsymbol{\alpha}_1,\boldsymbol{\alpha}_2,\cdots,\boldsymbol{\alpha}_{k-1}$线性表示.

习题 4.4

1. (1) $R(\boldsymbol{\alpha}_1,\boldsymbol{\alpha}_2,\boldsymbol{\alpha}_3)=2$；一个极大无关组为 $\boldsymbol{\alpha}_1,\boldsymbol{\alpha}_2$；$\boldsymbol{\alpha}_3=-\frac{11}{9}\boldsymbol{\alpha}_1+\frac{5}{9}\boldsymbol{\alpha}_2$.

(2) $R(\boldsymbol{\alpha}_1,\boldsymbol{\alpha}_2,\boldsymbol{\alpha}_3,\boldsymbol{\alpha}_4)=2$；一个极大无关组为 $\boldsymbol{\alpha}_1,\boldsymbol{\alpha}_2$；$\boldsymbol{\alpha}_3=\boldsymbol{\alpha}_1+\boldsymbol{\alpha}_2$，$\boldsymbol{\alpha}_4=2\boldsymbol{\alpha}_1+\boldsymbol{\alpha}_2$.

(3) $R(\boldsymbol{\alpha}_1,\boldsymbol{\alpha}_2,\boldsymbol{\alpha}_3,\boldsymbol{\alpha}_4,\boldsymbol{\alpha}_5)=3$；一个极大无关组为 $\boldsymbol{\alpha}_1,\boldsymbol{\alpha}_2,\boldsymbol{\alpha}_3$；$\boldsymbol{\alpha}_4=-\frac{1}{2}\boldsymbol{\alpha}_1+2\boldsymbol{\alpha}_2+\frac{1}{2}\boldsymbol{\alpha}_3$.

2. $a=2$，$b=5$.

3. 因$(\boldsymbol{\beta}_1,\boldsymbol{\beta}_2,\cdots,\boldsymbol{\beta}_s)=(\boldsymbol{\alpha}_1,\boldsymbol{\alpha}_2,\cdots,\boldsymbol{\alpha}_s)\begin{pmatrix}1&1&\cdots&1\\0&1&\cdots&1\\\vdots&\vdots&&\vdots\\0&0&\cdots&1\end{pmatrix}$，

记 $\boldsymbol{A}=(\boldsymbol{\alpha}_1,\boldsymbol{\alpha}_2,\cdots,\boldsymbol{\alpha}_s)$，$B=(\boldsymbol{\beta}_1,\boldsymbol{\beta}_2,\cdots,\boldsymbol{\beta}_s)$，$\boldsymbol{K}=\begin{pmatrix}1&1&\cdots&1\\0&1&\cdots&1\\\vdots&\vdots&&\vdots\\0&0&\cdots&1\end{pmatrix}$，即 $\boldsymbol{B}=\boldsymbol{AK}$，

又 $|\boldsymbol{K}|=1$，所以 $R(\boldsymbol{A})=R(\boldsymbol{B})$，因此向量组 $\boldsymbol{\alpha}_1,\boldsymbol{\alpha}_2,\cdots,\boldsymbol{\alpha}_s$ 与向量组 $\boldsymbol{\beta}_1,\boldsymbol{\beta}_2,\cdots,\boldsymbol{\beta}_s$ 有相同的秩.

4. 记 $\boldsymbol{A}=(\boldsymbol{\alpha}_1,\boldsymbol{\alpha}_2,\cdots,\boldsymbol{\alpha}_s)$，$\boldsymbol{B}=(\boldsymbol{\beta}_1,\boldsymbol{\beta}_2,\cdots,\boldsymbol{\beta}_r)$，因 $(\boldsymbol{\beta}_1,\boldsymbol{\beta}_2,\cdots,\boldsymbol{\beta}_r)=(\boldsymbol{\alpha}_1,\boldsymbol{\alpha}_2,\cdots,\boldsymbol{\alpha}_s)\boldsymbol{C}$，即 $\boldsymbol{AC}=\boldsymbol{B}$，其中 $\boldsymbol{C}$ 是 $s\times r$ 矩阵，又因 $\boldsymbol{\alpha}_1,\boldsymbol{\alpha}_2,\cdots,\boldsymbol{\alpha}_s$ 线性无关，即 $\boldsymbol{A}$ 为列满秩，所以 $R(\boldsymbol{C})=R(\boldsymbol{B})$，因此 $\boldsymbol{\beta}_1,\boldsymbol{\beta}_2,\cdots,\boldsymbol{\beta}_r$ 线性无关的充要条件是 $R(\boldsymbol{C})=r$.

5. 因 $R(\boldsymbol{A})=3$，即 $\boldsymbol{\alpha}_1,\boldsymbol{\alpha}_2,\boldsymbol{\alpha}_3$ 线性无关，故 $\boldsymbol{\alpha}_1,\boldsymbol{\alpha}_2,\boldsymbol{\alpha}_3$ 是 R^3 的一个基.

$\boldsymbol{\beta}_1=\frac{2}{3}\boldsymbol{\alpha}_1-\frac{2}{3}\boldsymbol{\alpha}_2-\boldsymbol{\alpha}_3,\boldsymbol{\beta}_2=\frac{4}{3}\boldsymbol{\alpha}_1+\boldsymbol{\alpha}_2+\frac{2}{3}\boldsymbol{\alpha}_3$.

6. (1) 过渡矩阵为 $\boldsymbol{P}=\begin{pmatrix}2&3&4\\0&-1&0\\-1&0&-1\end{pmatrix}$；　(2) 坐标为 $(-8,-1,5)$.

习题 4.5

1. (1) 一个基础解系为 $\boldsymbol{\xi}=\begin{pmatrix}0\\1\\2\\1\end{pmatrix}$，通解为 $\boldsymbol{x}=k\boldsymbol{\xi}$，$k\in\mathbf{R}$.

(2) 一个基础解系为 $\boldsymbol{\xi}_1=\begin{pmatrix}1\\-5\\0\\0\\3\end{pmatrix}$，$\boldsymbol{\xi}_2=\begin{pmatrix}0\\1\\1\\0\\0\end{pmatrix}$，$\boldsymbol{\xi}_3=\begin{pmatrix}0\\1\\0\\1\\0\end{pmatrix}$，通解为 $\boldsymbol{x}=k_1\boldsymbol{\xi}_1+k_2\boldsymbol{\xi}_2+k_3\boldsymbol{\xi}_3$，$k_1,k_2,k_3\in\mathbf{R}$.

2. (1) $\begin{pmatrix}x_1\\x_2\\x_3\\x_4\end{pmatrix}=k\begin{pmatrix}-1\\1\\1\\0\end{pmatrix}+\begin{pmatrix}-8\\13\\0\\2\end{pmatrix}$，$k\in\mathbf{R}$.

(2) $\begin{pmatrix}x_1\\x_2\\x_3\\x_4\end{pmatrix}=k_1\begin{pmatrix}-9\\1\\7\\0\end{pmatrix}+k_2\begin{pmatrix}-8\\0\\7\\2\end{pmatrix}+\begin{pmatrix}-17\\0\\14\\0\end{pmatrix}$，$k_1,k_2\in\mathbf{R}$.

3. $k\begin{pmatrix}1\\-2\\1\\0\end{pmatrix}+\begin{pmatrix}1\\1\\1\\1\end{pmatrix}$，$k\in\mathbf{R}$.

总习题 4

1. (1)(A)；　(2)(D)；　(3)(B)；　(4)(D).

2. $R(\boldsymbol{\alpha}_1,\boldsymbol{\alpha}_2,\boldsymbol{\alpha}_3,\boldsymbol{\alpha}_4,\boldsymbol{\alpha}_5)=3$，一个极大线性无关组为 $\boldsymbol{\alpha}_1,\boldsymbol{\alpha}_2,\boldsymbol{\alpha}_5,\boldsymbol{\alpha}_3=2\boldsymbol{\alpha}_1-\boldsymbol{\alpha}_2,\boldsymbol{\alpha}_4=\boldsymbol{\alpha}_1+3\boldsymbol{\alpha}_2$.

3. $\begin{pmatrix}x_1\\x_2\\x_3\\x_4\end{pmatrix}=\begin{pmatrix}1\\0\\2\\0\end{pmatrix}+\begin{pmatrix}-3\\2\\7\\0\end{pmatrix}k_1+\begin{pmatrix}1\\0\\2\\-1\end{pmatrix}k_2$，$k_1,k_2\in\mathbf{R}$.

4. $\begin{pmatrix}x_1\\x_2\\x_3\\x_4\end{pmatrix}=\begin{pmatrix}1\\1\\1\\1\end{pmatrix}k+\begin{pmatrix}2\\3\\0\\1\end{pmatrix}$，$k\in\mathbf{R}$.

5. 线性方程组当 $a\neq0$，$b=1$ 或 $a=-1$，$b\neq2$ 时无解；当 $a\neq-1$，$b\neq1$ 时有唯一解；当 $a=0$，$b=1$ 或 $a=-1$，$b=2$ 时有无穷多解，$\begin{pmatrix}x\\y\\z\end{pmatrix}=\begin{pmatrix}0\\1\\0\end{pmatrix}+k\begin{pmatrix}0\\1\\1\end{pmatrix}$ 或 $\begin{pmatrix}x\\y\\z\end{pmatrix}=\begin{pmatrix}0\\0\\-1\end{pmatrix}+\begin{pmatrix}1\\-1\\0\end{pmatrix}k$，$k\in\mathbf{R}$.

6. 因 $\boldsymbol{\alpha}_1,\boldsymbol{\alpha}_2,\cdots,\boldsymbol{\alpha}_r$ 是一组线性无关的向量，即 $R(\boldsymbol{\alpha}_1,\boldsymbol{\alpha}_2,\cdots,\boldsymbol{\alpha}_r)=r$，又因为

$$(\boldsymbol{\beta}_1\quad\boldsymbol{\beta}_2\quad\cdots\quad\boldsymbol{\beta}_r)=(\boldsymbol{\alpha}_1\quad\boldsymbol{\alpha}_2\quad\cdots\quad\boldsymbol{\alpha}_r)\begin{pmatrix}a_{11}&a_{21}&\cdots&a_{r1}\\a_{12}&a_{22}&\cdots&a_{r2}\\\vdots&\vdots&&\vdots\\a_{1r}&a_{2r}&\cdots&a_{rr}\end{pmatrix},$$

所以 $\boldsymbol{\beta}_1,\boldsymbol{\beta}_2,\cdots,\boldsymbol{\beta}_r$ 线性无关 $\Leftrightarrow R(\boldsymbol{\beta}_1,\boldsymbol{\beta}_2,\cdots,\boldsymbol{\beta}_r)=r=R(\boldsymbol{\alpha}_1,\boldsymbol{\alpha}_2,\cdots,\boldsymbol{\alpha}_r)$.

$$\Leftrightarrow\begin{vmatrix}a_{11}&a_{12}&\cdots&a_{1r}\\a_{21}&a_{22}&\cdots&a_{2r}\\\vdots&\vdots&&\vdots\\a_{r1}&a_{r2}&\cdots&a_{rr}\end{vmatrix}\neq0.$$

7. 因 $\boldsymbol{A}^*$ 为 $n(n\geqslant2)$ 阶矩阵 $\boldsymbol{A}$ 的伴随矩阵，则 $\boldsymbol{A}\boldsymbol{A}^*=|\boldsymbol{A}|\boldsymbol{E}$.

若 $R(\boldsymbol{A})=n$，即 $\boldsymbol{A}$ 可逆，所以 $\boldsymbol{A}^*$ 可逆，即 $R(\boldsymbol{A}^*)=n$；

若 $R(\boldsymbol{A})=n-1$，即 $\boldsymbol{A}$ 有 $n-1$ 阶子式不为零，则 $\boldsymbol{A}^*\neq\boldsymbol{O}$ 且 $\boldsymbol{A}\boldsymbol{A}^*=\boldsymbol{O}$，即 $R(\boldsymbol{A}^*)\geqslant1$ 且 $R(\boldsymbol{A}^*)\leqslant n-R(\boldsymbol{A})\leqslant1$，故 $R(\boldsymbol{A}^*)=1$；

若 $R(\boldsymbol{A})\leqslant n-2$，即 $\boldsymbol{A}$ 的所有 $n-1$ 阶子式都为零，则 $\boldsymbol{A}^*=\boldsymbol{O}$，故 $R(\boldsymbol{A}^*)=0$.

8. 因 $\boldsymbol{\eta}_0$ 是线性方程组 $\boldsymbol{Ax}=\boldsymbol{\beta}$ 的一个解，$\boldsymbol{\gamma}$ 方程组 $\boldsymbol{Ax}=\boldsymbol{\beta}$ 的任一解，则 $\boldsymbol{\gamma}-\boldsymbol{\eta}_0$ 是线性方程组 $\boldsymbol{Ax}=\boldsymbol{0}$ 的解，又 $\boldsymbol{\eta}_1,\boldsymbol{\eta}_2,\cdots,\boldsymbol{\eta}_t$ 是 $\boldsymbol{Ax}=\boldsymbol{\beta}$ 的导出组 $\boldsymbol{Ax}=\boldsymbol{0}$ 的一个基础解系，故有数 $\boldsymbol{k}_1,\boldsymbol{k}_2,\cdots,\boldsymbol{k}_t$ 使 $\boldsymbol{\gamma}-\boldsymbol{\eta}_0=k_1\boldsymbol{\eta}_1+k_2\boldsymbol{\eta}_2+\cdots+k_t\boldsymbol{\eta}_t$，

即有 $\boldsymbol{\gamma}=(1-k_1-k_2-\cdots-k_t)\boldsymbol{\eta}_0+k_1(\boldsymbol{\eta}_1+\boldsymbol{\eta}_0)+k_2(\boldsymbol{\eta}_2+\boldsymbol{\eta}_0)+\cdots+k_t(\boldsymbol{\eta}_t+\boldsymbol{\eta}_0)$，所以记 $\boldsymbol{\gamma}_1=\boldsymbol{\eta}_0$，$\boldsymbol{\gamma}_2=\boldsymbol{\eta}_1+\boldsymbol{\eta}_0,\cdots,\boldsymbol{\gamma}_{t+1}=\boldsymbol{\eta}_t+\boldsymbol{\eta}_0$，

$u_1=1-k_1-k_2-\cdots-k_t$，$u_2=k_1$，$u_3=k_2,\cdots,u_t=k_t$，有

$$\boldsymbol{\gamma}=u_1\boldsymbol{\gamma}_1+u_2\boldsymbol{\gamma}_2+\cdots+u_{t+1}\boldsymbol{\gamma}_{t+1},$$

其中 $u_1+u_2+\cdots+u_{t+1}=1$.

9. V_1 是向量空间，V_2 不是向量空间.

习题 5.1

1. $\|\boldsymbol{\alpha}\|=5$，$\|\boldsymbol{\beta}\|=2\sqrt{3}$，$\boldsymbol{\alpha}$ 与 $\boldsymbol{\beta}$ 的夹角为 $\dfrac{\pi}{2}$.

2. $\boldsymbol{e}=\dfrac{1}{3\sqrt{2}}\begin{pmatrix}4\\1\\1\end{pmatrix}$.

3. 因$[\boldsymbol{\xi},\boldsymbol{\alpha}_j]=0$，$j=1,2,\cdots,s$，则对向量组$\boldsymbol{\alpha}_1,\boldsymbol{\alpha}_2,\cdots,\boldsymbol{\alpha}_s$的任意线性组合$k_1\boldsymbol{\alpha}_1+k_2\boldsymbol{\alpha}_2+\cdots+k_s\boldsymbol{\alpha}_s$有$[\boldsymbol{\xi},\ k_1\boldsymbol{\alpha}_1+k_2\boldsymbol{\alpha}_2+\cdots+k_s\boldsymbol{\alpha}_s]=0$，即$\boldsymbol{\xi}$与向量组$\boldsymbol{\alpha}_1,\boldsymbol{\alpha}_2,\cdots,\boldsymbol{\alpha}_s$的任意线性组合也正交.

4. $\boldsymbol{e}_1=\frac{1}{\sqrt{3}}\begin{pmatrix}1\\1\\1\end{pmatrix},\boldsymbol{e}_2=\frac{1}{\sqrt{2}}\begin{pmatrix}-1\\0\\1\end{pmatrix},\boldsymbol{e}_3=\frac{1}{\sqrt{6}}\begin{pmatrix}1\\-2\\1\end{pmatrix}$.

5. $a=-\frac{6}{7},b=\frac{2}{7},c=-\frac{6}{7},d=-\frac{3}{7},e=-\frac{6}{7}$.

习题 5.2

1. (1) $\lambda_1=\lambda_2=1$，$\lambda_3=-1$，$\boldsymbol{\xi}_1=k_1\begin{pmatrix}1\\-2\\0\end{pmatrix}+k_2\begin{pmatrix}1\\0\\-2\end{pmatrix}$，$k_1^2+k_2^2\neq0$，$\boldsymbol{\xi}_3=k_3\begin{pmatrix}-1\\1\\3\end{pmatrix}$，$k_3\neq0$；

(2) $\lambda_1=\lambda_2=1$，$\lambda_3=2$，$\boldsymbol{\xi}_1=k_1\begin{pmatrix}1\\2\\-1\end{pmatrix}$，$k_1\neq0$，$\boldsymbol{\xi}_3=k_3\begin{pmatrix}0\\0\\1\end{pmatrix}$，$k_3\neq0$.

2. $a=-3$，$b=0$，$\lambda=-1$.

3. 设λ是幂等矩阵$\boldsymbol{A}$的特征值，则λ^2是$\boldsymbol{A}^2$的特征值，因$\boldsymbol{A}^2=\boldsymbol{A}$，所以$\lambda^2=\lambda$，即$\lambda$等于0或1.

4. 设λ是幂零矩阵$\boldsymbol{A}$的特征值，因$\boldsymbol{A}^k=\boldsymbol{O}$，$k$为正整数，所以$\lambda^k=0$，即$\lambda$只能是零.

5. $|\boldsymbol{A}^*+3\boldsymbol{A}+2\boldsymbol{E}|=25$.

6. 设$\boldsymbol{A}$是n阶矩阵，因$|\boldsymbol{A}^{\mathrm{T}}-\lambda\boldsymbol{E}|=|(\boldsymbol{A}-\lambda\boldsymbol{E})^{\mathrm{T}}|=|\boldsymbol{A}-\lambda\boldsymbol{E}|$，则$\boldsymbol{A}^{\mathrm{T}}$与$\boldsymbol{A}$的特征值相同.

7. 若$\boldsymbol{\alpha}_1+\boldsymbol{\alpha}_2$是矩阵$\boldsymbol{A}$的特征向量，则有数$\lambda$使$\boldsymbol{A}(\boldsymbol{\alpha}_1+\boldsymbol{\alpha}_2)=\lambda(\boldsymbol{\alpha}_1+\boldsymbol{\alpha}_2)$，因$\boldsymbol{A}\boldsymbol{\alpha}_1=\lambda_1\boldsymbol{\alpha}_1$，$\boldsymbol{A}\boldsymbol{\alpha}_2=\lambda_2\boldsymbol{\alpha}_2$，所以$(\lambda_1-\lambda)\boldsymbol{\alpha}_1+(\lambda_2-\lambda)\boldsymbol{\alpha}_2=0$，而$\lambda_1\neq\lambda_2$，即$\boldsymbol{\alpha}_1$，$\boldsymbol{\alpha}_2$线性无关，则$\lambda_1-\lambda=\lambda_2-\lambda=0$，这与$\lambda_1\neq\lambda_2$矛盾，故$\boldsymbol{\alpha}_1+\boldsymbol{\alpha}_2$不是矩阵$\boldsymbol{A}$的特征向量.

习题 5.3

1. 因$\boldsymbol{A},\boldsymbol{B}$是$n$阶矩阵，且$\boldsymbol{A}$可逆，于是$\boldsymbol{A}^{-1}(\boldsymbol{AB})\boldsymbol{A}=\boldsymbol{BA}$，则$\boldsymbol{AB}$与$\boldsymbol{BA}$相似.

2. (1) 能对角化，可逆矩阵$\boldsymbol{P}=\begin{pmatrix}1&0&-2\\0&1&0\\0&0&1\end{pmatrix}$使$\boldsymbol{P}^{-1}\boldsymbol{AP}=\begin{pmatrix}2&&\\&3&\\&&3\end{pmatrix}$；

(2) 不能对角化.

3. (1) $a=-3$，$b=0$，$\lambda=-1$；　(2) 不能对角化.

4. $\boldsymbol{A}^{100}=\begin{pmatrix}1&0&5^{100}-1\\0&5^{100}&0\\0&0&5^{100}\end{pmatrix}$.

5. (1) $\boldsymbol{P}=\frac{1}{3}\begin{pmatrix}1&2&2\\2&1&-2\\2&-2&1\end{pmatrix}$，$\boldsymbol{P}^{-1}\boldsymbol{AP}=\begin{pmatrix}-2&&\\&1&\\&&4\end{pmatrix}$；

(2)$\boldsymbol{P}=\begin{pmatrix} \frac{1}{3} & 0 & \frac{4}{3\sqrt{2}} \\ \frac{2}{3} & \frac{1}{\sqrt{2}} & -\frac{1}{3\sqrt{2}} \\ -\frac{2}{3} & \frac{1}{\sqrt{2}} & \frac{1}{3\sqrt{2}} \end{pmatrix}$，$\boldsymbol{P}^{-1}\boldsymbol{A}\boldsymbol{P}=\begin{pmatrix} 10 & & \\ & 1 & \\ & & 1 \end{pmatrix}$.

6. $x=4$，$y=5$，$\boldsymbol{P}=\begin{pmatrix} \frac{1}{\sqrt{2}} & \frac{2}{3} & \frac{1}{3\sqrt{2}} \\ 0 & \frac{1}{3} & -\frac{4}{3\sqrt{2}} \\ -\frac{1}{\sqrt{2}} & \frac{2}{3} & \frac{1}{3\sqrt{2}} \end{pmatrix}$.

7. $\boldsymbol{A}=\begin{pmatrix} -2 & 3 & -3 \\ -4 & 5 & -3 \\ -4 & 4 & -2 \end{pmatrix}$.

8. $\boldsymbol{A}=\begin{pmatrix} 4 & 1 & 1 \\ 1 & 4 & 1 \\ 1 & 1 & 4 \end{pmatrix}$.

习题 5.4

1. (1)$\boldsymbol{A}=\begin{pmatrix} 1 & 1 & -\frac{1}{2} \\ 1 & 2 & 0 \\ -\frac{1}{2} & 0 & 3 \end{pmatrix}$，$R_f=3$；　(2)$\boldsymbol{A}=\begin{pmatrix} 0 & \frac{1}{2} & \frac{1}{2} \\ \frac{1}{2} & 0 & \frac{1}{2} \\ \frac{1}{2} & \frac{1}{2} & 0 \end{pmatrix}$，$R_f=3$；

(3)$\boldsymbol{A}=\begin{pmatrix} 1 & 3 & 5 \\ 3 & 5 & 7 \\ 5 & 7 & 9 \end{pmatrix}$，$R_f=2$.

2. (1) $\begin{pmatrix} x_1 \\ x_2 \\ x_3 \end{pmatrix}=\begin{pmatrix} 1 & 0 & 0 \\ 0 & \frac{1}{\sqrt{2}} & \frac{1}{\sqrt{2}} \\ 0 & \frac{1}{\sqrt{2}} & -\frac{1}{\sqrt{2}} \end{pmatrix}\begin{pmatrix} y_1 \\ y_2 \\ y_3 \end{pmatrix}$，$f=2y_1^2+5y_2^2+y_3^2$；

(2) $\begin{pmatrix} x_1 \\ x_2 \\ x_3 \end{pmatrix}=\begin{pmatrix} \frac{1}{\sqrt{3}} & \frac{1}{\sqrt{2}} & -\frac{1}{\sqrt{6}} \\ \frac{1}{\sqrt{3}} & 0 & \frac{2}{\sqrt{6}} \\ -\frac{1}{\sqrt{3}} & \frac{1}{\sqrt{2}} & \frac{1}{\sqrt{6}} \end{pmatrix}\begin{pmatrix} y_1 \\ y_2 \\ y_3 \end{pmatrix}$，$f=2y_1^2+y_2^2-y_3^2$.

3. (1) $C=\begin{pmatrix}1 & 1 & -1\\ 0 & 1 & 0\\ 0 & -1 & 1\end{pmatrix}$, $f(Cy)=y_1^2-y_2^2+y_3^2$;

(2) $C=\frac{1}{\sqrt{2}}\begin{pmatrix}1 & -1 & -1\\ 0 & 2 & 2\\ 0 & 0 & 1\end{pmatrix}$, $f(Cy)=y_1^2+y_2^2+y_3^2$;

4. (1) 正定；　(2) 负定.

5. (1) $-\sqrt{2}<t<\sqrt{2}$；　(2) $t>\sqrt{2}$.

6. 因 $\boldsymbol{A},\boldsymbol{B}$ 都是 n 阶正定矩阵，即对任意非零向量 $\boldsymbol{x}$ 有 $\boldsymbol{x}^{\mathrm{T}}Ax>0$，$x^{\mathrm{T}}Bx>0$，于是 $\boldsymbol{x}^{\mathrm{T}}(\boldsymbol{A}+\boldsymbol{B})\boldsymbol{x}>0$，所以 $\boldsymbol{A}+\boldsymbol{B}$ 也是正定矩阵.

总习题 5

1. $x=2$，$y=-2$，$P=\begin{pmatrix}1 & 1 & 1\\ -1 & 0 & -2\\ 0 & 1 & 3\end{pmatrix}$，$P^{-1}AP=\begin{pmatrix}2 & & \\ & 2 & \\ & & 6\end{pmatrix}$.

2. 因 $\boldsymbol{A}$ 是 n 阶正交矩阵，所以 $\boldsymbol{AA}^{\mathrm{T}}=\boldsymbol{E}$，又 $|\boldsymbol{A}|=-1$，于是 $|\boldsymbol{A}+\boldsymbol{E}|=|\boldsymbol{A}+\boldsymbol{AA}^{\mathrm{T}}|=|\boldsymbol{A}||\boldsymbol{E}+\boldsymbol{A}^{\mathrm{T}}|=-|\boldsymbol{E}+\boldsymbol{A}|$，即 $|\boldsymbol{A}+\boldsymbol{E}|=0$，故 $\boldsymbol{A}$ 一定有特征值-1.

3. (1) $P=\begin{pmatrix}\frac{1}{2} & \frac{1}{\sqrt{2}} & \frac{1}{\sqrt{6}} & \frac{1}{2\sqrt{3}}\\ \frac{1}{2} & -\frac{1}{\sqrt{2}} & \frac{1}{\sqrt{6}} & \frac{1}{2\sqrt{3}}\\ \frac{1}{2} & 0 & -\frac{2}{\sqrt{6}} & \frac{1}{2\sqrt{3}}\\ \frac{1}{2} & 0 & 0 & -\frac{\sqrt{3}}{2}\end{pmatrix}$，$P^{-1}AP=\begin{pmatrix}4 & & & \\ & 0 & & \\ & & 0 & \\ & & & 0\end{pmatrix}$；

(2) $P=\frac{1}{2}\begin{pmatrix}-1 & 1 & 1 & -1\\ 1 & -1 & 1 & -1\\ -1 & -1 & 1 & 1\\ 1 & 1 & 1 & 1\end{pmatrix}$，$P^{-1}AP=\begin{pmatrix}3 & & & \\ & -3 & & \\ & & 5 & \\ & & & -5\end{pmatrix}$.

4. $A=\begin{pmatrix}5 & -1 & -2\\ 16 & -4 & -6\\ 2 & 0 & -1\end{pmatrix}$.

5. 因 $\boldsymbol{A}$ 是一个 n 阶实矩阵，$\boldsymbol{P}$ 为正交矩阵，因此 $\boldsymbol{P}^{-1}=\boldsymbol{P}^{\mathrm{T}}$. 如果 $\boldsymbol{P}^{-1}\boldsymbol{AP}=\boldsymbol{\Lambda}$(对角矩阵)，则 $\boldsymbol{A}=\boldsymbol{P\Lambda P}^{-1}$，即 $\boldsymbol{A}^{\mathrm{T}}=(\boldsymbol{P\Lambda P}^{-1})^{\mathrm{T}}=(\boldsymbol{P\Lambda P}^{\mathrm{T}})^{\mathrm{T}}=(\boldsymbol{P}^{\mathrm{T}})^{\mathrm{T}}\boldsymbol{\Lambda}^{\mathrm{T}}\boldsymbol{P}^{\mathrm{T}}=\boldsymbol{P\Lambda P}^{-1}=\boldsymbol{A}$，故 $\boldsymbol{A}$ 是一个对称矩阵.

6. 若有正交矩阵 $\boldsymbol{P}$，使 $\boldsymbol{P}^{-1}\boldsymbol{AP}=\boldsymbol{B}$，则矩阵 $\boldsymbol{A}$ 与 $\boldsymbol{B}$ 相似，因此 $\boldsymbol{A}$ 与 $\boldsymbol{B}$ 的全部特征值相同；反之，若 n 阶实对称矩阵 $\boldsymbol{A}$ 和 $\boldsymbol{B}$ 的全部特征值相同，均为 $\lambda_1,\lambda_2,\cdots,\lambda_n$，即有正交矩阵 $\boldsymbol{Q}$ 与 $\boldsymbol{R}$ 使 $Q^{-1}AQ=\Lambda=\begin{pmatrix}\lambda_1 & & & \\ & \lambda_2 & & \\ & & \ddots & \\ & & & \lambda_n\end{pmatrix}$，$R^{-1}BR=\Lambda=\begin{pmatrix}\lambda_1 & & & \\ & \lambda_2 & & \\ & & \ddots & \\ & & & \lambda_n\end{pmatrix}$，

即 $B=R\Lambda R^{-1}=RQ^{-1}AQR^{-1}=(QR^{-1})^{-1}A(QR^{-1})$，记 $P=QR^{-1}$，则 P 为正交矩阵，使 $P^{-1}AP=B$.

7. $\lambda_1=5$，$\lambda_2=\lambda_3=-1$，$\boldsymbol{\xi}_1=k_1\begin{pmatrix}1\\1\\1\end{pmatrix}$，$k_1\neq0$，$\boldsymbol{\xi}_2=k_2\begin{pmatrix}1\\-1\\0\end{pmatrix}+k_3\begin{pmatrix}1\\1\\-2\end{pmatrix}$，$k_2^2+k_3^2\neq0$.

$$A^k=\begin{pmatrix}\dfrac{5^k+2\cdot(-1)^k}{3} & \dfrac{5^k-(-1)^k}{3} & \dfrac{5^k-(-1)^k}{3}\\ \dfrac{5^k-(-1)^k}{3} & \dfrac{5^k+2\cdot(-1)^k}{3} & \dfrac{5^k-(-1)^k}{3}\\ \dfrac{5^k-(-1)^k}{3} & \dfrac{5^k-(-1)^k}{3} & \dfrac{5^k+2\cdot(-1)^k}{3}\end{pmatrix}(k\text{ 为非负整数}).$$

8. (1) $a=0$，$b=0$；　(2) $P=\begin{pmatrix}1&0&1\\0&1&0\\-1&0&1\end{pmatrix}$.

9. 对角矩阵 $\Lambda=\begin{pmatrix}n&&&&\\&0&&&\\&&0&&\\&&&\ddots&\\&&&&0\\&&&&&0\end{pmatrix}$，$P=\begin{pmatrix}1&1&1&\cdots&1&1\\1&-1&0&\cdots&0&0\\1&0&-1&\cdots&0&0\\\vdots&\vdots&\vdots&&\vdots&\vdots\\1&0&0&\cdots&-1&0\\1&0&0&\cdots&0&-1\end{pmatrix}$.

10. (1) $C=\begin{pmatrix}1&-1&2\\0&1&-3\\0&0&1\end{pmatrix}$，$f(Cy)=y_1^2+y_2^2-5y_3^2$；

(2) $C=\begin{pmatrix}1&1&-1\\1&-1&-2\\0&0&1\end{pmatrix}$，$f(Cy)=2y_1^2-2y_2^2-4y_3^2$.

11. 正交矩阵 $P=\dfrac{1}{3}\begin{pmatrix}2&2&1\\1&-2&2\\-2&1&2\end{pmatrix}$，$f(Py)=y_1^2+4y_2^2-2y_3^2$，因此此二次型既不是正定二次型也不是负定二次型.

12. 因 λ 是矩阵 A 的特征值，所以存在非零向量 $\boldsymbol{\alpha}=\begin{pmatrix}k_1\\k_2\\\vdots\\k_n\end{pmatrix}\in\mathbf{R}^n$ 使得 $A\boldsymbol{\alpha}=\lambda\boldsymbol{\alpha}$，于是 $f(\boldsymbol{\alpha})=\boldsymbol{\alpha}^{\mathrm T}A\boldsymbol{\alpha}=\boldsymbol{\alpha}^{\mathrm T}\lambda\boldsymbol{\alpha}=\lambda\boldsymbol{\alpha}^{\mathrm T}\boldsymbol{\alpha}$，即 $f(\boldsymbol{\alpha})=\lambda(k_1^2+k_2^2+\cdots+k_n^2)$.

13. (D)

14. (D)

习题 6.1

1. 球面的方程为$(x-3)^2+(y+1)^2+(z-1)^2=21$.

2. 动点的轨迹方程为 $3x^2+3y^2+3z^2+4x+6y+8z-29=0$，该方程表示球心在点$\left(-\frac{2}{3},-1,-\frac{4}{3}\right)$，半径为$\frac{\sqrt{116}}{3}$的球面.

3. 绕 x 轴旋转一周所生成的旋转曲面的方程为$\frac{x^2}{9}-\frac{y^2+z^2}{4}=1$，绕 y 轴旋转一周所生成的旋转曲面的方程为$\frac{x^2+z^2}{9}-\frac{y^2}{4}=1$.

4.

题号	平面解析几何中	空间解析几何中
(1)	过点(2,0)且与 y 轴平行的直线	过点(2,0,0)且与 yOz 面平行的平面
(2)	过点(-1,0)和点(0,1)的直线	过点(-1,0,0)及点(0,1,0)且与 z 轴平行的平面
(3)	圆心在坐标原点，半径为 2 的圆	对称轴为 z 轴，半径为 2 的圆柱面
(4)	实轴为 x 轴的等轴双曲线	母线平行于 z 轴的双曲柱面

5. (1)圆锥面，是旋转曲面，可由 xOy 面上的直线$\frac{x}{2}-\frac{y}{3}=0$ 绕 y 轴旋转形成；

(2)旋转抛物面，是旋转曲面，可由 yOz 面上的抛物线 $y^2=2z-1$ 绕 z 轴旋转形成；

(3)单叶双曲面，不是旋转曲面；

(4)椭球面，不是旋转曲面.

习题 6.2

1. $k<c$ 时，方程表示椭球面；$c<k<b$ 时，方程表示单叶双曲面；$b<k<a$ 时，方程表示双叶双曲面；$k>a$ 时，方程表示的不是实的图形，而是虚椭球面.

习题 6.3

1. 投影的直线的方程为$\begin{cases}y-z-1=0,\\x+y+z=0.\end{cases}$

2. 柱面的方程为 $3y^2-z^2=9$.

3. 投影曲线的方程为$\begin{cases}2x^2+y^2-2x=8,\\z=0.\end{cases}$

5. 空间区域的不等式为 $x^2+y^2\leqslant z\leqslant 4$.

6. 在 xOy 面上的投影的方程为$\begin{cases}x^2+y^2\leqslant ax\ (a>0),\\z=0.\end{cases}$

在 xOz 面上的投影的方程为$\begin{cases}0\leqslant z\leqslant\sqrt{a^2-x^2},\\x\geqslant 0,\\y=0.\end{cases}$

7. 在 xOy 面上的投影区域为$\begin{cases}x^2+y^2\leqslant 4,\\ z=0.\end{cases}$

在 yOz 面上的投影区域为 $\begin{cases}y^2\leqslant z\leqslant 4,\\ x=0.\end{cases}$

在 xOz 面上的投影区域为$\begin{cases}x^2\leqslant z\leqslant 4,\\ y=0.\end{cases}$

习题 6.4

1. $x_1^2+2y_1^2+5z_1^2=1$，椭球面；

2. $2x_1^2+11y_1^2=1$，椭圆柱面；

3. $6x_1^2+3y_1^2+4z_1=0$，椭圆抛物面；

4. $z_1=\dfrac{1}{2}x_1^2-\dfrac{1}{2}y_1^2$，双曲抛物面.

总习题 6

1. 圆心坐标为(1,7,2)，半径为 4.

2. (1)$0\leqslant z\leqslant x+4$，$x^2+y^2\leqslant 16$.　(2)$0\leqslant z\leqslant\sqrt{1-y^2}$，$x^2+y^2\leqslant 1$ 且 $x\geqslant 0$，$y\geqslant 0$.

(3)$\dfrac{x^2+y^2}{4}\leqslant z\leqslant\sqrt{5-x^2-y^2}$，$x^2+y^2\leqslant 4$.　(4)$\sqrt{x^2+y^2}\leqslant z\leqslant 2-x^2-y^2$，$x^2+y^2\leqslant 1$.

3. (1)选取直角坐标系使得两定点的坐标分别为 $A(a,0,0)$，$B(-a,0,0)$. 设动点的坐标为 $M(x,y,z)$，则 $|\boldsymbol{MA}|=k|\boldsymbol{MB}|$，$k\geqslant 0$. $k=0$ 时，动点 M 的轨迹为一个点；$k=1$ 时，动点 M 的轨迹为一个平面；$k\neq 0,1$ 时，动点 M 的轨迹为一个球面，其方程为

$$\left(x+\frac{k^2+1}{k^2-1}a\right)^2+y^2+z^2=\frac{4k^2a^2}{(k^2-1)^2}.$$

(2)选取直角坐标系使得两定点的坐标分别为 $A(a,0,0)$，$B(-a,0,0)$. 设动点的坐标为 $M(x,y,z)$，则 $|\boldsymbol{MA}|-|\boldsymbol{MB}|=\pm k$，$k\geqslant 0$. 由三角不等式知 $k\leqslant 2a$. 当 $0<k<2a$ 时，轨迹方程为$\dfrac{4x^2}{k^2}+\dfrac{4y^2}{k^2-4a^2}+\dfrac{4z^2}{k^2-4a^2}=1$，这是双叶双曲面.

当 $k=2a$ 时，轨迹方程为 $y^2+z^2=0$，且 $x\leqslant -a$ 或 $x\geqslant a$，这是 x 轴去掉区间$(-a,a)$.

当 $k=0$ 时，轨迹方程为 $x=0$，这是 yOz 坐标面.

(3)以定平面为 xOy 面，定直线为 z 轴建立直角坐标系. 轨迹方程为 $x^2+y^2-z^2=0$，这是二次锥面.

*4. 单叶双曲面.

*5. $t>5$.

习题 7.2

1. 维数是 $n-1$；一个基为$\begin{pmatrix}1\\-1\\0\\0\\\vdots\\0\end{pmatrix},\begin{pmatrix}1\\0\\-1\\0\\\vdots\\0\end{pmatrix},\cdots,\begin{pmatrix}1\\0\\0\\\vdots\\0\\-1\end{pmatrix}$.

2. (1)坐标为$\left(\frac{5}{4},\frac{1}{4},-\frac{1}{4},-\frac{1}{4}\right)$；　(2)坐标为$(1,0,-1,0)$.

习题 7.3

1. 过渡矩阵 $\boldsymbol{P}=\begin{pmatrix}0&0&\cdots&0&1\\1&0&\cdots&0&0\\0&1&\cdots&0&0\\\vdots&\vdots&&\vdots&\vdots\\0&0&\cdots&1&0\end{pmatrix}$.

2. (1)过渡矩阵 $\boldsymbol{P}=\begin{pmatrix}2&0&5&6\\1&3&3&6\\-1&1&2&1\\1&0&1&3\end{pmatrix}$；

(2)向量 $\boldsymbol{\alpha}$ 的坐标为 $\begin{pmatrix}x_1'\\x_2'\\x_3'\\x_4'\end{pmatrix}=\frac{1}{27}\begin{pmatrix}12&9&-27&-33\\1&12&-9&-23\\9&0&0&-18\\-7&-3&9&26\end{pmatrix}\begin{pmatrix}x_1\\x_2\\x_3\\x_4\end{pmatrix}$；

(3)有相同坐标的向量为 $k\begin{pmatrix}1\\1\\1\\-1\end{pmatrix}$.

习题 7.4

1. (1)是线性变换；　(2)不是线性变换；　(3)不是线性变换.

3. 矩阵为 $\boldsymbol{A}=\begin{pmatrix}2&0&-1\\1&0&4\\1&-1&0\end{pmatrix}$.

4. 矩阵为 $\boldsymbol{A}=\begin{pmatrix}2&0&1&0\\0&2&0&1\\-1&0&0&0\\0&-1&0&0\end{pmatrix}$.

总习题 7

1. (1)向量组不是线性空间 $P[x]_3$ 的一个基；

(2)向量组是线性空间 $P[x]_3$ 的一个基.

2. (2)矩阵为 $\boldsymbol{A}=\begin{pmatrix}1&1&1\\2&-1&1\\0&1&-1\end{pmatrix}$；

(3)矩阵为 $\boldsymbol{A}=\begin{pmatrix} \frac{11}{3} & \frac{14}{3} & 2 \\ -\frac{2}{3} & -\frac{8}{3} & 0 \\ -\frac{7}{3} & -\frac{7}{3} & -2 \end{pmatrix}$；

(4)过渡矩阵为 $\boldsymbol{P}=\begin{pmatrix} 1 & \frac{1}{3} & -\frac{1}{3} \\ 0 & -\frac{1}{3} & \frac{1}{3} \\ -1 & \frac{1}{3} & \frac{2}{3} \end{pmatrix}$.

3. 坐标为$(-8,14,2)$.

4. (1)关于 y 轴对称； (2)投影到 y 轴上；

(3)关于直线 $y=x$ 对称； (4)顺时针方向旋转 90°.

5. 矩阵为 $\boldsymbol{A}=\begin{pmatrix} 1 & 0 & 0 \\ 1 & 1 & 0 \\ 1 & 2 & 1 \end{pmatrix}$.

参考文献

[1] 教育部高等学校大学数学教学指导委员会. 大学数学课程教学基本要求(2014 年版)[Z]. 北京：高等教育出版社，2015.

[2] 曾令淮，段辉明，李玲. 高等代数与解析几何[M]. 北京：清华大学出版社，2014.

[3] 同济大学数学系. 线性代数(第六版)[M]. 北京：高等教育出版社，2014.

[4] 黄庭祝，成孝予. 线性代数与空间解析几何(第五版)[M]. 北京：高等教育出版社，2018.

[5] 同济大学数学系. 高等数学(下)(第七版)[M]. 北京：高等教育出版社，2014.

[6] 薛山. MATLAB 基础教程(第三版)[M]. 北京：清华大学出版社，2015.

[7] 蒋大为. 空间解析几何及其应用[M]. 北京：科学出版社，2004.

[8] 史荣昌，魏丰. 矩阵分析(第三版)[M]. 北京：北京理工大学出版社，2010.

[9] 北京大学数学系几何与代数教研室. 高等代数(第三版)[M]. 北京：高等教育出版社，2003.

[10] 陈东升. 线性代数与空间解析几何[M]. 北京：机械工业出版社，2010.

[11] 戴明强，刘子瑞. 工程数学(上)(第二版)[M]. 北京：科学出版社，2015.

[12]吴江. 线性代数(第二版)[M]. 北京：人民邮电出版社，2020.